应用型本科规划教材|机器人技术及应用

U0181173

工业机器人技术及应用

荆学东　编著

上海科学技术出版社

内 容 提 要

工业机器人的应用,本质上就是工业机器人工作站的系统集成。为了帮助读者了解和初步掌握这一过程,本书以"应用"为导向,安排了基础和应用两大部分:基础部分(第1~5章),介绍了机器人学习的入门知识,也是研究机器人技术和应用工业机器人解决工程问题的基础。对于这些基础知识的理解和掌握程度,将决定一个人在机器人技术的研究和应用方面能够走多远。应用部分(第6~10章),分别介绍了对机器人的运动规划、编程语言、与机器人作业相关的坐标系建立及标定、机器人系统集成,以及机器人的典型应用案例,这些案例也是本书相关内容的具体应用。

本书可用作应用型本科院校机器人技术相关专业教材,也可供学习和掌握工业机器人技术及应用的工程技术人员参考。

图书在版编目(CIP)数据

工业机器人技术及应用 / 荆学东编著. -- 上海 :
上海科学技术出版社, 2022.10
应用型本科规划教材. 机器人技术及应用
ISBN 978-7-5478-5779-3

Ⅰ. ①工… Ⅱ. ①荆… Ⅲ. ①工业机器人－高等学校
－教材 Ⅳ. ①TP242.2

中国版本图书馆CIP数据核字(2022)第136980号

工业机器人技术及应用

荆学东 编著

上海世纪出版(集团)有限公司 出版、发行
上 海 科 学 技 术 出 版 社
(上海市闵行区号景路 159 弄 A 座 9F - 10F)
邮政编码 201101 www.sstp.cn
上海中华印刷有限公司印刷
开本 787×1092 1/16 印张 14.75
字数:370 千字
2022 年 10 月第 1 版 2022 年 10 月第 1 次印刷
ISBN 978 - 7 - 5478 - 5779 - 3/TH·95
定价:59.00 元

本书如有缺页、错装或坏损等严重质量问题,请向工厂联系调换

丛书前言

当前，机器人技术、人工智能技术和先进制造系统相结合，促进了智能制造系统的产生和发展，并成为现代制造业发展的必然趋势。在汽车制造业、装备制造业、电子制造业等智能制造系统中，以工业机器人为中心的机器人工作站成为连接制造系统中各个制造单元的关键环节。机器人工作站的开发和使用需要高水平应用型人才，机器人工程专业正是为了满足此类人才培养需求而开设，它属于典型的新工科专业之一，是为了适应以新技术、新产业、新业态和新模式为特征的新型制造业的发展需求而设立的。本套丛书就是为培养高水平应用型机器人工程专业人才而组织撰写。

工业机器人的应用，就是根据焊接、喷涂、装配、码垛等作业需求，通过选择作业机器人、配置机器人作业外围设备、开发机器人工作站控制系统，完成机器人工作站的开发。机器人工程专业毕竟是新兴专业，其专业内涵已经不是传统的机械工程专业或自动化专业所能够覆盖，也不是在这两个专业原有课程体系的基础上增加机器人技术课程就能够体现。应用型机器人工程专业的课程体系需要以开发机器人工作站为目标进行重新构建。在这个新的课程体系中，除了高等数学、线性代数、大学物理等学科基础课外，核心专业基础课和专业课程还包括：电气控制技术及 PLC 应用，机电一体化系统设计，机器人焊接、喷涂与激光加工工艺及设备，机器人末端执行器、作业工装及输送设备设计，工业机器人技术及应用。这 5 门课程的内容，体现了机械工程、控制科学与工程、信息技术的交叉融合。

开发机器人工作站需要把机器人与外围设备相集成，目前应用最多的技术是 PLC 技术，因此，开设“电气控制技术及 PLC 应用”课程成为必然。此外，工业机器人工作站是典型的机电一体化系统，它也包括电气控制系统、检测系统和机械系统，因此，开设“机电一体化系统设计”这门课，也是为开发机器人工作站提供基本的方法和技术手段。另外，要完成机器人工作站开发，设计人员需要掌握与机器人作业相关的工艺，典型的工艺包括焊接工艺、喷涂工艺、装配工艺等，设计人员也需要熟悉与这些作业有关的设备，因此，“机器人焊接、喷涂与激光加工工艺及设备”课程就是为这一目的而开设的。此外，工业机器人要完成焊接、装配、喷涂等作业，需要在机器人末端法兰安装手爪即末端执行器，还需要工件传输设备，开设“机器人末端执行器、作业工装及输送设备设计”课程正是为满足此要求而开设。要完成机器人工作站的开发，需要掌握工业机器人组成、轨迹规划、编程语言及控制策略，也包括机器人工作站的组成，“工业机器人技术及应用”课程的开设正可以实现该目的。

本丛书 5 分册教材，分别与上述 5 门课程对应撰写。其内容涵盖了机器人工作站开发所涉及的作业工艺、工装夹具、末端执行器，也包括了机器人工作站开发所涉及的电气控制技术、检测技术和机械设计技术的应用方法，构成了机器人工程专业的核心教材体系；每分册教材都体现了应用型教材的特点，即以应用为导向，以典型实例引导读者理解和掌握机器人工作站的设计目标、设计方法和设计流程。丛书中每一分册教材涵盖的内容都较为全面，便于授课教师根据学时进行取舍，也便于读者自学。

本丛书针对机器人工程专业撰写，既考虑了以机械为主的机器人工程专业的需求，也考虑到以自动化为主的机器人工程专业的需求。同时，本套丛书也可供机械工程专业以及自动化专业人员系统学习机器人工作站开发技术学习、参考。

丛书编写组

前　言

工业机器人的应用，本质上就是工业机器人工作站的系统集成。为了帮助读者了解和初步掌握这一过程，本书包括基础、应用两大部分，这种安排体现了以“应用”为导向的原则。

基础部分：主要指机器人入门知识，包括第1～5章。学习这些内容前，本书对读者的基本要求是须具备高等数学、线性代数、理论力学、材料力学、机械原理、机械设计等课程的基础知识。

如何让机器人运动起来？通过机器人的示教盘或者编程总可以让机器人“运动”起来。但是，如何让机器人末端执行器精确地运动到指定的位置完成一定的操作，如完成装配、焊接、码垛、喷涂等作业，就需要在机器人基座上建立坐标系(基坐标系)和在末端执行器上建立坐标系(工具坐标系)；通过机器人示教盘或者编程来准确控制工具坐标系相对的基坐标系的位置和姿态，来实现机器人末端执行器运动的精确控制。

如同人的手掌相对于身体位置和姿态控制是通过人体肩关节、肘关节和腕关节的运动来实现一样，机器人末端执行器坐标系和基坐标系之间的位置和姿态控制，是通过控制机器人每个关节的运动来实现的。确定机器人末端执行器坐标系和基坐标系之间的位置、姿态和机器人关节运动的定量关系，这是机器人运动学需要解决的问题。机器人的运动是通过机器人每个构件(连杆)的运动来实现的。

机器人的连杆一般做空间运动，如何研究空间物体运动？为解决该问题，引入了位姿矩阵，利用矩阵表达空间物体的位置和姿态；再引入能确定物体从一个位置和姿态到达另外一个位置和姿态的定量的方法——刚体运动(变换)矩阵。这是研究所有空间物体运动的基本方法，也是本书第2章要学习的核心内容，该章阐述了刚体变换矩阵“左乘”和“右乘”对应的刚体变换，这也是学习第3章机器人运动学方程的基础。学习第2章，读者仅需要具备空间解析几何和线性代数的基本知识，主要包括向量、坐标、矩阵、转置、逆阵、正交矩阵的概念以及坐标变换和基变换的内涵。由于空间物体的运动可以在不同的坐标系中描述，即坐标系变换，这实际上是线性代数中的“基变换”，其本质是矩阵运算。这种方法将在工业机器人现场应用时，用于建立机器人末端执行器坐标系、机器人基坐标系、工作台坐标系(世界坐标系)和工件坐标系之间的准确关系。

机器人是由一个个构件(连杆)通过关节连接起来而形成的一个运动链。运动链中每个连杆的运动都对机器人末端执行器的运动有影响。如何量化这种影响或者作用？一般的方法是在机器人的每个连杆上建立所谓的D-H坐标系，通过D-H矩阵描述相邻连杆之间的位置和姿态关系，之后把所有的D-H矩阵组合起来(位姿矩阵右乘)，就得到机器人末端连杆相对于机器人基座的位置和姿态，这就是机器人的运动学方程。这也是本书第3章需要学习的内容，其本质是第 2 章内容——刚体变换矩阵右乘的延伸和具体应用。

利用机器人的运动学方程，也可以确定另外一类问题，也即，若让机器人末端运动到指定的位置并保持指定的姿态，每个关节该运动多少？这就是机器人的逆向运动学问题。这是本书第 4 章需要学习的内容。学习该章内容，需要掌握矩阵的逆阵以及解三角方程的方法。

机器人工作时，末端执行器有一定的速度，包括线速度和角速度，那么末端执行器的速度一定和每个关节运动的速度有关，它们之间的定量关系就是所谓的机器人速度雅克比矩阵。另一方面，机器人末端在运动过程中要受到一定的阻力，机器人每个关节需要输出多大的力才能平衡上述阻力？它们之间的定量关系就是机器人力雅克比矩阵。此外，机器人在高速运动时，每个连杆的惯性力(包括惯性力矩)都影响机器人末端执行器的轨迹精度和姿态精度，在这种情况下需要研究机器人的动力学问题。这些内容将在本书第 5 章学习。当然，学习该章内容需要掌握高等数学中导数、向量叉积、反对称矩阵以及矩阵导数的概念；同时，也需要掌握理论力学中绝对运动、相对运动和牵连运动之间的关系。

第 2～5 章的内容是研究机器人技术和应用工业机器人解决工程问题的基础。对于这些基础知识的理解和掌握程度，将决定一个人在机器人技术的研究和应用方面能够走多远。

应用部分：包括第 6～10 章。为了使工业机器人能够完成作业任务，需要对其进行运动规划，包括路径规划和运动轨迹规划，这是第 6 章需要学习的内容。

如何让机器人实现既定的轨迹？这可以通过编程来完成，因此，需要学习工业机器人的编程语言，这是第 7 章学习内容，包括学习示教编程和离线编程。第 7 章还介绍了市场上主流工业机器人的编程语言。机器人要投入应用前，需要建立与作业相关的坐标系，包括世界坐标系、工具坐标系、工作台坐标系、工件坐标系等，也需要对这些坐标系进行标定。因此第 8 章将学习与工业机器人作业相关坐标系的建立及标定方法。

工业机器人要在现场得以应用，必须与相关的外围设备相集成，形成机器人工作站。如何配置机器人工作站，以及通过什么样的技术手段能够实现系统集成，这是第 9 章工业机器人系统集成将要学习的内容，也是本书的落脚点。具体内容包括机器人工作站开发面临的基本问题以及解决这些基本问题的途径、工业机器人工作站开发的流程，以及如何一步一步实施这些流程等。

对于目前的机器人作业如焊接、喷涂、激光加工等，机器人及外围设备都是成熟的产品，但这并不意味着机器人工作站的开发是一个“轻而易举”的工作。机器人工作站的开发，本质上需要在所有分立的设备控制器的基础上，开发一个层级更高的控制器——“总控制器”，来协调机器人和外围设备的运行。首先，“总控制器”与这些分立设备之间如何通信，这才是机器人工作站开发的关键。解决了这个问题之后，就是控制策略设计问题。因此，机器人工作站的开发是一个典型的系统集成问题。编者相信，第 9 章内容将给读者提供一个清晰的机器人系统集成的技术脉络。

机器人的典型应用案例将在第 10 章给出，作为本书相关内容的具体应用。

本书由上海应用技术大学荆学东完成。感谢 KUKA 机器人(上海)有限公司为教材提供了机器人技术参数、工程案例和部分图片，其中于进杰、顾俊和林杨胜蓝特别为本书第 10 章撰写提供了相关案例资料和建议；感谢 ABB(中国)有限公司上海分公司为教材提供了机器人技术参数和部分图片。

本书可以作为与机器人技术相关专业的本科生和研究生教材，也可为学习和掌握工业机器人技术及应用的工程技术人员提供参考。

编者

目　录

第 1 章

绪　论

◎ 学习成果达成要求

1. 了解工业机器人的概念，了解机器人的结构组成、分类及关键技术。
2. 熟悉工业机器人的关键技术指标。
3. 了解工业机器人编程语言的作用和工业机器人的主要应用领域。
4. 熟悉应用机器人解决工程问题面临的基本任务。

机器人的出现，既是科幻作家梦想的实现，也是科学家和工程技术人员的执着追求、灵感和智慧的结晶，揭示了技术“服务于人类”，同时也在“向人类学习”的过程中不断进步这一客观规律。最初的机器人外形上更像“机器”，动作比较“机械”，而当今的机器人在外形和功能上越来越接近“人”。这是机器人技术发展的脉络。机器人首先是机器，离不开运动和控制，因而，机器人技术离不开伺服驱动和控制技术的支撑，也伴随着不同时期新技术的发展而发展，特别是计算机技术和信息技术对机器人向智能化发展起到了关键作用。机器人技术不是一种单一的技术，它涉及机械工程、电气工程、计算机科学与工程学科以及高等数学、工程数学和工程力学等。在研究和应用工业机器人技术解决工程问题时，掌握这些学科的基础知识是需要的。

1.1　工业机器人简介

按照国际标准化组织(ISO)的定义：机器人是一种具有多功能、可编程的操作机，用于搬运材料、零件和工具等；或者是为了执行不同的任务而具有运动可改变或可编程(控制)的专门系统。

机器人按照用途可以分为工业机器人和服务机器人两大类。工业机器人是面向工业生产领域的机器人，主要指机械手。本质上工业机器人是一种安装有记忆装置和末端执行装置，能够完成各种运动来代替人类劳动的通用机器。

自 1961 年 Unimation 公司生产出世界上第一台工业机器人以来，工业机器人的发展已有近 60 年的历史，其间主要经历了四个典型阶段：20 世纪 50—60 年代，工业机器人萌芽阶段，液压伺服驱动技术日臻成熟；70—80 年代，液压伺服驱动的工业机器人在汽车制造业开始批量应用；90 年代至 21 世纪初，电气伺服驱动技术发展成熟，工业机器人应用快速增长；21 世纪 10 年代，信息技术和网络技术引领机器人技术，工业机器人进入普及及智能化时代。

在上述过程中，先后有示教机器人、感觉机器人和智能机器人三代工业机器人出现。工业机器人技术的发展和应用一直依赖于伺服驱动技术、伺服控制技术和传感器技术的发展。工业机器人发展从 2 轴到 6 轴、从重量级到轻量级，驱动方式从液压驱动到电机驱动，应用领域从汽车工业到其他行业，工业机器人新的功能和应用领域不断增加。目前有 110 多万台工业机器人在世界各地的工厂投入运行。

机器人作为一种具有高度柔性的自动化设备，广泛应用于制造业的各个领域，它对提高生产线的柔性具有特别重要的意义。工业机器人及其自动化成套设备的拥有数量和水平是衡量一个国家制造业综合实力的重要标志之一。

目前工业机器人的产业链也日臻完善。产业链的上游是机器人制造商，下游是机器人系统集成商。然而只有机器人本身是无法完成任何具体工作的，需要将机器人与外围设备集成之后才能为终端客户所用。系统集成商为终端客户提供解决方案，负责工业机器人的系统集成和应用软件开发。在我国，机器人系统集成商一般购买商用机器人整机，然后根据不同行业或客户的需求，制订出符合生产需求的整体解决方案。

1.2 工业机器人的组成、分类及关键技术

1.2.1 工业机器人的组成

工业机器人一般由控制柜、机器人本体、示教盘和编程器组成。机器人本体是机器人机械系统的总称，它包括机体结构和机械传动系统，一般包括传动部件、机身及行走机构、臂部、腕部和手部五个部分。

典型的工业机器人本体具体结构如图 1－1 所示。

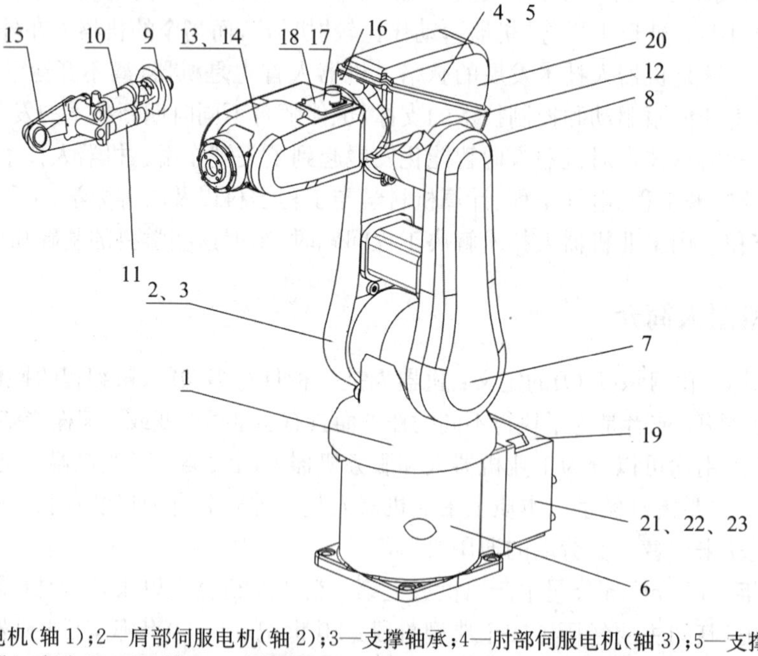

1—腰部伺服电机(轴 1)；2—肩部伺服电机(轴 2)；3—支撑轴承；4—肘部伺服电机(轴 3)；5—支撑轴承(轴 3)；6—腰部减速器(一般为 RV 减速器)；7—肩部减速器(一般为 RV 减速器)；8—肘部减速器(一般为 RV 减速器)；9—手腕轴 4 伺服电机总成；10—手腕轴 5 伺服电机总成；11—手腕轴 6 伺服电机总成；12—手腕轴 4 减速器(一般为谐波减速器)；13—手腕轴 5 旋转接头总成；14—手腕轴 6 旋转接头总成；15—手腕传动带组；16—阀组总成；17—手腕 I/O 接口；18—手腕总线接口；19—电缆组；20—仪表盒；21—旋转变压器数字转换器(RDC)；22—I/O 模块；23—接线端子

图 1－1 工业机器人本体结构

1.2.2 工业机器人的分类

工业机器人按坐标形式分为直角坐标机器人、圆柱坐标机器人、球坐标机器人和关节机器人，如图1－2所示。

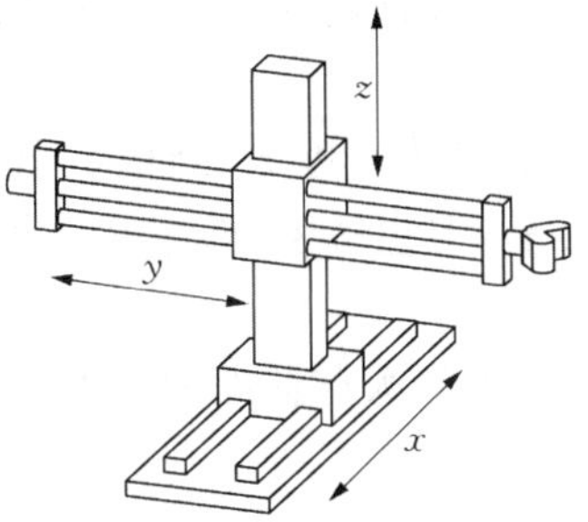

(a) 直角坐标机器人

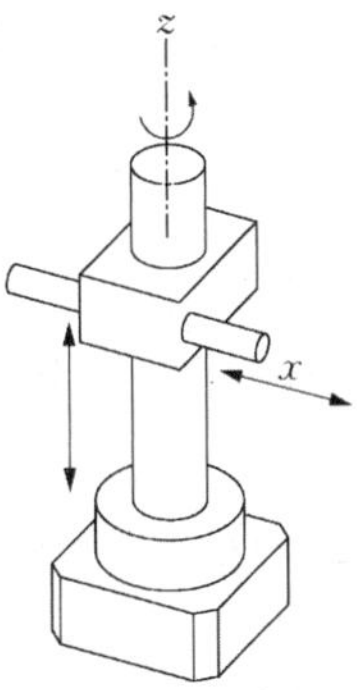

(b) 圆柱坐标机器人

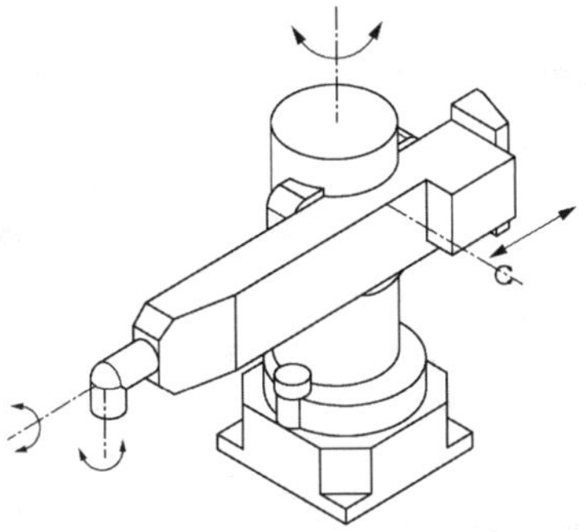

(c) 球坐标机器人

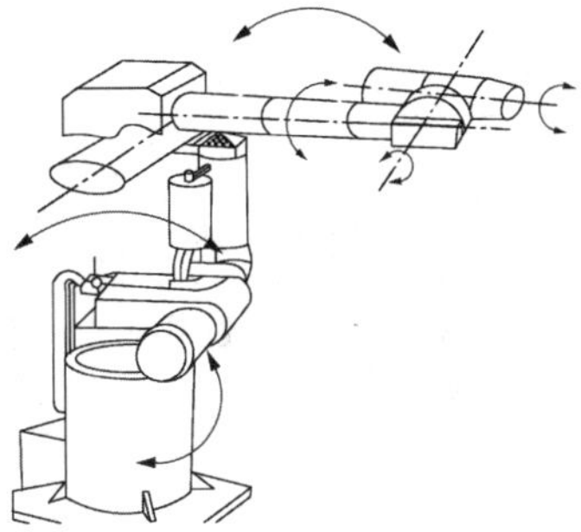

(d) 关节机器人

图1－2 工业机器人的坐标形式

不同坐标形式工业机器人的特点及应用见表1－1。

表1－1 不同坐标形式工业机器人的特点及应用

坐标形式	作业空间		惯性	定位精度	定向特征	结构特点	应用情况	特点及应用范围
	大小	形状						
直角坐标	较小	立方体	较大	容易控制	好	简单	较多	机器人末端易做直线运动，适用于长方体形作业空间
圆柱坐标	较大	空间柱体	较大	容易控制	较好	较简单	较多	机器人末端易做圆弧形轨迹运动，适用于圆弧形及圆柱体作业空间，能改变工件一个轴向的方位；不易做直线运动
球坐标	大	扇形截面旋转体	较小	不易控制	差	较复杂	较少	能改变工件两个轴向的方位，适用于扇形截面的回转体作业空间，不易做直线运动
关节型	大	球体	较小	不易控制	差	复杂	较多	臂能折叠，并传送工件到任意方向，易做复杂动作，能改变工件三个轴向的方位
复合坐标	大	柱体	较大	不易控制	差	较复杂	较少	能扩大作业范围，并具有相关运动坐标形式的部分特点，适用于多工位的移动式作业

工业机器人按照几何结构特点可分为串联机器人和并联机器人。串联机器人(serial robot)是一种具有开式运动链的机器人,机器人的各个连杆通过转动关节或移动关节按照一定的顺序依次连接,形成一条开链,如图 1-1 所示。

并联机器人(parallel robot)是指机器人的末端执行器(动平台)和基座(定平台)之间通过两个或两个以上完全相同的独立的运动链相连接,以并联方式驱动的一种具有闭链机构的机器人。

与串联机器人相比,并联机器人有以下特点:①机器人刚度大,结构稳定;②承载能力强;③微动精度高;④在位置求解上,并联机器人反解容易,但正解困难,串联机器人则相反,其正解容易,反解困难。

基于上述特点,并联机器人在需要高刚度、高精度或者大载荷而无须很大工作空间的领域得到了广泛应用。

机器人中不同驱动方式的特点对比见表 1-2。

表 1-2 不同驱动方式的特点对比

比较内容	驱动方式			
	电机驱动		气压驱动	液压驱动
	伺服电机驱动	步进电机驱动		
输出力	输出力较小,过载能力强	输出力较小,一般无过载能力	气体压力小,输出力较小	液压压力大,可获得较大的输出力
控制性能	控制性能好,可精确定位,但控制系统复杂	定位准确,但精度没有伺服电机高;低频控制性能差	速度快,冲击大,精确定位难,气体压缩性大,阻尼效果差,位移和速度不易控制	油液不可压缩,流量易精确控制,可实现无级调速,可实现连续轨迹控制
体积	体积较小	体积小	体积较大	在输出力相同的条件下体积小
维护维修	维修使用较复杂	相对于伺服电机简单	维修方便,能在高温、粉尘等恶劣环境中使用,泄漏影响小	维修方便,液体对温度变化敏感,油液泄漏影响大,易着火
应用范围	可实现复杂运动轨迹控制的中小型通用机械手控制	可实现复杂运动轨迹控制的中小型通用机械手的开环控制	中小型专用,通用机械手也有应用	中小型专用,通用机械手也有应用,重型机械手多为液压驱动
成本	成本较高	成本高,相对伺服电机低	结构简单,气源供给方便,成本低	液压元件成本较高,油路系统复杂

1.2.3 工业机器人的关键技术

工业机器人有四大关键技术,包括机器人用减速器技术、多轴伺服控制技术、伺服电机及其驱动技术和传感器技术。

1) 机器人用减速器技术

机器人的关节一般采用电机驱动,腰部以上的电机分别安装在肩部、肘部和腕部,它们的重量影响末端执行器的有效负载和运动速度大小。目前每个关节的驱动电机由于受到尺寸和重量的约束，难以输出能满足负载所需的力和力矩。为此，需要通过减速器降低输出速度而增大输出力或力矩。目前应用于工业机器人领域的减速器主要有 RV(rot-vector)减速器和谐波减速器。

RV 减速器采用两级减速，如图 1－3 所示，具有传动比大、传动效率高、运动精度高、回差小、振动低、疲劳强度大和刚度大以及工作寿命长等优点，故一般用于机器人大臂、肘部和肩部的传动，以承受较大负载。

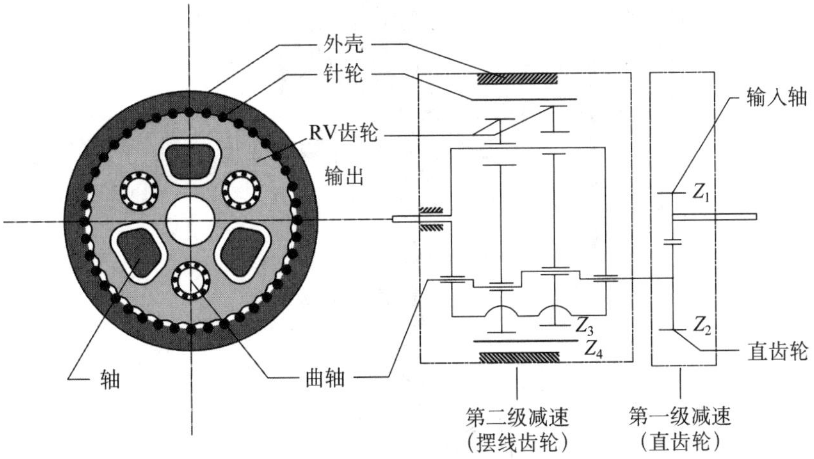

图 1－3　RV 减速器

谐波减速器由固定的内齿刚轮、柔轮和使柔轮发生径向变形的波发生器组成，具有结构简单、体积小、重量轻、传动比范围大、承载能力强、运动平稳、传动效率高等优点，一般用于机器人的小臂、腕部和手部的传动，如图 1－4 所示。

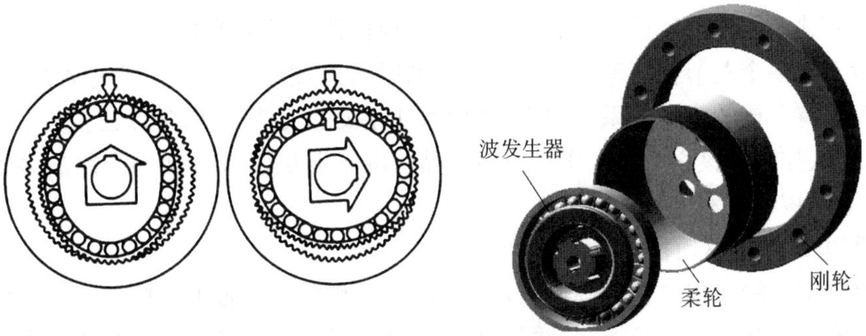

图 1－4　谐波减速器

目前市场上主流的工业机器人用减速器主要包括帝人减速器(Nabtesco)、住友减速器(Sumitomo)、Harmonic Drive 谐波减速器、利罗尔西(Rossi)减速器、Dynabox 减速器和 SEW 减速器等。

2) 多轴伺服控制技术

机器人的伺服系统包括伺服控制器、伺服电机驱动器和伺服电机，如图 1－5 所示。

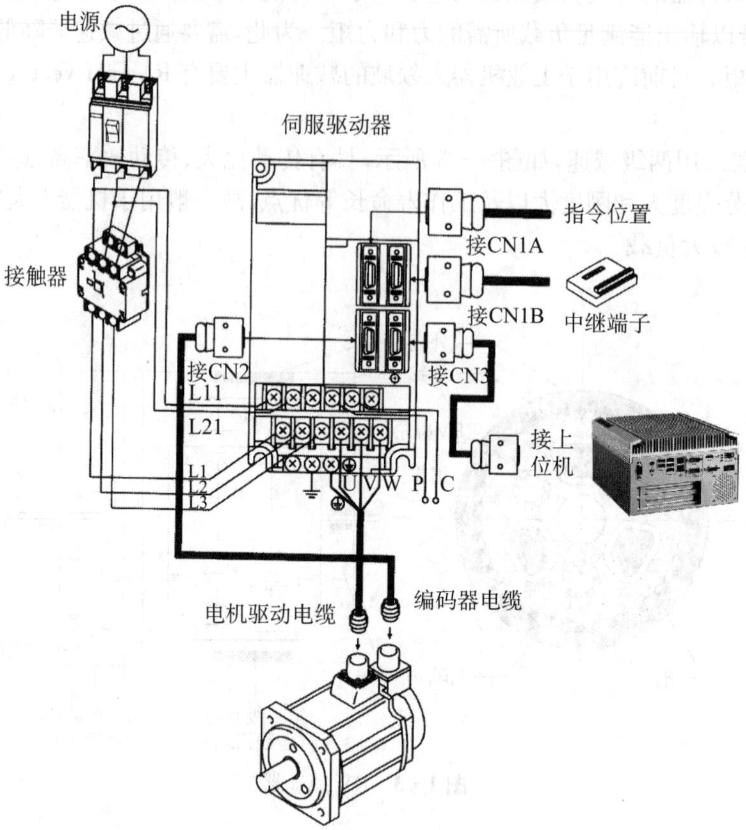

图1-5 伺服控制系统组成

机器人作业前需要进行运动规划，即根据作业对象的要求，确定机器人末端执行器的运动轨迹和姿态变化。该运动轨迹和姿态变化要分解成机器人每个关节的运动。机器人末端的运动轨迹一般需要多个关节轴联动才能实现。所谓联动，是指机器人各个坐标轴之间的位移、速度和加速度保持严格的定量关系。因而，如何保证相关的关节联动，且保证多关节的合成运动精度，是机器人控制的核心问题。市场上主流品牌的工业机器人都使用专用的多轴伺服控制器，这是机器人核心技术之一。

3）伺服电机及其驱动技术

伺服电机不仅能实现位置精确控制，而且可以实现速度和加速度精确控制。伺服电机转子的角位移和转速受输入信号控制，并能快速反应，且具有时间常数小、线性度高等特点。伺服电机分为直流和交流伺服电机两大类。机器人用伺服电机要求功率变化率[即电机连续(额定)力矩和转子转动惯量之比]及惯量体积比大。

伺服系统除了可以进行位置控制外，还可以进行转矩控制。对于工业机器人关节驱动电机，要求其最大功率质量比和扭矩惯量比大，启动转矩大，电机惯量小，调速范围宽，调速平滑等。从腰部到腕部，机器人所使用的伺服电机差异较大，对于腕部驱动电机，应采用体积小、质量尽可能小的电机，要求响应速度快；而腰部和肩部电机，则要求输出力矩大、响应速度快。机器人用伺服电机必须具有较高的可靠性和稳定性，并且具有较大的短时过载能力，这是伺服电机在工业机器人中应用的先决条件。

机器人对关节驱动电机的要求非常严格，主要包括：

(1) 快速响应。响应指令的时间越短，伺服控制系统的灵敏性越高，快速响应性能就越好，一般是以伺服电机时间常数的大小来表征伺服电机快速响应的性能。工业机器人电气伺服系统一般包括三个闭环控制，即电流环、速度环和位置环。一般情况下，对于交流伺服驱动器，可通过对其内部功能参数进行人工设定而实现位置控制、速度控制和转矩控制等多种性能要求。

(2) 启动转矩惯量比大。在驱动负载的情况下，要求机器人伺服电机的启动转矩大、转动惯量小。

(3) 控制特性的连续性和线性好。随着控制信号的变化，电机的转速能连续变化，有时还需转速与控制信号成正比或近似成正比，同时调速范围宽，能在 1∶1 000～1∶10 000 的范围内调速。此外，为了配合机器人的体形，伺服电机必须体积小、质量小、轴向尺寸短，而且能经受苛刻的运行条件，可进行频繁的正反向和加减速运行，并能在短时间内承受数倍过载。

伺服驱动器是用来控制伺服电机的一种控制器，如图 1-6 所示，主要应用于高精度的定位控制系统。伺服驱动器一般通过位置、速度和力矩三种闭环方式对伺服电机进行控制，以实现高精度的系统定位，其中的速度环设计合理与否，对于整个伺服控制系统特别是速度控制性能的发挥起到关键作用。

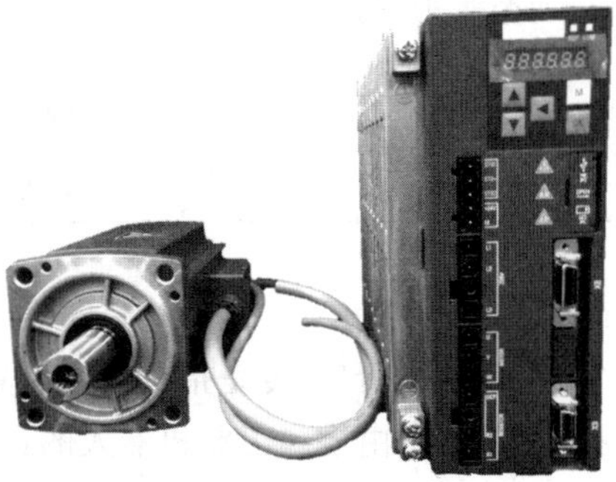
图 1-6　伺服电机和驱动器

4) 传感器技术

按照传感器安装于机器人本体上还是本体以外，机器人用传感器可以分为内部传感器和外部传感器两类。内部传感器主要测量机器人各关节的位移、速度、加速度和力；由于机器人需要适应外部环境的变化，实现自动正功能，因此需要外部传感器。内部传感器包括位移传感器、速度传感器、加速度传感器、力传感器和力矩传感器；外部传感器包括触觉传感器、接近度传感器、声觉传感器、温度传感器和视觉传感器。

1.3　工业机器人的主要技术指标

工业机器人的主要技术指标包括自由度、重复定位精度、工作范围、最大工作速度、承载能力和防护等级等。以 KUKA KR160 机器人为例，其主要性能指标见表 1-3。

表 1-3　KUKA KR160 机器人主要性能指标

性能参数	指标
负载(指第 6 轴最前端 P 点负载)	16 kg
手臂/第 1 轴转盘负载	10/20 kg
总负载	46 kg

（续表）

性能参数		指标	
运动轴数		6	
法兰盘(第 6 轴上)		DIN ISO 9409 - 1 - A50	
安装位置		地面/墙壁/天花板	
重复定位精度		±0.05 mm	
控制器		KRC2	
自重		235 kg	
作业空间范围		14.5 m^3	
每个轴的运动参数		运动范围	运动速度
	轴 1	+/−185°	156°/s
	轴 2	+35°/−155°	156°/s
	轴 3	+154°/−130°	156°/s
	轴 4	+/−350°	330°/s
	轴 5	+/−130°	330°/s
	轴 6	+/−350°	615°/s

1）自由度

机器人的自由度是指机器人所具有的独立关节轴(坐标轴)的数目,它不包括手爪(或末端执行器)的自由度。工业机器人的自由度是根据用途而确定的,由于确定空间自由运动的物体需要 6 个独立参数(3 个位置参数和 3 个姿态参数),因此一般通用工业机器人有 6 个自由度,而一些专用工业机器人的自由度也可能小于 6。

2）重复定位精度

工业机器人重复定位精度是指机器人重复定位于同一目标位置的能力,以实际位置值的分散程度来表示。实际应用中常以重复测试结果标准偏差值的 3 倍来表示重复定位精度,以衡量一系列位置误差值的密集度。

3）工作范围

工作范围是指机器人手腕中心或法兰盘中心所能到达的所有点的集合,也称工作区域,图 1－7 所示是 KUKA KR160 机器人的工作范围。工作范围的形状和大小对机器人作业十分重要,作业对象的轨迹必须位于机器人的工作范围内,否则机器人无法完成作业任务。

4）最大工作速度

商用机器人一般给出机器人每个轴的最大工作速度。工作速度越高,工作效率就越高。

5）承载能力

承载能力是指在工作范围内的任何位置上,机器人末端及各轴所能承受的最大负载。承载能力不仅与负载的质量有关,也与机器人运行的速度、加速度的大小和方向有关。为了安全起见,承载能力这一技术指标是指高速运行时的承载能力。承载能力不仅指负载,也包括机器人末端执行器的质量。

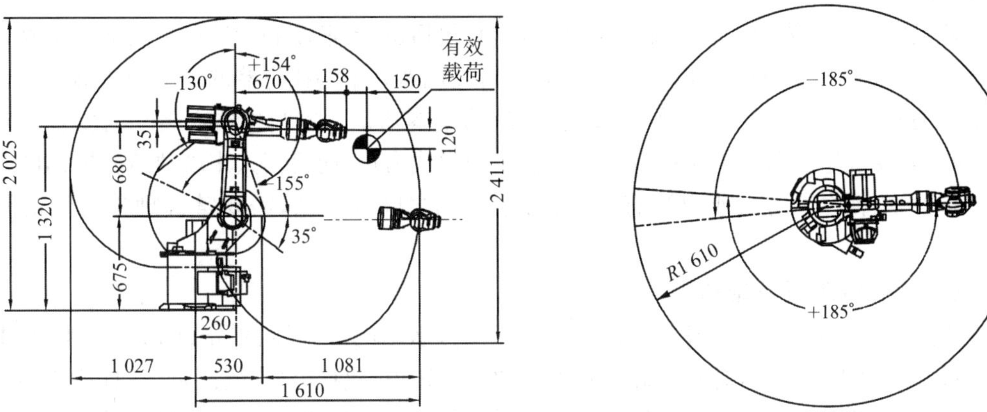

图1-7　KUKA KR160 机器人工作范围

6）防护等级

设备的防护等级由 IP 和两个数字组成，标记为"IP xy"，其中第 1 个数字"x"表示电器防止外物侵入的能力等级、第 2 个数字"y"表示电器防湿气、防水侵入的密闭程度。两个标示的数字越大，表示其防护等级越高。例如"IP65"，表示该设备"完全防止粉尘进入、任何角度低压喷射无影响"。机器人制造商根据机器人工作的环境不同为机器人提供了不同的防护等级，具体可参考 GB/T 4208—2017《外壳防护等级（IP 代码）》。

1.4　机器人编程语言

不同的工业机器人生产厂商为其机器人的应用提供了不同的编程语言，如 KUKA 机器人采用 KRL 编程语言，ABB 机器人采用 RAPID 编程语言，FANUC 机器人采用 KAREL 编程语言，安川机器人采用 INFORM 编程语言。这些机器人语言是针对作业或者任务开发的语言，类似于数控系统中的 G 代码，编程效率高，但互相不通用。一般机器人制造商还会提供离线编程仿真软件，仿真结果可以直接下载到机器人控制器中运行。

与学习其他高级语言不同，在学习和应用专用的机器人语言进行编程时，首先需要熟悉与作业相关的工艺，如开发机器人焊接作业程序需要熟悉焊接工艺，开发机器人喷涂作业程序需要熟悉喷涂工艺。

如果用户要自行开发机器人系统，还可以考虑选择 ROS（robot operating system），并选择 Ubuntu（开源 GNU/Linux 操作系统）或 Android 作为操作系统，完成控制系统硬件配置和应用程序开发。

1.5　研究和应用机器人技术须具备的基础知识

1.5.1　机械工程基础知识

机器人由一系列零部件通过关节（运动副）连接起来，以实现一定的机械运动，因而机构的组成原理、运动副类型和机构的运动分析成为学习机器人技术的基本内容，为此需要学习机械原理方面的知识。由于机器人是由一些具有一定尺寸和结构的零件装配而成，因而常用的零部件结构和设计方法，包括机械连接件、常用的传动形式（如齿轮传动、蜗杆涡轮传动、同步带传动）及其零部件结构设计成为基本内容，为此也需要学习与机械设计相关的内容。

1.5.2 数学和力学基础知识

工业机器人最终需要的是末端执行器的运动，包括位移、速度和加速度。为研究机器人的运动，需要学习微积分的基本知识。此外，为了研究机器人末端执行器的运动与机器人每个关节运动的关系，需要掌握线性代数（主要是矩阵）的基本知识。控制机器人运动需要克服负载阻力，因而需要确定机器人末端执行器所需输出的力或力矩，而机器人末端执行器输出的力或力矩与每个关节输出的力或力矩有关，要确定它们之间的关系，需要掌握理论力学的基本知识。

1.5.3 控制工程基础知识

在应用工业机器人时，一般希望末端执行器保持运动的准确性、稳定性和可靠性，其中稳定性是最基本要求。为此，需要掌握控制工程的基本知识，包括电机、液压缸、气缸等典型环节的传递函数、一阶系统和二阶系统特性等。机器人的位置控制和力控制一般是通过设定目标值，而后通过测量实际值和目标值的差距来逐渐减小偏差。为此，需要掌握比例积分微分(proportional integral differential, PID)控制策略，大部分工程控制问题都可以用 PID 控制策略加以解决。

1.5.4 电气工程基础知识

要了解机器人控制系统的硬件构成和控制系统的主要功能包括自动控制、保护、监视和测量等，需要电气工程基础知识。为此，需要学习电工技术、自动控制原理、控制电机技术、工厂电气技术、PLC 技术等。

1.5.5 计算机及现场总线技术基础

1）微型计算机原理及接口技术

由于工业机器人都是基于计算机控制的系统，每个关节的运动指令由计算机的控制器通过输出端口发出，关节的位移、速度和力等信息需要通过计算机的输入端口反馈；相关数据的算术运算和逻辑运算须经过计算机的运算器来完成；数据处理结果还需要存储和显示。要理解上述过程，需要了解计算机的五大硬件结构及其之间的关系。

计算机各功能部件之间的信息传递是通过总线(bus)完成的。微型计算机中的总线一般包括内部总线、系统总线和外部总线。内部总线是指微机内部各外围芯片与处理器之间的总线；而系统总线是指微机中各插件板与系统板之间的总线，用于插件板一级的互连。内部总线中的数据总线类型包括 ISA、EISA、VESA、PCI、PXI 等，需要了解它们的特点和应用场合。外部总线是指微型计算机和外部设备之间的总线，即通过该总线和其他设备进行信息与数据交换，其用于设备一级的互连。

由于软件是用户与计算机之间的接口界面，用户主要通过软件与计算机进行交流。计算机软件包括系统软件（指控制和协调计算机及外部设备，支持应用软件开发和运行的系统，无需用户干预）和应用软件（指用户可以使用的各种程序设计语言，也包括用各种程序设计语言编制的应用程序的集合，分为应用软件包和用户程序两类）。机器人及外围设备的运行控制软件属于应用软件，需要由开发人员设计。

2）现场总线技术

由于机器人需要与外围设备组成系统才能完成一定的功能，而机器人与外围设备最有效的集成途径就是基于工业现场总线。现场总线(field bus)主要解决工业现场的智能化仪器仪表、控制器、执行机构等现场设备间的数字通信，以及这些现场控制设备和高层控制系统之间的信息传递。目前市场上主要的现场总线类型,包括基金会现场总线(foundation fieldbus, FF)、CAN(controller area network,控制器局域网)总线、Lonworks总线、DeviceNet总线、PROFIBUS总线、HART总线、CC-Link总线、WorldFIP总线和INTERBUS总线。

主流的工业机器人一般支持一种或者几种现场总线。在选择机器人及外围设备时,要充分注意机器人及外围设备都支持何种类型的现场总线。现场总线提供成熟而友好的应用程序开发环境,从而提高了机器人与外围设备相集成的开发效率。

1.6 工业机器人的应用

1.6.1 主要商用工业机器人品牌

目前市场上应用的主要工业机器人概况见表1-4。

表1-4 主要商用工业机器人概况

机器人品牌名称	所属国家	主要应用领域	主要应用行业
库卡(KUKA)	德国	焊接、搬运、码垛、包装、加工或其他自动化作业等	汽车制造业、物流、食品、金属加工、铸造锻造、石材等
ABB	瑞典	焊接、装配、搬运、喷涂、精加工、包装和码垛等	汽车制造、食品饮料、计算机和消费电子等
发那科(FANUC)	日本	装配、搬运、焊接、铸造、喷涂、码垛等	汽车制造、飞机制造、电气和电子设备制造、食品等
川崎(KAWASAKI)	日本	焊接、喷涂、码垛等	汽车、家电、物流、五金、塑料等
安川(YASKAWA)	日本	焊接、搬运、装配、喷涂等	汽车制造业、金属加工业、食品生产业和制药业
那智不二越(NACHI)	日本	点焊、搬运、码垛等	航天工业、轨道交通、汽车制造、机械制造等
史陶比尔(STAUBLI)	瑞士	喷涂、机械加工等	机床加工、生命科学、食品、光伏、半导体等
柯马(COMAU)	德国	点焊、弧焊、搬运、压机自动连线、铸造、涂胶、组装和切割等	汽车制造、航空制造等
爱普生(EPSON)	日本	装配、搬运、激光焊接、激光切割等	3C(计算机、通信、消费)电子、医疗、食品、太阳能、工业制造等
新松	中国	装配、码垛、物流、激光加工等	汽车整车及汽车零部件、工程机械、轨道交通、低压电器、电力、IC装备、军工等

1.6.2 工业机器人的主要应用领域

1) 机器人搬运

如图 1-8 所示，目前搬运仍然是工业机器人的第一大应用领域。搬运作业是指用一种设备握持工件，将其从一个加工位置移到另一个加工位置。搬运机器人可安装不同的末端执行器，以完成各种不同形状工件的搬运工作。目前世界上使用的搬运机器人逾 10 万台，主要应用于机床上下料、冲压机自动化生产线、自动装配流水线、码垛和集装箱等的自动搬运。

机器人搬运的主要优点包括节省人力、作业有序、效率高、容易与生产系统的节拍协调等。

2) 机器人焊接

机器人焊接包括点焊和弧焊，目前仍然主要应用于汽车制造业。如图 1-9 所示，汽车生产流水线上的多机器人协同，完成车体焊接作业。

图 1-8 机器人搬运

图 1-9 汽车车体多机器人焊接

机器人焊接的优点如下：

(1) 焊接质量高且稳定。焊接工艺参数(如焊接电流、电压、焊接速度等)对焊接结果起决定作用。采用机器人焊接时对每条焊缝的焊接参数都可以保持恒定，因此焊接质量稳定。

(2) 提高劳动生产率。理论上机器人可以 24 小时连续作业，另外随着高速高效焊接技术的应用，机器人焊接效率提高得更加显著。

(3) 产品周期明确，焊接质量可控。机器人的生产节拍易于设定，因此安排生产计划非常方便。

(4) 产品换代周期缩短。采用机器人焊接后，可缩短产品改型换代的周期，并减少了设备投资，可实现小批量焊接作业的自动化。

3) 机器人装配

装配机器人主要从事零部件的安装、拆卸以及修复等工作，如图 1-10 所示。目前装配机器人的大量作业是轴与孔的装配，为了在轴与孔存在误差的情况下进行装配，应使机器人具有柔顺性，包括主动柔顺性和从

图 1-10 机器人装配作业

动柔顺性。主动柔顺性是根据传感器反馈的信息，而从动柔顺性则是利用不带动力的机构来控制手爪的运动，以补偿其位置误差。

机器人装配具有精度高、柔顺性好、易于与生产系统融合的特点，还能代替人工完成危险性的工作。

4）机器人喷涂

机器人喷涂主要完成喷漆、涂装和涂胶（点胶）等工作。图1－11所示是机器人为汽车车身进行喷漆作业。

机器人喷涂的优点如下：

（1）作业柔性大。喷涂作业范围大，可实现内表面及外表面的喷涂；可实现多种喷涂工艺喷涂。

（2）喷涂质量高、涂料利用率高。喷枪的喷涂轨迹可以按照工件的形状进行精确规划，喷枪移动速度精确、稳定，因而涂层厚度均匀；机器人喷涂可以减少喷涂量和清洗溶剂的用量，并提高涂料的利用率。

图1－11　机器人喷漆

（3）系统易操作和维护。喷涂系统可以采用离线编程方式，缩短了现场调试时间；喷涂工装和夹具可采用模块化设计，可实现快速安装和更换，缩短了维护和维修时间。

（4）设备利用率高。可以按照生产节拍调整喷涂作业规划，因而设备空行程时间短，喷涂机器人的利用率可高达90％～95％，而一般往复式自动喷涂机的利用率仅为40％～60％。

5）机器人机械加工

机械加工机器人主要从事激光焊接、激光切割和抛光等作业，如图1－12和图1－13所示。

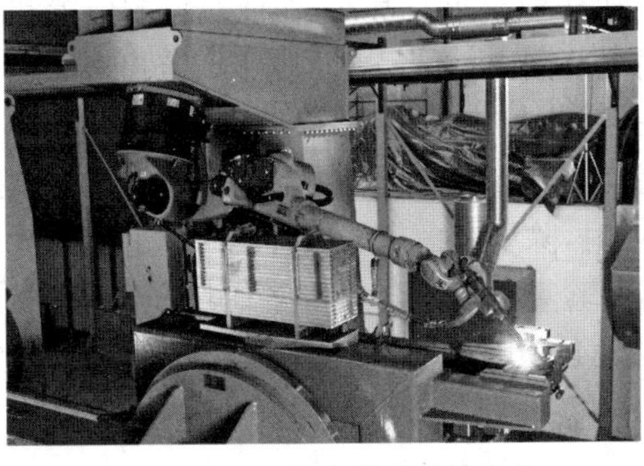

图1－12　机器人激光焊接作业

图1－13　机器人激光切割作业

激光加工是利用光的能量经过透镜聚焦后在焦点上达到很高的能量密度，从而可以靠光热效应来实现加工目的。激光加工作业速度快、表面变形小，可加工各种材料；可以用激光束对材料进行各种加工，如打孔、切割、划片、焊接、热处理等。

在光整加工中，机器人可以“手持”高速的电动、气动工具，或与砂轮机、抛丸机等配合，对零件的表面进行处理，如打磨、抛光、倒角、去毛刺等，如图1－14所示。

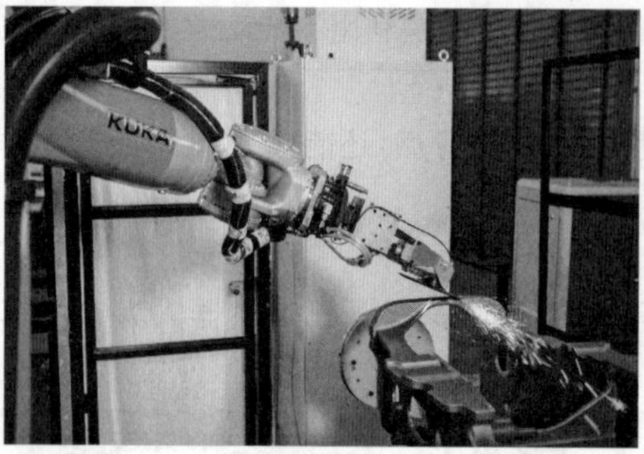

图 1-14　机器人打磨、抛光

图 1-15　机器人车身轮廓测量

6）机器人测量

将测量头安装于机器人的末端，可以按照规划路径自动完成零部件尺寸及轮廓测量，这种方式特别适合于自动化流水生产。图 1-15 所示是利用两个机器人合作完成汽车车身轮廓测量。

1.7　应用工业机器人解决工程问题面临的基本任务

工业机器人的应用，就是按照作业要求，在完成机器人选型、末端执行器设计、机器人外围设备配置、作业工装和夹具设计等任务的基础上，利用一定的技术手段将机器人及所有相关设备相集成，从而开发出一个能完成一定任务的独立单元——机器人工作站。为实现该目标，开发人员需要完成以下任务：

1）作业工艺确定

按照焊接、喷涂、激光加工、装配等作业要求，确定机器人作业工艺条件和作业对象的具体尺寸、作业精度等，并作为选择机器人的主要依据。

2）作业技术指标明确

首先，应确保工件的运动范围在机器人的工作范围之内，最好在机器人末端运动范围内的灵活空间（在此空间内，可以选择多种路径和姿态完成作业要求）；其次，作业对象的位置和姿态精度要在机器人技术指标中给出的位置和姿态精度范围内；再者，要根据生产节拍来确定机器人末端执行器的运动速度，该速度应该在机器人技术指标中的运动速度范围内；此外，还要考虑负载大小，如机器人进行搬运作业时，需要考虑作业对象的重量，也需要考虑作业对象搬运过程中惯性力大小的影响等；机器人进行喷涂作业时，除要考虑末端执行器的重量及惯性力外，还需要考虑涂料和气体喷出时的反冲力大小，需要验算它们的合力和合力矩是否在机器人末端规定的最大负载范围内；最后，作业环境要求也是必须考虑的，包括环境温度、有无粉尘、有无易燃易爆介质等。

3）机器人选型

主要考虑机器人末端执行器运动轨迹的形状、范围、精度和额定负载大小。如果机器人末端主要做平面运动，可以考虑采用直角坐标机器人；如果用于电子器件装配，可以考虑采用 SCAR 机器人；如果机器人作业对象和作业要求经常发生变化，可以考虑采用通用的 6 自由度关节机器人。机器人额定负载的确定，取决于作业对象的重量、速度和加速度等因素。

4）末端执行器设计

通用工业机器人末端（手腕）有连接法兰，用于连接末端执行器（手爪）。末端执行器需要根据作业要求另行设计或选配，如焊接作业的焊枪需要选配；而搬运作业用的真空吸盘、夹钳等需要自行设计。

5）外围设备配置

按照焊接、装配、喷涂等作业工艺要求配置外围设备，如焊接作业的自动焊机、变位机、保护气体输送装置等。

6）系统集成

第一步，利用技术手段，将机器人及外围设备融合成一个功能明确、性能可靠的工作单元——工业机器人工作站；第二步，将工业机器人工作站与生产系统相融合，完成用户提出的作业任务要求。

7）成本评估

在决定是否采用机器人解决生产问题时，需要综合考虑劳动力成本、机器人和外围设备的投资成本、使用成本以及机器人的维护成本。尽管劳动力成本上升是推动机器人应用的主要因素之一，但是还应看到，机器人“换人”不仅仅是机器人代替“人”完成了某些具体操作，并提高了生产率和产品质量，还应该看到机器人“代替人”后会增加一些新设备（如用机器人焊接代替人工焊接，需要给机器人配专用的焊接电源），而且需要根据作业要求增添工装和夹具；另外还应该清楚，由于采用机器人作业，对工件尺寸规格的一致性和生产节拍等方面的要求反而提高了。对于生产企业而言，机器人及外围设备的使用和维护成本也是新增加的成本。这些“额外成本”的比重及回收周期才是机器人代替人后能否取得预期经济效益的主要因素。

参考文献

[1] International Federation of Robotics (IFR). History of industrial robots online brochure by IFR [R]. 2012. http://www.ifr.org/news/ifr-press-release/50-years-industrial-robots-410/.

[2] International Federation of Robotics (IFR). Industrial breakthrough with robots 2011: the most successful year for industrial robots since 1961 [R]. 2012. http://www.ifr.org/news/ifr-press-release/industrial-breakthrough-with-robots-381/.

[3] Bruno Siciliano, Oussama Khatib. Springer handbook of robotics [M]. Berlin: Springer, 2008.

[4] Shimon Y N. Handbook of industrial robotics [M]. 2nd ed. [S. l.]: John Wiley & Sons, Inc., 1999.

思考与练习

1. 工业机器人常用的驱动技术有哪些？采用这些技术的机器人主要用于什么场合？

2. 按照坐标类型，机器人可以分为哪些类型，各有什么特点？

3. 工业机器人的四大关键技术是什么？

4. 工业机器人主要在哪些领域得到了应用？

5. 工业机器人的主要技术指标有哪些，这些指标如何检测？

6. 串联机器人和并联机器人各有什么特点？

7. 目前在中国乃至世界范围内出现“机器人换人”的主要原因有哪些？

8. 应用机器人解决工程问题面临的主要任务有哪些？

第 2 章

刚体运动描述、坐标变换及坐标系变换

◎ **学习成果达成要求**

1. 掌握刚体位置和姿态的概念以及坐标变换和基变换的方法。
2. 掌握齐次坐标和刚体位姿矩阵含义以及基于齐次坐标描述刚体运动的方法。
3. 掌握刚体变换矩阵左乘和右乘的物理意义。

机器人由多个构件(连杆)通过关节(铰链)连接在一起,机器人末端的运动才是真正用于满足工作要求的运动,但末端运动的灵活性和精准度与每个关节的运动相关。因此,要研究机器人末端的运动,就需要研究如何描述机器人每个构件(连杆)的运动。构件的宏观运动是组成构件的无数个点(质点)运动的"组合",本章将从研究点的运动入手,建立研究构件运动的方法。在运动过程中,可以把构件看作刚体即不变形的物体,从而将描述构件的运动转换为描述刚体的运动。

机器人一般属于空间机构,而研究空间机构的基本方法是在机构的每个构件上建立坐标系,通过坐标系之间的变化即位姿矩阵的变化,来研究构件的运动。每个构件上的坐标系都可以理解成三维欧氏空间的一组"基",因此坐标系之间的变换就是线性代数中的"基变换",构件上的点在不同坐标系上的坐标变换就是线性代数中的"坐标变换"。

工业机器人在现场工作时,为了便于描述工件的运动,需要在现场地面建立工作台坐标系,并在工件上建立工件坐标系。按作业要求可以确定工件坐标系相对于工作台坐标系的运动轨迹。对工件实施作业的是机器人的末端执行器,它安装在机器人末端连杆上,商用机器人描述的是机器人末端执行器相对于机器人基坐标系的运动。因而,要使得末端执行器能够完成既定的任务如抓取工件,工件坐标系、工作台坐标系、末端执行器坐标系和机器人基坐标系之间必须建立准确的位置关系,这种关系就是坐标系变换或基变换。

2.1 质点的运动描述

在三维空间中,一个自由质点 P 的位置可以用三个独立参数来唯一地确定,也称该质点具有三个自由度,如图 2-1 所示。三个独立参数在直角坐标系$\{A\}$可以用于表示质点 P 的位置向量 $\overrightarrow{OP}$,记为 ${}^{A}\boldsymbol{P}=[p_x \quad p_y \quad p_z]^T$;质点 P 从位置 P_1 到 P_2 的位移为$\overrightarrow{P_1P_2}=\overrightarrow{OP_2}-\overrightarrow{OP_1}$。

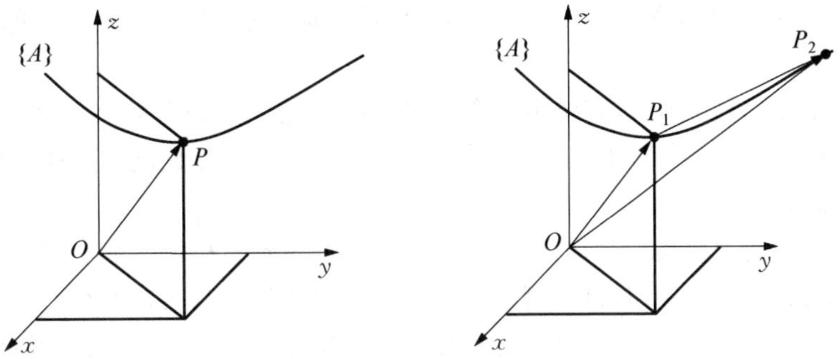

图 2-1 质点的运动

质点 P 运动的速度和加速度可通过位置向量${}^A\boldsymbol{P}$ 对时间求导得到,即

$$\left.\begin{aligned}{}^A\boldsymbol{P}&=\begin{bmatrix}p_x\\p_y\\p_z\end{bmatrix}\\{}^A\boldsymbol{v}&=\frac{\mathrm{d}^A\boldsymbol{P}}{\mathrm{d}t}=\begin{bmatrix}\dot{p}_x\\\dot{p}_y\\\dot{p}_z\end{bmatrix}\\{}^A\boldsymbol{a}&=\frac{\mathrm{d}^{2A}\boldsymbol{P}}{\mathrm{d}t^2}=\begin{bmatrix}\ddot{p}_x\\\ddot{p}_y\\\ddot{p}_z\end{bmatrix}\end{aligned}\right\}\tag{2-1}$$

在 ${}^A\boldsymbol{P}=[p_x \quad p_y \quad p_z]^T$ 中,p_x、p_y、p_z 分别表示向量$\overrightarrow{OP}$ 在坐标系$\{A\}$三个坐标轴 x、y、z 上的投影。由高等数学空间解析几何和向量代数中的相关理论可知,向量$\overrightarrow{OP}$ 可以由 x、y、z 方向的三个分向量的合成来表示。设坐标系$\{A\}$三个坐标轴 x、y、z 的正方向的单位向量分别为 $\boldsymbol{i}$、$\boldsymbol{j}$、$\boldsymbol{k}$,则质点 P 的位置向量、速度和加速度分别为

$$\left.\begin{aligned}{}^A\boldsymbol{P}&=p_x\boldsymbol{i}+p_y\boldsymbol{j}+p_z\boldsymbol{k}\\{}^A\boldsymbol{v}&=\dot{p}_x\boldsymbol{i}+\dot{p}_y\boldsymbol{j}+\dot{p}_z\boldsymbol{k}\\{}^A\boldsymbol{a}&=\ddot{p}_x\boldsymbol{i}+\ddot{p}_y\boldsymbol{j}+\ddot{p}_z\boldsymbol{k}\end{aligned}\right\}\tag{2-2}$$

需要指出,在空间中自由运动的质点,利用三个独立参数就能唯一确定在某一时刻该质点在空间中的位置,即它具有三个自由度。如果对质点的运动加以限制(约束),其自由度将减少。例如,一质点若被限制在直线或平面曲线(如圆周)上运动,其自由度为 1;如该质点被限制在平面或三维曲面(如球面)上运动,则其自由度为 2。

2.2 刚体运动描述

2.2.1 刚体的一般运动分析

机器人是由若干个连杆通过关节连接而成的,研究机器人的运动时,一般可以把每个连杆看作刚体。研究机器人运动,就变成研究组成机器人的一系列刚体的运动。刚体是由无数个

质点组成的，刚体的运动包含所有质点的运动，而且在运动过程中，质点之间的距离和相对位置保持不变。

在空间中自由运动的刚体，需要多少个独立参数才能唯一确定某一时刻该刚体在空间中的方位？由机械原理课程中的相关分析可知，应该有6个独立参数，也称空间中自由运动刚体具有6个自由度。

以图2-2所示的飞机飞行运动为例，飞机从甲机场飞到乙机场一般有固定的航线，航线有一定的宽度。地面的雷达站要时刻监测该飞机在空间中的位置是否在航线上，还要监测该飞机飞行的方向是否正确。它是通过监测飞机相对于地面雷达站坐标系$\{A\}$的位置向量$\overrightarrow{O_AO_B}$的三个坐标来确定飞机在空中的位置；而通过监测飞机的俯仰角θ、横滚角Ψ和偏航角Φ来判断飞机飞行的姿态是否正确。这6个参数可以唯一地确定飞机在空中的方位，包括位置和姿态。

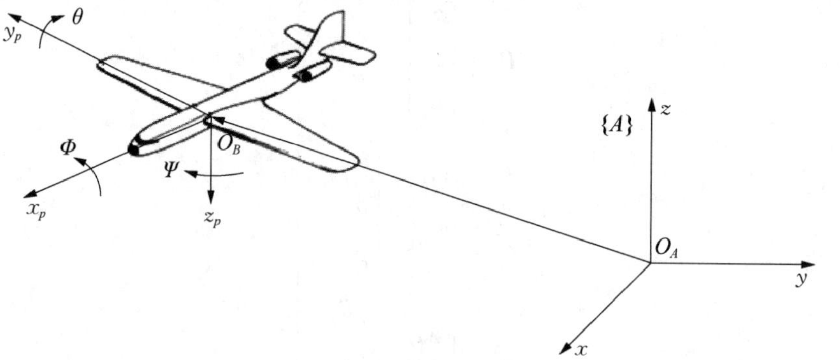

图2-2 飞机的飞行运动

2.2.2 刚体的位置和姿态描述

为了确定刚体的位置和姿态，需要在刚体上建立一个与刚体"固定"连接的坐标系$\{B\}$，如图2-3所示。刚体的运动，包括平动和转动，可由位置和姿态的变化来体现。具体而言，平动和转动可以由坐标系$\{B\}$与坐标系$\{A\}$之间的关系变化来确定。

如图2-3所示，由于物体在三维欧氏空间$\Re^3$中运动，坐标系$\{B\}$的原点O_B在欧氏空间$\Re^3$中的位置向量由3×1矩阵$\boldsymbol{p}_{AB}=\overrightarrow{O_AO_B}=[p_x \quad p_y \quad p_z]^T \in \Re^3$表示，它完全确定了刚体在某一时刻的位置。

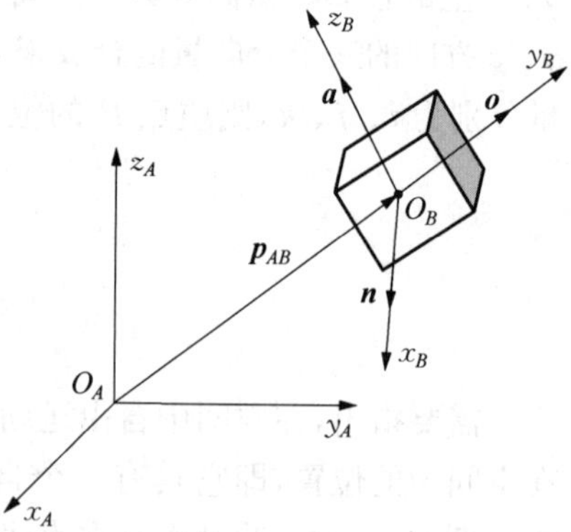

图2-3 刚体的位置、姿态与坐标系的关系

刚体的姿态反映的是刚体与坐标系$\{A\}$的三个坐标轴x_A、y_A、z_A之间的方向，也就是刚体与坐标系$\{A\}$的三个坐标轴之间的角度关系，它可由坐标系$\{B\}$的三个坐标轴x_B、y_B、z_B与坐标系$\{A\}$的三个坐标轴x_A、y_A、z_A之间的夹角确定。为此，需要研究如何确定两个向量的夹角。

由高等数学中的解析几何和向量代数相关理论可知，对于空间中的任意两个向量$\boldsymbol{p}$、$\boldsymbol{q}$，它们在坐标系中的三个坐标轴上的投影(p_x, p_y, p_z)和(q_x, q_y, q_z)，若满足$p_x/q_x=$

$p_y/q_y = p_z/q_z$,则向量 $\boldsymbol{p}$ 和 $\boldsymbol{q}$ 平行,即 $\boldsymbol{p}/\!/\boldsymbol{q}$ 确定。这表明一个向量 $\boldsymbol{p}$ 的方向可以由它在坐标轴上的投影(p_x, p_y, p_z)唯一确定,如图 2-4a 所示。

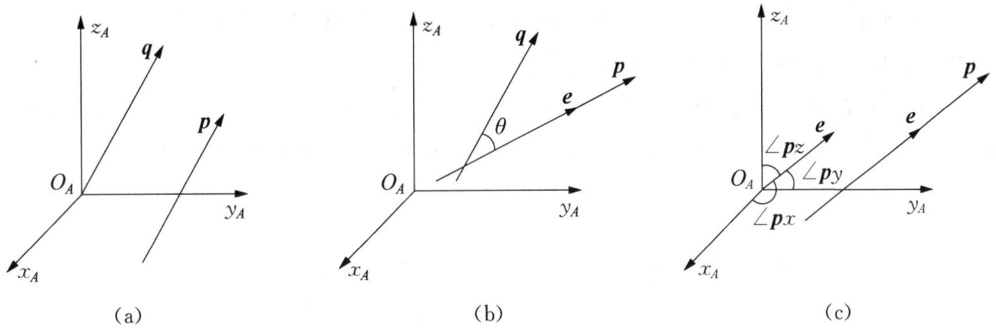

图 2-4 向量在坐标轴上的投影

可以应用空间解析几何和向量代数中向量点积的定义求向量 $\boldsymbol{p}$ 在 $\boldsymbol{q}$ 的投影。$\boldsymbol{p}$ 和 $\boldsymbol{q}$ 的点积为 $\boldsymbol{p}\cdot\boldsymbol{q} = \|\boldsymbol{p}\|\,\|\boldsymbol{q}\|\cos\theta$,其中:$\|\boldsymbol{p}\|$ 和 $\|\boldsymbol{q}\|$ 分别为向量 $\boldsymbol{p}$ 和 $\boldsymbol{q}$ 的模;θ 为向量 $\boldsymbol{p}$ 和 $\boldsymbol{q}$ 的夹角,如图 2-4b 所示。当 $\|\boldsymbol{q}\| = 1$, $\|\boldsymbol{p}\| = 1$ 时,向量 $\boldsymbol{p}$ 在 $\boldsymbol{q}$ 上的投影为 $\boldsymbol{p}\cdot\boldsymbol{q} = \|\boldsymbol{p}\|\,\|\boldsymbol{q}\|\cos\theta = \cos\theta$,即单位向量 $\boldsymbol{p}$ 在向量 $\boldsymbol{q}$ 上的投影为向量 $\boldsymbol{p}$ 和 $\boldsymbol{q}$ 的夹角 θ 的余弦值 $\cos\theta$。如图 2-4c 所示,向量 $\boldsymbol{p}$ 的单位向量 $\boldsymbol{e}$ 在三个坐标轴上的投影为 $[\cos\alpha \quad \cos\beta \quad \cos\gamma]^T$,其中 $\cos\alpha$、$\cos\beta$ 和 $\cos\gamma$ 分别为向量 $\boldsymbol{p}$ 与坐标轴 x、y、z 夹角的余弦值,由 $[\cos\alpha \quad \cos\beta \quad \cos\gamma]^T$ 可以完全确定向量 $\boldsymbol{p}$ 的方向。设 $\boldsymbol{p}$ 与坐标轴 x、y、z 夹角分别为 $\angle\boldsymbol{p}x$、$\angle\boldsymbol{p}y$ 和 $\angle\boldsymbol{p}z$,则向量 $\boldsymbol{p}$ 在坐标系 $\{x_A \quad y_A \quad z_A\}$ 中的方向向量为

$$\left.\begin{aligned}\cos\angle\boldsymbol{p}x &= \cos\alpha\\ \cos\angle\boldsymbol{p}y &= \cos\beta\\ \cos\angle\boldsymbol{p}z &= \cos\gamma\end{aligned}\right\} \tag{2-3}$$

向量 $\boldsymbol{p}$ 的方向由向量 $\boldsymbol{p}$ 与坐标轴 x、y、z 夹角的余弦值 $\cos\angle\boldsymbol{p}x$、$\cos\angle\boldsymbol{p}y$、$\cos\angle\boldsymbol{p}z$ 唯一决定,即由 $\boldsymbol{p}$ 的单位向量 $\boldsymbol{e}$ 在坐标轴 x、y、z 投影唯一决定。

如图 2-3 所示,沿着坐标系 $\{B\}$ 的三个坐标轴 x_B、y_B、z_B 的正方向分别取三个单位向量,它们在坐标系 $\{B\}$ 中分别为 $\boldsymbol{e}_1 = [1 \quad 0 \quad 0]$, $\boldsymbol{e}_2 = [0 \quad 1 \quad 0]$, $\boldsymbol{e}_3 = [0 \quad 0 \quad 1]$,设这三个单位向量在坐标系 $\{A\}$ 中分别为 $\boldsymbol{n}$、$\boldsymbol{o}$、$\boldsymbol{a}$。以向量 $\boldsymbol{n}$ 为例,设它在坐标系 $\{A\}$ 的三个坐标轴 x_A、y_A、z_A 上的投影分别为 n_x、n_y、n_z。由式(2-3)可得:$n_x = \cos\angle\boldsymbol{n}x_A$, $n_y = \cos\angle\boldsymbol{n}x_Y$, $n_z = \cos\angle\boldsymbol{n}x_Z$,把它们合并成一个列向量为 ${}^A\boldsymbol{n} = [{}^An_x \quad {}^An_y \quad {}^An_z]^T$;同理,向量 $\boldsymbol{o}$ 和 $\boldsymbol{a}$ 在坐标系 $\{A\}$ 的三个坐标轴 x_A、y_A、z_A 的投影写成列向量分别为 ${}^A\boldsymbol{o} = [{}^Ao_x \quad {}^Ao_y \quad {}^Ao_z]^T$ 和 ${}^A\boldsymbol{a} = [{}^Aa_x \quad {}^Aa_y \quad {}^Aa_z]^T$。${}^A\boldsymbol{n} = [{}^An_x \quad {}^An_y \quad {}^An_z]^T$、${}^A\boldsymbol{o} = [{}^Ao_x \quad {}^Ao_y \quad {}^Ao_z]^T$ 和 ${}^A\boldsymbol{a} = [{}^Aa_x \quad {}^Aa_y \quad {}^Aa_z]^T$ 可以合并成一个 3×3 矩阵 ${}^A_B\boldsymbol{R}$,即

$$\begin{aligned}{}^A_B\boldsymbol{R} &= [{}^A\boldsymbol{n} \quad {}^A\boldsymbol{o} \quad {}^A\boldsymbol{a}] = \begin{bmatrix}{}^An_x & {}^Ao_x & {}^Aa_x\\ {}^An_y & {}^Ao_y & {}^Aa_y\\ {}^An_z & {}^Ao_z & {}^Aa_z\end{bmatrix}\\ &= \begin{bmatrix}\cos\angle\boldsymbol{n}x_A & \cos\angle\boldsymbol{o}x_A & \cos\angle\boldsymbol{a}x_A\\ \cos\angle\boldsymbol{n}y_A & \cos\angle\boldsymbol{o}y_A & \cos\angle\boldsymbol{a}y_A\\ \cos\angle\boldsymbol{n}z_A & \cos\angle\boldsymbol{o}z_A & \cos\angle\boldsymbol{a}z_A\end{bmatrix}\end{aligned} \tag{2-4}$$

上述矩阵${}^A_B\boldsymbol{R}$称为刚体的姿态矩阵，因为它完全确定了刚体（坐标系$\{B\}$）在某一时刻相对于坐标系$\{A\}$的方向。根据欧拉定理，姿态矩阵${}^A_B\boldsymbol{R}$与将坐标系$\{A\}$沿某个轴旋转一定角度以使得它与坐标系$\{B\}$重合所对应的刚体变换相等，因此矩阵${}^A_B\boldsymbol{R}$又称旋转矩阵。

旋转矩阵（姿态矩阵）${}^A_B\boldsymbol{R}$具有如下性质：

(1) 由于采用正交坐标系，如图 2-5a 所示，x_B、y_B、z_B三个方向向量$\boldsymbol{n}$、$\boldsymbol{o}$、$\boldsymbol{a}$相互正交，即向量点积为 0：$\boldsymbol{n}\cdot\boldsymbol{o}=\boldsymbol{o}\cdot\boldsymbol{n}=0$，$\boldsymbol{n}\cdot\boldsymbol{a}=\boldsymbol{a}\cdot\boldsymbol{n}=0$，$\boldsymbol{o}\cdot\boldsymbol{a}=\boldsymbol{a}\cdot\boldsymbol{o}=0$。

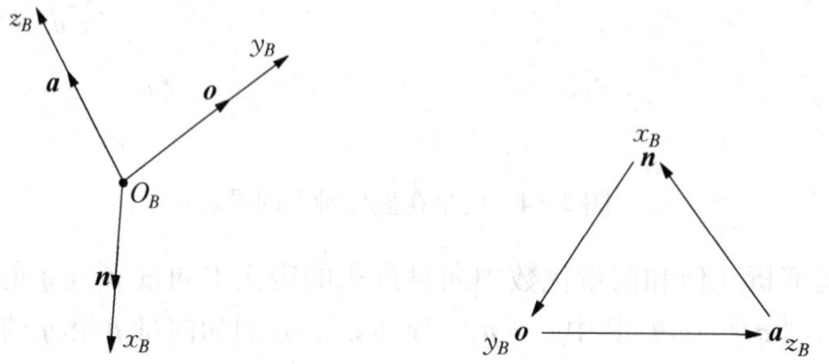

(a) (b)

图 2-5 右手正交坐标系三个坐标轴之间的关系

(2) 由于采用右手坐标系，如图 2-5b 所示，x_B、y_B、z_B三个方向向量$\boldsymbol{n}$、$\boldsymbol{o}$、$\boldsymbol{a}$满足如下叉积运算（沿逆时针方向）：$\boldsymbol{n}=\boldsymbol{o}\times\boldsymbol{a}$；$\boldsymbol{o}=\boldsymbol{a}\times\boldsymbol{n}$；$\boldsymbol{a}=\boldsymbol{n}\times\boldsymbol{o}$。

(3) $\boldsymbol{n}\cdot\boldsymbol{n}=1$；$\boldsymbol{o}\cdot\boldsymbol{o}=1$；$\boldsymbol{a}\cdot\boldsymbol{a}=1$。

(4) 向量$\boldsymbol{n}$、$\boldsymbol{o}$、$\boldsymbol{a}$并不相互独立，由旋转矩阵的性质(1)和(2)可知，一旦其中两个向量已知，则第三个向量可根据另外两个向量的叉积运算确定。

(5) 姿态矩阵${}^A_B\boldsymbol{R}$是正交矩阵，即满足${}^A_B\boldsymbol{R}({}^A_B\boldsymbol{R})^T=({}^A_B\boldsymbol{R})^T\,{}^A_B\boldsymbol{R}=\begin{bmatrix}1&0&0\\0&1&0\\0&0&1\end{bmatrix}=\boldsymbol{I}$。该性质可以在上述矩阵运算过程中，利用性质(1)、(2)和(3)证明。

(6) 矩阵${}^A_B\boldsymbol{R}$的行列式值为$+1$，即$\det{}^A_B\boldsymbol{R}=\begin{vmatrix}{}^An_x&{}^Ao_x&{}^Aa_x\\{}^An_y&{}^Ao_y&{}^Aa_y\\{}^An_z&{}^Ao_z&{}^Aa_z\end{vmatrix}=1$。该性质可以利用$\det{}^A_B\boldsymbol{R}=(\boldsymbol{n}\times\boldsymbol{o})\cdot\boldsymbol{a}=\boldsymbol{a}\cdot\boldsymbol{a}=1$证明。

所有满足上述性质(1)和(2)的矩阵$\boldsymbol{R}$的集合用 SO(3)表示(special orthogonal)，即$SO(3)=\{\boldsymbol{R}\in\Re^3\times\Re^3:\boldsymbol{R}\boldsymbol{R}^T=\boldsymbol{R}^T\boldsymbol{R}=\boldsymbol{I},\ \det\boldsymbol{R}=+1\}$。

姿态矩阵可以用于描述刚体姿态，即坐标系的姿态。

式(2-4)所示的姿态矩阵${}^A_B\boldsymbol{R}$的 3 列$[{}^An_x\quad {}^An_y\quad {}^An_z]^T$、$[{}^Ao_x\quad {}^Ao_y\quad {}^Ao_z]^T$和$[{}^Aa_x\quad {}^Aa_y\quad {}^Aa_z]^T$分别表示坐标系$\{B\}$的 3 个坐标轴$x_B$、$y_B$、$z_B$上的 3 个单位向量$\boldsymbol{n}$、$\boldsymbol{o}$、$\boldsymbol{a}$在坐标系$\{A\}$的 3 个坐标轴$x_A$、$y_A$、$z_A$上的投影，即单位向量$\boldsymbol{n}$、$\boldsymbol{o}$、$\boldsymbol{a}$与坐标系$\{A\}$的 3 个轴$x_A$、$y_A$、$z_A$夹角的余弦。姿态矩阵完全确定了刚体上的坐标系$\{B\}$的 3 个坐标轴$x_B$、$y_B$、$z_B$相对于坐标系$\{A\}$的 3 个轴$x_A$、$y_A$、$z_A$的角位移，即描述了刚体相对于坐标系$\{A\}$的旋转运动。

若已知${}^A_B\boldsymbol{R}$，则可以证明坐标系$\{A\}$相对于坐标系$\{B\}$的姿态${}^B_A\boldsymbol{R}$为

$$ {}_A^B\boldsymbol{R} = {}_B^A\boldsymbol{R}^T \tag{2-5}$$

2.2.3 向量的坐标变换和基变换

由线性代数可知，一个自由向量 $\boldsymbol{v}$ 的坐标与选取的“基向量”相关，一旦“一组基向量”确定，则向量 $\boldsymbol{v}$ 在该基下的坐标便唯一确定，如图 2-6 所示。因而，对于同一向量，一旦“基向量”发生变化，则该向量的坐标也随之发生变化。

由线性代数可知，在三维空间 $\mathfrak{R}^3$ 中，任意三个线性无关的向量 $\{\boldsymbol{\gamma}_1, \boldsymbol{\gamma}_2, \boldsymbol{\gamma}_3\}$ 都可以作为该向量空间的一组基。在研究机械运动时，一般取 $\{\boldsymbol{\gamma}_1, \boldsymbol{\gamma}_2, \boldsymbol{\gamma}_3\}$ 为正交规范基（正交坐标系），即 $\|\boldsymbol{\gamma}_1\| = \|\boldsymbol{\gamma}_2\| = \|\boldsymbol{\gamma}_3\| = 1$，$\boldsymbol{\gamma}_1 \cdot \boldsymbol{\gamma}_2 = 0$，$\boldsymbol{\gamma}_1 \cdot \boldsymbol{\gamma}_3 = 0$，$\boldsymbol{\gamma}_2 \cdot \boldsymbol{\gamma}_3 = 0$，且 $\boldsymbol{\gamma}_3 = \boldsymbol{\gamma}_1 \times \boldsymbol{\gamma}_2$。如图 2-6 所示，设 $\{\boldsymbol{i}, \boldsymbol{j}, \boldsymbol{k}\}$ 是向量空间 $\mathfrak{R}^3$ 的一组正交规范基，$\{\boldsymbol{n}, \boldsymbol{o}, \boldsymbol{a}\}$ 是 $\mathfrak{R}^3$ 的另外一组正交规范基。

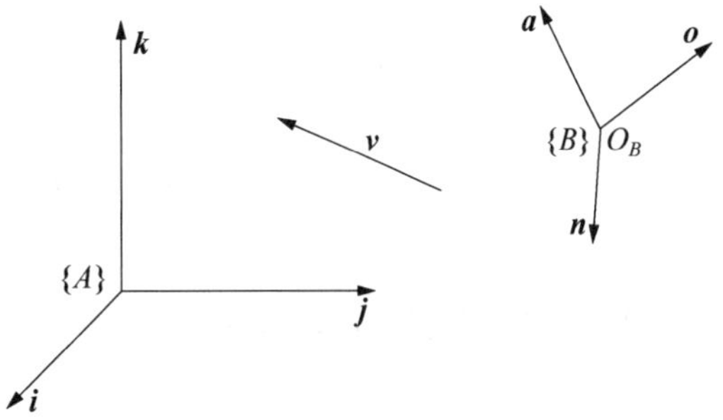

图 2-6 向量在不同基下的坐标

按照“基”的定义，任意向量 $\boldsymbol{v}$ 都可以用“基”的线性组合来表示，则向量 $\boldsymbol{v}$ 可以分别表示成基 $\{\boldsymbol{i}, \boldsymbol{j}, \boldsymbol{k}\}$ 和基 $\{\boldsymbol{n}, \boldsymbol{o}, \boldsymbol{a}\}$ 的线性组合，即

$$\boldsymbol{v} = l_1\boldsymbol{n} + l_2\boldsymbol{o} + l_3\boldsymbol{a} = [\boldsymbol{n} \quad \boldsymbol{o} \quad \boldsymbol{a}]\begin{bmatrix} l_1 \\ l_2 \\ l_3 \end{bmatrix} \tag{2-6}$$

$$\boldsymbol{v} = m_1\boldsymbol{i} + m_2\boldsymbol{j} + m_3\boldsymbol{k} = [\boldsymbol{i} \quad \boldsymbol{j} \quad \boldsymbol{k}]\begin{bmatrix} m_1 \\ m_2 \\ m_3 \end{bmatrix} \tag{2-7}$$

式中，$[l_1 \quad l_2 \quad l_3]^T$ 和 $[m_1 \quad m_2 \quad m_3]^T$ 分别称为向量 $\boldsymbol{v}$ 在基 $\{\boldsymbol{n}, \boldsymbol{o}, \boldsymbol{a}\}$ 和基 $\{\boldsymbol{i}, \boldsymbol{j}, \boldsymbol{k}\}$ 下的坐标。

由于式(2-6)和式(2-7)表示的是同一个向量 $\boldsymbol{v}$，故 $\boldsymbol{v} = [\boldsymbol{i} \quad \boldsymbol{j} \quad \boldsymbol{k}]\begin{bmatrix} m_1 \\ m_2 \\ m_3 \end{bmatrix} = [\boldsymbol{n} \quad \boldsymbol{o} \quad \boldsymbol{a}]\begin{bmatrix} l_1 \\ l_2 \\ l_3 \end{bmatrix}$，因而

$$\begin{bmatrix} m_1 \\ m_2 \\ m_3 \end{bmatrix} = [\boldsymbol{i} \quad \boldsymbol{j} \quad \boldsymbol{k}]^{-1}[\boldsymbol{n} \quad \boldsymbol{o} \quad \boldsymbol{a}]\begin{bmatrix} l_1 \\ l_2 \\ l_3 \end{bmatrix} \tag{2-8}$$

式(2-8)称为向量 $\boldsymbol{v}$ 由基 $\{\boldsymbol{n}, \boldsymbol{o}, \boldsymbol{a}\}$ 到基 $\{\boldsymbol{i}, \boldsymbol{j}, \boldsymbol{k}\}$ 的坐标变换。

由于向量 $\boldsymbol{n}$、$\boldsymbol{o}$、$\boldsymbol{a}$ 是三维空间的 $\mathfrak{R}^3$ 中的向量，故 $\boldsymbol{n}$、$\boldsymbol{o}$、$\boldsymbol{a}$ 也可以由基 $\{\boldsymbol{i}, \boldsymbol{j}, \boldsymbol{k}\}$ 的线性组合来表示，即

$$\boldsymbol{n}=p_{11}\boldsymbol{i}+p_{12}\boldsymbol{j}+p_{13}\boldsymbol{k}=[\boldsymbol{i}\quad\boldsymbol{j}\quad\boldsymbol{k}]\begin{bmatrix}p_{11}\\p_{12}\\p_{13}\end{bmatrix}$$

$$\boldsymbol{o}=p_{21}\boldsymbol{i}+p_{22}\boldsymbol{j}+p_{23}\boldsymbol{k}=[\boldsymbol{i}\quad\boldsymbol{j}\quad\boldsymbol{k}]\begin{bmatrix}p_{21}\\p_{22}\\p_{23}\end{bmatrix}$$

$$\boldsymbol{a}=p_{31}\boldsymbol{i}+p_{32}\boldsymbol{j}+p_{33}\boldsymbol{k}=[\boldsymbol{i}\quad\boldsymbol{j}\quad\boldsymbol{k}]\begin{bmatrix}p_{31}\\p_{32}\\p_{33}\end{bmatrix}$$

将上述三个表达式合写为

$$[\boldsymbol{n}\quad\boldsymbol{o}\quad\boldsymbol{a}]=[\boldsymbol{i}\quad\boldsymbol{j}\quad\boldsymbol{k}]\begin{bmatrix}p_{11}&p_{21}&p_{31}\\p_{12}&p_{22}&p_{32}\\p_{13}&p_{23}&p_{33}\end{bmatrix}=[\boldsymbol{i}\quad\boldsymbol{j}\quad\boldsymbol{k}]\boldsymbol{P} \tag{2-9}$$

式中,矩阵 $\boldsymbol{P}=\begin{bmatrix}p_{11}&p_{21}&p_{31}\\p_{12}&p_{22}&p_{32}\\p_{13}&p_{23}&p_{33}\end{bmatrix}$ 称为由基$\{\boldsymbol{i},\boldsymbol{j},\boldsymbol{k}\}$到基$\{\boldsymbol{n},\boldsymbol{o},\boldsymbol{a}\}$的过渡矩阵。过渡矩阵的三列元素$[p_{11}\quad p_{12}\quad p_{13}]^T$、$[p_{21}\quad p_{22}\quad p_{23}]^T$、$[p_{31}\quad p_{32}\quad p_{33}]^T$分别表示向量$\boldsymbol{n}$、$\boldsymbol{o}$、$\boldsymbol{a}$在基$\{\boldsymbol{i},\boldsymbol{j},\boldsymbol{k}\}$下的坐标。当两组基向量$\{\boldsymbol{n},\boldsymbol{o},\boldsymbol{a}\}$和$\{\boldsymbol{i},\boldsymbol{j},\boldsymbol{k}\}$一旦取定,则过渡矩阵$\boldsymbol{P}$便能唯一地确定,这是因为$\boldsymbol{P}=[\boldsymbol{i}\quad\boldsymbol{j}\quad\boldsymbol{k}]^{-1}[\boldsymbol{n}\quad\boldsymbol{o}\quad\boldsymbol{a}]$是唯一的。

综上所述,在研究机械运动时,一般取基向量$\{\boldsymbol{n},\boldsymbol{o},\boldsymbol{a}\}$和$\{\boldsymbol{i},\boldsymbol{j},\boldsymbol{k}\}$为正交规范基,即正交坐标系。此时过渡矩阵的三列元素$[p_{11}\quad p_{12}\quad p_{13}]^T$、$[p_{21}\quad p_{22}\quad p_{23}]^T$、$[p_{31}\quad p_{32}\quad p_{33}]^T$分别表示向量$\boldsymbol{n}$、$\boldsymbol{o}$、$\boldsymbol{a}$在基坐标系$\{\boldsymbol{i}\quad\boldsymbol{j}\quad\boldsymbol{k}\}$三个坐标轴$\boldsymbol{i}$、$\boldsymbol{j}$和$\boldsymbol{k}$上的投影,也是向量$\boldsymbol{n}$、$\boldsymbol{o}$、$\boldsymbol{a}$分别与$\boldsymbol{i}$、$\boldsymbol{j}$、$\boldsymbol{k}$夹角的余弦值。对比式(2-4)可知,此时过渡矩阵$\boldsymbol{P}$即为式(2-4)中的姿态矩阵$\boldsymbol{R}$,即

$$[\boldsymbol{n}\quad\boldsymbol{o}\quad\boldsymbol{a}]=[\boldsymbol{i}\quad\boldsymbol{j}\quad\boldsymbol{k}]\boldsymbol{P}=[\boldsymbol{i}\quad\boldsymbol{j}\quad\boldsymbol{k}]{}_B^A\boldsymbol{R} \tag{2-10}$$

过渡矩阵${}_B^A\boldsymbol{R}$的物理意义:由式(2-10)可知,在自然基下的某一时刻,由坐标系$\{A\}$到坐标系$\{B\}$的过渡矩阵$\boldsymbol{P}$,即为坐标系$\{B\}$相对于坐标系$\{A\}$的姿态矩阵${}_B^A\boldsymbol{R}$。

将式(2-10)代入式(2-8),可得

$$\begin{bmatrix}m_1\\m_2\\m_3\end{bmatrix}=[\boldsymbol{i}\quad\boldsymbol{j}\quad\boldsymbol{k}]^{-1}[\boldsymbol{n}\quad\boldsymbol{o}\quad\boldsymbol{a}]\begin{bmatrix}l_1\\l_2\\l_3\end{bmatrix}=[\boldsymbol{i}\quad\boldsymbol{j}\quad\boldsymbol{k}]^{-1}[\boldsymbol{i}\quad\boldsymbol{j}\quad\boldsymbol{k}]{}_B^A\boldsymbol{R}\begin{bmatrix}l_1\\l_2\\l_3\end{bmatrix}$$

$$={}_B^A\boldsymbol{R}\begin{bmatrix}l_1\\l_2\\l_3\end{bmatrix}=\begin{bmatrix}{}^An_x&{}^Ao_x&{}^Aa_x\\{}^An_y&{}^Ao_y&{}^Aa_y\\{}^An_z&{}^Ao_z&{}^Aa_z\end{bmatrix}\begin{bmatrix}l_1\\l_2\\l_3\end{bmatrix} \tag{2-11}$$

式(2-11)称为向量$\boldsymbol{v}$由基$\{\boldsymbol{n},\boldsymbol{o},\boldsymbol{a}\}$下的坐标$[l_1,l_2,l_3]$到基$\{\boldsymbol{i},\boldsymbol{j},\boldsymbol{k}\}$下的坐标$[m_1,m_2,m_3]$

之间的坐标变换矩阵。

如图2-7所示，若已知任意向量 $\boldsymbol{v}$ 在坐标系 $\{B\}$ 中坐标为 ${}^B\boldsymbol{v}=[{}^Bv_x \quad {}^Bv_y \quad {}^Bv_z]^T$ 以及坐标系 $\{B\}$ 相对于坐标系 $\{A\}$ 的姿态矩阵为 ${}_B^A\boldsymbol{R}=[\boldsymbol{n} \quad \boldsymbol{o} \quad \boldsymbol{a}]$，则向量 $\boldsymbol{v}$ 在坐标系 $\{A\}$ 中坐标 ${}^A\boldsymbol{v}$ 如何确定？

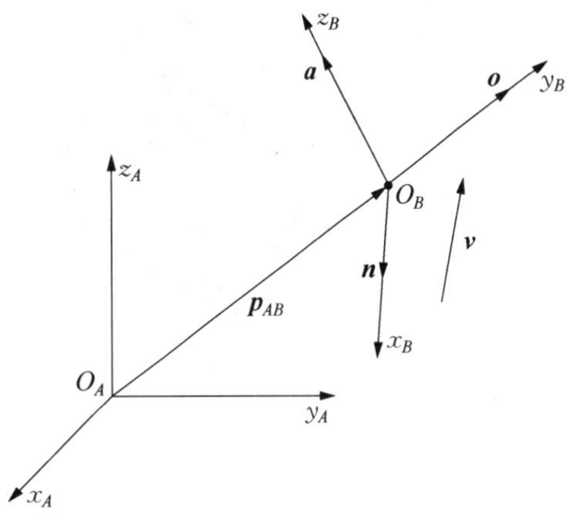

图2-7 向量 $\boldsymbol{v}$ 在两个坐标系之间的坐标变换

由图2-7可知，在坐标系 $\{B\}$ 中，沿 x_B 轴、y_B 轴和 z_B 轴三个正方向的单位向量分别为 $[1 \quad 0 \quad 0]^T$、$[0 \quad 1 \quad 0]^T$、$[0 \quad 0 \quad 1]^T$，设它们在坐标系 $\{A\}$ 中分别为 $\boldsymbol{n}$、$\boldsymbol{o}$、$\boldsymbol{a}$，而向量 $\boldsymbol{v}$ 在坐标系 $\{B\}$ 中 x_B 轴、y_B 轴和 z_B 轴上的投影分别为 ${}^Bv_x$、${}^Bv_y$、${}^Bv_z$，故向量 $\boldsymbol{v}$ 在三个正交的向量为 $\boldsymbol{n}$、$\boldsymbol{o}$、$\boldsymbol{a}$ 上的分向量分别为 ${}^Bv_x\boldsymbol{n}$、${}^Bv_y\boldsymbol{o}$ 和 ${}^Bv_z\boldsymbol{a}$；因为向量 $\boldsymbol{n}$、$\boldsymbol{o}$、$\boldsymbol{a}$ 是以坐标系 $\{A\}$ 中的 x_A 轴、y_A 轴和 z_A 轴三个正方向的单位向量作为"基向量"描述的，即它们是坐标系 $\{A\}$ 中向量，故根据向量合成与分解法则，$\Re^3$ 空间中的任何一个向量都可以由该空间中的任意三个正交的分向量之和表示，即

$$
{}^A\boldsymbol{v}=\begin{bmatrix}{}^Av_x\\{}^Av_y\\{}^Av_z\end{bmatrix}={}^Bv_x\boldsymbol{n}+{}^Bv_y\boldsymbol{o}+{}^Bv_z\boldsymbol{a}=[\boldsymbol{n} \quad \boldsymbol{o} \quad \boldsymbol{a}]\begin{bmatrix}{}^Bv_x\\{}^Bv_y\\{}^Bv_z\end{bmatrix}={}_B^A\boldsymbol{R}\,{}^B\boldsymbol{v} \tag{2-12}
$$

式(2-12)与式(2-11)结果一致。由式(2-12)可知：若已知向量 $\boldsymbol{v}$ 在坐标系 $\{B\}$ 中的坐标 ${}^B\boldsymbol{v}=[{}^Bv_x \quad {}^Bv_y \quad {}^Bv_z]^T$ 以及坐标系 $\{B\}$ 相对于坐标系 $\{A\}$ 的姿态矩阵为 ${}_B^A\boldsymbol{R}$，则向量 $\boldsymbol{v}$ 在坐标系 $\{A\}$ 中的坐标 ${}^A\boldsymbol{v}=[{}^Av_x \quad {}^Av_y \quad {}^Av_z]^T$ 为姿态矩阵 ${}_B^A\boldsymbol{R}$"左乘" ${}^B\boldsymbol{v}$。该结论具有一般性，可以推广到任意一个向量在任意两个坐标系 $\{A\}$ 和 $\{B\}$ 之间的坐标变换。

如图2-3所示，一旦刚体上的坐标系 $\{B\}$ 的原点 O_B 的位置向量 $\boldsymbol{p}_{AB}=\overrightarrow{O_AO_B}=[p_x \quad p_y \quad p_z]^T\in\Re^3$ 已知，同时坐标系 $\{B\}$ 相对于坐标系 $\{A\}$ 的姿态矩阵 ${}_B^A\boldsymbol{R}$[式(2-4)]已知，则刚体相对于坐标系 $\{A\}$ 的位置和方向便完全且唯一地确定。

姿态矩阵 ${}_B^A\boldsymbol{R}$ 逆矩阵 ${}_B^A\boldsymbol{R}^{-1}$ 的物理意义：坐标系 $\{B\}$ 相对于坐标系 $\{A\}$ 的姿态矩阵 ${}_B^A\boldsymbol{R}$ 的逆阵 ${}_B^A\boldsymbol{R}^{-1}={}_B^A\boldsymbol{R}^T$ 即为坐标系 $\{A\}$ 相对于坐标系 $\{B\}$ 的姿态矩阵 ${}_A^B\boldsymbol{R}$，证明过程如下：

由式(2-9)可知：$[\boldsymbol{n} \quad \boldsymbol{o} \quad \boldsymbol{a}]=[\boldsymbol{i} \quad \boldsymbol{j} \quad \boldsymbol{k}]\boldsymbol{P}=[\boldsymbol{i} \quad \boldsymbol{j} \quad \boldsymbol{k}]{}_B^A\boldsymbol{R}$，故

$$
[\boldsymbol{i} \quad \boldsymbol{j} \quad \boldsymbol{k}]=[\boldsymbol{n} \quad \boldsymbol{o} \quad \boldsymbol{a}]{}_B^A\boldsymbol{R}^{-1}=[\boldsymbol{n} \quad \boldsymbol{o} \quad \boldsymbol{a}]{}_B^A\boldsymbol{R}^T=[\boldsymbol{n} \quad \boldsymbol{o} \quad \boldsymbol{a}]{}_A^B\boldsymbol{R} \tag{2-13}
$$

按照定义，${}_B^A\boldsymbol{R}^T$ 是由基 $\{\boldsymbol{n},\boldsymbol{o},\boldsymbol{a}\}$ 到 $\{\boldsymbol{i},\boldsymbol{j},\boldsymbol{k}\}$ 的过渡矩阵，按照式(2-10)所示的过渡矩阵的物理意义，由于 $\{\boldsymbol{n},\boldsymbol{o},\boldsymbol{a}\}$ 和 $\{\boldsymbol{i},\boldsymbol{j},\boldsymbol{k}\}$ 是自然基，${}_B^A\boldsymbol{R}^T$ 即为坐标系 $\{A\}$ 相对于坐标系 $\{B\}$ 的姿态矩阵 ${}_A^B\boldsymbol{R}$。

2.2.4 点的坐标变换、齐次坐标和刚体位姿矩阵

如图2-8所示，刚体上一点 Q，设它在坐标系 $\{B\}$（与刚体固定连接）中的坐标为 ${}^B\boldsymbol{q}=[{}^Bq_x \quad {}^Bq_y \quad {}^Bq_z]^T$，如果已知该时刻刚体的位置向量 $\boldsymbol{p}_{AB}=\overrightarrow{O_AO_B}=[p_x \quad p_y \quad p_z]^T\in\Re^3$ 和姿态矩阵 ${}_B^A\boldsymbol{R}=[\boldsymbol{n} \quad \boldsymbol{o} \quad \boldsymbol{a}]$。此时，点 Q 在坐标系 $\{A\}$ 中的坐标 ${}^A\boldsymbol{q}=[{}^Aq_x \quad {}^Aq_y \quad {}^Aq_z]^T$ 如何确定？

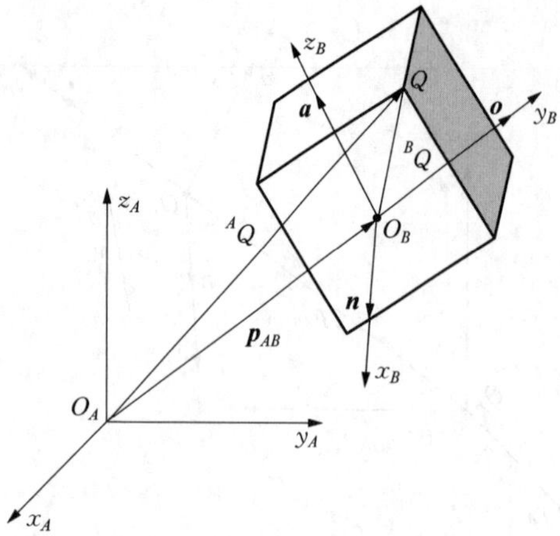

图 2-8 点的坐标在两个坐标系之间的坐标变换

由空间解析几何中的向量代数可知，只有同一个坐标系中的向量才能合成，如图 2-8 所示，在坐标系 $\{A\}$ 中，根据向量合成的三角形法则可得

$$^A\boldsymbol{q}=\boldsymbol{p}_{AB}+\overrightarrow{^AO_BQ} \tag{2-14}$$

式中，$\overrightarrow{^AO_BQ}$ 表示图 2-8 中的向量 $\overrightarrow{O_BQ}$ 在坐标系 $\{A\}$ 中的描述。向量 $\overrightarrow{O_BQ}$ 在坐标系 $\{B\}$ 中的描述为 $\overrightarrow{^BO_BQ}={}^B\boldsymbol{q}$，为已知量，现在需要确定向量 $\overrightarrow{^AO_BQ}$ 与向量 $\overrightarrow{^BO_BQ}={}^B\boldsymbol{q}$ 的关系，即同一个向量 $\overrightarrow{O_BQ}$ 在坐标系 $\{A\}$ 中的坐标与在坐标系 $\{B\}$ 中的坐标之间的关系。

由 2.2.2 节分析以及式(2-4)可知，沿着 x_B 轴、y_B 轴和 z_B 轴三个正方向的单位向量在坐标系 $\{A\}$ 中分别为 $\boldsymbol{n}$、$\boldsymbol{o}$、$\boldsymbol{a}$，因而由式(2-12)可得向量 O_BQ 在坐标系 $\{A\}$ 中描述为

$$\overrightarrow{^AO_BQ}=[\boldsymbol{n}\quad \boldsymbol{o}\quad \boldsymbol{a}]\begin{bmatrix}^Bq_x\\ ^Bq_y\\ ^Bq_z\end{bmatrix}={}^A_B\boldsymbol{R}\,{}^B\boldsymbol{q} \tag{2-15}$$

在坐标系 $\{B\}$ 中，点 Q 的坐标为 $^BQ=[^Bq_x\quad ^Bq_y\quad ^Bq_z]$，即向量 $\overrightarrow{O_BQ}$ 在坐标系 $\{B\}$ 的 x_B 轴、y_B 轴和 z_B 轴上的投影分别为 ^Bq_x、^Bq_y、^Bq_z。将式(2-15) 代入式(2-14)，可得

$$^A\boldsymbol{q}=\begin{bmatrix}^Aq_x\\ ^Aq_y\\ ^Aq_z\end{bmatrix}=\boldsymbol{p}_{AB}+\overrightarrow{^AO_BQ}=\begin{bmatrix}p_x\\ p_y\\ p_z\end{bmatrix}+[\boldsymbol{n}\quad \boldsymbol{o}\quad \boldsymbol{a}]\begin{bmatrix}^Bq_x\\ ^Bq_y\\ ^Bq_z\end{bmatrix}$$

$$=\begin{bmatrix}p_x\\ p_y\\ p_z\end{bmatrix}+\begin{bmatrix}n_x & o_x & a_x\\ n_y & o_y & a_y\\ n_z & o_z & a_z\end{bmatrix}\begin{bmatrix}^Bq_x\\ ^Bq_y\\ ^Bq_z\end{bmatrix}=\begin{bmatrix}p_x+n_x{}^Bq_x+o_x{}^Bq_y+a_x{}^Bq_z\\ p_y+n_y{}^Bq_x+o_y{}^Bq_y+a_y{}^Bq_z\\ p_z+n_z{}^Bq_x+o_z{}^Bq_y+a_z{}^Bq_z\end{bmatrix} \tag{2-16}$$

为便于运算，可引入齐次坐标，即点的坐标和向量的坐标由三阶矩阵(列向量)改变为四阶矩阵(列向量)：

$$^A\bar{\boldsymbol{q}}=[^A\boldsymbol{q}\quad 1]^T=[^Aq_x\quad ^Aq_y\quad ^Aq_z\quad 1]^T$$

$$^B\bar{\boldsymbol{q}}=[^B\boldsymbol{q}\quad 1]^T=[^Bq_x\quad ^Bq_y\quad ^Bq_z\quad 1]^T$$

因为向量是其终点和起点的对应坐标差，故向量 $\boldsymbol{v}$ 的齐次坐标为

$$^A\bar{\boldsymbol{v}}=[^A\boldsymbol{v}\quad 0]^T=[^Av_x\quad ^Av_y\quad ^Av_z\quad 0]^T$$

$$^B\bar{\boldsymbol{v}}=[^B\boldsymbol{v}\quad 0]^T=[^Bv_x\quad ^Bv_y\quad ^Bv_z\quad 0]^T$$

引入齐次坐标后，根据矩阵运算规则可得

$$\begin{bmatrix} n_x & o_x & a_x & p_x \\ n_y & o_y & a_y & p_y \\ n_z & o_z & a_z & p_z \\ 0 & 0 & 0 & 1 \end{bmatrix} \begin{bmatrix} {}^Bq_x \\ {}^Bq_y \\ {}^Bq_z \\ 1 \end{bmatrix} = \begin{bmatrix} p_x + n_x{}^Bq_x + o_x{}^Bq_y + a_x{}^Bq_z \\ p_y + n_y{}^Bq_x + o_y{}^Bq_y + a_y{}^Bq_z \\ p_z + n_z{}^Bq_x + o_z{}^Bq_y + a_z{}^Bq_z \\ 1 \end{bmatrix} = \begin{bmatrix} {}^Aq_x \\ {}^Aq_y \\ {}^Aq_z \\ 1 \end{bmatrix}$$

即

$${}^A\bar{\boldsymbol{q}} = \begin{bmatrix} {}^Aq_x \\ {}^Aq_y \\ {}^Aq_z \\ 1 \end{bmatrix} = \begin{bmatrix} {}_B^A\boldsymbol{R} & \boldsymbol{p}_{AB} \\ 0 & 1 \end{bmatrix} {}^B\bar{\boldsymbol{q}} = \begin{bmatrix} n_x & o_x & a_x & p_x \\ n_y & o_y & a_y & p_y \\ n_z & o_z & a_z & p_z \\ 0 & 0 & 0 & 1 \end{bmatrix} \begin{bmatrix} {}^Bq_x \\ {}^Bq_y \\ {}^Bq_z \\ 1 \end{bmatrix} = {}_B^A\boldsymbol{g}\,{}^B\bar{\boldsymbol{q}} \tag{2-17}$$

其中

$${}_B^A\boldsymbol{g} = \begin{bmatrix} {}_B^A\boldsymbol{R} & \boldsymbol{p}_{AB} \\ 0 & 1 \end{bmatrix} = \begin{bmatrix} n_x & o_x & a_x & p_x \\ n_y & o_y & a_y & p_y \\ n_z & o_z & a_z & p_z \\ 0 & 0 & 0 & 1 \end{bmatrix} \tag{2-18}$$

4×4 矩阵${}_B^A\boldsymbol{g}$ 包括坐标系$\{B\}$(刚体)相对于坐标系$\{A\}$的姿态矩阵${}_B^A\boldsymbol{R}$,也包含坐标系$\{B\}$(刚体)相对于坐标系$\{A\}$的位置向量 $\boldsymbol{p}_{AB}$,称${}_B^A\boldsymbol{g}$ 为坐标系$\{B\}$(刚体)相对于坐标系$\{A\}$的位姿矩阵或位形矩阵。

引入齐次坐标后,向量的齐次坐标变换表达式为

$${}^A\bar{\boldsymbol{v}} = \begin{bmatrix} {}^Av_x \\ {}^Av_y \\ {}^Av_z \\ 0 \end{bmatrix} = \begin{bmatrix} {}_B^A\boldsymbol{R} & \boldsymbol{p}_{AB} \\ 0 & 1 \end{bmatrix} {}^B\bar{\boldsymbol{v}} = \begin{bmatrix} n_x & o_x & a_x & p_x \\ n_y & o_y & a_y & p_y \\ n_z & o_z & a_z & p_z \\ 0 & 0 & 0 & 1 \end{bmatrix} \begin{bmatrix} {}^Bv_x \\ {}^Bv_y \\ {}^Bv_z \\ 0 \end{bmatrix} = {}_B^A\boldsymbol{g}\,{}^B\bar{\boldsymbol{v}} \tag{2-19}$$

位姿矩阵${}_B^A\boldsymbol{g}$ 的物理意义和作用是:

(1) ${}_B^A\boldsymbol{g}$ 表示坐标系$\{B\}$相对于坐标系$\{A\}$的位置和姿态。

(2) ${}_B^A\boldsymbol{g}$ 可以把坐标系$\{B\}$中的向量和点的坐标变换到坐标系$\{A\}$中。

位姿矩阵${}_B^A\boldsymbol{g}$ 是方阵,为求其行列式的值,按第四行展开可得

$$\det {}_B^A\boldsymbol{g} = \det \begin{bmatrix} n_x & o_x & a_x & p_x \\ n_y & o_y & a_y & p_y \\ n_z & o_z & a_z & p_z \\ 0 & 0 & 0 & 1 \end{bmatrix} = 1 \times (-1)^{4+4} \det \begin{bmatrix} n_x & o_x & a_x \\ n_y & o_y & a_y \\ n_z & o_z & a_z \end{bmatrix} = \det {}_B^A\boldsymbol{R} = 1$$

因而位姿矩阵${}_B^A\boldsymbol{g}$ 是可逆矩阵(行列式的值不为 0)。可以验证,${}_B^A\boldsymbol{g}$ 的逆矩阵${}_B^A\boldsymbol{g}^{-1}$ 为

$${}_B^A\boldsymbol{g}^{-1} = \begin{bmatrix} {}_B^A\boldsymbol{R}^T & -{}_B^A\boldsymbol{R}^T\boldsymbol{p}_{AB} \\ 0 & 1 \end{bmatrix} = \begin{bmatrix} n_x & n_y & n_z & -(n_xp_x + n_yp_y + n_zp_z) \\ o_x & o_y & o_z & -(o_xp_x + o_yp_y + o_zp_z) \\ a_x & a_y & a_z & -(a_xp_x + a_yp_y + a_zp_z) \\ 0 & 0 & 0 & 1 \end{bmatrix} \tag{2-20}$$

根据位姿矩阵的含义,可以确定任意三个坐标系$\{A\}$、$\{B\}$和$\{C\}$之间的位姿矩阵的关系。

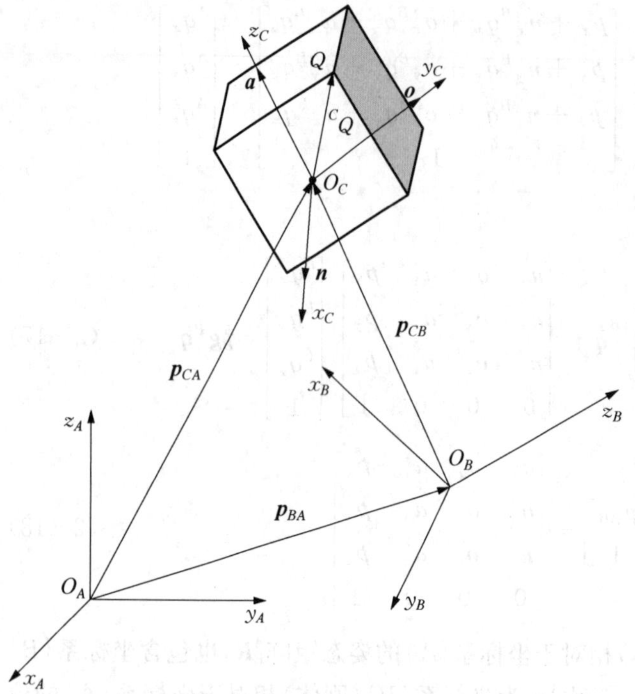

图 2-9 刚体在不同坐标系之间的位姿变换

如图 2-9 所示，已知坐标系$\{C\}$相对于坐标系$\{B\}$的位姿矩阵$^B_C\boldsymbol{g}$ 和坐标系$\{B\}$相对于坐标系$\{A\}$的位姿矩阵$^A_B\boldsymbol{g}$，如何确定坐标系$\{C\}$相对于坐标系$\{A\}$的位姿？由于位姿矩阵$^B_C\boldsymbol{g}$的作用是把坐标系$\{C\}$中的向量和点的坐标变换到坐标系$\{B\}$中，而位姿矩阵$^A_B\boldsymbol{g}$ 的作用是把坐标系$\{B\}$中的向量和点的坐标变换到坐标系$\{A\}$中，故坐标系$\{C\}$相对于坐标系$\{A\}$的位姿矩阵$^A_C\boldsymbol{g}$ 为

$$^A_C\boldsymbol{g} = {^A_B}\boldsymbol{g}\,{^B_C}\boldsymbol{g} \tag{2-21}$$

点 Q 在坐标系$\{C\}$和坐标系$\{A\}$之间的坐标变换为

$$\begin{aligned} {^A\bar{\boldsymbol{q}}} &= \begin{bmatrix} \boldsymbol{q}_A \\ 1 \end{bmatrix} = \begin{bmatrix} {^A_C}\boldsymbol{R} & \boldsymbol{p}_{AC} \\ 0 & 1 \end{bmatrix} {^C\bar{\boldsymbol{q}}} \\ &= \begin{bmatrix} {^A_B}\boldsymbol{R} & \boldsymbol{p}_{AB} \\ 0 & 1 \end{bmatrix} \begin{bmatrix} {^B_C}\boldsymbol{R} & \boldsymbol{p}_{BC} \\ 0 & 1 \end{bmatrix} \begin{bmatrix} {^C\boldsymbol{q}} \\ 1 \end{bmatrix} \end{aligned} \tag{2-22}$$

2.2.5 刚体变换——刚体的平动、转动和一般运动描述

刚体的位移，即刚体在空间的运动状态发生变化，是通过刚体的初始位姿 $\boldsymbol{g}_0$ 和末了位姿 $\boldsymbol{g}_t$ 的变化来描述的，为此，需要确定初始位姿 $\boldsymbol{g}_0$ 和末了位姿 $\boldsymbol{g}_t$ 之间的关系 $\boldsymbol{T}$，称为刚体变换，其表达式为

$$\boldsymbol{g}_t = \boldsymbol{T}\boldsymbol{g}_0 \tag{2-23}$$

其中

$$\boldsymbol{g}_t = \begin{bmatrix} \boldsymbol{R}_t & \boldsymbol{p}_t \\ 0 & 1 \end{bmatrix},\ \boldsymbol{g}_0 = \begin{bmatrix} \boldsymbol{R}_0 & \boldsymbol{p}_0 \\ 0 & 1 \end{bmatrix}$$

因为位姿矩阵可逆，故式(2-23)的两端右乘 $\boldsymbol{g}_0$ 的逆矩阵 $\boldsymbol{g}_0^{-1}$ 可得

$$\boldsymbol{T} = \boldsymbol{g}_t\boldsymbol{g}_0^{-1} = \begin{bmatrix} \boldsymbol{R}_t & \boldsymbol{p}_t \\ 0 & 1 \end{bmatrix} \begin{bmatrix} \boldsymbol{R}_0^T & -\boldsymbol{R}_0^T\boldsymbol{P}_0 \\ 0 & 1 \end{bmatrix} = \begin{bmatrix} \boldsymbol{R}_t\boldsymbol{R}_0^T & -\boldsymbol{R}_t\boldsymbol{R}_0^T\boldsymbol{P}_0 + \boldsymbol{p}_t \\ 0 & 1 \end{bmatrix} = \begin{bmatrix} \boldsymbol{R} & \boldsymbol{p} \\ 0 & 1 \end{bmatrix} \tag{2-24}$$

只要证明矩阵 $\boldsymbol{R}$ 是旋转矩阵，就证明了刚体变换矩阵与位姿矩阵具有相同的结构。

事实上，只要注意到姿态矩阵 $\boldsymbol{R}_t$ 和 $\boldsymbol{R}_0$ 是旋转矩阵(正交矩阵)，即 $\boldsymbol{R}_t\boldsymbol{R}_t^T = \boldsymbol{R}_t^T\boldsymbol{R}_t = \boldsymbol{I}$，$\boldsymbol{R}_0\boldsymbol{R}_0^T = \boldsymbol{R}_0^T\boldsymbol{R}_0 = \boldsymbol{I}$，从而可以得到

$$\boldsymbol{R}\boldsymbol{R}^T = (\boldsymbol{R}_t\boldsymbol{R}_0^T)(\boldsymbol{R}_t\boldsymbol{R}_0^T)^T = (\boldsymbol{R}_t\boldsymbol{R}_0^T)\boldsymbol{R}_0\boldsymbol{R}_t^T = \boldsymbol{R}_t(\boldsymbol{R}_0^T\boldsymbol{R}_0)\boldsymbol{R}_t^T = \boldsymbol{R}_t\boldsymbol{I}\boldsymbol{R}_t^T = \boldsymbol{R}_t\boldsymbol{R}_t^T = \boldsymbol{I}$$

$$\boldsymbol{R}^T\boldsymbol{R} = (\boldsymbol{R}_t\boldsymbol{R}_0^T)^T(\boldsymbol{R}_t\boldsymbol{R}_0^T) = \boldsymbol{R}_0\boldsymbol{R}_t^T(\boldsymbol{R}_t\boldsymbol{R}_0^T) = \boldsymbol{R}_0(\boldsymbol{R}_t^T\boldsymbol{R}_t)\boldsymbol{R}_0^T = \boldsymbol{R}_0\boldsymbol{I}\boldsymbol{R}_0^T = \boldsymbol{R}_0\boldsymbol{R}_0^T = \boldsymbol{I}$$

上两式表明，两个旋转矩阵相乘，其结果仍为旋转矩阵，因而式(2-24)中的矩阵 $\boldsymbol{R}$ 是旋转矩阵。

描述刚体位姿和刚体变换目前常用的方法包括位姿矩阵法、旋量法和四元素法等。这些方法各有优缺点，本书采用位姿矩阵法。目前的商用工业机器人，如 ABB 等主要采用位姿矩阵法，而 KUKA 机器人则采用旋量法。

2.2.5.1　**沙勒定理**

为了便于深入研究刚体运动，特别是多个刚体运动的“叠加”结果，需要理解刚体变换矩阵的物理意义，这就是沙勒(Chasles)定理。

(1) 刚体一般运动(转动和平动的组合)的沙勒定理。由理论力学中的沙勒定理可知，刚体的位移可以通过绕某一轴线的“转动”加上绕该轴线的“平移”来实现。刚体变换 $\boldsymbol{T}$ 和式(2－18)表示的位姿矩阵虽然具有相同的形式，但其物理意义不同。事实上，如图 2－10 所示，刚体从初始位姿 $\boldsymbol{g}_0$ 到位姿 $\boldsymbol{g}_t$ 的位移，根据沙勒定理，都可以通过让该刚体绕某一轴(向量)$\boldsymbol{k}$ 旋转角度 θ，加上沿该轴(向量)$\boldsymbol{k}$ 的平移一段距离 $\boldsymbol{d}$ 的“组合”运动来实现。式(2－24)中的旋转矩阵 $\boldsymbol{R}$ 就代表刚体绕轴(向量)$\boldsymbol{k}$ 的旋转运动；但列向量 $\boldsymbol{p}$ 并不是刚体绕该轴(向量)$\boldsymbol{k}$ 的平移运动，它是坐标系$\{A\}$的原点随刚体运动后的位置向量。

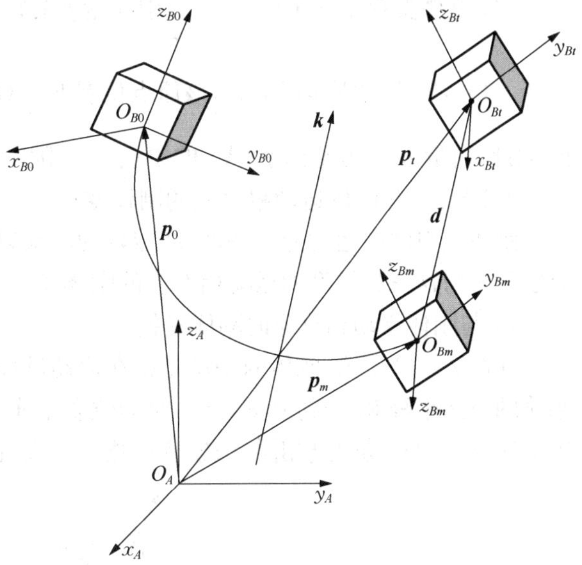

图 2－10　刚体变换矩阵的物理意义

事实上，旋转矩阵 $\boldsymbol{T}$ 可以做如下分解：

$$\boldsymbol{T}=\begin{bmatrix}\boldsymbol{R} & \boldsymbol{p}\\ 0 & 1\end{bmatrix}=\begin{bmatrix}\boldsymbol{R} & 0\\ 0 & 1\end{bmatrix}\begin{bmatrix}\boldsymbol{I} & \boldsymbol{R}^T\boldsymbol{p}\\ 0 & 1\end{bmatrix}=\begin{bmatrix}I & \boldsymbol{R}^T\boldsymbol{p}\\ 0 & 1\end{bmatrix}\begin{bmatrix}\boldsymbol{R} & 0\\ 0 & 1\end{bmatrix}\tag{2-25}$$

式中，$\begin{bmatrix}\boldsymbol{R} & 0\\ 0 & 1\end{bmatrix}$代表刚体绕轴线 $\boldsymbol{k}$ 的转动；$\begin{bmatrix}\boldsymbol{I} & \boldsymbol{R}^T\boldsymbol{p}\\ 0 & 1\end{bmatrix}=\begin{bmatrix}\boldsymbol{I} & \boldsymbol{d}\\ 0 & 1\end{bmatrix}$代表沿轴线 $\boldsymbol{k}$ 的平移运动 $\boldsymbol{d}=\boldsymbol{R}^T\boldsymbol{p}$。

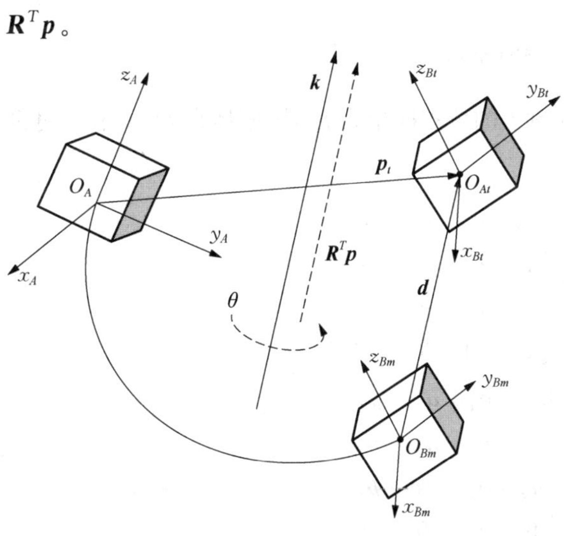

图 2－11　刚体位姿矩阵和刚体变换的关系

(2) 位姿矩阵和刚体变换矩阵的关系。当取 $\boldsymbol{g}_0=\boldsymbol{I}$(四阶单位阵)时，$\boldsymbol{g}_t=\boldsymbol{T}\boldsymbol{g}_0=\boldsymbol{T}\boldsymbol{I}=\boldsymbol{T}$，此时位的位姿矩阵 $\boldsymbol{g}_t$ 等于刚体变换矩阵 $\boldsymbol{T}$，即坐标系$\{B\}$相对于坐标系$\{A\}$的位姿 $\boldsymbol{g}_t$，也就是把坐标系$\{A\}$由初始位置变换到与坐标系$\{B\}$的当前位置“重合”时对应的刚体变换 $\boldsymbol{T}$，它是通过绕某一轴线 k 旋转一定角度 θ，到达位置(x_m, y_m, z_m)，再沿该轴线平移距离 d 来实现的，如图 2－11 所示。这为求坐标系之间的位姿矩阵提供了一种方法，该方法将在第 3 章确定 D－H 矩阵和建立机器人运动学方程中得到应用。

(3) 向量经过刚体运动后,仅仅与转动运动有关,而与刚体的平移运动无关。设刚体运动前的向量为 $\boldsymbol{v}_0$,经过刚体运动后变为 $\boldsymbol{v}_t$,由式(2-16)可知

$$\begin{bmatrix} \boldsymbol{v}_t \\ 0 \end{bmatrix} = \begin{bmatrix} \boldsymbol{R} & \boldsymbol{p} \\ 0 & 1 \end{bmatrix} \begin{bmatrix} \boldsymbol{v}_0 \\ 0 \end{bmatrix} = \begin{bmatrix} \boldsymbol{R}\boldsymbol{v}_0 \\ 0 \end{bmatrix} \tag{2-26}$$

即 $\boldsymbol{v}_t = \boldsymbol{R}\boldsymbol{v}_0$,因此上述结论成立。

(4) 刚体变换矩阵 $\boldsymbol{T} = \begin{bmatrix} \boldsymbol{R} & \boldsymbol{p} \\ 0 & 1 \end{bmatrix}$ 中向量 $\boldsymbol{p}$ 的物理意义:坐标系$\{A\}$的原点 O_{A0} 的齐次坐标为$[0\quad 1]^T$,随上述刚体运动后,该原点位置变为 $\boldsymbol{O}_{At}$,且 $\begin{bmatrix} \boldsymbol{O}_{At} \\ 1 \end{bmatrix} = \begin{bmatrix} \boldsymbol{R} & \boldsymbol{p} \\ 0 & 1 \end{bmatrix} \begin{bmatrix} 0 \\ 1 \end{bmatrix} = \begin{bmatrix} \boldsymbol{p} \\ 1 \end{bmatrix}$,即 $\boldsymbol{O}_{At} = \boldsymbol{p}$,因此,向量 $\boldsymbol{p}$ 即为坐标系$\{A\}$的原点 O_{A0} 随刚体运动后的位置向量 $\boldsymbol{O}_{At}$。

2.2.5.2 与刚体运动相对应的刚体变换

刚体在空间中运动分为平动、绕定轴的转动以及一般运动(既有平动,又有转动),下面将分别分析与这三种类型的运动相对应的刚体变换 $\boldsymbol{T}$。

1) 与刚体平动相对应的刚体变换

如图 2-12 所示,刚体的平动是指在运动过程中刚体的姿态一直保持不变,即任意时刻 t 刚体的姿态矩阵 $\boldsymbol{R}_t$ 与初时刻 $t=0$ 时的位姿矩阵 $\boldsymbol{R}_0$ 关系为 $\boldsymbol{R}_t \equiv \boldsymbol{R}_0$。因而刚体做平动时,刚体上所有点的运动轨迹相同,该轨迹可能是直线,也可能是曲线。

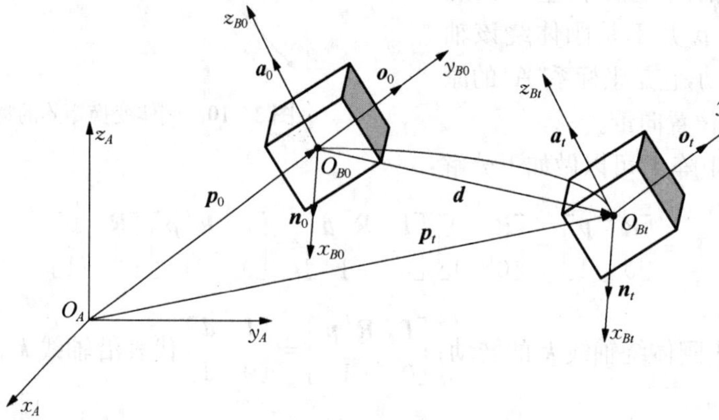

图 2-12 刚体平动

设刚体运动的初始位置向量为 $\boldsymbol{p}_0$,任意时刻 t 的位置向量为 $\boldsymbol{p}_t$,则刚体在 $t=0$ 和 t 时刻的位姿矩阵 $\boldsymbol{g}_0$ 和 $\boldsymbol{g}_t$ 分别为

$$\boldsymbol{g}_0 = \begin{bmatrix} {}^A_B\boldsymbol{R}_0 & \boldsymbol{p}_0 \\ 0 & 1 \end{bmatrix} = \begin{bmatrix} n_x & o_x & a_x & p_{0x} \\ n_y & o_y & a_y & p_{0y} \\ n_z & o_z & a_z & p_{0z} \\ 0 & 0 & 0 & 1 \end{bmatrix}$$

$$\boldsymbol{g}_t = \begin{bmatrix} {}^A_B\boldsymbol{R}_t & \boldsymbol{p}_t \\ 0 & 1 \end{bmatrix} = \begin{bmatrix} n_x & o_x & a_x & p_{tx} \\ n_y & o_y & a_y & p_{ty} \\ n_z & o_z & a_z & p_{tz} \\ 0 & 0 & 0 & 1 \end{bmatrix}$$

因为刚体做平动，刚体上所有点的位移相同，均等于坐标系{B}原点的位移，即

$$\boldsymbol{d}=\boldsymbol{p}_t-\boldsymbol{p}_0=[d_x \quad d_y \quad d_z]^T=[p_{tx}-p_{0x} \quad p_{ty}-p_{0y} \quad p_{tz}-p_{0z}]^T \tag{2-27}$$

为求刚体由位姿 $\boldsymbol{g}_0$ 到位姿 $\boldsymbol{g}_t$ 的刚体变换 $\mathrm{Tra}(\boldsymbol{d},\ l)$，令

$$\boldsymbol{g}_t=\mathrm{Tra}(\boldsymbol{d},\ l)\boldsymbol{g}_0 \tag{2-28}$$

由式(2-20)可知位姿矩阵 $\boldsymbol{g}_0$ 可逆，故式(2-28)两端右乘 $\boldsymbol{g}_0^{-1}$ 可得

$$\mathrm{Tra}(\boldsymbol{d},\ l)=\boldsymbol{g}_t\boldsymbol{g}_0^{-1} \tag{2-29}$$

对于刚体做平动，对应的刚体变换为

$$\begin{aligned}\mathrm{Tra}(\boldsymbol{d},\ l)=\boldsymbol{g}_t\boldsymbol{g}_0^{-1}&=\begin{bmatrix}{}_B^A\boldsymbol{R}_t & \boldsymbol{p}_t\\ 0 & 1\end{bmatrix}\begin{bmatrix}{}_B^A\boldsymbol{R}^T & -{}_B^A\boldsymbol{R}^T\boldsymbol{p}_0\\ 0 & 1\end{bmatrix}\\ &=\begin{bmatrix}1 & 0 & 0 & p_{tx}-p_{0x}\\ 0 & 1 & 0 & p_{ty}-p_{0y}\\ 0 & 0 & 1 & p_{tz}-p_{0z}\\ 0 & 0 & 0 & 1\end{bmatrix}=\begin{bmatrix}\boldsymbol{I}_3 & \boldsymbol{d}\\ 0 & 1\end{bmatrix}\end{aligned} \tag{2-30}$$

由式(2-30)可知，刚体平移时，其位移只取决于“首末”位置，该运动“等效于”刚体沿着向量 $\boldsymbol{d}$ 平移了距离 $l=\|\boldsymbol{d}\|$。

2) 与刚体转动相对应的刚体变换

刚体转动可分为刚体绕坐标轴旋转、刚体绕通过坐标原点的一般轴线的旋转、刚体绕空间任意轴的旋转三种情况。

(1) 绕坐标轴旋转的刚体变换。以绕 x 轴转动为例，如图 2-13a 所示，坐标系{B}和坐标系{A}在初始时刻 $t=0$ 时重合。

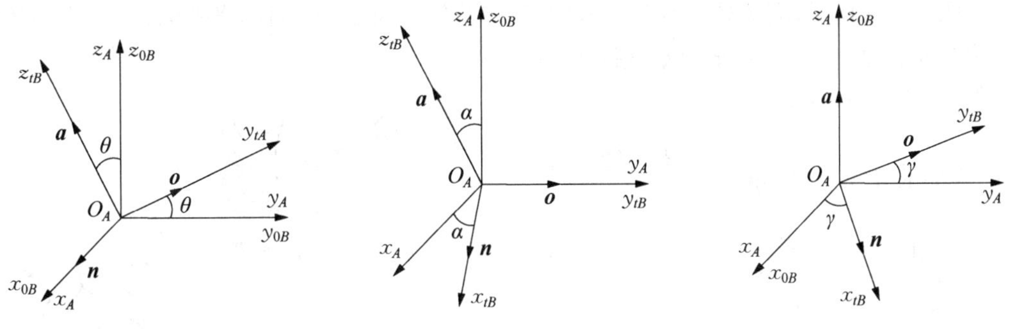

图 2-13 绕坐标轴旋转

如图 2-13a 所示，当坐标系{B}绕 x_A 轴逆时针旋转角度 θ 后，x_{0B} 轴与 x_{0A} 轴仍然重合，因此 $\angle \boldsymbol{n}x_A=0$，$\angle \boldsymbol{n}y_A=\pi/2$，$\angle \boldsymbol{n}z_A=\pi/2$，$\angle \boldsymbol{o}x_A=\pi/2$，$\angle \boldsymbol{o}y_A=\theta$，$\angle \boldsymbol{o}z_A=\pi/2-\theta$，$\angle \boldsymbol{a}x_A=\pi/2$，$\angle \boldsymbol{a}y_A=\pi/2+\theta$，$\angle \boldsymbol{a}z_A=\theta$，将这些参数代入式(2-4)可得姿态矩阵(旋转矩阵)为

$$\mathrm{Rot}(x,\ \theta)=\begin{bmatrix}\cos\angle \boldsymbol{n}x_A & \cos\angle \boldsymbol{o}x_A & \cos\angle \boldsymbol{a}x_A\\ \cos\angle \boldsymbol{n}y_A & \cos\angle \boldsymbol{o}y_A & \cos\angle \boldsymbol{a}y_A\\ \cos\angle \boldsymbol{n}z_A & \cos\angle \boldsymbol{o}z_A & \cos\angle \boldsymbol{a}z_A\end{bmatrix}=\begin{bmatrix}1 & 0 & 0\\ 0 & \cos\theta & -\sin\theta\\ 0 & \sin\theta & \cos\theta\end{bmatrix} \tag{2-31}$$

同理，如图 2 - 13b 所示，刚体绕 y_A 轴转动 α 角度后的位姿矩阵(旋转矩阵)为

$$\mathrm{Rot}(y,\ \alpha)=\begin{bmatrix}\cos\angle \boldsymbol{n}x_A & \cos\angle \boldsymbol{o}x_A & \cos\angle \boldsymbol{a}x_A\\ \cos\angle \boldsymbol{n}y_A & \cos\angle \boldsymbol{o}y_A & \cos\angle \boldsymbol{a}y_A\\ \cos\angle \boldsymbol{n}z_A & \cos\angle \boldsymbol{o}z_A & \cos\angle \boldsymbol{a}z_A\end{bmatrix}=\begin{bmatrix}\cos\alpha & 0 & \sin\alpha\\ 0 & 1 & 0\\ -\sin\alpha & 0 & \cos\alpha\end{bmatrix} \quad (2-32)$$

同理，绕 z_A 轴转动 γ 角度后的位姿矩阵(旋转矩阵)为

$$\mathrm{Rot}(z,\ \gamma)=\begin{bmatrix}\cos\angle \boldsymbol{n}x_A & \cos\angle \boldsymbol{o}x_A & \cos\angle \boldsymbol{a}x_A\\ \cos\angle \boldsymbol{n}y_A & \cos\angle \boldsymbol{o}y_A & \cos\angle \boldsymbol{a}y_A\\ \cos\angle \boldsymbol{n}z_A & \cos\angle \boldsymbol{o}z_A & \cos\angle \boldsymbol{a}z_A\end{bmatrix}=\begin{bmatrix}\cos\gamma & -\sin\gamma & 0\\ \sin\gamma & \cos\gamma & 0\\ 0 & 0 & 1\end{bmatrix} \quad (2-33)$$

分析式(2 - 31)～式(2 - 33)可以发现，绕坐标轴旋转矩阵的特点可以用图 2 - 14 描述，具体如下：

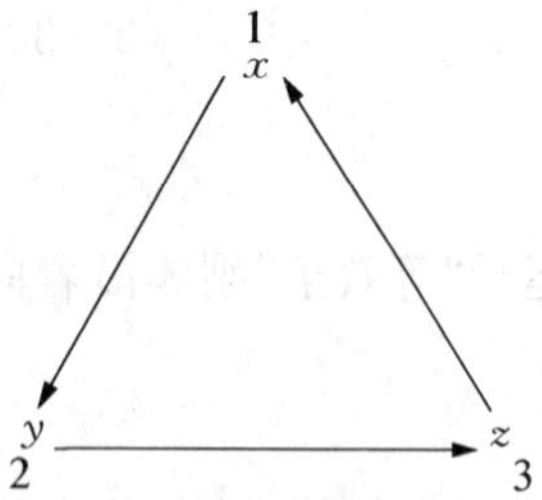

图 2 - 14 绕坐标轴旋转的变换矩阵特点示意图

① 如图 2 - 14 所示，绕某一轴旋转角度 φ，设与该轴对应的数字为 $i(i=1,\ 2,\ 3)$，则旋转矩阵的第“i”行“i”列对应的元素为 1，其余两个主对角元素均为转角 φ 的余弦值。

以绕 y 轴旋转为例，图中与 y 轴对应的数字为“2”，则旋转矩阵的第“2”行第“2”列元素为“1”，另外两个主对角元素为 $\cos\varphi$。

② 元素 1 所在的行和列的其余元素为 0；矩阵的其余的副对角元素为转角 φ 的正弦值。

③ “负号”的位置，由旋转轴以外的另外两个数字按逆时针顺序决定，如绕 x 轴旋转，则“1”以外的另外两个数字为“2”和“3”，则“负号”出现在“2→3”，即第 2 行第 3 列；同理，绕 z 轴旋转，则“负号”出现在“1→2”，即第 1 行第 2 列。

如图 2 - 15 所示，刚体处于空间一般位置，初始位姿为 $\boldsymbol{g}_0$，该刚体绕坐标系{A}的 x 轴转动 θ 后的位姿为 $\boldsymbol{g}_t$，由位姿 $\boldsymbol{g}_0\to\boldsymbol{g}_t$ 相对应的刚体变换为 $\boldsymbol{T}[\mathrm{Rot}(x,\ \theta)]$，则有

$$\boldsymbol{g}_t=\boldsymbol{T}[\mathrm{Rot}(x_A,\ \theta)]\boldsymbol{g}_0=\begin{bmatrix}{}^A_B\boldsymbol{R}_{x_A}(\theta) & \boldsymbol{p}\\ 0 & 1\end{bmatrix}\boldsymbol{g}_0$$

$$=\begin{bmatrix}{}^A_B\boldsymbol{R}_{x_A}(\theta) & 0\\ 0 & 1\end{bmatrix}\boldsymbol{g}_0$$

$$=\begin{bmatrix}1 & 0 & 0 & 0\\ 0 & \cos\theta & -\sin\theta & 0\\ 0 & \sin\theta & \cos\theta & 0\\ 0 & 0 & 0 & 1\end{bmatrix}\boldsymbol{g}_0 \quad (2-34)$$

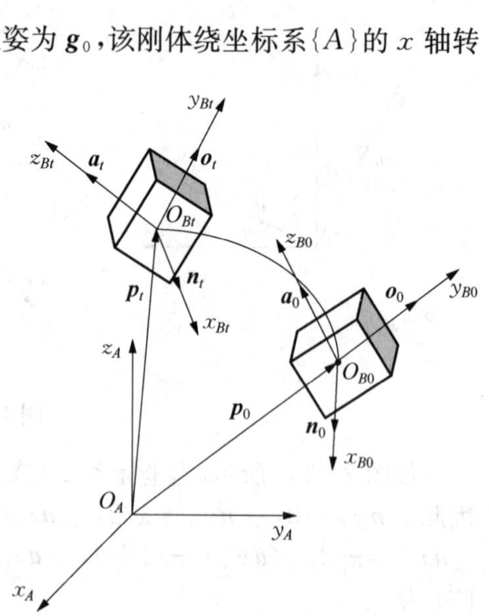

图 2 - 15 绕 x 轴旋转的刚体变换

式中，$\boldsymbol{p}$ 为坐标系{A}的原点由初始位置$[0\quad 0\quad 0]^T$ 随刚体运动后的位置。因为原点 O 在 x_A 轴上，故该原点绕 x_A 轴旋转后位置不变，因而 $\boldsymbol{p}=[0\quad 0\quad 0]^T$。

同理，绕坐标系$\{A\}$的 y 轴旋转 α 角度对应的刚体变换 $\boldsymbol{T}[\mathrm{rot}(y,\ \alpha)]$为

$$\boldsymbol{g}_t=\boldsymbol{T}[\mathrm{Rot}(y_A,\ \alpha)]\boldsymbol{g}_0=\begin{bmatrix}{}^A_B\boldsymbol{R}_{y_A}(\alpha) & \boldsymbol{p}\\ 0 & 1\end{bmatrix}\boldsymbol{g}_0=\begin{bmatrix}{}^A_B\boldsymbol{R}_{y_A}(\alpha) & 0\\ 0 & 1\end{bmatrix}\boldsymbol{g}_0$$

$$=\begin{bmatrix}\cos\alpha & 0 & \sin\alpha & 0\\ 0 & 1 & 0 & 0\\ -\sin\alpha & 0 & \cos\alpha & 0\\ 0 & 0 & 0 & 1\end{bmatrix}\boldsymbol{g}_0 \tag{2-35}$$

式中，因为坐标系$\{A\}$的原点绕 y_A 轴旋转后不变，故 $\boldsymbol{p}=[0\quad 0\quad 0]^T$。

绕坐标系$\{A\}$的 z 轴旋转 γ 角度对应的刚体变换 $\boldsymbol{T}[\mathrm{Rot}(z,\ \gamma)]$为

$$\boldsymbol{g}_t=\boldsymbol{T}[\mathrm{Rot}(z_A,\ \gamma)]\boldsymbol{g}_0=\begin{bmatrix}{}^A_B\boldsymbol{R}_{z_A}(\gamma) & \boldsymbol{p}\\ 0 & 1\end{bmatrix}\boldsymbol{g}_0=\begin{bmatrix}{}^A_B\boldsymbol{R}_{z_A}(\gamma) & 0\\ 0 & 1\end{bmatrix}\boldsymbol{g}_0$$

$$=\begin{bmatrix}\cos\gamma & \sin\gamma & 0 & 0\\ \sin\gamma & \cos\gamma & 0 & 0\\ 0 & 0 & 1 & 0\\ 0 & 0 & 0 & 1\end{bmatrix}\boldsymbol{g}_0 \tag{2-36}$$

式中，因为坐标系$\{A\}$的原点绕 z_A 轴旋转后不变，故 $\boldsymbol{p}=[0\quad 0\quad 0]^T$。

(2) 绕过坐标系原点的一般轴线旋转的刚体变换。如图 2-16 所示，刚体处于空间一般位置，刚体运动为绕过坐标系$\{A\}$原点的直线 l 做旋转运动，旋转角度为 θ；设 $\boldsymbol{k}_A$ 为直线 l 的单位向量，$\boldsymbol{k}_A=[k_{Ax}\quad k_{Ay}\quad k_{Az}]^T$，且 $\|\boldsymbol{k}_A\|=\sqrt{(k_{Ax})^2+(k_{Ay})^2+(k_{Az})^2}=1$。该刚体的初始位姿为 $\boldsymbol{g}_0$，旋转后的位姿为 $\boldsymbol{g}_t$，由位姿 $\boldsymbol{g}_0\rightarrow\boldsymbol{g}_t$ 相对应的刚体变换为 $\boldsymbol{T}[\mathrm{Rot}(\boldsymbol{k}_A,\ \theta)]$ 为

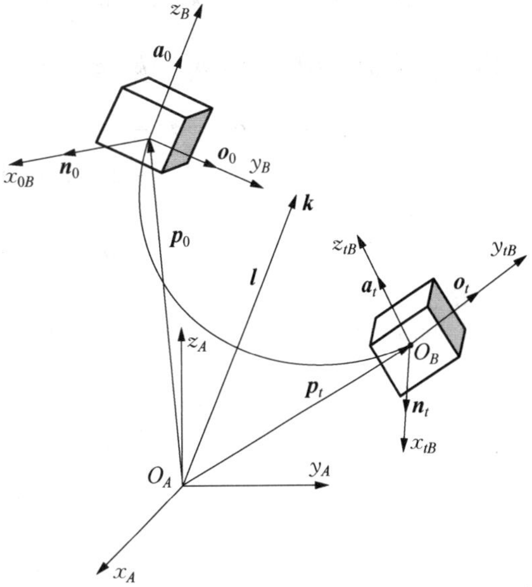

图 2-16 绕过坐标系$\{A\}$原点的 k 轴旋转变换

$$\boldsymbol{g}_t=\boldsymbol{T}[\mathrm{Rot}(\boldsymbol{k}_A,\ \boldsymbol{\theta})]\boldsymbol{g}_0=\begin{bmatrix}{}^A_B\boldsymbol{R}_{k_A}(\theta) & \boldsymbol{p}\\ 0 & 1\end{bmatrix}\boldsymbol{g}_0$$

$$=\begin{bmatrix}{}^A_B\boldsymbol{R}_{k_A}(\theta) & 0\\ 0 & 1\end{bmatrix}\boldsymbol{g}_0$$

$$=\begin{bmatrix}k_{Ax}k_{Ax}v\theta+c\theta & k_{Ay}k_{Ax}v\theta-k_{Az}s\theta & k_{Az}k_{Ax}v\theta+k_{Ay}s\theta & 0\\ k_{Ax}k_{Ay}v\theta+k_{Az}s\theta & k_{Ay}k_{Ay}v\theta+c\theta & k_{Az}k_{Ay}v\theta-k_{Ax}s\theta & 0\\ k_{Ax}k_{Az}v\theta-k_{Ay}s\theta & k_{Ay}k_{Az}v\theta-k_{Ax}s\theta & k_{Az}k_{Az}v\theta+c\theta & 0\\ 0 & 0 & 0 & 1\end{bmatrix}\boldsymbol{g}_0 \tag{2-37}$$

其中
$$c\theta=\cos\theta,\ s\theta=\sin\theta,\ v\theta=1-\cos\theta$$

式中，$\boldsymbol{p}$ 为坐标系$\{A\}$的原点由初始位置$[0\quad 0\quad 0]^T$ 随刚体运动后的位置向量；因为原点 O 在 $\boldsymbol{k}_A$ 轴上，故原点绕 $\boldsymbol{k}_A$ 轴旋转后位置不变，因而 $\boldsymbol{p}=[0\quad 0\quad 0]^T$；${}^A_B\boldsymbol{R}_{k_A}(\theta)$ 称为绕过原点的

$\boldsymbol{k}_A$ 轴的旋转矩阵,其表达式为

$$
{}_B^A\boldsymbol{R}_{k_A}(\theta)=\begin{bmatrix} k_{Ax}k_{Ax}v\theta+c\theta & k_{Ay}k_{Ax}v\theta-k_{Az}s\theta & k_{Az}k_{Ax}v\theta+k_{Ay}s\theta \\ k_{Ax}k_{Ay}v\theta+k_{Az}s\theta & k_{Ay}k_{Ay}v\theta+c\theta & k_{Az}k_{Ay}v\theta-k_{Ax}s\theta \\ k_{Ax}k_{Az}v\theta-k_{Ay}s\theta & k_{Ay}k_{Az}v\theta+k_{Ax}s\theta & k_{Az}k_{Az}v\theta+c\theta \end{bmatrix} \tag{2-38}
$$

当分别取 $\boldsymbol{k}_A=[1\quad 0\quad 0]$、$\boldsymbol{k}_A=[0\quad 1\quad 0]$、$\boldsymbol{k}_A=[0\quad 0\quad 1]$ 时,式(2-38)分别与式(2-31)~式(2-33)一致,即绕坐标系$\{A\}$的 x 轴、y 轴和 z 轴转动,是绕过原点的 $\boldsymbol{k}$ 轴的旋转矩阵的特例。

当旋转矩阵或姿态矩阵 $\boldsymbol{R}=\begin{bmatrix} n_x & o_x & a_x \\ n_y & o_y & a_y \\ n_z & o_z & a_z \end{bmatrix}$ 已知时,如何确定与相对应的旋转轴 $\boldsymbol{k}$ 和旋转角度 θ?

可令

$$
\boldsymbol{R}=\begin{bmatrix} n_x & o_x & a_x \\ n_y & o_y & a_y \\ n_z & o_z & a_z \end{bmatrix}=\begin{bmatrix} k_{Ax}k_{Ax}v\theta+c\theta & k_{Ay}k_{Ax}v\theta-k_{Az}s\theta & k_{Az}k_{Ax}v\theta+k_{Ay}s\theta \\ k_{Ax}k_{Ay}v\theta+k_{Az}s\theta & k_{Ay}k_{Ay}v\theta+c\theta & k_{Az}k_{Ay}v\theta-k_{Ax}s\theta \\ k_{Ax}k_{Az}v\theta-k_{Ay}s\theta & k_{Ay}k_{Az}v\theta+k_{Ax}s\theta & k_{Az}k_{Az}v\theta+c\theta \end{bmatrix} \tag{2-39}
$$

由 $n_x=k_{Ax}k_{Ax}v\theta+c\theta$, $o_y=k_{Ay}k_{Ay}v\theta+c\theta$, $a_z=k_{Az}k_{Az}v\theta+c\theta$,可得

$$
\begin{aligned} n_x+o_y+a_z &= [(k_x)^2+(k_y)^2+(k_z)^2](1-\cos\theta)+3\cos\theta \\ &= 1+2\cos\theta \end{aligned}
$$

$$
\theta=\arccos\frac{n_x+o_y+a_z-1}{2} \tag{2-40}
$$

同理,可得

$$
\left.\begin{aligned} k_{Ax} &= \frac{o_z-a_y}{2\sin\theta} \\ k_{Ay} &= \frac{a_x-n_z}{2\sin\theta} \\ k_{Az} &= \frac{n_y-o_x}{2\sin\theta} \end{aligned}\right\} \tag{2-41}
$$

(3) 绕空间一般轴线旋转的刚体变换。如图 2-17 所示,刚体处于空间一般位置,刚体运动为绕过坐标系 Q 点的直线 $\boldsymbol{l}$(不一定过原点)做旋转运动,旋转角度为 θ; $\boldsymbol{k}_A$ 为直线 $\boldsymbol{l}$ 的单位向量,设 $\boldsymbol{k}_A=[k_{Ax}\quad k_{Ay}\quad k_{Az}]^T$,且 $\|\boldsymbol{k}_A\|=\sqrt{(k_{Ax})^2+(k_{Ay})^2+(k_{Az})^2}=1$。设该刚体的初始位姿为 $\boldsymbol{g}_0$,旋转后的位姿为 $\boldsymbol{g}_t$。

由式(2-38)可得,刚体绕 $\boldsymbol{k}_A$ 轴旋转的变换矩阵为${}_B^A\boldsymbol{R}_{k_A}(\theta)$,故刚体由位姿 $\boldsymbol{g}_0\rightarrow\boldsymbol{g}_t$ 相对应的刚体变换为 $\boldsymbol{T}[\mathrm{Rot}(Q_A,\boldsymbol{k}_A,\theta)]$ 为

$$
\boldsymbol{g}_t=\boldsymbol{T}[\mathrm{Rot}(Q_A,\boldsymbol{k}_A,\boldsymbol{\theta})]\boldsymbol{g}_0=\begin{bmatrix} {}_B^A\boldsymbol{R}_{k_A}(\theta) & \boldsymbol{p} \\ 0 & 1 \end{bmatrix}\boldsymbol{g}_0
$$

$$=\begin{bmatrix} {}^{A}_{B}\boldsymbol{R}_{k_A}(\theta) & [\boldsymbol{I}-{}^{A}_{B}\boldsymbol{R}_{k_A}(\theta)]\boldsymbol{Q}_A \\ 0 & 1 \end{bmatrix}\boldsymbol{g}_0 \tag{2-42}$$

式中，$\boldsymbol{p}=[\boldsymbol{I}-{}^{A}_{B}\boldsymbol{R}_{k_A}(\theta)]\boldsymbol{Q}_A$ 为坐标系$\{A\}$的原点 O 随刚体运动后的坐标，其中${}^{A}_{B}\boldsymbol{R}_{k_A}(\theta)$的表达式同式(2-38)。

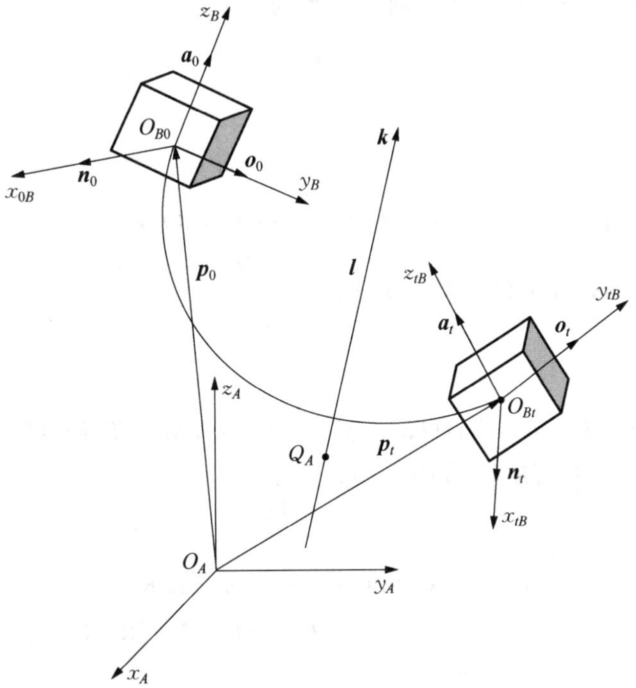

图 2-17 空间一般轴线 $\boldsymbol{k}$ 的旋转变换

3）刚体的一般运动变换

刚体的一般运动是指刚体运动中包含有平动和转动。由理论力学中的沙勒定理可知，任意刚体运动都可以通过绕某一轴线的平移运动加上绕该轴线的转动来实现。

如图 2-18 所示，若已知初始位姿为 $\boldsymbol{g}_0$，运动后的位姿为 $\boldsymbol{g}_t$。根据沙勒定理，位姿 $\boldsymbol{g}_0 \rightarrow \boldsymbol{g}_t$ 之间的刚体运动可以通过绕某一点 Q_A 的轴线 $\boldsymbol{l}$ 旋转角度 θ，再沿轴线 $\boldsymbol{l}$ 平移距离 h 来实现。与该运动相对应的刚体变换为 $\boldsymbol{T}[\mathrm{Rot}(\boldsymbol{Q}_A, \boldsymbol{k}_A, \boldsymbol{\theta}), \mathrm{Tra}(h\boldsymbol{k}_A)]$。可以分两步求出该变换。

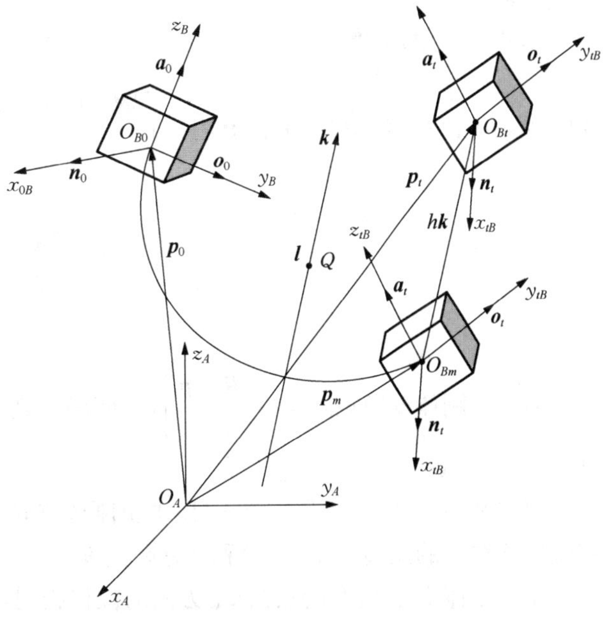

图 2-18 刚体的一般运动

第一步：求刚体绕点 Q 的轴线 $\boldsymbol{l}$ 旋转角度 θ 后的位姿为 $\boldsymbol{g}_m$，即 $\boldsymbol{g}_0 \rightarrow$

$\boldsymbol{g}_m$。由式(2-42)可得

$$\boldsymbol{g}_m=\boldsymbol{T}[\mathrm{Rot}(Q_A,\boldsymbol{k}_A,\boldsymbol{\theta})]\boldsymbol{g}_0=\begin{bmatrix} {}_B^A\boldsymbol{R}_{k_A}(\theta) & [\boldsymbol{I}-{}_B^A\boldsymbol{R}_{k_A}(\theta)]\boldsymbol{Q}_A \\ 0 & 1 \end{bmatrix}\boldsymbol{g}_0$$

第二步：求刚体由位置 $x_m y_m z_m$ 经过平移后的位姿 $\boldsymbol{g}_t$，即 $\boldsymbol{g}_m\rightarrow\boldsymbol{g}_t$。

由式(2-30)可得平移 $h\boldsymbol{k}_A$ 对应的刚体变换为

$$\boldsymbol{T}(\mathrm{Tra},h\boldsymbol{k}_A)=\begin{bmatrix} \boldsymbol{I} & \boldsymbol{d} \\ 0 & 1 \end{bmatrix}=\begin{bmatrix} \boldsymbol{I} & h\boldsymbol{k}_A \\ 0 & 1 \end{bmatrix}$$

故由上两式可得

$$\begin{aligned}\boldsymbol{g}_t&=\boldsymbol{T}(\mathrm{Tra},h\boldsymbol{k}_A)\boldsymbol{g}_m=\boldsymbol{T}(\mathrm{Tra},h\boldsymbol{k}_A)\boldsymbol{T}[\mathrm{Rot}(Q_A,\boldsymbol{k}_A,\boldsymbol{\theta})]\boldsymbol{g}_0\\&=\{\boldsymbol{T}(\mathrm{Tra},h\boldsymbol{k}_A)\boldsymbol{T}[\mathrm{Rot}(Q_A,\boldsymbol{k}_A,\boldsymbol{\theta})]\}\boldsymbol{g}_0=\begin{bmatrix} {}_B^A\boldsymbol{R}_{k_A}(\theta) & (\boldsymbol{I}-{}_B^A\boldsymbol{R}_{k_A}(\theta))\boldsymbol{Q}_A+h\boldsymbol{k}_A \\ 0 & 1 \end{bmatrix}\boldsymbol{g}_0\end{aligned}$$

即

$$\begin{aligned}\boldsymbol{g}_t&=\boldsymbol{T}[\mathrm{Rot}(Q_A,\boldsymbol{k}_A,\boldsymbol{\theta}),\mathrm{Tra}(h\boldsymbol{k}_A)]\boldsymbol{g}_0=\{\boldsymbol{T}(\mathrm{Tra},h\boldsymbol{k}_A)\boldsymbol{T}[\mathrm{Rot}(Q_A,\boldsymbol{k}_A,\boldsymbol{\theta})]\}\boldsymbol{g}_0\\&=\begin{bmatrix} {}_B^A\boldsymbol{R}_{k_A}(\theta) & (\boldsymbol{I}-{}_B^A\boldsymbol{R}_{k_A}(\theta))\boldsymbol{Q}_A+h\boldsymbol{k}_A \\ 0 & 1 \end{bmatrix}\boldsymbol{g}_0\end{aligned}\tag{2-43}$$

其中

$$\begin{aligned}\boldsymbol{T}[\mathrm{Rot}(Q_A,\boldsymbol{k}_A,\boldsymbol{\theta}),\mathrm{Tra}(h\boldsymbol{k}_A)]&=\boldsymbol{T}(\mathrm{Tra},h\boldsymbol{k}_A)\boldsymbol{T}[\mathrm{Rot}(Q_A,\boldsymbol{k}_A,\boldsymbol{\theta})]\\&=\begin{bmatrix} {}_B^A\boldsymbol{R}_{k_A}(\theta) & (\boldsymbol{I}-{}_B^A\boldsymbol{R}_{k_A}(\theta))\boldsymbol{Q}_A+h\boldsymbol{k}_A \\ 0 & 1 \end{bmatrix}\end{aligned}\tag{2-44}$$

式(2-44)成立的原因是：绕同一个轴连续进行的两个刚体运动，其对应的刚体变换矩阵可以交换。

由式(2-43)可得

$$\begin{aligned}\boldsymbol{T}(\mathrm{Tra},h\boldsymbol{k}_A)\boldsymbol{T}[\mathrm{Rot}(Q_A,\boldsymbol{k}_A,\boldsymbol{\theta})]&=\begin{bmatrix} {}_B^A\boldsymbol{R}_{k_A}(\theta) & [\boldsymbol{I}-{}_B^A\boldsymbol{R}_{k_A}(\theta)]\boldsymbol{Q}_A+h\boldsymbol{k}_A \\ 0 & 1 \end{bmatrix}\\&=\boldsymbol{g}_t\boldsymbol{g}_0^{-1}=\begin{bmatrix} \boldsymbol{R} & \boldsymbol{p} \\ 0 & 1 \end{bmatrix}=\begin{bmatrix} n_x & o_x & a_x & p_x \\ n_y & o_y & a_y & p_y \\ n_z & o_z & a_z & p_z \\ 0 & 0 & 0 & 1 \end{bmatrix}\end{aligned}\tag{2-45}$$

若已知刚体变换矩阵 $\boldsymbol{T}=\begin{bmatrix} \boldsymbol{R} & \boldsymbol{p} \\ 0 & 1 \end{bmatrix}$，如何确定其旋转轴 $\boldsymbol{k}_A$、旋转角度 θ、平移距离 d 以及轴线 $\boldsymbol{k}_A$ 的位置？

可以利用式(2-40)和式(2-41)求出刚体旋转角度 $\boldsymbol{\theta}$ 和旋转轴线的单位向量 $\boldsymbol{k}_A$。下面将确定直线上的点 Q_A(不唯一)和平移距离 $\boldsymbol{h}$。

由于刚体 B 上所有的点在 $\boldsymbol{k}_A$ 方向的位移相同，均为 $h\boldsymbol{k}_A$，故坐标系$\{B\}$的原点的位移也为 $\overrightarrow{O_{B0}O_{Bt}}=h\boldsymbol{k}_A$，两边与 $\boldsymbol{k}_A$ 做点积可得

$$h=\overrightarrow{O_{B0}O_{Bt}}\cdot \boldsymbol{k}_A=(\boldsymbol{p}_t-\boldsymbol{p}_0)\cdot \boldsymbol{k}_A \tag{2-46}$$

由式(2-45)可得

$$[\boldsymbol{I}-{}_B^A\boldsymbol{R}_{k_A}(\theta)]\boldsymbol{Q}_A+h\boldsymbol{k}_A=\boldsymbol{p}$$

令 $\boldsymbol{Q}_A=[q_{Ax}\quad q_{Ay}\quad q_{Az}]^T$，代入上式可得

$$\begin{bmatrix}1-n_x & -o_x & -a_x\\ -n_y & 1-o_y & -a_y\\ -n_z & -o_z & 1-a_z\end{bmatrix}\begin{bmatrix}q_{Ax}\\ q_{Ay}\\ q_{Az}\end{bmatrix}=\begin{bmatrix}p_x-hk_{Ax}\\ p_y-hk_{Ay}\\ p_z-hk_{Az}\end{bmatrix} \tag{2-47}$$

解上述方程组可求得点 $\boldsymbol{Q}_A$。上述方程的解不唯一，这是因为直线 l 上的点均可作为式(2-43)中的点 $\boldsymbol{Q}_A$。

2.2.6 刚体变换矩阵蕴含的物理意义

对于刚体的一般运动，如图 2-19 所示，若已知初始位姿为 $\boldsymbol{g}_0$，运动后的位姿为 $\boldsymbol{g}_t$，相应的刚体变换为 $\boldsymbol{T}$，则由式(2-23)可知：$\boldsymbol{g}_t=\boldsymbol{T}\boldsymbol{g}_0$。其中，刚体变换矩阵 $\boldsymbol{T}$ 可根据沙勒定理，由式(2-45)确定：$\boldsymbol{T}=\begin{bmatrix}{}_B^A\boldsymbol{R}_{k_A}(\theta) & [\boldsymbol{I}-{}_B^A\boldsymbol{R}_{k_A}(\theta)]\boldsymbol{Q}_A+h\boldsymbol{k}_A\\ 0 & 1\end{bmatrix}$。当 $\boldsymbol{g}_0=\boldsymbol{I}_4=\begin{bmatrix}\boldsymbol{I}_3 & \boldsymbol{0}\\ 0 & 1\end{bmatrix}$，即坐标系$\{A\}$“本身”随刚体运动，包括绕 k_A 旋转以及沿 k_A 平移后，其位姿 $\boldsymbol{g}_t=\boldsymbol{T}\boldsymbol{I}_4=\boldsymbol{T}$，即参考坐标系$\{A\}$由初始位置运动到当前位置$(x_{tA}\quad y_{tA}\quad z_{tA})$时，坐标系$\{A\}$在当前位置$(x_{tA}\quad y_{tA}\quad z_{tA})$相对于其初始位置$(x_{0A}\quad y_{0A}\quad z_{0A})$的位姿，该位姿与刚体变换矩阵 $\boldsymbol{T}$ 相同。应当注意到，刚体旋转和平移的轴线 $\boldsymbol{k}_A$ 和点 Q_A 都在坐标系$\{A\}$中描述。由此可以总结出如下规律：坐标系$\{i\}$中描述的刚体变换 ${}^i\boldsymbol{T}$，它描述的运动包括绕坐标系$\{i\}$中某一轴线 $\boldsymbol{k}_i$ 的旋转运动以及沿 $\boldsymbol{k}_i$ 的平移运动；刚体变换 ${}^i\boldsymbol{T}$ 即为坐标系$\{i\}$本身“经历”了该刚体运动后，它相对于其初始位置的位姿。

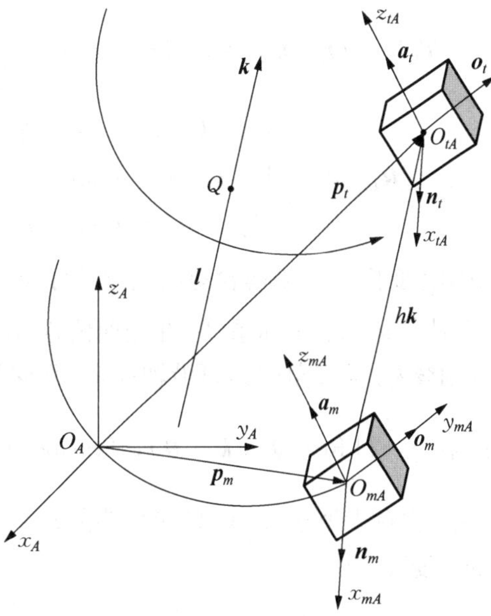

图 2-19 刚体变换矩阵蕴含的物理意义

2.2.7 刚体运动在不同坐标系中的描述——变换矩阵的左乘和右乘

如图 2-18 所示，刚体由初始位姿为 $\boldsymbol{g}_0$，绕过 Q 点的轴线 $\boldsymbol{k}$ 旋转角度 θ，再沿轴线 $\boldsymbol{k}$ 平移距离 h 后的位姿为 $\boldsymbol{g}_t$。上述刚体运动既可以在坐标系$\{A\}$中描述，也可以在坐标系$\{B\}$中描述。

当刚体运动在坐标系$\{A\}$中描述时，Q 点和轴线 $\boldsymbol{k}$ 在坐标系$\{A\}$中表示为 Q_A 和 $\boldsymbol{k}_A$，即 $\boldsymbol{Q}_A=[q_{xA}\quad q_{yA}\quad q_{zA}]^T$；$\boldsymbol{k}_A=[k_{xA}\quad k_{yA}\quad k_{zA}]^T$，其中 k_{xA}、k_{yA}、k_{zA} 为向量 $\boldsymbol{k}$ 在坐标系$\{A\}$的 x_A 轴、y_A 轴和 z_A 轴上的投影。其相应的刚体变换为 $\boldsymbol{T}[\mathrm{Rot}(Q_A,\boldsymbol{k}_A,\boldsymbol{\theta}),\ \mathrm{Tra}(h\boldsymbol{k}_A)]$。由式(2-43)可知

$$
\begin{aligned}
{}^{A}\boldsymbol{g}_{t} &= \boldsymbol{T}[\mathrm{Rot}(Q_A,\ \boldsymbol{k}_A,\ \boldsymbol{\theta}),\ \mathrm{Tra}(h\boldsymbol{k}_A)]\,{}^{A}\boldsymbol{g}_{0} \\
&= \begin{bmatrix} {}^{A}_{B}\boldsymbol{R}_{k_A}(\theta) & [\boldsymbol{I}-{}^{A}_{B}\boldsymbol{R}_{k_A}(\theta)]\boldsymbol{Q}_A + h\boldsymbol{k}_A \\ 0 & 1 \end{bmatrix} {}^{A}\boldsymbol{g}_{0}
\end{aligned} \tag{2-48}
$$

刚体变换 $\boldsymbol{T}[\mathrm{Rot}(Q_A,\ \boldsymbol{k}_A,\ \boldsymbol{\theta}),\ \mathrm{Tra}(h\boldsymbol{k}_A)]$“左乘”刚体初始位姿矩阵${}^{A}\boldsymbol{g}_0$ 得到刚体运动后的位姿矩阵${}^{A}\boldsymbol{g}_t$。

上述刚体运动也可以在坐标系$\{B\}$中描述。设 Q 点和轴线 $\boldsymbol{k}$ 在坐标系$\{B\}$中表示为 Q_B 和 $\boldsymbol{k}_B$，即 $\boldsymbol{Q}_B=[q_{xB}\quad q_{yB}\quad q_{zB}]^T$；$\boldsymbol{k}_B=[k_{xB}\quad k_{yB}\quad k_{zB}]^T$，其中 k_{xB}、k_{yB}、k_{zB} 为向量 $\boldsymbol{k}$ 在坐标系$\{B\}$的 x_B 轴、y_B 轴和 z_B 轴上的投影。在上述刚体运动在坐标系$\{B\}$中描述的刚体变换为$\boldsymbol{T}[\mathrm{Rot}(Q_B,\ \boldsymbol{k}_B,\ \boldsymbol{\theta}),\ \mathrm{Tra}(h\boldsymbol{k}_B)]$。从“运动效果”上看，刚体在坐标系$\{B\}$中，从初始位姿${}^{A}\boldsymbol{g}_0$ 绕轴线 $\boldsymbol{k}_B$ 旋转角度 θ，再沿 $\boldsymbol{k}_B$ 轴移动距离 h，同样达到了相同的“位置”，即位姿${}^{A}\boldsymbol{g}_t$。参照式(2-44)，绕轴 $\boldsymbol{k}_B$ 转动 θ 角，再沿轴 $\boldsymbol{k}_B$ 平移 h 的刚体变换为

$$
\boldsymbol{T}[\mathrm{Rot}(Q_B,\ \boldsymbol{k}_B,\ \boldsymbol{\theta}),\ \mathrm{Tra}(h\boldsymbol{k}_B)] = \begin{bmatrix} {}^{A}_{B}\boldsymbol{R}_{k_B}(\theta) & [\boldsymbol{I}-{}^{A}_{B}\boldsymbol{R}_{k_B}(\theta)]\boldsymbol{Q}_B + h\boldsymbol{k}_B \\ 0 & 1 \end{bmatrix} \tag{2-49}
$$

其中

$$
{}^{A}_{B}\boldsymbol{R}_{k_B}(\theta) = \begin{bmatrix} k_{xB}k_{xB}v\theta + c\theta & k_{yB}k_{xB}v\theta - k_{zB}s\theta & k_{zB}k_{xB}v\theta + k_{yB}s\theta \\ k_{xB}k_{yB}v\theta + k_{zB}s\theta & k_{yB}k_{yB}v\theta + c\theta & k_{zB}k_{yB}v\theta - k_{xB}s\theta \\ k_{xB}k_{zB}v\theta - k_{yB}s\theta & k_{yB}k_{zB}v\theta + k_{xB}s\theta & k_{zB}k_{zB}v\theta + c\theta \end{bmatrix} \tag{2-50}
$$

由刚体变换矩阵 $\boldsymbol{T}$ 蕴含的物理意义可知，刚体运动在坐标系$\{B\}$中的描述，即刚体变换矩阵${}^{B}\boldsymbol{T}$，为刚体运动后坐标系$\{B\}$在当期位置$\{B_t\}$相对于其初始位置$\{B_0\}$的位姿${}^{B_0}_{B_t}\boldsymbol{g}$。因而，当刚体绕轴线 $\boldsymbol{k}_B$ 旋转角度 θ，再沿轴线 $\boldsymbol{k}_B$ 平移距离 h 后，坐标系$\{B_t\}$相对于坐标系$\{B_0\}$的位姿${}^{B_0}_{B_t}\boldsymbol{g}$ 为${}^{B_0}_{B_t}\boldsymbol{g}=\boldsymbol{T}[\mathrm{Rot}(Q_B,\ \boldsymbol{k}_B,\ \boldsymbol{\theta}),\ \mathrm{Tra}(h\boldsymbol{k}_B)]=\begin{bmatrix} {}^{A}_{B}\boldsymbol{R}_{k_B}(\theta) & [\boldsymbol{I}-{}^{A}_{B}\boldsymbol{R}_{k_B}(\theta)]\boldsymbol{Q}_B + h\boldsymbol{k}_B \\ 0 & 1 \end{bmatrix}$；而坐标系$\{B_0\}$相对于坐标系$\{A\}$的位姿为${}^{A}_{B_0}\boldsymbol{g}_0={}^{A}\boldsymbol{g}_0$，根据式(2-21)，坐标系$\{B_t\}$相对于坐标系$\{A\}$的位姿${}^{A}\boldsymbol{g}_t$ 为

$$
\begin{aligned}
{}^{A}\boldsymbol{g}_{t} &= {}^{A}_{B_0}\boldsymbol{g}_0\,{}^{B_0}_{B_t}\boldsymbol{g} = {}^{A}\boldsymbol{g}_0\boldsymbol{T}[\mathrm{Rot}(Q_B,\ \boldsymbol{k}_B,\ \boldsymbol{\theta}),\ \mathrm{Tra}(h\boldsymbol{k}_B)] \\
&= {}^{A}\boldsymbol{g}_0 \begin{bmatrix} {}^{A}_{B}\boldsymbol{R}_{k_B}(\theta) & [\boldsymbol{I}-{}^{A}_{B}\boldsymbol{R}_{k_B}(\theta)]\boldsymbol{Q}_B + h\boldsymbol{k}_B \\ 0 & 1 \end{bmatrix}
\end{aligned} \tag{2-51}
$$

式(2-51)表明，坐标系$\{B\}$中描述的刚体变换矩阵 $\boldsymbol{T}[\mathrm{Rot}(Q_B,\ \boldsymbol{k}_B,\ \boldsymbol{\theta}),\ \mathrm{Tra}(h\boldsymbol{k}_B)]$“右乘”刚体的初始位姿${}^{A}\boldsymbol{g}_0$ 得到刚体运动后相对于坐标系$\{A\}$的位姿${}^{A}\boldsymbol{g}_t$。

由式(2-48)和式(2-51)可得

$$
\begin{aligned}
{}^{A}\boldsymbol{g}_{t} &= \begin{bmatrix} {}^{A}_{B}\boldsymbol{R}_{k_A}(\theta) & [\boldsymbol{I}-{}^{A}_{B}\boldsymbol{R}_{k_A}(\theta)]\boldsymbol{Q}_A + h\boldsymbol{k}_A \\ 0 & 1 \end{bmatrix} {}^{A}\boldsymbol{g}_{0} \\
&= {}^{A}\boldsymbol{g}_0 \begin{bmatrix} {}^{A}_{B}\boldsymbol{R}_{k_B}(\theta) & [\boldsymbol{I}-{}^{A}_{B}\boldsymbol{R}_{k_B}(\theta)]\boldsymbol{Q}_B + h\boldsymbol{k}_B \\ 0 & 1 \end{bmatrix}
\end{aligned} \tag{2-52}
$$

由式(2-52)可知，坐标系$\{A\}$中描述的刚体变换 $\boldsymbol{T}[\mathrm{Rot}(Q_A,\ \boldsymbol{k}_A,\ \boldsymbol{\theta}),\ \mathrm{Tra}(h\boldsymbol{k}_A)]$和坐标系$\{B\}$中描述的刚体变换 $\boldsymbol{T}[\mathrm{Rot}(Q_B,\ \boldsymbol{k}_B,\ \boldsymbol{\theta}),\ \mathrm{Tra}(h\boldsymbol{k}_B)]$之间的关系为

$$\begin{bmatrix} {}_B^A\boldsymbol{R}_{k_A}(\theta) & [\boldsymbol{I}-{}_B^A\boldsymbol{R}_{k_A}(\theta)]\boldsymbol{Q}_A+h\boldsymbol{k}_A \\ 0 & 1 \end{bmatrix}$$

$$={}^A\boldsymbol{g}_0\begin{bmatrix} {}_B^A\boldsymbol{R}_{k_B}(\theta) & [\boldsymbol{I}-{}_B^A\boldsymbol{R}_{k_B}(\theta)]\boldsymbol{Q}_B+h\boldsymbol{k}_B \\ 0 & 1 \end{bmatrix}{}^A\boldsymbol{g}_0^{-1} \tag{2-53}$$

其中,向量 $\boldsymbol{k}$ 和点 Q 在坐标系 $\{A\}$ 中的坐标 $\boldsymbol{k}_A$、Q_A 与它们在坐标系 $\{B\}$ 中的坐标 $\boldsymbol{k}_B$、Q_B 之间的关系,可以由式(2-17)和式(2-19)确定:

$$\begin{bmatrix}\boldsymbol{k}_A\\0\end{bmatrix}=g_0\begin{bmatrix}\boldsymbol{k}_B\\0\end{bmatrix}$$

$$\begin{bmatrix}\boldsymbol{Q}_A\\0\end{bmatrix}=g_0\begin{bmatrix}\boldsymbol{Q}_B\\0\end{bmatrix} \tag{2-54}$$

式(2-53)表明:对于同一个刚体运动,坐标系 $\{A\}$ 中描述的刚体变换矩阵与坐标系 $\{B\}$ 中描述的刚体变换矩阵是“相似”矩阵。

式(2-53)的物理解释为:如图 2-20 所示,坐标系 $\{B\}$ 和坐标系 $\{A\}$“同时”由各自初始位置 $\{B_0\}$、$\{A_0\}$ 绕 $\boldsymbol{k}$ 轴旋转 θ、再沿着 $\boldsymbol{k}$ 平移距离 h 后,分别处于位置 $\{B_t\}$ 和 $\{A_t\}$;因为坐标系 $\{B\}$ 和坐标系 $\{A\}$“一起”或“同步”运动,故坐标系 $\{B_t\}$ 相对于坐标系 $\{A_t\}$ 位姿仍为 $\boldsymbol{g}_0$;而在运动末了时刻,坐标系 $\{B_t\}$ 相对于其初始位置 $\{B_0\}$ 的位姿为 $\boldsymbol{T}[\text{Rot}(Q_B, \boldsymbol{k}_B, \boldsymbol{\theta}), \text{Tra}(h\boldsymbol{k}_B)]$,而坐标系 $\{B_0\}$ 相对于坐标系 $\{A_0\}$ 的位姿为 $\boldsymbol{g}_0$;故根据式(2-21),$\{B_t\}$ 相对于坐标系 $\{A_0\}$ 的位姿 ${}^A\boldsymbol{g}_t$ 为

$${}^A\boldsymbol{g}_t={}^A\boldsymbol{g}_0\boldsymbol{T}[\text{Rot}(Q_B, \boldsymbol{k}_B, \boldsymbol{\theta}), \text{Tra}(h\boldsymbol{k}_B)]$$

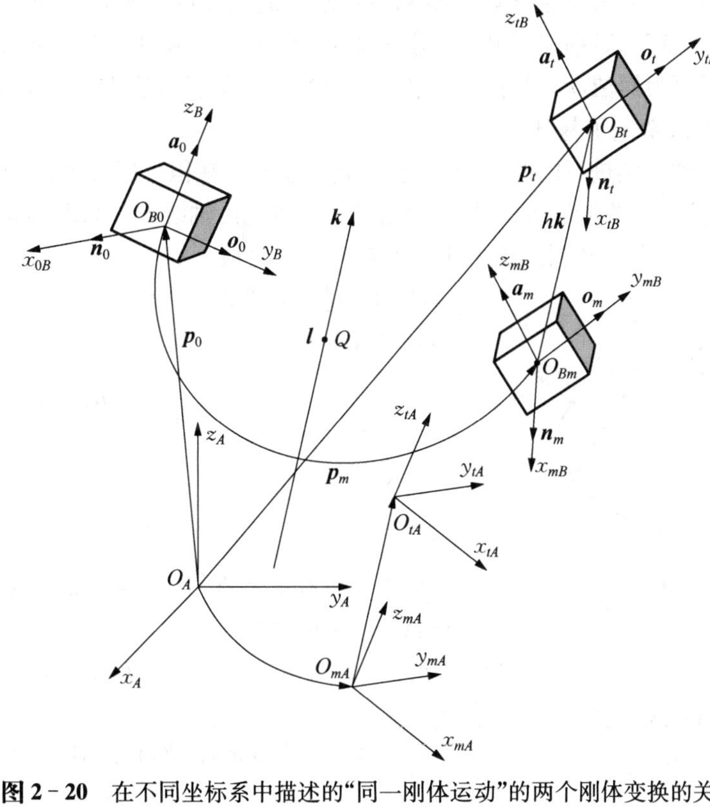

图 2-20 在不同坐标系中描述的“同一刚体运动”的两个刚体变换的关系

另外,在运动末了时刻,坐标系$\{B_t\}$相对于坐标系$\{A_t\}$位姿仍为${}^A\boldsymbol{g}_0$;而此时,坐标系$\{A_t\}$相对于其初始位置$\{A_0\}$的位姿为$\boldsymbol{T}[\mathrm{Rot}(Q_A, \boldsymbol{k}_A, \boldsymbol{\theta}), \mathrm{Tra}(h\boldsymbol{k}_A)]$,故根据式(2-21)可得$\{B_t\}$相对于坐标系$\{A_0\}$位姿${}^A\boldsymbol{g}_t$为

$$ {}^A\boldsymbol{g}_t = \boldsymbol{T}[\mathrm{Rot}(Q_A, \boldsymbol{k}_A, \boldsymbol{\theta}), \mathrm{Tra}(h\boldsymbol{k}_A)]\,{}^A\boldsymbol{g}_0 $$

由上两式可得

$$ {}^A\boldsymbol{g}_t = {}^A\boldsymbol{g}_0\boldsymbol{T}[\mathrm{Rot}(Q_B, \boldsymbol{k}_B, \boldsymbol{\theta}), \mathrm{Tra}(h\boldsymbol{k}_B)] = \boldsymbol{T}[\mathrm{Rot}(Q_A, \boldsymbol{k}_A, \boldsymbol{\theta}), \mathrm{Tra}(h\boldsymbol{k}_A)]\,{}^A\boldsymbol{g}_0 $$

由线性代数可知,对于矩阵$\boldsymbol{M}$、$\boldsymbol{N}$,若存在可逆矩阵$\boldsymbol{P}$,满足$\boldsymbol{M}=\boldsymbol{PNP}^{-1}$或$\boldsymbol{P}^{-1}\boldsymbol{MP}=\boldsymbol{N}$,则称矩阵$\boldsymbol{M}$与矩阵$\boldsymbol{N}$相似。因而,对于同一刚体运动,坐标系$\{A\}$描述的刚体变换矩阵$\boldsymbol{T}[\mathrm{Rot}(Q_A, \boldsymbol{k}_A, \boldsymbol{\theta}), \mathrm{Tra}(h\boldsymbol{k}_A)]$与坐标系$\{B\}$描述的刚体变换矩阵$\boldsymbol{T}[\mathrm{Rot}(Q_B, \boldsymbol{k}_B, \boldsymbol{\theta}), \mathrm{Tra}(h\boldsymbol{k}_B)]$矩阵是相似矩阵。反之,如果两个刚体变换矩阵${}^A\boldsymbol{T}$和${}^B\boldsymbol{T}$相似,则它们描述的是同一个刚体运动,区别是在两个不同的坐标系$\{A\}$和$\{B\}$中描述该运动。

在刚体上建立与其"固定连接"的坐标系$\{B\}$,坐标系$\{B\}$相对于坐标系$\{A\}$的初始位姿为${}^A\boldsymbol{g}_0$,对于同一个刚体运动,既可以在坐标系$\{A\}$中描述为矩阵${}^A\boldsymbol{T}$,也可以在坐标系$\{B\}$中描述为矩阵${}^B\boldsymbol{T}$,它们的作用如下:

(1) 刚体运动后的位姿$\boldsymbol{g}_t$等于坐标系$\{A\}$中描述的刚体变换矩阵${}^A\boldsymbol{T}$"左乘"初始位姿$\boldsymbol{g}_0$,即$\boldsymbol{g}_t = {}^A\boldsymbol{T}\boldsymbol{g}_0$;$\boldsymbol{g}_t$也等于坐标系$\{B\}$中描述的刚体变换矩阵${}^B\boldsymbol{T}$"右乘"初始位姿$\boldsymbol{g}_0$,即$\boldsymbol{g}_t = \boldsymbol{g}_0{}^B\boldsymbol{T}$。

(2) 变换矩阵${}^A\boldsymbol{T}$和变换矩阵${}^B\boldsymbol{T}$是相似矩阵。反之,若两个刚体变换相似,则它们描述的是同一个刚体运动。通过相似变换,有助于简化刚体运动分析。

(3) 刚体运动是选择在坐标系$\{A\}$中描述还是选择在坐标系$\{B\}$中描述,取决于哪一种变换矩阵的计算更简便。刚体变换矩阵左乘和右乘刚体的当前位姿矩阵,它们对应的刚体运动分别是在"惯性坐标系"$\{A\}$描述以及在当前坐标系$\{B\}$描述。由于刚体变换矩阵在当前坐标系$\{B\}$中描述有时更为简洁,因而可以利用"右乘"简化计算过程,这为导出描述机器人连杆运动的D-H变换矩阵奠定了基础。

(4) 绕同一个轴连续进行的两个刚体变换,其变换矩阵乘积可以交换。例如,刚体绕同一轴线k先旋转角度θ,再平移距离d,其运动结果与刚体先沿轴线k平移距离d,在绕轴线k旋转角度θ完全相同。因而,相对应的两个变换矩阵可以交换。

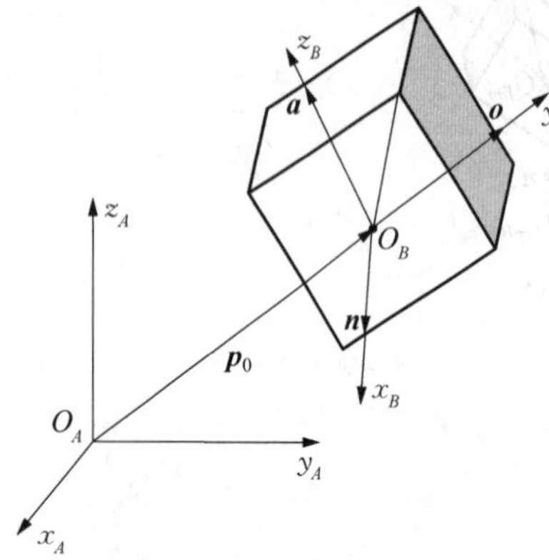

图 2-21 刚体初始位姿

【例 2-1】 如图 2-21 所示,刚体相对于坐标系$\{A\}$的初始位姿为

$$ {}^A\boldsymbol{g}_0 = \begin{bmatrix} \boldsymbol{R}_0 & \boldsymbol{p}_0 \\ 0 & 1 \end{bmatrix} = \begin{bmatrix} n_{x0} & o_{x0} & a_{x0} & p_{x0} \\ n_{y0} & o_{y0} & a_{y0} & p_{y0} \\ n_{z0} & o_{z0} & a_{z0} & p_{z0} \\ 0 & 0 & 0 & 1 \end{bmatrix}, $$

试求刚体绕坐标系$\{B\}$的轴x_B旋转θ角后,相对于坐标系$\{A\}$的位姿${}^A\boldsymbol{g}_t$。

解法 1: 利用"左乘"——刚体变换在坐标系$\{A\}$中描述。

根据位姿矩阵的含义,坐标系$\{B\}$的x_B轴正方向的单

位向量在坐标系$\{A\}$中的坐标为$(n_{x0}, n_{y0}, n_{z0})^T$，取$\boldsymbol{k}_A=(n_{x0}, n_{y0}, n_{z0})^T$。在坐标系$\{A\}$中，沿过点$\boldsymbol{O}_B=\boldsymbol{p}_0=[p_{x0} \quad p_{y0} \quad p_{z0}]^T$的轴线$\boldsymbol{k}_A$旋转角度$\theta$的刚体运动，其对应的刚体变换$\boldsymbol{R}_{k_A}(\theta)$为可由式(2-38)确定，即

$$\boldsymbol{R}_{k_A}(\theta)=\begin{bmatrix} n_{x0}n_{x0}v\theta+c\theta & n_{x0}n_{y0}v\theta-n_{z0}s\theta & n_{x0}n_{z0}v\theta+n_ys\theta \\ n_{y0}n_{x0}v\theta+n_zs\theta & n_{y0}n_{y0}v\theta+c\theta & n_{y0}n_{z0}v\theta-n_xs\theta \\ n_{x0}n_{z0}v\theta-n_ys\theta & n_{y0}n_{z0}v\theta+n_{x0}s\theta & n_{z0}n_{z0}v\theta+c\theta \end{bmatrix}$$

利用式(2-43)或式(2-48)可得

$$\begin{aligned} {}^A\boldsymbol{g}_t&=\boldsymbol{T}[\mathrm{Rot}(O_B, \boldsymbol{k}_A, \boldsymbol{\theta})]\boldsymbol{g}_0=\begin{bmatrix} {}_B^A\boldsymbol{R}_{k_A}(\theta) & [\boldsymbol{I}-{}_B^A\boldsymbol{R}_{k_A}(\theta)]\boldsymbol{O}_B \\ 0 & 1 \end{bmatrix}{}^A\boldsymbol{g}_0 \\ &=\begin{bmatrix} {}_B^A\boldsymbol{R}_{k_A}(\theta) & [\boldsymbol{I}-{}_B^A\boldsymbol{R}_{k_A}(\theta)]\boldsymbol{p}_0 \\ 0 & 1 \end{bmatrix}{}^A\boldsymbol{g}_0 \\ &=\begin{bmatrix} {}_B^A\boldsymbol{R}_{k_A}(\theta) & [\boldsymbol{I}-{}_B^A\boldsymbol{R}_{k_A}(\theta)]\boldsymbol{p}_0 \\ 0 & 1 \end{bmatrix}\begin{bmatrix} \boldsymbol{R}_0 & \boldsymbol{p}_0 \\ 0 & 1 \end{bmatrix}=\begin{bmatrix} {}_B^A\boldsymbol{R}_{k_A}(\theta)\boldsymbol{R}_0 & \boldsymbol{p}_0 \\ 0 & 1 \end{bmatrix} \end{aligned}$$

$$\begin{aligned} {}_B^A\boldsymbol{R}_{k_A}(\theta)\boldsymbol{R}_0&=\begin{bmatrix} n_{x0}n_{x0}v\theta+c\theta & n_{x0}n_{y0}v\theta-n_{z0}s\theta & n_{x0}n_{z0}v\theta+n_ys\theta \\ n_{y0}n_{x0}v\theta+n_zs\theta & n_{y0}n_{y0}v\theta+c\theta & n_{y0}n_{z0}v\theta-n_xs\theta \\ n_{x0}n_{z0}v\theta-n_ys\theta & n_{y0}n_{z0}v\theta+n_{x0}s\theta & n_{z0}n_{z0}v\theta+c\theta \end{bmatrix}\begin{bmatrix} n_{x0} & o_{x0} & a_{x0} \\ n_{y0} & o_{y0} & a_{y0} \\ n_{z0} & o_{z0} & a_{z0} \end{bmatrix} \\ &=\begin{bmatrix} n_{x0} & o_{x0}c\theta+a_{x0}s\theta & a_{x0}c\theta-o_{x0}s\theta \\ n_{y0} & o_{y0}c\theta+a_{y0}s\theta & -o_{y0}s\theta+a_{y0}c\theta \\ n_{z0} & o_{z0}c\theta+a_{z0}s\theta & -o_{z0}s\theta+a_{z0}c\theta \end{bmatrix} \end{aligned}$$

则根据式(2-51)，经过上述运动后，刚体B相对于坐标系$\{A\}$的位形为

$${}^A\boldsymbol{g}_t=\boldsymbol{T}(\mathrm{Rot}(O_B, \boldsymbol{k}_A, \boldsymbol{\theta}))\boldsymbol{g}_0=\begin{bmatrix} n_{x0} & o_{x0}c\theta+a_{x0}s\theta & a_{x0}c\theta-o_{x0}s\theta & p_{x0} \\ n_{y0} & o_{y0}c\theta+a_{y0}s\theta & -o_{y0}s\theta+a_{y0}c\theta & p_{y0} \\ n_{z0} & o_{z0}c\theta+a_{z0}s\theta & -o_{z0}s\theta+a_{z0}c\theta & p_{z0} \\ 0 & 0 & 0 & 1 \end{bmatrix} \tag{1}$$

解法2：利用“右乘”——刚体变换在坐标系$\{B\}$中描述。

若从坐标系$\{B\}$上看，绕x_B轴旋转相对应的刚体变换为

$$\boldsymbol{R}_{x_B}(\theta)=\begin{bmatrix} 1 & 0 & 0 & 0 \\ 0 & c\theta & -s\theta & 0 \\ 0 & s\theta & c\theta & 0 \\ 0 & 0 & 0 & 1 \end{bmatrix}$$

根据式(2-51)，利用刚体变换矩阵$R_{x_B}(\theta)$右乘同样可获得刚体运动后相对于坐标系$\{A\}$的位形为

$${}^A\boldsymbol{g}_t={}^A\boldsymbol{g}_0\boldsymbol{T}[\mathrm{Rot}(x_B, \boldsymbol{\theta})]=\begin{bmatrix} n_{x0} & o_{x0} & a_{x0} & p_{x0} \\ n_{y0} & o_{y0} & a_{y0} & p_{y0} \\ n_{z0} & o_{z0} & a_{z0} & p_{z0} \\ 0 & 0 & 0 & 1 \end{bmatrix}\begin{bmatrix} 1 & 0 & 0 & 0 \\ 0 & c\theta & -s\theta & 0 \\ 0 & s\theta & c\theta & 0 \\ 0 & 0 & 0 & 1 \end{bmatrix}$$

$$=\begin{bmatrix} n_{x0} & o_{x0}c\theta+a_{x0}s\theta & -o_{x0}s\theta+a_{x0}c\theta & p_{x0} \\ n_{y0} & o_{y0}c\theta+a_{y0}s\theta & -o_{y0}s\theta+a_{y0}c\theta & p_{y0} \\ n_{z0} & o_{z0}c\theta+a_{z0}s\theta & -o_{z0}s\theta+a_{z0}c\theta & p_{z0} \\ 0 & 0 & 0 & 1 \end{bmatrix} \tag{2}$$

由式(1)和式(2)右边矩阵的结果可得

$$\boldsymbol{T}[\mathrm{Rot}(O_B,\ \boldsymbol{k}_A,\ \boldsymbol{\theta})]^A\boldsymbol{g}_0={}^A\boldsymbol{g}_0\boldsymbol{T}[\mathrm{Rot}(x_B,\ \boldsymbol{\theta})]$$

虽然两种方法的运算结果一样，但是上述刚体变换在坐标系$\{B\}$中描述显然更为简便。

参考文献

[1] Craig J J. Introduction to robotics mechanics and control [M]. 3rd ed. [S. l.]: Person Education, Inc. Published as Prentice Hall, 2005.

[2] Niku S B. Introduction to robotics: analysis, control, applications [M]. 2nd ed. [S. l.]: John Wiley & Sons, Inc. , 2010.

[3] Murray R M, Li Z X, Sastry S S. A mathematical introduction to robotic manipulator [M]. [S. l.]: CRC Press, 1994.

[4] 肖尚彬. 元数方法及其应用[J]. 力学进展,1993,23(2): 249 - 260.

[5] 熊有伦. 机器人技术基础[M]. 武汉: 华中科技大学出版社,2004.

[6] 宋伟刚. 机器人学: 运动学、动力学与控制[M]. 北京: 科学出版社,2007.

[7] 孙树栋. 工业机器人技术基础[M]. 西安: 西北工业大学出版社,2006.

思考与练习

1. 如图 2 - 22 所示，向量 $\boldsymbol{v}_0$ 分别绕坐标系 x 轴、y 轴和 z 轴旋转 α、β、γ 角度后，其坐标 $\boldsymbol{v}_t$ 分别是多少？

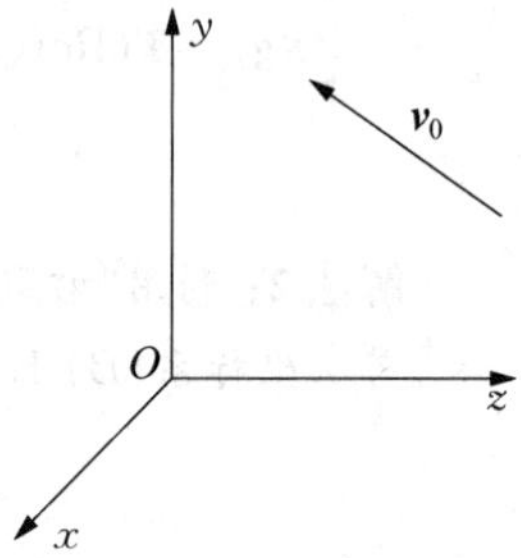

图 2 - 22　向量的旋转

2. 试证明：式(2 - 38)所示的刚体绕任意轴 $\boldsymbol{k}$ 旋转的刚体变换矩阵。

3. 在图 2 - 18 所示的刚体运动中，试证明坐标系$\{A\}$的原点随刚体运动后的坐标为 $\boldsymbol{p}=[\boldsymbol{I}-{}^A_B\boldsymbol{R}_{k_A}(\theta)]\boldsymbol{Q}_A$。

4. 试证明：相对于同一个轴 $\boldsymbol{k}$ 连续进行的两个刚体运动(转动或移动)，其对应的刚体变换矩阵可以交换。证明过程可以分为以下几种情况讨论：

(1) 沿轴线 $\boldsymbol{k}$ 平移距离 l_1，对应的刚体变换矩阵为 $\boldsymbol{T}(k,\ l_1)$；沿轴线 $\boldsymbol{k}$ 平移距离 l_2，对应的刚体变换矩阵为 $\boldsymbol{T}(k,\ l_2)$。证明：$\boldsymbol{T}(k,\ l_1)\boldsymbol{T}(k,\ l_2)=\boldsymbol{T}(k,\ l_2)\boldsymbol{T}(k,\ l_1)$。

(2) 沿轴线 $\boldsymbol{k}$ 旋转角度 θ_1，对应的刚体变换矩阵为 $\boldsymbol{R}(k,\ \theta_1)$；沿轴线 $\boldsymbol{k}$ 旋转角度 θ_2，对应的刚体变换矩阵为 $\boldsymbol{R}(k,\ \theta_2)$。证明：$\boldsymbol{R}(k,\ \theta_1)\boldsymbol{R}(k,\ \theta_2)=\boldsymbol{R}(k,\ \theta_2)\boldsymbol{R}(k,\ \theta_1)$。

(3) 沿轴线 $\boldsymbol{k}$ 平移距离 l_1，对应的刚体变换矩阵为 $\boldsymbol{T}(k,\ l_1)$；沿轴线 $\boldsymbol{k}$ 旋转角度 θ_2，对应的刚体变换矩阵为 $\boldsymbol{R}(k,\ \theta_2)$。证明：$\boldsymbol{T}(k,\ l_1)\boldsymbol{R}(k,\ \theta_2)=\boldsymbol{R}(k,\ \theta_2)\boldsymbol{T}(k,\ l_1)$。

5. 如图 2 - 8 所示，在刚体 B 上建立与其固定连接的坐标系$\{x_B\quad y_B\quad z_B\}$；设刚体 B 相

对于坐标系$\{x_A \quad y_A \quad z_A\}$的初始位姿为 $^A\boldsymbol{g}_0=\begin{bmatrix} {}^A_B\boldsymbol{R}_0 & \boldsymbol{p}_0 \\ 0 & 1 \end{bmatrix}=\begin{bmatrix} n_{x0} & o_{x0} & a_{x0} & p_{x0} \\ n_{y0} & o_{y0} & a_{y0} & p_{y0} \\ n_{z0} & o_{z0} & a_{z0} & p_{z0} \\ 0 & 0 & 0 & 1 \end{bmatrix}$。试求：

(1) 刚体 B 绕自身轴线 x_B、y_B 和 z_B 分别旋转 30°、60°和 45°后，其相对于坐标系$\{A\}$的位姿${}^A_B\boldsymbol{g}_t$ 分别是什么？

(2) 刚体 B 绕轴线 x_A、y_A 和 z_A 分别旋转 30°、60°和 45°后，其相对于坐标系$\{A\}$的位姿$^A\boldsymbol{g}_t$ 是什么？

(3) 刚体 B 绕自身轴线 x_B 旋转 30°，再绕坐标系$\{A\}$的 z_A 轴旋转 60°之后，其相对于坐标系$\{A\}$的位姿$^A\boldsymbol{g}_t$ 是什么？

(4) 刚体 B 绕坐标系$\{A\}$的 z_A 轴旋转 60°，再绕自身轴线 x_B 旋转 30°之后，其相对于坐标系$\{A\}$的位姿$^A\boldsymbol{g}_t$ 是什么？

6. 试用 MATLAB 编制求式(2-20)所示刚体位姿矩阵的逆矩阵程序。

第 3 章

工业机器人正向运动学

◎ 学习成果达成要求

1. 掌握连杆坐标系和 D－H 矩阵的建立方法。
2. 掌握机器人运动学方程的建立方法。

与人的手臂类似，机器人是由多个构件（连杆）通过关节（铰链）连接在一起的，机器人末端的运动才是真正用于满足工作要求的运动，但末端的运动与每个关节的运动相关。所谓一个关节的运动，就是通过关节相连的两个连杆之间的相对运动。为研究该运动，最常用的方法是采用 D－H 矩阵。要理解 D－H 矩阵的建立，首先，要理解“刚体的位姿矩阵，它不但是描述刚体方位的矩阵，同时也是把参考坐标系（定坐标系）变换到与当前坐标系（动坐标系）相重合的刚体变换”；其次，要理解刚体变换矩阵“右乘”的物理意义。在这两个基础上，只要按照关节的连接顺序，将描述每个关节运动的 D－H 矩阵组合起来，就可以确定机器人的运动学方程。

3.1 机器人常用运动副及机器人机构

机器人相邻两个构件之间是通过运动副（关节）相连的，常用运动副类型见表 3－1。表中，球面低副、球销副、圆柱副、转动副、移动副和螺旋副在机器人机构中都有应用，其中最常用的运动副包括转动副和移动副。

表 3－1 常用运动副类型

名称	图形	简图符号	副级	自由度	名称	图形	简图符号	副级	自由度
球面高副	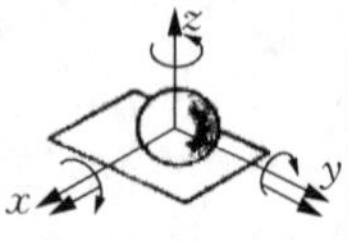		Ⅰ	5	圆柱套筒副		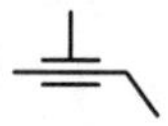	Ⅳ	2
柱面高副	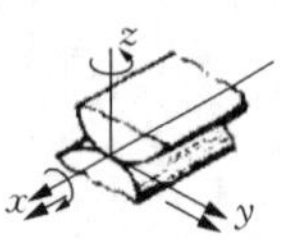	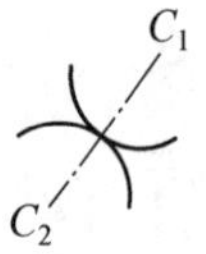	Ⅱ	4	转动副		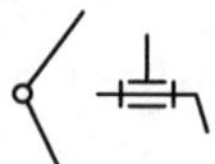	Ⅴ	1

（续表）

名称	图形	简图符号	副级	自由度	名称	图形	简图符号	副级	自由度
球面低副			Ⅲ	3	移动副	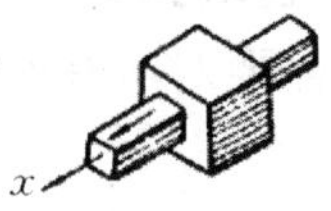	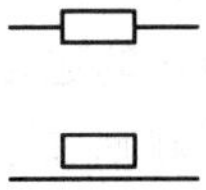	Ⅴ	1
球销副	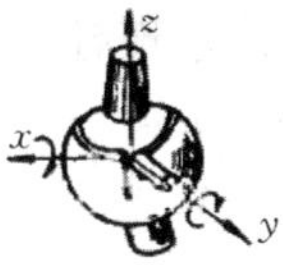		Ⅳ	2	螺旋副			Ⅴ	1

应用球面低副、球销副、圆柱副、转动副、移动副等运动副可以将机器人的连杆连接起来，组成运动链，从而可以构成直角坐标型、圆柱坐标型、球坐标型以及关节型机器人，它们的机构运动简图如图 3-1 所示。

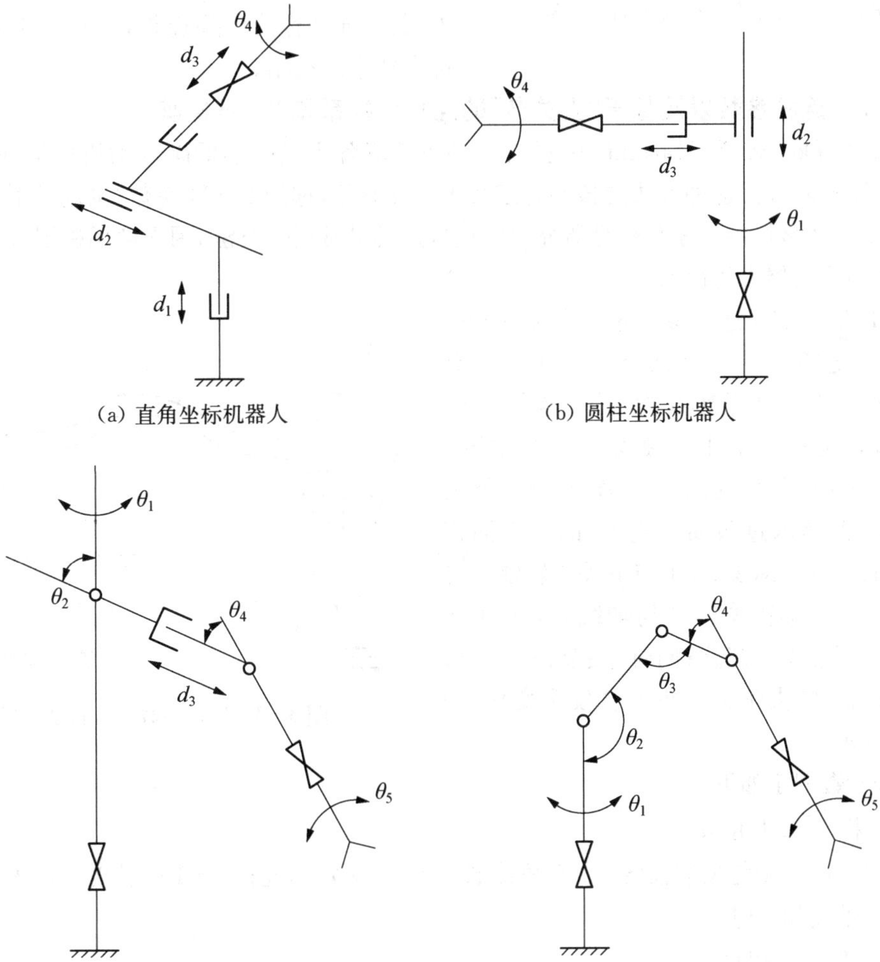

(a) 直角坐标机器人　(b) 圆柱坐标机器人

(c) 球坐标机器人　(d) 关节机器人

图 3-1　机器人机构运动简图

3.2 机器人连杆及相对运动描述——D-H矩阵

3.2.1 机器人连杆及运动副编号

为研究机器人的运动，需要对所有连杆和运动副进行编号。如图3-2所示，机器人连杆及运动副的编号规则如下：

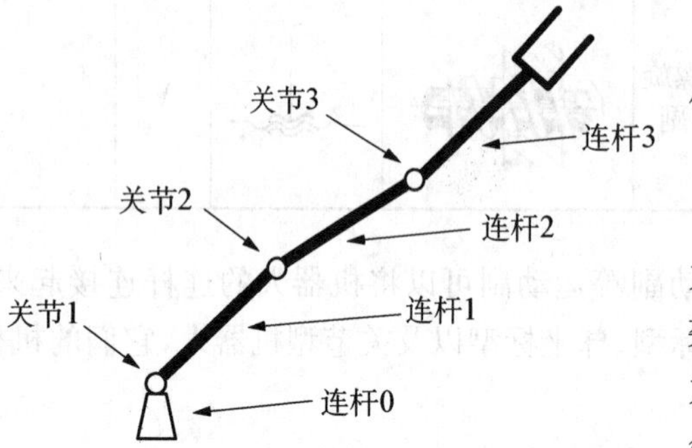

图3-2 机器人连杆及运动副编号

1）连杆的编号顺序

机器人基座的编号为0，其余连杆按照运动传递顺序依次编号为1，2，…，n。

2）运动副编号顺序

连杆1与基座（连杆0）相连的运动副编号为1；连杆1与连杆2相连的关节编号为2，依此类推，即连杆i与连杆$i-1$相连的运动副编号为i，连杆i与连杆$i+1$相连的运动副编号为$i+1$。对于机器人，除了基座和机器人末端连杆外，其余连杆称为中间连杆，每一个中间连杆上都有两个运动副。

3.2.2 连杆参数以及基于“上关节”的连杆坐标系和D-H矩阵

1955年，Denavit和Hartenberg提出一种基于矩阵变换描述低副运动机构运动的方法，称为D-H矩阵法。这种方法的核心是定义了连杆参数，称为D-H参数；也定义了连杆坐标系，称为D-H坐标系。该方法是研究空间机构运动最常用的方法，因而商用机器人一般都采用该方法描述机器人的运动。

D-H矩阵定义连杆参数的方法如图3-3所示。中间连杆$i-1$上有两个关节，其上关节轴线为轴$i-1$，下关节轴线为轴i。连杆$i-1$一旦制造装配完毕，其上的轴线$i-1$和轴线i的相对位置不会发生变化（否则连杆$i-1$不是发生变形，就是因过载而产生破坏）。因而连杆$i-1$的上关节轴线$i-1$与下关节轴线i之间最短的距离，即轴线$i-1$与轴线i的公垂线长度a_{i-1}，不会发生变化；同时，关节轴线$i-1$与关节轴线i的夹角α_{i-1}也不会发生变化，如图3-3所示。

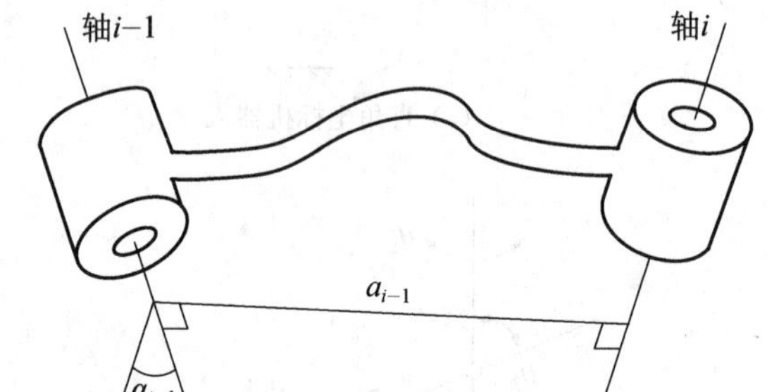

图3-3 连杆参数——长度和扭角

连杆参数规定如下：

1）连杆$i-1$长度a_{i-1}

关节轴线$i-1$与关节轴线i的公垂线长度a_{i-1}，规定为连杆$i-1$的长度。当关节i和关节$i-1$的轴线相交时，$a_{i-1}=0$。

2）连杆$i-1$扭角α_{i-1}

关节轴线$i-1$与关节轴线i的夹角α_{i-1}称为连杆扭角。当关节i和关节$i-1$的轴线平行时，$\alpha_{i-1}=0$。α_{i-1}的正负规定为：按照右手定则，右手的拇指指向轴线x_{i-1}的方向（图3-

4)；右手四指伸直指向 z_{i-1} 的方向，如果四指是沿逆时针(从面向 x_{i-1} 轴的方向看) 转动角度 α_{i-1} 后与 z_i 重合，则角度 α_{i-1} 的值为正；否则 α_{i-1} 的值为负。

基于连杆 $i-1$ 长度 a_{i-1} 和连杆 $i-1$ 扭角 α_{i-1} 这两个参数，可以研究基于连杆“上关节”的 D-H 坐标系的建立方法。

对于连杆 $i-1$，如图 3-4 所示，为了研究连杆 $i-1$ 的运动，需要在连杆 $i-1$ 上建立坐标系$\{x_{i-1} \quad y_{i-1} \quad z_{i-1}\}$。一种方法是把坐标系建立在连杆 $i-1$ 的“上关节”，这种方法也称为修正 D-H 参数方法或改进 D-H 参数方法。取 z_{i-1} 与关节轴线 $i-1$ 重合，并取定正方向，如图 3-4 所示；取 x_{i-1} 与公垂线 a_{i-1} 重合，方向指向下关节轴线 i。根据右手定则，y_{i-1} 可由 z_{i-1} 和 x_{i-1} 的叉积确定：$y_{i-1}=z_{i-1}\times x_{i-1}$。

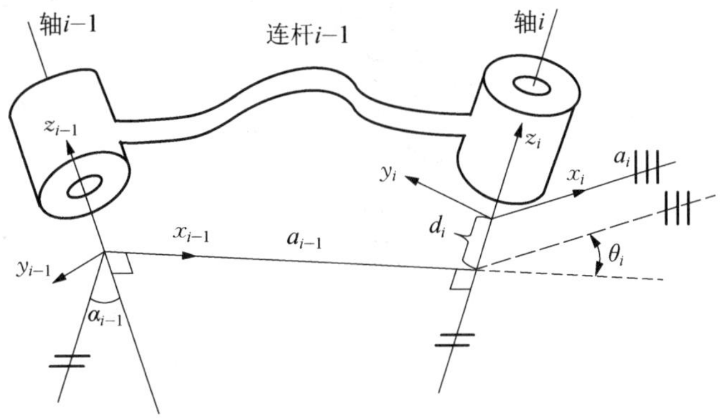

图 3-4 连杆坐标系

同理，对于连杆 i 上的坐标系$\{x_i \quad y_i \quad z_i\}$，也可以用上述方法确定，如图 3-4 所示。

3) 关节变量 θ_i

由图 3-4 可以看出，连杆 $i-1$ 上的坐标系$\{x_{i-1} \quad y_{i-1} \quad z_{i-1}\}$的坐标轴 x_{i-1} 与连杆 i 上的坐标系$\{x_i \quad y_i \quad z_i\}$的坐标轴 z_i 垂直(a_{i-1} 是公垂线)；同时，连杆 i 上的坐标系$\{x_i \quad y_i \quad z_i\}$的坐标轴 x_i 与$\{x_i \quad y_i \quad z_i\}$的坐标轴 z_i 垂直，设 x_i 与 x_{i-1} 的夹角为 θ_i，θ_i 称为**关节变量或关节角**。θ_i 的正负规定为：按照右手定则，右手的拇指指向轴线 z_i 的方向；右手四指伸直指向 x_{i-1} 的方向，如果四指是沿逆时针(从面向 z_i 轴的方向看)转动角度 θ_i 后与 x_i 重合，则角度 θ_i 的值为正；否则 θ_i 的值为负。连杆 i 相对于连杆 $i-1$ 的旋转角度相对于关节轴线 i 测量，如关节是转动关节，则它是关节变量 θ_i。

如图 3-4 所示，θ_i 的变化可以反映连杆 i 相对于连杆 $i-1$ 的运动，即连杆 i 相对于连杆 $i-1$ 轴线 i 的转动，因此 θ_i 为描述连杆 i 与连杆 $i-1$ 之间相对运动的参数。

4) 连杆偏距 d_i

由图 3-4 可以看出，连杆 $i-1$ 上的坐标系$\{x_{i-1} \quad y_{i-1} \quad z_{i-1}\}$的坐标轴 x_{i-1} 与连杆 i 上的$\{x_i \quad y_i \quad z_i\}$的坐标轴 x_i 沿 z_i 轴的距离为 d_i，d_i 称为**连杆偏距**。d_i 的正负规定为：轴 x_{i-1} 与轴 z_i 的交点(垂足)到轴 x_i 与轴 z_i 轴的交点(垂足)的方向与 z_i 轴正方向一致时，d_i 取为正；否则 d_i 取负值。d_i 沿关节轴线 i 测量，如关节是移动关节，则它是关节变量。

综上所述，连杆 $i-1$ 长度 a_{i-1}、连杆 $i-1$ 扭角 α_{i-1}、关节角 θ_i 以及连杆偏距 d_i 完全确定了坐标系$\{x_{i-1} \quad y_{i-1} \quad z_{i-1}\}$与坐标系$\{x_i \quad y_i \quad z_i\}$的相对位置关系，这四个参数称为**连杆参数**。

根据第 2 章 2.2.5 节中“位姿矩阵和刚体变换矩阵的关系”的结论，要确定坐标系$\{x_i \quad y_i \quad z_i\}$相对于坐标系$\{x_{i-1} \quad y_{i-1} \quad z_{i-1}\}$的位置和姿态，只要能对坐标系$\{x_{i-1} \quad y_{i-1} \quad z_{i-1}\}$“施加”一系列刚体运动，使得坐标系$\{x_{i-1} \quad y_{i-1} \quad z_{i-1}\}$与坐标系$\{x_i \quad y_i \quad z_i\}$重合，则与该过程相对应的刚体变换矩阵即为$\{x_i \quad y_i \quad z_i\}$相对于坐标系$\{x_{i-1} \quad y_{i-1} \quad z_{i-1}\}$的位姿矩阵。如图 3-5 所示，要使得坐标系$\{x_{i-1} \quad y_{i-1} \quad z_{i-1}\}$与坐标系$\{x_i \quad y_i \quad z_i\}$的重合，可以通过以下四个基本运动实现：

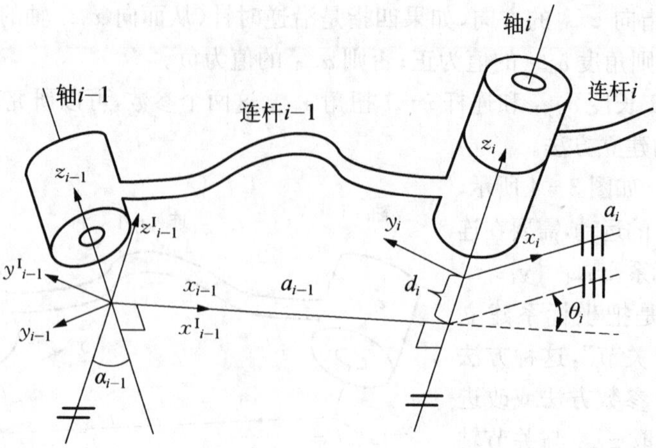

(a)

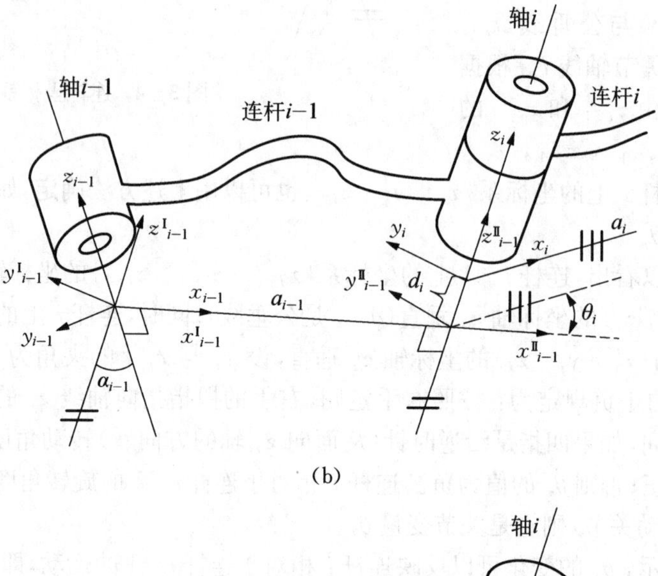

(b)

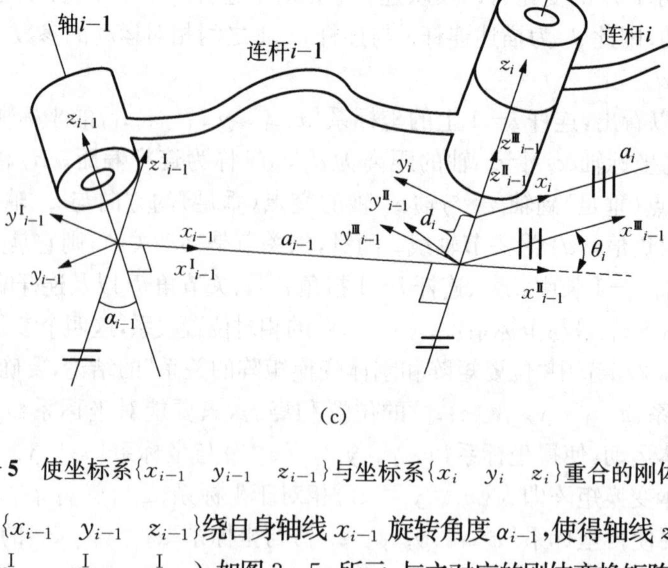

(c)

图 3-5 使坐标系$\{x_{i-1}\quad y_{i-1}\quad z_{i-1}\}$与坐标系$\{x_i\quad y_i\quad z_i\}$重合的刚体运动

(1) 让坐标系$\{x_{i-1}\quad y_{i-1}\quad z_{i-1}\}$绕自身轴线$x_{i-1}$旋转角度$\alpha_{i-1}$，使得轴线$z_{i-1}$与轴线$z_i$平行且同向，达到位置$(x^{\mathrm{I}}_{i-1}\quad y^{\mathrm{I}}_{i-1}\quad z^{\mathrm{I}}_{i-1})$，如图 3-5a 所示；与之对应的刚体变换矩阵为$\mathrm{Rot}(x, \alpha_{i-1})$。

(2) 让坐标系$\{x^{\mathrm{I}}_{i-1}\quad y^{\mathrm{I}}_{i-1}\quad z^{\mathrm{I}}_{i-1}\}$沿自身轴线 x^{I}_{i-1} 平移距离 a_{i-1}，使得轴线 z^{I}_{i-1} 与轴线 z_i 重合，达到位置($x^{\mathrm{II}}_{i-1}\quad y^{\mathrm{II}}_{i-1}\quad z^{\mathrm{II}}_{i-1}$)，如图 3-5b 所示；与之对应的刚体变换矩阵为 $\mathrm{Tra}(x,\ a_{i-1})$。

(3) 让坐标系$\{x^{\mathrm{II}}_{i-1}\quad y^{\mathrm{II}}_{i-1}\quad z^{\mathrm{II}}_{i-1}\}$绕自身轴线 z^{II}_{i-1} 旋转角度 θ_i，使得轴线 x^{II}_{i-1} 与轴线 x_i 平行且同向，达到位置($x^{\mathrm{III}}_{i-1}\quad y^{\mathrm{III}}_{i-1}\quad z^{\mathrm{III}}_{i-1}$)，如图 3-5c 所示；与之对应的刚体变换矩阵为 $\mathrm{Rot}(z,\ \theta_i)$。

(4) 让坐标系$\{x^{\mathrm{III}}_{i-1}\quad y^{\mathrm{III}}_{i-1}\quad z^{\mathrm{III}}_{i-1}\}$沿自身轴线 z^{III}_{i-1} 平移距离 d_i，使得坐标系$\{x^{\mathrm{III}}_{i-1}\quad y^{\mathrm{III}}_{i-1}\quad z^{\mathrm{III}}_{i-1}\}$与坐标系$\{x_i\quad y_i\quad z_i\}$完全重合，如图 3-5c 所示；与之对应的刚体变换矩阵为 $\mathrm{Tra}(z,\ d_i)$。

根据“位姿矩阵和刚体变换矩阵的关系”的结论，与上述四个全过程相对应的总的刚体变换矩阵${}^{i-1}_{i}\boldsymbol{T}$，即为$\{x_i\quad y_i\quad z_i\}$相对于坐标系$\{x_{i-1}\quad y_{i-1}\quad z_{i-1}\}$的位姿矩阵。上述四个基本运动都是绕当前坐标系的坐标轴旋转或平移，因而，用相对于当前坐标系坐标轴的旋转矩阵或平移矩阵描述刚体运动最为简便。因而，可以按照第 2 章 2.2.7 节变换矩阵“右乘法则”得到，即

$$
\begin{aligned}
{}^{i-1}_{i}\boldsymbol{T} &= \mathrm{Rot}(x,\ \alpha_{i-1})\mathrm{Tra}(x,\ a_{i-1})\mathrm{Rot}(z,\ \theta_i)\mathrm{Tra}(z,\ d_i)\\
&= \mathrm{Tra}(x,\ a_{i-1})\mathrm{Rot}(x,\ \alpha_{i-1})\mathrm{Tra}(z,\ d_i)\mathrm{Rot}(z,\ \theta_i)\\
&= \begin{bmatrix} 1 & 0 & 0 & 0\\ 0 & \cos\alpha_{i-1} & -\sin\alpha_{i-1} & 0\\ 0 & \sin\alpha_{i-1} & \cos\alpha_{i-1} & 0\\ 0 & 0 & 0 & 1 \end{bmatrix}
\begin{bmatrix} 1 & 0 & 0 & a_{i-1}\\ 0 & 1 & 0 & 0\\ 0 & 0 & 1 & 0\\ 0 & 0 & 0 & 1 \end{bmatrix}
\begin{bmatrix} \cos\theta_i & -\sin\theta_i & 0 & 0\\ \sin\theta_i & \cos\theta_i & 0 & 0\\ 0 & 0 & 1 & 0\\ 0 & 0 & 0 & 1 \end{bmatrix}
\begin{bmatrix} 1 & 0 & 0 & 0\\ 0 & 1 & 0 & 0\\ 0 & 0 & 1 & d_i\\ 0 & 0 & 0 & 1 \end{bmatrix}\\
&= \begin{bmatrix} \cos\theta_i & -\sin\theta_i & 0 & a_{i-1}\\ \sin\theta_i\cos\alpha_{i-1} & \cos\theta_i\cos\alpha_{i-1} & -\sin\alpha_{i-1} & -\sin\alpha_{i-1}d_i\\ \sin\theta_i\sin\alpha_{i-1} & \cos\theta_i\sin\alpha_{i-1} & \cos\alpha_{i-1} & \cos\alpha_{i-1}d_i\\ 0 & 0 & 0 & 1 \end{bmatrix}
\end{aligned}
\tag{3-1}
$$

为了简化机构和便于控制，一般工业机器人同一连杆上的两个运动副的轴线均取为平行或垂直，故式(3-1)所示的 D-H 矩阵可以得到简化，从而便于机器人连杆的设计制造以及机器人的运动控制。

应该指出，由于坐标系 z 轴方向选取的不同、坐标系原点（当连杆上两个关节轴线平行时）的选择不同，连杆的 D-H 参数的值不唯一，因而 D-H 矩阵也不唯一。

3.2.3 基于“下关节”的连杆坐标系和 D-H 矩阵

由于除基座和机器人末端执行器外，机器人中间连杆 $i-1$ 上都有两个关节。连杆 $i-1$ 上的坐标系也可以建立在连杆的下关节，如图 3-6 所示。

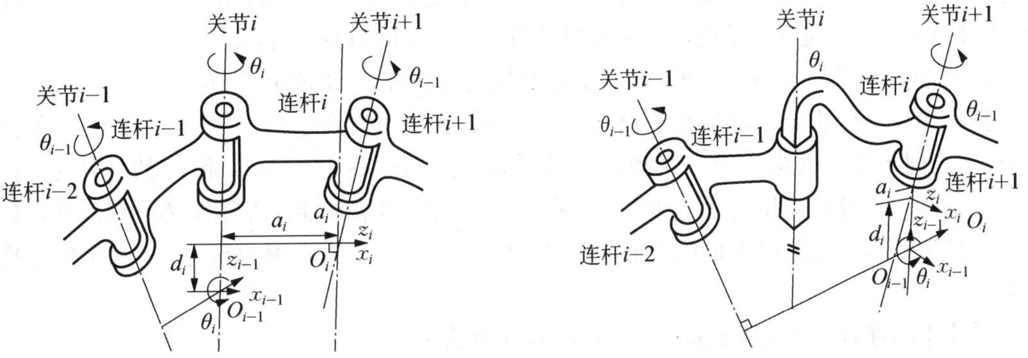

图 3-6 基于下关节的连杆坐标系建立

同样,可以通过对坐标系$\{x_{i-1}\quad y_{i-1}\quad z_{i-1}\}$施加四个连续的基本运动,使得坐标系$\{x_{i-1}\quad y_{i-1}\quad z_{i-1}\}$与坐标系$\{x_i\quad y_i\quad z_i\}$重合。这四个基本运动分别是:①将坐标系$\{x_{i-1}\quad y_{i-1}\quad z_{i-1}\}$绕轴线$z_{i-1}$旋转角度$\theta_i$;②再沿轴线$z_{i-1}$平移距离$d_i$;③再沿当前的轴线$x_i$平移距离$a_i$;④最后绕当前的轴线$x_{i-1}$旋转角度$\alpha_i$,最终可以使得坐标系$\{x_{i-1}\quad y_{i-1}\quad z_{i-1}\}$与坐标系$\{x_i\quad y_i\quad z_i\}$重合,根据"位姿矩阵和刚体变换矩阵的关系"的结论,连杆i上的坐标系相对于连杆$i-1$上的坐标系的位姿矩阵为

$$
\begin{aligned}
{}^{i-1}_{\ \ i}\boldsymbol{T} &= \mathrm{Rot}(z,\theta_i)\mathrm{Tra}(z,d_i)\mathrm{Tra}(x,a_i)\mathrm{Rot}(x,\alpha_i)\\
&= \mathrm{Tra}(z,d_i)\mathrm{Rot}(z,\theta_i)\mathrm{Rot}(x,\alpha_i)\mathrm{Tra}(x,a_i)\\
&= \begin{bmatrix}\cos\theta_i & -\sin\theta_i & 0 & 0\\ \sin\theta_i & \cos\theta_i & 0 & 0\\ 0 & 0 & 1 & 0\\ 0 & 0 & 0 & 1\end{bmatrix}\begin{bmatrix}1 & 0 & 0 & 0\\ 0 & 1 & 0 & 0\\ 0 & 0 & 1 & d_i\\ 0 & 0 & 0 & 1\end{bmatrix}\begin{bmatrix}1 & 0 & 0 & a_i\\ 0 & 1 & 0 & 0\\ 0 & 0 & 1 & 0\\ 0 & 0 & 0 & 1\end{bmatrix}\begin{bmatrix}1 & 0 & 0 & 0\\ 0 & \cos\alpha_i & -\sin\alpha_i & 0\\ 0 & \sin\alpha_i & \cos\alpha_i & 0\\ 0 & 0 & 0 & 1\end{bmatrix}\\
&= \begin{bmatrix}\cos\theta_i & -\sin\theta_i\cos\alpha_i & \sin\theta_i\sin\alpha_i & a_i\cos\theta_i\\ \sin\theta_i & \cos\theta_i\cos\alpha_i & -\cos\theta_i\sin\alpha_i & a_i\sin\theta_i\\ \sin\theta_i\sin\alpha_i & \cos\theta_i\sin\alpha_i & \cos\alpha_i & d_i\\ 0 & 0 & 0 & 1\end{bmatrix}
\end{aligned}
\tag{3-2}
$$

式(3-2)即为基于"下关节"的连杆D-H矩阵。

一般商用工业机器人都给出D-H参数,应该注意其坐标系是建立在连杆的"上关节"还是"下关节"。

3.3 机器人运动学方程

3.3.1 机器人连杆坐标系的约定

对于由$n+1$个连杆组成的机器人,为了确定各连杆之间的相对运动关系,需要在每个连杆上建立一个与之固接的坐标系,其中基坐标系为$\{0\}$,末端连杆坐标系为$\{n\}$,中间连杆i的坐标系为$\{i-1\}$。

1) 基坐标系$\{0\}$和末端连杆坐标系$\{n\}$的约定

机器人基坐标系$\{0\}$的z_0轴沿关节轴1的方向,关节变量θ_1为零时,基坐标系$\{0\}$与连杆1坐标系$\{1\}$重合;当关节1是旋转关节时,$d_0=0$;当关节1是移动关节时,$\theta_0=0$。末端连杆坐标系$\{n\}$的z_n轴沿关节轴线$n-1$的方向,当关节变量θ_{n-1}为零时,坐标系$\{n-1\}$与$\{n\}$重合;当关节$n-1$是旋转关节时,$d_n=0$;当关节$n-1$是移动关节时,$\theta_n=0$。

2) 中间连杆坐标系$\{i-1\}$的约定(坐标系建立在连杆$i-1$的上关节)

坐标系$\{i-1\}$的z_{i-1}轴与关节轴线$i-1$共线,指向可以自定;x_{i-1}轴与z_{i-1}和z_i的公垂线重合,指向下关节轴线i;当z_{i-1}和z_i相交时,$x_{i-1}=\pm z_i\times z_{i-1}$;$z_{i-1}$和$z_i$的交点为坐标系$\{i-1\}$的原点;当$z_{i-1}$和$z_i$平行时,坐标系$\{i-1\}$的原点取在能使偏置距离为零的位置处。

连杆坐标系建立的原则是:先建立中间坐标系$\{i-1\}$,后建立基坐标系$\{0\}$和末端连杆坐标系$\{n\}$。

对于中间连杆$i-1$,其坐标系$\{i-1\}$的建立方法为:

(1) 确定z_{i-1}轴。找出连杆$i-1$的上关节轴线$i-1$,沿$i-1$取定一个方向作为z_{i-1}。

(2) 确定坐标系原点 O_{i-1}。如果两相邻轴线 z_{i-1} 和 z_i 不相交，则 z_{i-1} 和 z_i 的公垂线与轴线 $i-1$ 的交点为坐标系 $\{i-1\}$ 的原点；应注意，当 z_{i-1} 和 z_i 平行时，原点的选择应使偏置 $d_i=0$；如果 z_{i-1} 和 z_i 相交，则交点取为原点；如果 z_{i-1} 和 z_i 重合，则原点的选取应使偏置 $d_i=0$。

(3) 确定 x_{i-1} 轴。当连杆 i 上的两个关节轴线 z_{i-1} 和 z_i 不相交，则 x_{i-1} 与这两个关节轴线的公垂线重合，方向为：从 z_{i-1} 指向 z_i；若两轴线相交，则 x_{i-1} 是两轴线 z_{i-1} 和 z_i 所构成平面的法线 $x_{i-1}=\pm z_{i-1}\times z_i$；注意如果两轴线 z_{i-1} 和 z_i 重合，则 x_{i-1} 轴与轴线 z_{i-1}（或 z_i）垂直，且应使其他连杆参数为零。

(4) 确定 y_{i-1}。按右手定则，即向量叉积 $y_{i-1}=z_{i-1}\times x_{i-1}$ 可以确定 y_{i-1}。

(5) 确定坐标系$\{0\}$和$\{n\}$。当第一个关节角 θ_1 为零时，规定基坐标系$\{0\}$与连杆 1 坐标系$\{1\}$重合；对于末端链连杆 n 的坐标系$\{n\}$，其 z_n 轴沿关节轴 n，方向可以自定；坐标系$\{n\}$的原点与 x_n 的选择应尽可能使得坐标系$\{\boldsymbol{n}\}$的连杆参数 $\alpha_n=0$、$a_n=0$、$d_n=0$。

3.3.2 机器人运动学方程

当机器人所有连杆的坐标系都按照上述方法确定后，可以采用如下步骤建立机器人的运动学方程。

1) 确定 D－H 参数表

根据所有连杆上建立的坐标系，可以逐一确定其 D－H 参数，然后填写表 3－2。

表 3－2 机器人 D－H 参数表

连杆序号	连杆扭角 α_{i-1}	连杆长度 a_{i-1}	连杆偏距 d_i	关节变量 θ_i
1	α_0	a_0	d_1	θ_1
2	α_1	a_1	d_2	θ_2
3	α_2	a_2	d_3	θ_3
⋮	⋮	⋮	⋮	⋮
$n-2$	α_{n-3}	a_{n-3}	d_{n-2}	θ_{n-2}
$n-1$	α_{n-2}	a_{n-2}	d_{n-1}	θ_{n-1}
n	α_{n-1}	a_{n-1}	d_n	θ_n

2) 计算 D－H 矩阵

将上述 D－H 参数分别代入式(3－1)，即可以确定 n 个 D－H 矩阵：${}^0_1\boldsymbol{T}$、${}^1_2\boldsymbol{T}$、…、${}^{n-2}_{n-1}\boldsymbol{T}$、${}^{n-1}_{n}\boldsymbol{T}$。

3) 建立机器人运动学方程

根据“位姿矩阵和刚体变换矩阵的关系”的结论，D－H 矩阵 ${}^{i-1}_{i}\boldsymbol{T}$ 的物理意义为：坐标系$\{i\}$相对于坐标系$\{i-1\}$的位姿，是把坐标系$\{i\}$中的向量转换到坐标系$\{i-1\}$中的刚体变换；同理，${}^{i}_{i+1}\boldsymbol{T}$ 的物理意义为：坐标系$\{i+1\}$相对于坐标系$\{i\}$的位姿，是把坐标系$\{i+1\}$中的向量转换到坐标系$\{i\}$中的刚体变换，因此，按照式(2－21)，${}^{i-1}_{i}\boldsymbol{T}{}^{i}_{i+1}\boldsymbol{T}$ 为坐标系$\{i+1\}$相对于坐标系$\{i-1\}$的位姿；同理，${}^{i-1}_{i}\boldsymbol{T}{}^{i}_{i+1}\boldsymbol{T}{}^{i+1}_{i+2}\boldsymbol{T}$ 为坐标系$\{i+2\}$相对于坐标系$\{i-1\}$的位姿，依此类推，${}^{i-1}_{i}\boldsymbol{T}{}^{i}_{i+1}\boldsymbol{T}\cdot\cdots\cdot{}^{j-2}_{j-1}\boldsymbol{T}{}^{j-1}_{j}\boldsymbol{T}$ 为坐标系$\{j\}$相对于坐标系$\{i-1\}$的位姿。因而，自基座开始，按照运动链的关节连接顺序，将 D－H 矩阵${}^{i-1}_{i}\boldsymbol{T}$“向右依次拼接”，则可以求得机器人的运动学方程

$$
{}^0_n\boldsymbol{g}={}^0_n\boldsymbol{T}={}^0_1\boldsymbol{T}\,{}^1_2\boldsymbol{T}\,{}^2_3\boldsymbol{T}\cdot\cdots\cdot{}^{n-2}_{n-1}\boldsymbol{T}\,{}^{n-1}_{n}\boldsymbol{T}={}^0_1\boldsymbol{T}(\theta_1)\,{}^1_2\boldsymbol{T}(\theta_2)\cdot\cdots\cdot{}^{n-2}_{n-1}\boldsymbol{T}(\theta_{n-1})\,{}^{n-1}_{n}\boldsymbol{T}(\theta_n)
$$

$$
=\begin{bmatrix}{}^0\boldsymbol{R}_n & \boldsymbol{p}_{n0}\\ 0 & 1\end{bmatrix}=\begin{bmatrix}{}_nr_{11} & {}_nr_{12} & {}_nr_{13} & {}_np_x\\ {}_nr_{21} & {}_nr_{22} & {}_nr_{23} & {}_np_y\\ {}_nr_{31} & {}_nr_{32} & {}_nr_{33} & {}_np_z\\ 0 & 0 & 0 & 1\end{bmatrix} \tag{3-3}
$$

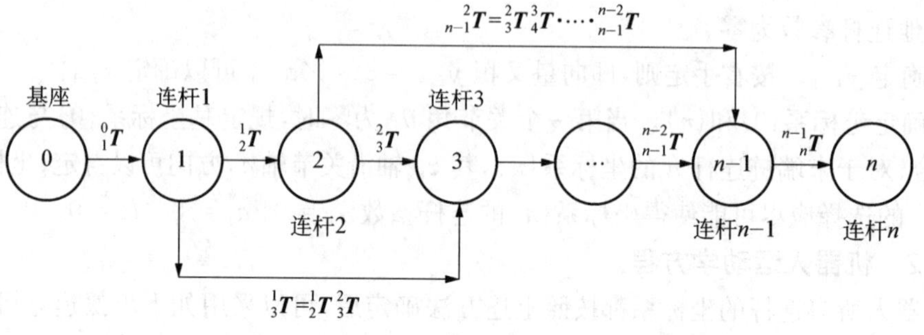

图 3-7　机器人运动学方程及坐标变换图

如图 3-7 所示，连杆 3 上的坐标系{3}相对于连杆 1 上的坐标系{1}的位姿矩阵为 ${}^1_3\boldsymbol{T}={}^1_2\boldsymbol{T}\,{}^2_3\boldsymbol{T}$；同理，坐标系{$j$}相对于坐标系{$i$}的位姿矩阵为 ${}^i_j\boldsymbol{T}={}^{i}_{i+1}\boldsymbol{T}\,{}^{i+1}_{i+2}\boldsymbol{T}\cdot\cdots\cdot{}^{j-1}_{j}\boldsymbol{T}(j>i)$。利用机器人连杆 D-H 参数表，参照式(3-3)可以确定机器人任意连杆 i 上的坐标系{i}相对于机器人基座坐标系{0}的位姿为

$$
{}^0_i\boldsymbol{g}={}^0_i\boldsymbol{T}={}^0_1\boldsymbol{T}\,{}^1_2\boldsymbol{T}\,{}^2_3\boldsymbol{T}\cdot\cdots\cdot{}^{n-2}_{n-1}\boldsymbol{T}\,{}^{i-1}_{i}\boldsymbol{T}={}^0_1\boldsymbol{T}(\theta_1)\,{}^1_2\boldsymbol{T}(\theta_2)\cdot\cdots\cdot{}^{i-2}_{i-1}\boldsymbol{T}(\theta_{i-1})\,{}^{i-1}_{i}\boldsymbol{T}(\theta_i)
$$

$$
=\begin{bmatrix}{}^0\boldsymbol{R}_i & \boldsymbol{p}_{i0}\\ 0 & 1\end{bmatrix}=\begin{bmatrix}{}_ir_{11} & {}_ir_{12} & {}_ir_{13} & {}_ip_x\\ {}_ir_{21} & {}_ir_{22} & {}_ir_{23} & {}_ip_y\\ {}_ir_{31} & {}_ir_{32} & {}_ir_{33} & {}_ip_z\\ 0 & 0 & 0 & 1\end{bmatrix} \tag{3-4}
$$

式(3-4)除了可以用于确定连杆 i 相对于机器人基座的位姿外，在求解连杆 i 的速度(包括线速度和角速度)以及动能时也要用到。

式(3-3)中的 ${}^0_n\boldsymbol{g}={}^0_n\boldsymbol{T}=\begin{bmatrix}{}^0\boldsymbol{R}_n & \boldsymbol{p}_{n0}\\ 0 & 1\end{bmatrix}$ 表示机器人运动链上末端连杆 n 上的坐标系{n}相对于坐标系{0}的位姿，其中 ${}^0\boldsymbol{R}_n$ 表示坐标系{n}相对于坐标系{0}的姿态；向量 $\boldsymbol{p}_{n0}$ 表示坐标系{n}的原点在坐标系{0}中的位置向量。

对于式(3-3)所示的机器人而言，一旦关节变量 $\boldsymbol{\theta}=[\theta_1\quad\theta_2\quad\cdots\quad\theta_n]^T$ 已知，将其代入式(3-3)可以计算出矩阵 ${}^0_n\boldsymbol{T}=\begin{bmatrix}{}^0\boldsymbol{R}_n & \boldsymbol{p}_{n0}\\ 0 & 1\end{bmatrix}$，它完全确定了在当前时刻，机器人末端连杆 n 的坐标系{n}的原点在基坐标{0}的位置 $\boldsymbol{p}_{n0}$，以及坐标系{n}相对于基坐标{0}的姿态 ${}^0\boldsymbol{R}_n$。

3.3.3　机器人的关节空间和工作空间

对于一个 n 自由度机器人，设其关节向量为 $\boldsymbol{\theta}=[\theta_1\quad\theta_2\quad\cdots\quad\theta_n]^T$。每个关节 i 都有一定的运动范围，即 $a_i<\theta_i<b_i$，令其定义域为集合 Θ_i。由 Θ_i 的笛卡儿积组成的向量空间 $\Theta=\Theta_1\times\Theta_2\times\cdots\times\Theta_n=\{\boldsymbol{\theta}=[\theta_1\quad\theta_2\quad\cdots\quad\theta_n]\mid\theta_i\in\Theta_i,\ i=1,2,\cdots,n\}$ 称为机器人的关节空间。类似于直角坐标系的空间，关节空间是关节变量 θ_1、θ_2、…、θ_n 运动范围的有序组合。将

关节变量 θ_1、θ_2、…、θ_n 的每一个具体值的组合，如 $\boldsymbol{\theta}=(10°,\ 15°,\ \cdots,\ 30°)^T$，代入式(3-3)所示的机器人运动学方程，就可以确定机器人末端执行器的位姿 ${}^0_n\boldsymbol{g}={}^0_n\boldsymbol{T}=\begin{bmatrix} {}^0\boldsymbol{R}_n & \boldsymbol{p}_{n0} \\ 0 & 1 \end{bmatrix}$。因而，对于一个具体的机器人，其关节向量 $\boldsymbol{\theta}=[\theta_1\quad \theta_2\quad \cdots\quad \theta_n]^T$ 也是机器人位姿的一种等价表达方式。

机器人的工作空间就是机器人末端连杆上的参考点(一般规定为末端连杆坐标系的原点或法兰中心)所能达到的空间范围，如图 3-8 所示，该空间的形状和大小取决于机器人各连杆的长度、运动副的类型、运动副配置方案以及各关节变量的运动范围，其具体空间区域分布可以由机器人的机构运动简图确定。

机器人工作空间的形状随机器人的运动坐标形式不同而异。直角坐标机器人的工作空间是一个矩形六面体，如图 3-8a 所示；圆柱坐标机器人的工作空间是一个开口空心圆柱体，如图 3-8b 所示；球坐标机器人的工作空间是一个空心球面体，如图 3-8c 所示；SCARA 机器人的工作空间为空腔圆筒形，如图 3-8d 所示；关节机器人的工作空间是球形区域，这是因为连杆转动副受结构限制，一般无法做整周回转，如图 3-8e 所示。

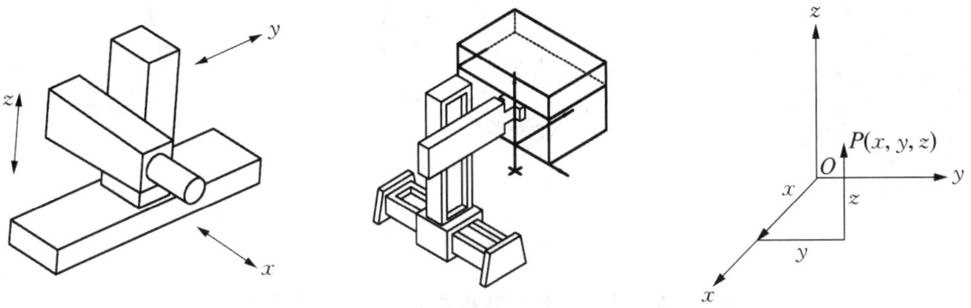

(a) 直角坐标机器人的工作空间

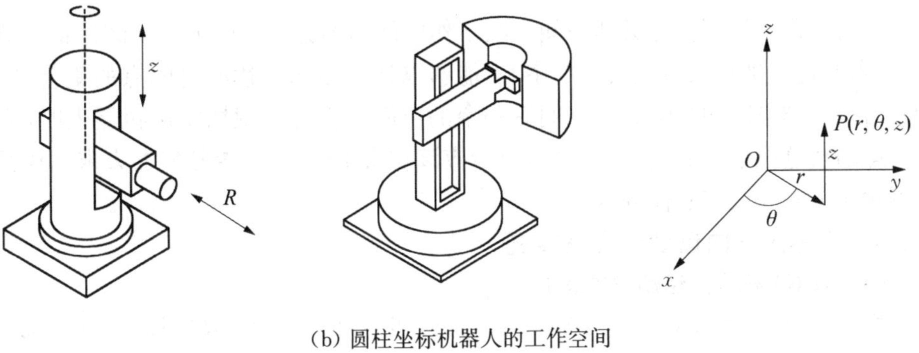

(b) 圆柱坐标机器人的工作空间

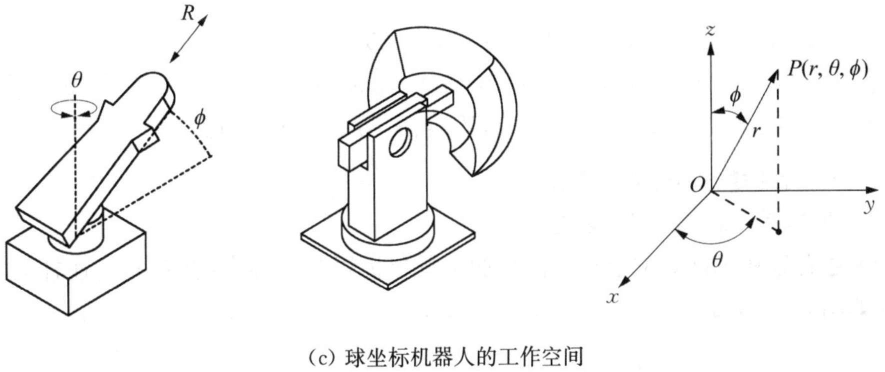

(c) 球坐标机器人的工作空间

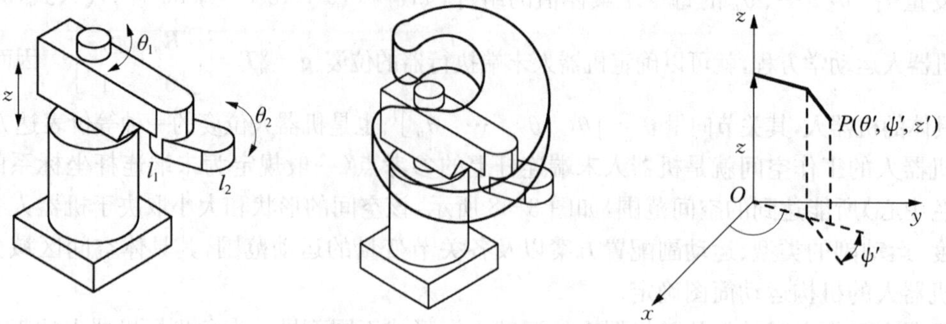

(d) SCARA 机器人的工作空间

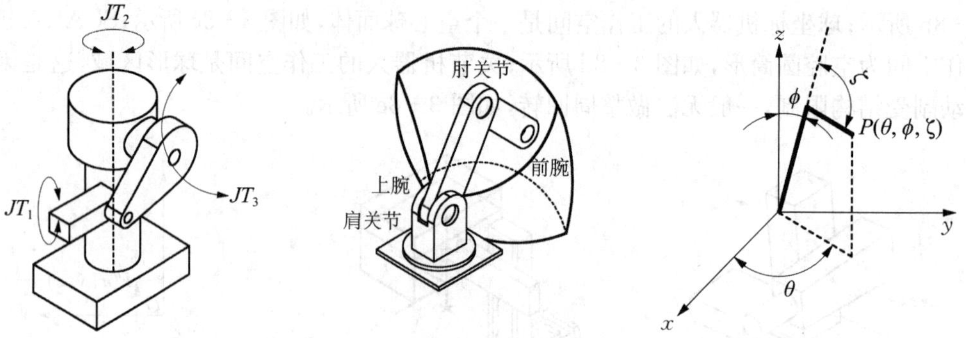

(e) 关节机器人的工作空间

图 3-8 不同坐标形式机器人的工作空间形状

机器人的工作空间可分为灵活空间和次工作空间两部分。其中灵活空间是指末端连杆上的参考点(末端连杆坐标系原点或法兰中心)能够以任意姿态到达的空间点的集合;次工作空间是指机器人工作空间中去除灵活空间后剩余的空间。在生产现场安放机器人时,应尽可能让工件的运动轨迹位于机器人灵活空间,至少应该在次工作空间,否则机器人末端执行器坐标系因不可达而无法完成作业任务。

3.3.4 机器人正向运动学方程实例

【实例 1：KUKA 机器人运动学方程】

以如图 1-1 所示 KUKA KR6-900 机器人为例,它采用旋量方法描述机器人的运动。已知机器人初始位姿时各轴的旋量坐标为:

$$\xi_1=[0\quad 0\quad 0.2205\quad 0\quad 0\quad 1]^T;\ \xi_2=[0.025\quad 0\quad 0.4\quad 0\quad 1\quad 0]^T$$

$$\xi_3=[0.48\quad 0.0555\quad 0.4\quad 0\quad 1\quad 0]^T;\ \xi_4=[0.681\quad 0\quad 0.425\quad -1\quad 0\quad 0]^T$$

$$\xi_5=[0.9\quad 0.032\quad 0.425\quad 0\quad 1\quad 0]^T;\ \xi_6=[0.98\quad 0\quad 0.425\quad -1\quad 0\quad 0]^T$$

试用 D-H 矩阵方法建立其运动学方程。

1) 建立坐标系,确定 D-H 参数

根据上述各轴在机器人位于初始位姿的旋量坐标以及机器人的结构,各连杆的 D-H 坐标系建立如图 3-9 所示。

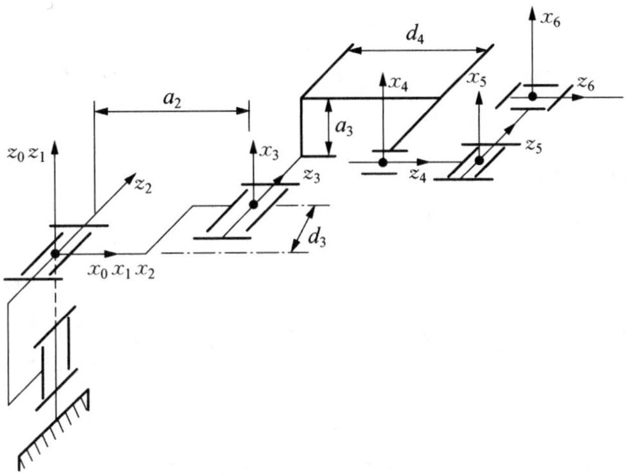

图 3-9 KR6-900 机器人的 D-H 坐标系

各连杆 D-H 参数见表 3-3。

表 3-3 KR6-900 机器人的 D-H 参数

连杆序号	连杆扭角 α_{i-1}/°	连杆长度 a_{i-1}/m	连杆偏距 d_i/m	关节变量 θ_i/°	范围/°
1	0	0	0	θ_1	+185/−185
2	−90	0	0	θ_2	+35/−155
3	0	$a_2=0.455$	$d_3=0.0555$	θ_3	+154/−130
4	−90	$a_3=0.025$	$d_4=0.201$	θ_4	+350/−350
5	90	0	0	θ_5	+130/−130
6	−90	0	0	θ_6	+350/−350

2）计算 D-H 矩阵

将表 3-3 中的 D-H 参数代入式(3-1)可得

$$ {}^0_1\boldsymbol{T}=\begin{bmatrix}\cos\theta_1 & -\sin\theta_1 & 0 & 0\\ \sin\theta_1 & \cos\theta_1 & 0 & 0\\ 0 & 0 & 1 & 0\\ 0 & 0 & 0 & 1\end{bmatrix};\ {}^1_2\boldsymbol{T}=\begin{bmatrix}\cos\theta_2 & -\sin\theta_2 & 0 & 0\\ 0 & 0 & 1 & 0\\ \sin\theta_2 & -\cos\theta_2 & 0 & 0\\ 0 & 0 & 0 & 1\end{bmatrix} $$

$$ {}^2_3\boldsymbol{T}=\begin{bmatrix}\cos\theta_3 & -\sin\theta_3 & 0 & a_2\\ \sin\theta_3 & \cos\theta_3 & 0 & 0\\ 0 & 0 & 1 & d_3\\ 0 & 0 & 0 & 1\end{bmatrix};\ {}^3_4\boldsymbol{T}=\begin{bmatrix}\cos\theta_4 & -\sin\theta_4 & 0 & a_3\\ 0 & 0 & 1 & d_4\\ -\sin\theta_4 & -\cos\theta_4 & 0 & 0\\ 0 & 0 & 0 & 1\end{bmatrix} $$

$$
{}^{4}_{5}\boldsymbol{T}=\begin{bmatrix}\cos\theta_5 & -\sin\theta_5 & 0 & 0\\ 0 & 0 & -1 & 0\\ \sin\theta_5 & \cos\theta_5 & 0 & 0\\ 0 & 0 & 0 & 1\end{bmatrix};\ {}^{5}_{6}\boldsymbol{T}=\begin{bmatrix}\cos\theta_6 & -\sin\theta_6 & 0 & 0\\ 0 & 0 & 1 & 0\\ -\sin\theta_6 & \cos\theta_6 & 0 & 0\\ 0 & 0 & 0 & 1\end{bmatrix}
$$

3）求机器人运动学方程

将上述六个矩阵代入式(3-3)可得

$$
{}^{0}_{6}\boldsymbol{g}={}^{0}_{6}\boldsymbol{T}={}^{0}_{1}\boldsymbol{T}(\theta_1){}^{1}_{2}\boldsymbol{T}(\theta_2){}^{2}_{3}\boldsymbol{T}(\theta_3){}^{3}_{4}\boldsymbol{T}(\theta_4){}^{4}_{5}\boldsymbol{T}(\theta_5){}^{5}_{6}\boldsymbol{T}(\theta_6)=\begin{bmatrix}r_{11} & r_{12} & r_{13} & p_x\\ r_{21} & r_{22} & r_{23} & p_y\\ r_{31} & r_{32} & r_{33} & p_z\\ 0 & 0 & 0 & 1\end{bmatrix}
$$

其中

$$
\begin{aligned}
r_{11}&=c_1[c_{23}(c_4c_5c_6-s_4s_5)-s_{23}s_5c_5]+s_1(s_4c_5c_6+c_4s_6)\\
r_{21}&=s_1[c_{23}(c_4c_5c_6-s_4s_6)-s_{23}s_5c_6]-c_1(s_4c_5c_6+c_4s_6)\\
r_{31}&=-s_{23}(c_4c_5c_6-s_4s_6)-c_{23}s_5c_6\\
r_{12}&=c_1[c_{23}(-c_4c_5c_6-s_4c_6)+s_{23}s_5c_6]+s_1(c_4c_6-s_4c_5s_6)\\
r_{22}&=s_1[c_{23}(-c_4c_5c_6-s_4c_6)+s_{23}s_5c_6]-c_1(c_4c_6-s_4c_5s_6)\\
r_{32}&=-s_{23}(-c_4c_5c_6-s_4c_6)+s_{23}s_5s_6\\
r_{13}&=-c_1(c_{23}c_4c_5+s_{23}c_5)-s_1s_4s_5\\
r_{23}&=-s_1(c_{23}c_4c_5+s_{23}c_5)+c_1s_4s_5\\
r_{33}&=-s_{23}c_4c_5+c_{23}c_5\\
p_x&=c_1(a_2c_2+a_3c_{23}-d_4s_{23})-d_3s_1\\
p_y&=s_1(a_2c_2+a_3c_{23}-d_4s_{23})+d_3c_1\\
p_z&=-a_2s_{23}-a_2s_2-d_4c_{23}
\end{aligned}
$$

式中，$c_i=\cos\theta_i$；$s_i=\sin\theta_i$；$c_{ij}=\cos(\theta_i+\theta_j)$；$s_{ij}=\sin(\theta_i+\theta_j)$。

【实例 2：ABB 机器人运动学方程】

已知 ABB 机器人 IRB 120 的 D-H 参数(表 3-4)，其结构如图 3-10 所示。试求其正向运动学方程。

表 3-4 IRB 120 机器人的 D-H 参数

连杆序号	连杆扭角 α_{i-1}/°	连杆长度 a_{i-1}/m	连杆偏距 d_i/m	关节变量 θ_i/°	范围/°
1	0	0	0	θ_1	+165/−165
2	−90	0	0.1491	θ_2	+110/−110
3	0	0.4318	0	θ_3	+70/−110
4	−90	0.0230	0.4331	θ_4	+160/−160
5	90	0	0	θ_4	+120/−120
6	−90	0	0	θ_5	+400/−400

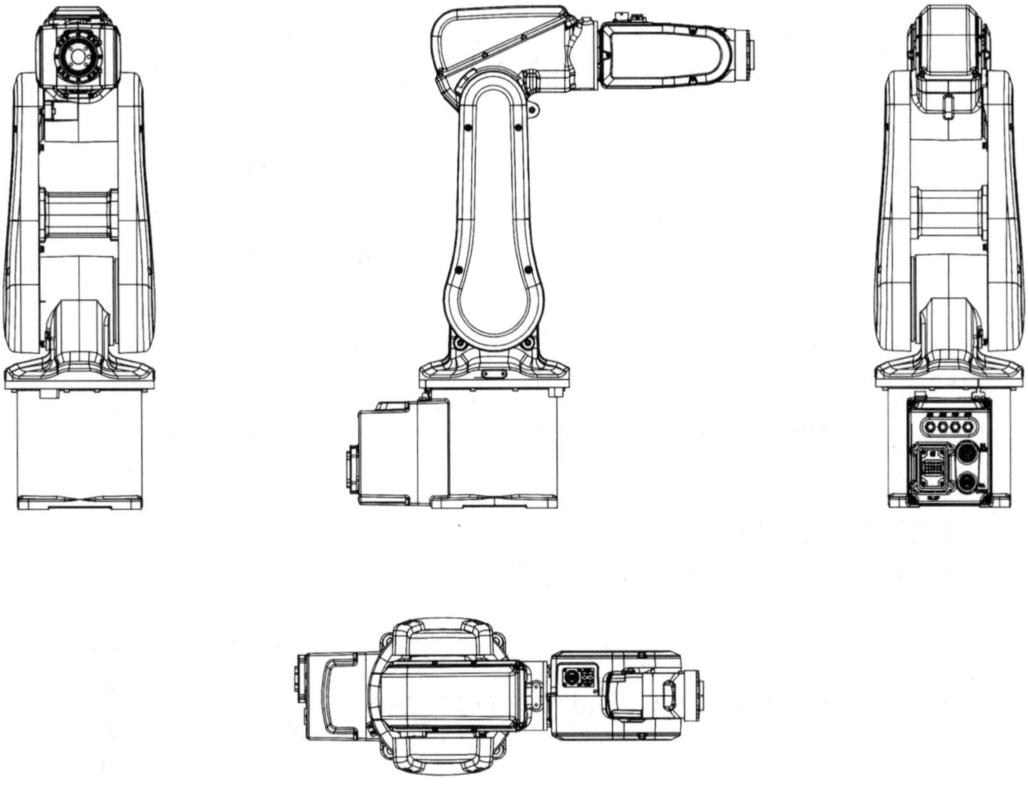

图 3 - 10 IRB 120 机器人

1) 建立坐标系,计算 D - H 矩阵

IRB 120 机器人的 D - H 坐标系建立如图 3 - 11 所示。

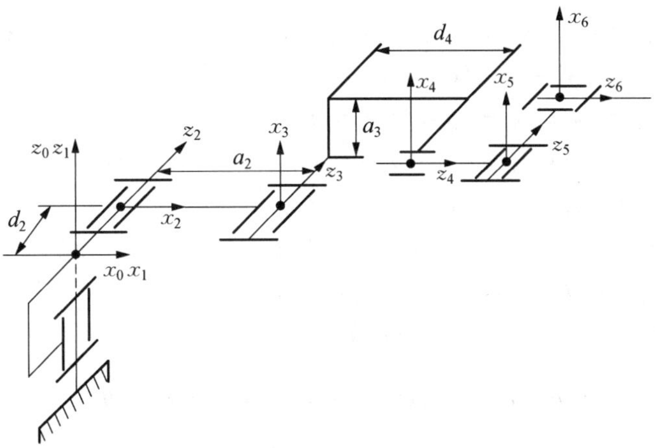

图 3 - 11 IRB 120 机器人的 D - H 坐标系

将表 3 - 4 中的 D - H 参数分别代入式(3 - 1),可以确定 6 个连杆的 D - H 矩阵:$^{0}_{1}\boldsymbol{T}$、$^{1}_{2}\boldsymbol{T}$、…、$^{4}_{5}\boldsymbol{T}$、$^{5}_{6}\boldsymbol{T}$。

$$
{}_{1}^{0}\boldsymbol{T}=\begin{bmatrix}\cos\theta_1 & -\sin\theta_1 & 0 & 0\\ \sin\theta_1 & \cos\theta_1 & 0 & 0\\ 0 & 0 & 1 & 0\\ 0 & 0 & 0 & 1\end{bmatrix};\ {}_{2}^{1}\boldsymbol{T}=\begin{bmatrix}\cos\theta_2 & -\sin\theta_2 & 0 & 0\\ 0 & 0 & 1 & d_2\\ -\sin\theta_2 & -\cos\theta_2 & 0 & 0\\ 0 & 0 & 0 & 1\end{bmatrix}
$$

$$
{}_{3}^{2}\boldsymbol{T}=\begin{bmatrix}\cos\theta_3 & -\sin\theta_3 & 0 & a_2\\ \sin\theta_3 & \cos\theta_3 & -1 & 0\\ 0 & 0 & 1 & 0\\ 0 & 0 & 0 & 1\end{bmatrix};\ {}_{4}^{3}\boldsymbol{T}=\begin{bmatrix}\cos\theta_4 & -\sin\theta_4 & 0 & a_3\\ 0 & 0 & 1 & d_4\\ -\sin\theta_4 & -\cos\theta_4 & 0 & 0\\ 0 & 0 & 0 & 1\end{bmatrix}
$$

$$
{}_{5}^{4}\boldsymbol{T}=\begin{bmatrix}\cos\theta_5 & -\sin\theta_5 & 0 & 0\\ 0 & 0 & -1 & 0\\ \sin\theta_5 & \cos\theta_5 & 0 & 0\\ 0 & 0 & 0 & 1\end{bmatrix};\ {}_{6}^{5}\boldsymbol{T}=\begin{bmatrix}\cos\theta_6 & -\sin\theta_6 & 0 & 0\\ 0 & 0 & 1 & 0\\ -\sin\theta_6 & -\cos\theta_6 & 0 & 0\\ 0 & 0 & 0 & 1\end{bmatrix}
$$

2) 求机器人运动学方程

将${}_{1}^{0}\boldsymbol{T}$、${}_{2}^{1}\boldsymbol{T}$、…、${}_{5}^{4}\boldsymbol{T}$、${}_{6}^{5}\boldsymbol{T}$ 代入式(3-3)可得

$$
{}_{6}^{0}\boldsymbol{g}={}_{6}^{0}\boldsymbol{T}={}_{1}^{0}\boldsymbol{T}(\theta_1)\,{}_{2}^{1}\boldsymbol{T}(\theta_2)\,{}_{3}^{2}\boldsymbol{T}(\theta_3)\,{}_{4}^{3}\boldsymbol{T}(\theta_4)\,{}_{5}^{4}\boldsymbol{T}(\theta_5)\,{}_{6}^{5}\boldsymbol{T}(\theta_6)=\begin{bmatrix}r_{11} & r_{12} & r_{13} & p_x\\ r_{21} & r_{22} & r_{23} & p_y\\ r_{31} & r_{32} & r_{33} & p_z\\ 0 & 0 & 0 & 1\end{bmatrix}
$$

其中

$$
\begin{aligned}
r_{11}&=c_1[c_{23}(c_4c_5c_6-s_4s_6)-s_{23}s_5c_6]+s_1(s_4c_5c_6+c_4s_6)\\
r_{12}&=c_1[c_{23}(-c_4c_5s_6-s_4c_6)+s_{23}s_5s_6]+s_1(c_4c_6-s_4c_5s_6)\\
r_{13}&=-c_1[s_{23}c_5+c_{23}c_4s_5]-s_1s_4s_5\\
r_{21}&=s_1[c_{23}(c_4c_5c_6-s_4s_6)-s_{23}s_5c_6]-c_1(c_4s_6+s_4c_5c_6)\\
r_{22}&=s_1[c_{23}(-c_4c_5s_6-s_4c_6)+s_{23}s_5s_6]-c_1(c_4c_6-s_4c_5s_6)\\
r_{23}&=c_1s_4s_5-s_1(c_5s_{23}+c_4s_5c_{23})\\
r_{31}&=s_{23}(s_4s_6-c_4c_5c_6)-c_{23}s_5c_6\\
r_{32}&=s_{23}(s_4c_6+c_4c_5s_6)+c_{23}s_5s_6\\
r_{33}&=s_{23}c_4s_5-c_{23}c_5\\
p_x&=-s_1d_2+c_1(c_{23}a_3-s_{23}d_4+a_2c_2)\\
p_y&=c_1d_2+s_1(c_{23}a_3-s_{23}d_4+a_2c_2)\\
p_z&=-s_{23}a_3-c_{23}d_4-a_2s_2
\end{aligned}
$$

式中，$c_i=\cos\theta_i$；$s_i=\sin\theta_i$；$c_{ij}=\cos(\theta_i+\theta_j)$；$s_{ij}=\sin(\theta_i+\theta_j)$。

参考文献

[1] Denavit J, Hartenberg R S. A kinematic notation for lower-pair mechanisms based on matrices [J]. Journal of Applied Mechanics, 1955(卷期不详): 215-221.

[2] Craig J J. Introduction to robotics mechanics and control [M]. 3rd ed. [S. l.]: Person

Education, Inc. Published as Prentice Hall, 2005.
[3] Niku S B. Introduction to robotics: analysis, control, applications [M]. 2nd ed. [S. l.]: John Wiley & Sons, Inc., 2010.
[4] 熊有伦.机器人技术基础[M].武汉：华中科技大学出版社,2004.
[5] 宋伟刚.机器人学：运动学、动力学与控制[M].北京：科学出版社,2007.
[6] 孙树栋.工业机器人技术基础[M].西安：西北工业大学出版社,2006.
[7] Murray R M, Li Z X, Sastry S S. A mathematical introduction to robotic manipulator [M]. [S. l.]: CRC Press, 1994.
[8] 小島利夫.ロボットの制御[M]. [S. l.]：コロナ社,1998.
[9] 吉川恒夫.ロボット制礎論[M]. [S. l.]：コロナ社,1988.

思考与练习

1. 如图3-12所示一3自由度机器人,其轴1和轴2垂直。基坐标系$\{x_0 \quad y_0 \quad z_0\}$如图所示,其中,$z_0$与关节1的旋转轴重合,$x_0$与$x_1$轴的初始位置重合。将每个连杆的坐标系建立在上关节：(1)在图中画出连杆1上的坐标系$\{x_1 \quad y_1 \quad z_1\}$、连杆2上的坐标系$\{x_2 \quad y_2 \quad z_2\}$和连杆3上的坐标系$\{x_3 \quad y_3 \quad z_3\}$;(2)写出每个关节的D-H变换参数;(3)试用D-H变换求出${}^0_1\boldsymbol{T}$、${}^1_2\boldsymbol{T}$、${}^2_3\boldsymbol{T}$、${}^0_3\boldsymbol{T}$。

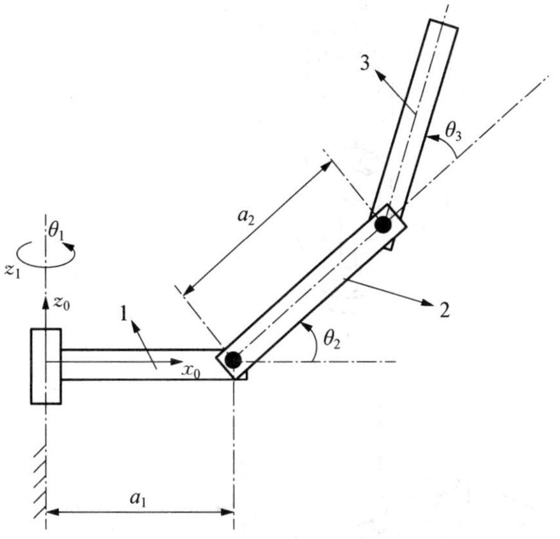

图3-12 平面3R机器人

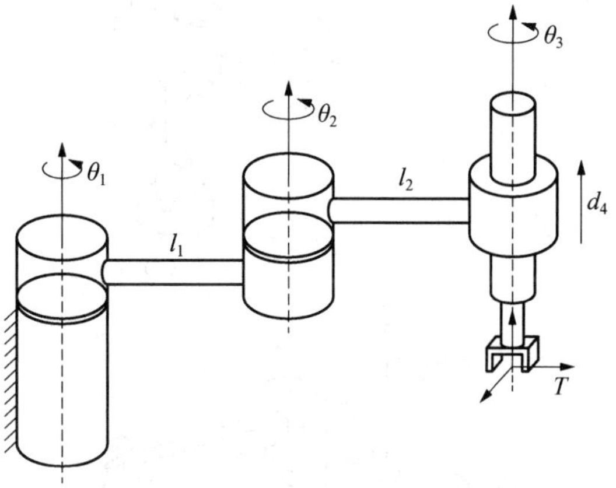

图3-13 SCARA机器人

2. 如图3-13所示SCARA机器人,试确定其D-H参数、每个连杆的D-H矩阵以及末端连杆相对于基座的位姿矩阵${}^0_3\boldsymbol{T}$。

3. 如图3-14所示的肘关节机器人,试确定其每个连杆的D-H参数、D-H矩阵以及机器人运动学方程。

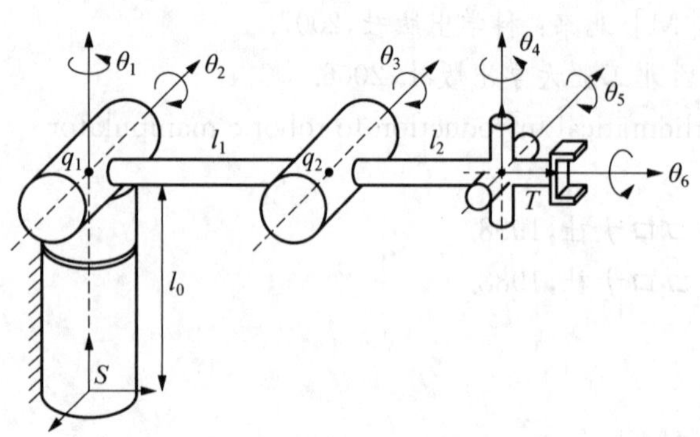

图 3-14　肘关节机器人

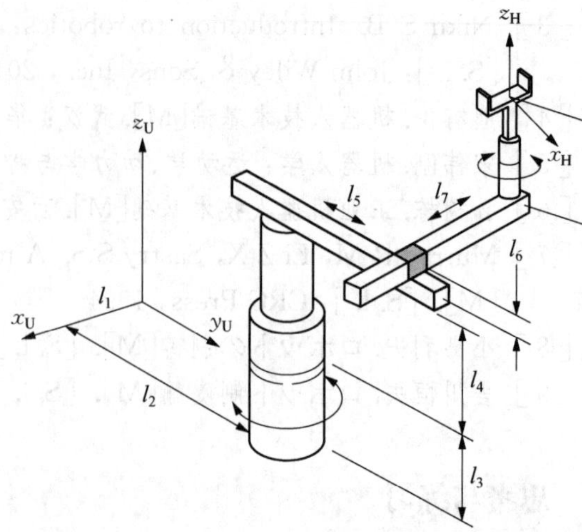

图 3-15　具有 2 个移动关节的 4 自由度机器人

4. 试确定如图 3-15 所示具有 2 个移动关节和 2 个转动关节的 4 自由度机器人的 D-H 参数，并求其运动学方程。

5. 试建立如图 3-16 所示三连杆机器人的 D-H 坐标系，并确定其 D-H 参数。

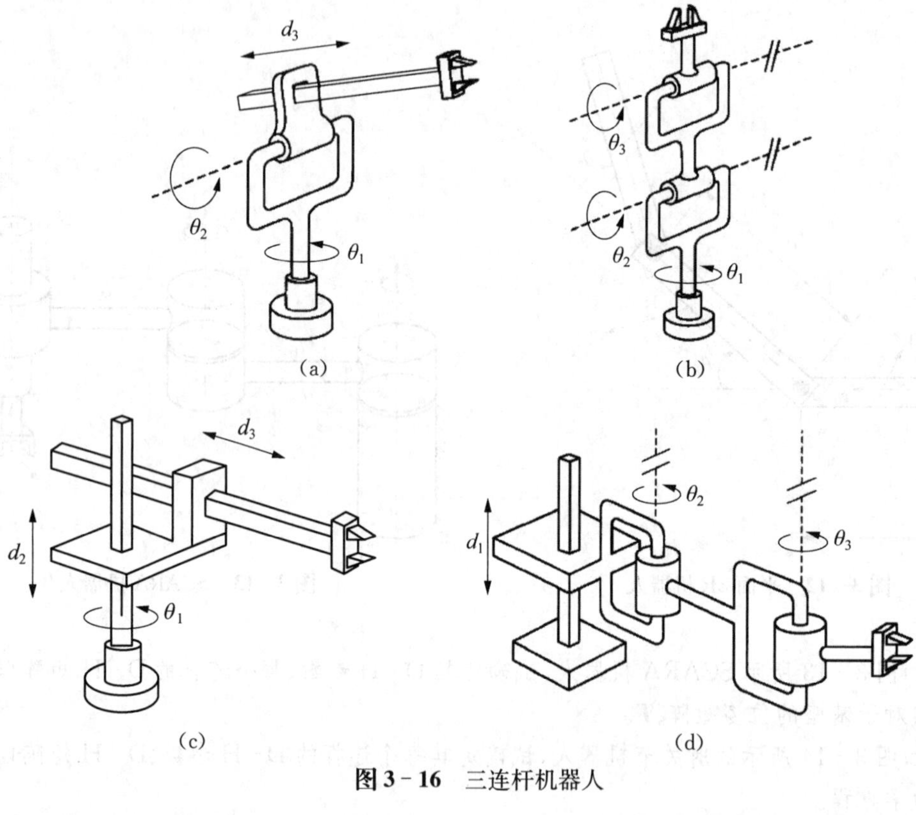

图 3-16　三连杆机器人

6. 试根据机器人连杆 D-H 参数，应用 MATLAB 编写一般串联机器人运动学方程的程序。

第 4 章

工业机器人逆向运动学

◎ **学习成果达成要求**

1. 了解工业机器人逆向运动学的可解性条件。
2. 掌握基于 D-H 矩阵变换的机器人逆向运动学求解方法。

机器人的逆向运动学，要解决在机器人末端执行器的位置和姿态给定（根据工作要求）的前提下，如何确定机器人每个关节运动的角度，这是工业机器人现场应用需要解决的问题。机器人投入工作前需要进行运动轨迹规划，即按照作业要求制定末端执行器坐标系{T}的一系列位置和姿态；然而只有通过逆向运动学求解，才能确定机器人末端执行器从初始位姿（机器人各轴位于零点时的位姿）运动到指定位姿时每个关节运动的角度。机器人逆向运动学求解的方法中，最常用的是利用连杆 D-H 矩阵的逆矩阵对运动学方程进行变换，而后寻求关于某一个关节变量有效三角方程的方法。本章将应用这种方法研究两种典型工业机器人的逆向运动学问题。

4.1 工业机器人逆向运动学

机器人的工作空间是机器人末端连杆的参考点（一般为机器人末端连杆坐标系的原点或法兰中心）所能达到的空间范围，如图 3-8 所示。机器人末端连杆坐标系原点的运动轨迹位于机器人工作空间范围内时，机器人才能按要求完成作业任务。如何判断机器人末端连杆坐标系原点的运动轨迹是否在工作空间内，是机器人逆向运动学要解决的问题之一。如果机器人末端连杆坐标系原点的运动轨迹位于工作空间内，机器人从初始位姿运动到指定的位姿时每个关节运动了多少角度，则是机器人逆向运动学要解决的问题之二。本节主要讨论第二个方面的问题。

4.1.1 工业机器人逆向运动学可解性分析

对于一个 n 自由度机器人，其逆向运动学，就是在机器人末端执行器的位姿矩阵给定的情况下，确定每个关节的运动角度 $\boldsymbol{\theta}=[\theta_1 \quad \theta_2 \quad \cdots \quad \theta_n]^T$。为解决这个问题，需要应用式(3-3) 所示的机器人正向运动学方程，但机器人运动学方程一般给出的是机器人末端连杆坐标系{n}相对于机器人基坐标系{0}的位姿。为了求出机器人的关节变量 $\boldsymbol{\theta}=[\theta_1 \quad \theta_2 \quad \cdots \quad \theta_n]^T$，可以按以下两步进行：

1）根据指定的机器人末端执行器的位姿${}^0_T\boldsymbol{T}$，确定机器人末端连杆的位姿矩阵${}^0_n\boldsymbol{T}$

由于机器人作业时，工具坐标系（末端执行器坐标系）$\{T\}$的位姿才是机器人工作所需要的位姿，而工具坐标系“固定”在机器人末端连杆 n 的法兰盘上，如图 4－1 所示。接下来需要解决的问题是，如何由工具坐标系的位姿求出末端连杆坐标系$\{n\}$的位姿。

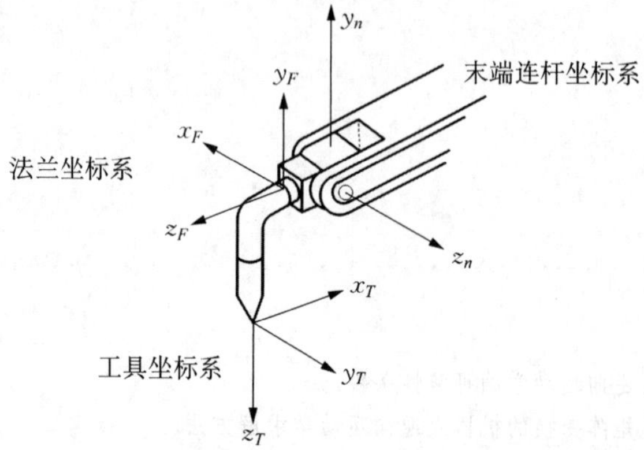

图 4－1 工具坐标系与末端连杆坐标系的关系

如图 4－1 所示，设法兰坐标系$\{F\}$相对于末端连杆坐标系$\{n\}$的位姿为${}^n_F\boldsymbol{T}$，该位姿由机器人出厂时给定，设机器人经过标定后与法兰坐标系的位姿为${}^F_T\boldsymbol{T}$，则工具坐标系相对于末端连杆坐标系$\{n\}$的位姿${}^n_T\boldsymbol{T}$ 为

$$ {}^n_T\boldsymbol{T} = {}^n_F\boldsymbol{T}\,{}^F_T\boldsymbol{T} \tag{4-1}$$

当根据作业要求指定了机器人工具坐标系$\{T\}$的位姿为${}^0_T\boldsymbol{T}$ 后，因为机器人末端连杆坐标系$\{n\}$相对于机器人基坐标系$\{0\}$的位姿为${}^0_n\boldsymbol{T}$，而工具坐标系相对于末端连杆坐标系$\{n\}$的位姿为${}^n_T\boldsymbol{T}$，则依据式(2－21)可得

$$ {}^0_T\boldsymbol{T} = {}^0_n\boldsymbol{T}\,{}^n_T\boldsymbol{T} \tag{4-2}$$

由式(4－2)可以求得

$$ {}^0_n\boldsymbol{T} = {}^0_T\boldsymbol{T}\,{}^n_T\boldsymbol{T}^{-1} \tag{4-3}$$

式中，${}^n_T\boldsymbol{T}^{-1}$ 为${}^n_T\boldsymbol{T}$ 的逆矩阵，可根据式(2－20) 确定。

2）根据机器人末端连杆的位姿${}^0_n\boldsymbol{T}$，求解关节变量 $\boldsymbol{\theta}=[\theta_1, \theta_2, \cdots, \theta_n]^T$

对于机器人运动学方程(3－3)，由于右端 ${}^0_n\boldsymbol{g} = {}^0_n\boldsymbol{T}$ 已知，需要确定机器人所有关节变量$\boldsymbol{\theta} = [\theta_1 \quad \theta_2 \quad \cdots \quad \theta_n]^T$ 的值。根据式(3－3) 可得

$$
\begin{aligned}
{}^0_n\boldsymbol{g} &= \begin{bmatrix} n_x & o_x & a_x & d_x \\ n_y & o_y & a_y & d_y \\ n_z & o_z & a_z & d_z \\ 0 & 0 & 0 & 1 \end{bmatrix} = {}^0_1\boldsymbol{T}(\theta_1)\,{}^1_2\boldsymbol{T}(\theta_2)\cdots{}^{n-2}_{n-1}\boldsymbol{T}(\theta_{n-1})\,{}^{n-1}_{n}\boldsymbol{T}(\theta_n) = \begin{bmatrix} \boldsymbol{R} & \boldsymbol{p} \\ 0 & 1 \end{bmatrix} \\
&= \begin{bmatrix} r_{11} & r_{12} & r_{13} & p_x \\ r_{21} & r_{22} & r_{23} & p_y \\ r_{31} & r_{32} & r_{33} & p_z \\ 0 & 0 & 0 & 1 \end{bmatrix}
\end{aligned} \tag{4-4}
$$

其中 $r_{11}=r_{11}(\theta_1, \theta_2, \cdots, \theta_n)$；$r_{12}=r_{12}(\theta_1, \theta_2, \cdots, \theta_n)$；$r_{13}=r_{13}(\theta_1, \theta_2, \cdots, \theta_n)$；$p_x=p_x(\theta_1, \theta_2, \cdots, \theta_n)$

$r_{21}=r_{21}(\theta_1, \theta_2, \cdots, \theta_n)$；$r_{22}=r_{22}(\theta_1, \theta_2, \cdots, \theta_n)$；$r_{23}=r_{23}(\theta_1, \theta_2, \cdots, \theta_n)$；$p_y=p_y(\theta_1, \theta_2, \cdots, \theta_n)$

$r_{31}=r_{31}(\theta_1, \theta_2, \cdots, \theta_n)$；$r_{32}=r_{32}(\theta_1, \theta_2, \cdots, \theta_n)$；$r_{33}=r_{33}(\theta_1, \theta_2, \cdots, \theta_n)$；$p_z=p_z(\theta_1, \theta_2, \cdots, \theta_n)$

由于末端连杆的位姿已经由式(4-3)确定，因而 n_x, n_y, n_z；o_x, o_y, o_z；a_x, a_y, a_z；d_x, d_y, d_z 均为已知量。

由“两个矩阵相等，则矩阵对应元素分别相等”，可以得到如下 12 个方程：

$$n_x=r_{11}(\theta_1, \theta_2, \cdots, \theta_n);\ o_x=r_{12}(\theta_1, \theta_2, \cdots, \theta_n);$$
$$a_x=r_{13}(\theta_1, \theta_2, \cdots, \theta_n);\ d_x=p_x(\theta_1, \theta_2, \cdots, \theta_n)$$
$$n_y=r_{21}(\theta_1, \theta_2, \cdots, \theta_n);\ o_y=r_{22}(\theta_1, \theta_2, \cdots, \theta_n);$$
$$a_y=r_{23}(\theta_1, \theta_2, \cdots, \theta_n);\ d_y=p_y(\theta_1, \theta_2, \cdots, \theta_n)$$
$$n_z=r_{31}(\theta_1, \theta_2, \cdots, \theta_n);\ o_z=r_{32}(\theta_1, \theta_2, \cdots, \theta_n);$$
$$a_z=r_{33}(\theta_1, \theta_2, \cdots, \theta_n);\ d_z=p_z(\theta_1, \theta_2, \cdots, \theta_n)$$

上述 12 个方程一般为非线性超越方程(含有关节变量的三角函数)，同时，由于姿态矩阵的 9 个元素 n_x、n_y、n_z、o_x、o_y、o_z、a_x、a_y、a_z 中只有 3 个元素相互独立(因为 $\boldsymbol{a}=\boldsymbol{n}\times\boldsymbol{o}$)，再加上 3 个相互独立的位置坐标方程，共有 6 个独立方程，因此求解这 6 个非线性超越方程较为困难，目前尚没有通用的求解方法。

当机器人自由度大于 6，即独立的关节变量大于 6 时，自变量的个数大于独立方程的个数，理论上方程组的解不唯一，这为机器人工作轨迹规划带来较多的选择，但求解算法较为复杂。自由度大于 6 的机器人也称为**冗余自由度机器人**。

当机器人自由度小于 6，即独立的关节变量小于 6 时，自变量的个数小于独立方程的个数，因而只有对姿态或位置变量做出一些约束，方程组才可能有解。自由度小于 6 的机器人也称为**欠自由度机器人**。对于欠自由度机器人，它在工作空间范围内不能达到全部位姿。

当机器人自由度为 6，独立的关节变量为 6 时，自变量的个数等于独立方程的个数，而理论上方程组一般有唯一解。因而一般的通用工业机器人有 6 个自由度。

对于机器人连杆上两个关节轴线处于空间一般位置(不平行也不垂直)的 6 自由度串联机器人，其逆向运动学问题至今也没有通用且有效的求解方法。为了简化 D-H 矩阵，通用工业机器人每个连杆上的两个关节轴线一般不是取为平行就是垂直，这使得运动学方程得到简化，从而降低了逆向运动学问题的求解难度。

在给定机器人末端执行器位姿的前提下，逆向运动学问题可能无解，如位置向量超出机器人的工作空间范围就会出现无解情况。如果逆向运动学问题有解，该解包括封闭解和数值解两种。

封闭解即解析解，即机器人的每个关节变量由包含机器人末端位置和姿态参数的分式、三角函数、指数、对数和无穷级数等基本初等函数所表达的解，它包含了逆向运动学问题的所有解。获得封闭解是研究机器人逆向运动学问题所追求的最理想目标。然而，在有些情况下虽难以获得机器人逆向运动学问题的封闭解，但可以在满足一定精度要求的条件下，利用数值积分、数值微分、插值等数值计算方法求得近似解，这就是数值解。

目前机器人运动学研究的一个重要结论是：所有包含移动关节或转动关节的 6 自由度串联机器人的逆向运动学问题有解，一般情况下为数值解。对于 6 自由度串联机器人，其运动副的配置处于特殊情况下，其逆向运动学问题才有封闭解。当 6 自由度串联机器人满足下列条件之一时，逆向运动学问题有封闭解：

(1) 三个相邻关节轴线相交于一点。

(2) 三个相邻关节轴线相互平行。

PUMA 机器人满足条件(1)，因而有封闭解；KUKA 机器人和 ABB 机器人满足条件(2)，因而也有封闭解。上述条件(1)和(2)只是逆向运动学有封闭解的充分条件，不满足条件(1)和(2)的机器人也可能有封闭解。设计串联工业机器人时，一般要求逆向运动学问题有封闭解。

对于并联机器人，由于其机构与串联机器人不同，其运动学问题与串联机器人也不同。对于串联机器人，其正向运动学问题求解简单，但逆向运动学问题求解困难；而并联机器人则相反，其逆向运动学问题求解容易，但正向运动学问题求解困难。

4.1.2 工业机器人逆向运动学求解方法

对于工业机器人，其逆向运动学求解方法中最常用的是利用矩阵变换的方法以及基于旋量的方法。本节采用矩阵变换的方法，即利用位姿矩阵的逆矩阵对运动学方程实施变换，以期获得关于机器人关节变量的有效三角方程(方程组)。其具体步骤如下：

(1) 分别用 D－H 矩阵的逆矩阵或逆矩阵的组合 ${}^{0}_{1}\boldsymbol{T}^{-1}$、$({}^{1}_{2}\boldsymbol{T}^{-1}{}^{0}_{1}\boldsymbol{T}^{-1})$、$({}^{2}_{3}\boldsymbol{T}^{-1}{}^{1}_{2}\boldsymbol{T}^{-1}{}^{0}_{1}\boldsymbol{T}^{-1})$、…、$({}^{i-1}_{i}\boldsymbol{T}^{-1}\cdot\cdots\cdot{}^{1}_{2}\boldsymbol{T}^{-1}{}^{0}_{1}\boldsymbol{T}^{-1})(1\leqslant i\leqslant n)$，去乘式(4-1)所示的机器人运动学方程的两端，从而得到以下 n 个方程：

$$
{}^{1}_{2}\boldsymbol{T}\cdot\cdots\cdot{}^{n-2}_{n-1}\boldsymbol{T}{}^{n-1}_{n}\boldsymbol{T}={}^{0}_{1}\boldsymbol{T}^{-1}\begin{bmatrix} r_{11} & r_{12} & r_{13} & p_x \\ r_{21} & r_{22} & r_{23} & p_y \\ r_{31} & r_{32} & r_{33} & p_z \\ 0 & 0 & 0 & 1 \end{bmatrix} \tag{4-5}
$$

$$
{}^{2}_{3}\boldsymbol{T}\cdot\cdots\cdot{}^{n-2}_{n-1}\boldsymbol{T}{}^{n-1}_{n}\boldsymbol{T}={}^{1}_{2}\boldsymbol{T}^{-1}{}^{0}_{1}\boldsymbol{T}^{-1}\begin{bmatrix} r_{11} & r_{12} & r_{13} & p_x \\ r_{21} & r_{22} & r_{23} & p_y \\ r_{31} & r_{32} & r_{33} & p_z \\ 0 & 0 & 0 & 1 \end{bmatrix} \tag{4-6}
$$

$$\vdots$$

$$
{}^{i}_{i+1}\boldsymbol{T}{}^{i+1}_{i+2}\boldsymbol{T}\cdot\cdots\cdot{}^{n-2}_{n-1}\boldsymbol{T}{}^{n-1}_{n}\boldsymbol{T}=({}^{i-1}_{i}\boldsymbol{T}^{-1}\cdot\cdots\cdot{}^{1}_{2}\boldsymbol{T}^{-1}{}^{0}_{1}\boldsymbol{T}^{-1})\begin{bmatrix} r_{11} & r_{12} & r_{13} & p_x \\ r_{21} & r_{22} & r_{23} & p_y \\ r_{31} & r_{32} & r_{33} & p_z \\ 0 & 0 & 0 & 1 \end{bmatrix} \tag{4-7}
$$

$$\vdots$$

$$
{}^{n-1}_{n}\boldsymbol{T}=({}^{n-2}_{n-1}\boldsymbol{T}^{-1}\cdot\cdots\cdot{}^{1}_{2}\boldsymbol{T}^{-1}{}^{0}_{1}\boldsymbol{T}^{-1})\begin{bmatrix} r_{11} & r_{12} & r_{13} & p_x \\ r_{21} & r_{22} & r_{23} & p_y \\ r_{31} & r_{32} & r_{33} & p_z \\ 0 & 0 & 0 & 1 \end{bmatrix} \tag{4-8}
$$

(2) 比较矩阵方程(4－5)两边的对应元素，以期得到尽可能多的有效的三角方程(即可以解出单个关节变量的方程或方程组)。求解这些三角方程，以求得某些关节变量的解析表达式。

(3) 对于那些尚不能确定的关节变量，则需要利用方程(4－6)～方程(4－8)，通过比较这些矩阵方程两边对应元素而获得有效的三角方程，再由这些三角方程求解这些关节变量，直至求解出所有关节变量。

在上述求解过程中，常见的有效三角方程主要包括下面三种类型：

$$l_{ix}\sin\theta_i + l_{iy}\cos\theta_i = d_i \tag{4-9}$$

$$\left.\begin{aligned} l_{1x}\cos\theta_i + l_{1y}\sin\theta_j = d_1 \\ l_{2x}\sin\theta_i + l_{2y}\cos\theta_j = d_2 \end{aligned}\right\} \tag{4-10}$$

$$\left.\begin{aligned} l_{1x}\cos\theta_i + l_{1y}\cos\theta_j = d_1 \\ l_{2x}\sin\theta_i + l_{2y}\sin\theta_j = d_2 \end{aligned}\right\} \tag{4-11}$$

式中，l_{ix}、l_{iy}、d_i、l_{1x}、l_{1y}、l_{2x}、l_{2y}、d_1、d_2 分别为常数。

对于上述三类方程，可以利用三角恒等变换求出关节变量 θ_i 或θ_j。

求解机器人逆向运动学问题，应该注意以下几点：

(1) 在利用三角函数方程求解关节变量时，应充分利用反正切函数

$$\alpha_i = a\tan 2(y_i,\ x_i)\ (\alpha_i \in [-\pi,\ \pi]) \tag{4-12}$$

该函数在$[-\pi,\ \pi]$范围内精度均匀，并能根据 y_i/x_i 的值以及 y_i 和 x_i 的正负号确定α_i 的值及所在的象限，如图 4－2 所示。

(2) 机构奇异性问题。所谓机构奇异性，是指机器人处于某些位姿时，其雅可比矩阵的秩减小。如果能确定使得雅可比矩阵“降秩”的某些关节角的值，在求解逆向运动学问题时可以以这些值为分界点进行讨论，以便于确定其余的关节变量。具体而言，就是在求得关节变量 $\alpha_i = a\tan 2(y_i,\ x_i)$时，应讨论 y_i 和x_i 同时为0的情况。

(3) 逆向运动学求解过程中会出现多解问题。此时可以基于机器人各关节的运动范围、运动的连续性以及避障要求剔除多余的解。

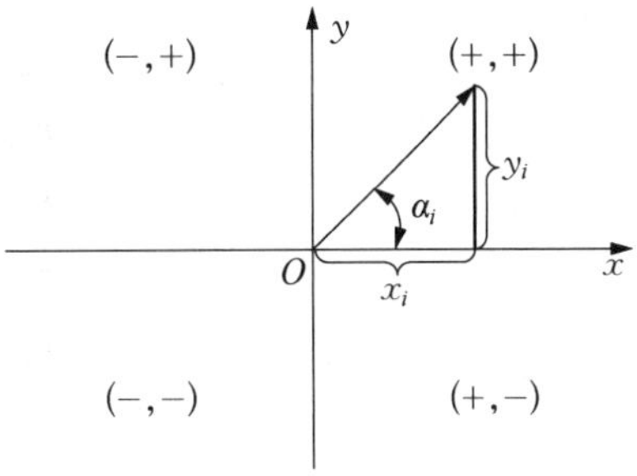

图 4－2 反正切函数 $\alpha = a\tan 2(y,\ x)$

4.2 机器人逆向运动学求解实例

【实例 1：KUKA 机器人逆向运动学求解】

试求解如图 3－9 所示 KUKA KR6－900 机器人的逆向运动学。

解：由式(3－4)可知

$$ {}^0_6\boldsymbol{T} = {}^0_1\boldsymbol{T}(\theta_1)\,{}^1_2\boldsymbol{T}(\theta_2)\,{}^2_3\boldsymbol{T}(\theta_3)\,{}^3_4\boldsymbol{T}(\theta_4)\,{}^4_5\boldsymbol{T}(\theta_5)\,{}^5_6\boldsymbol{T}(\theta_6) = \begin{bmatrix} r_{11} & r_{12} & r_{13} & p_x \\ r_{21} & r_{22} & r_{23} & p_y \\ r_{31} & r_{32} & r_{33} & p_z \\ 0 & 0 & 0 & 1 \end{bmatrix} \tag{1}$$

其中 $r_{11}=c_1[c_{23}(c_4c_5c_6-s_4s_5)-s_{23}s_5c_5]+s_1(s_4c_5c_6+c_4s_6)$

$r_{21}=s_1[c_{23}(c_4c_5c_6-s_4s_6)-s_{23}s_5c_6]-c_1(s_4c_5c_6+c_4s_6)$

$r_{31}=-s_{23}(c_4c_5c_6-s_4s_6)-c_{23}s_5c_6$

$r_{12}=c_1[c_{23}(-c_4c_5c_6-s_4c_6)+s_{23}s_5c_6]+s_1(c_4c_6-s_4c_5s_6)$

$r_{22}=s_1[c_{23}(-c_4c_5c_6-s_4c_6)+s_{23}s_5c_6]-c_1(c_4c_6-s_4c_5s_6)$

$r_{32}=-s_{23}(-c_4c_5c_6-s_4c_6)+s_{23}s_5s_6$

$r_{13}=-c_1(c_{23}c_4c_5+s_{23}c_5)-s_1s_4s_5$

$r_{23}=-s_1(c_{23}c_4c_5+s_{23}c_5)+c_1s_4s_5$

$r_{33}=-s_{23}c_4c_5+c_{23}c_5$

$p_x=c_1(a_2c_2+a_3c_{23}-d_4s_{23})-d_3s_1$

$p_y=s_1(a_2c_2+a_3c_{23}-d_4s_{23})+d_3c_1$

$p_z=-a_2s_{23}-a_2s_2-d_4c_{23}$

式中，$c_i=\cos\theta_i$，$s_i=\sin\theta_i$，$c_{ij}=\cos(\theta_i+\theta_j)$，$s_{ij}=\sin(\theta_i+\theta_j)$。

1) 求 θ_1

用$[{}^0_1\boldsymbol{T}(\theta_1)]^{-1}$ 去乘式(1)两端可得

$$[{}^0_1\boldsymbol{T}(\theta_1)]^{-1}{}^0_6\boldsymbol{T}=\begin{bmatrix}c_1 & s_1 & 0 & 0\\ -s_1 & c_1 & 0 & 0\\ 0 & 0 & 1 & 0\\ 0 & 0 & 0 & 1\end{bmatrix}\begin{bmatrix}r_{11} & r_{12} & r_{13} & p_x\\ r_{21} & r_{22} & r_{23} & p_y\\ r_{31} & r_{32} & r_{33} & p_z\\ 0 & 0 & 0 & 1\end{bmatrix}=\begin{bmatrix}{}^1r_{11} & {}^1r_{12} & {}^1r_{13} & {}^1p_x\\ {}^1r_{21} & {}^1r_{22} & {}^1r_{23} & {}^1p_y\\ {}^1r_{31} & {}^1r_{32} & {}^1r_{33} & {}^1p_z\\ 0 & 0 & 0 & 1\end{bmatrix}={}^1_6\boldsymbol{T} \tag{2}$$

其中

$${}^1r_{11}=c_{23}(c_4c_5c_6-s_4s_6)-s_{23}s_5c_6$$
$${}^1r_{21}=-s_4c_5c_6-c_4s_6$$
$${}^1r_{31}=-s_{23}(c_4c_5c_6-s_4s_6)-c_{23}s_5c_6$$
$${}^1r_{12}=-c_{23}(c_4c_5c_6+s_4s_6)+s_{23}s_5s_6$$
$${}^1r_{22}=s_4c_5s_6-c_4c_6$$
$${}^1r_{32}=s_{23}(c_4c_5c_6+s_4c_6)+c_{23}s_5s_6$$
$${}^1r_{13}=-c_{23}c_4s_5-s_{23}c_5$$
$${}^1r_{23}=s_4s_5$$
$${}^1r_{33}=s_{23}c_4s_5-c_{23}c_5$$
$${}^1p_x=a_2c_2+a_3c_{23}-d_4s_{23}$$
$${}^1p_y=d_3$$
$${}^1p_z=-a_3s_{23}-a_2s_2-d_4c_{23}$$

令式(2)两端元素(2, 4)(第二行第四列元素)相等，可得

$$-s_1p_x+c_1p_2=d_3 \tag{3}$$

令 $p_x=\rho\cos\phi$、$p_y=\rho\sin\phi$，其中$\rho=\sqrt{p_x^2+p_y^2}$、$\phi=a\tan2(p_x,\ p_y)$，代入式(3)可得$\sin(\phi-\theta_1)=\dfrac{d_2}{\rho}$、$\cos(\phi-\theta_1)=\pm\sqrt{1-\left(\dfrac{d_3}{\rho}\right)^2}$。利用反正切函数 $a\tan2(y,\ x)$ 可得 $\phi-\theta_1=$

$a\tan 2\left[\frac{d_2}{\rho}, \pm\sqrt{1-\left(\frac{d_3}{\rho}\right)^2}\right]$,故

$$\theta_1 = a\tan 2(p_x,\ p_y) - a\tan 2\left[\frac{d_3}{\rho}, \pm\sqrt{1-\left(\frac{d_3}{\rho}\right)^2}\right]$$

2) 求 θ_3

令式(2)两端元素(1, 4)、元素(3, 4)分别相等,可得以下两个有效的三角方程

$$\left.\begin{array}{l} c_1 p_x + s_1 p_y = a_3 c_{23} - d_4 s_{23} + a_2 c_2 \\ -p_z = a_3 s_{23} + d_4 c_{23} + a_2 s_2 \end{array}\right\} \tag{4}$$

将上两式两边平方并相加得

$$a_3 c_3 - d_4 s_3 = k \tag{5}$$

其中 $$k = \frac{p_x^2 + p_y^2 + p_z^2 - a_2^2 - a_3^2 - d_3^2 - d_4^2}{2a_2}$$

由式(5)可得

$$\theta_3 = a\tan 2(a_3,\ d_4) - a\tan 2(k,\ \pm\sqrt{a_3^2 + d_4^2 - k^2})$$

3) 求 θ_2

为求解 θ_2,在式(1)两端左乘逆变换矩阵${}^0_3\boldsymbol{T}^{-1}$可得

$${}^0_3\boldsymbol{T}^{-1}(\theta_1,\ \theta_2,\ \theta_3){}^0_6\boldsymbol{T} = {}^3_4\boldsymbol{T}(\theta_4){}^4_5\boldsymbol{T}(\theta_5){}^5_6\boldsymbol{T}(\theta_6)$$

$$= \begin{bmatrix} c_1 c_{23} & s_1 c_{23} & -s_{23} & -a_2 c_3 \\ -c_1 s_{23} & -s_1 s_{23} & -c_{23} & a_2 s_3 \\ -s_1 & c_1 & 0 & -d_2 \\ 0 & 0 & 0 & 1 \end{bmatrix} \begin{bmatrix} r_{11} & r_{12} & r_{13} & p_x \\ r_{21} & r_{22} & r_{23} & p_y \\ r_{31} & r_{32} & r_{33} & p_z \\ 0 & 0 & 0 & 1 \end{bmatrix}$$

$$= {}^3_6\boldsymbol{T} = \begin{bmatrix} c_4 c_5 c_6 & -c_4 c_5 c_6 - s_4 s_6 & -c_4 s_5 & a_3 \\ s_5 c_6 & -s_5 s_6 & c_5 & d_4 \\ -s_4 c_5 c_6 - c_4 s_6 & s_4 c_5 s_6 - c_4 c_6 & s_4 s_5 & 0 \\ 0 & 0 & 0 & 1 \end{bmatrix} \tag{6}$$

令式(6)两边元素(1, 4)和元素(2, 4)分别相等,可得

$$\left.\begin{array}{l} c_1 c_{23} p_x + s_1 c_{23} p_y - s_{23} p_z - a_2 c_3 = a_3 \\ -c_1 s_{23} p_x - s_1 s_{23} p_y - c_{23} p_z + a_2 s_3 = d_4 \end{array}\right\} \tag{7}$$

由式(7)可解得

$$\left.\begin{array}{l} s_{23} = \dfrac{(-a_3 - a_2 c_3) p_z + (c_1 p_x + s_1 p_y)(a_2 s_3 - d_4)}{p_z^2 + (c_1 p_x + s_1 p_y)^2} \\ c_{23} = \dfrac{(-d_4 + a_2 s_3) p_z - (c_1 p_x + s_1 p_y)(-a_2 s_3 - a_3)}{p_z^2 + (c_1 p_x + s_1 p_y)^2} \end{array}\right\} \tag{8}$$

式(8)中 s_{23} 和 c_{23} 分母相等,且为正,用利用反正切函数 $a\tan 2(y,\ x)$可得

$$\theta_{23}=\theta_2+\theta_3=a\tan2(s_{23}, c_{23})$$

根据 θ_2 和 θ_3 的四种可能组合,可以由上式求得四种可能的 θ_{23}:

$$\theta_2=\theta_{23}-\theta_3$$

4) 求 θ_4

由于 θ_2 和 θ_3 已知,式(6)中元素都为已知数,令其两边元素(1, 3)和元素(3, 3)分别对应相等,可得

$$\left.\begin{aligned} r_{13}c_1c_{23}+r_{23}s_1c_{23}-r_{33}s_{23}=-c_4s_5 \\ -r_{13}s_1+r_{23}c_1=s_4s_5 \end{aligned}\right\} \tag{9}$$

只要 $s_5\neq0$,就可以求得

$$\theta_4=a\tan2(-r_{13}s_1+r_{23}c_1, -r_{13}s_1c_{23}-r_{23}s_1c_{23}+r_{33}s_{23})$$

当 $s_5=0$ 时,机器人处于奇异位姿,产生了退化。此时关节轴 4 和轴 6 重合,只能解出 θ_4 和 θ_6 的和或差。奇异位姿可以由 θ_4 的结果判断,当两个变量都为 0 则为奇异位姿。

5) 求 θ_5

在式(1)两端左乘逆变换矩阵 ${}^0_4\boldsymbol{T}^{-1}(\theta_1, \theta_2, \theta_3, \theta_4)$,可得

$${}^0_4\boldsymbol{T}^{-1}(\theta_1, \theta_2, \theta_3, \theta_4){}^0_6\boldsymbol{T}={}^4_5\boldsymbol{T}(\theta_5){}^5_6\boldsymbol{T}(\theta_6) \tag{10}$$

其中 $\theta_1, \theta_2, \theta_3, \theta_4$ 均已解出,故

$${}^0_4\boldsymbol{T}^{-1}(\theta_1, \theta_2, \theta_3, \theta_4){}^0_6\boldsymbol{T}$$

$$=\begin{bmatrix} c_1c_{23}c_4+s_1s_4 & s_1c_{23}c_4-c_1c_4 & -s_{23}c_4 & -a_2c_3c_4+d_2s_4-a_3c_4 \\ -c_1c_{23}s_4+s_1c_4 & -s_1c_{23}s_4-c_1c_4 & s_{23}c_4 & a_2c_3s_4+d_3c_4+a_3s_4 \\ -c_1s_{23} & -s_1s_{23} & -c_{23} & a_2s_3-d_4 \\ 0 & 0 & 0 & 1 \end{bmatrix}{}^0_6\boldsymbol{T}$$

即

$${}^4_6\boldsymbol{T}={}^4_5\boldsymbol{T}{}^5_6\boldsymbol{T}=\begin{bmatrix} c_5c_6 & -c_5s_6 & -s_5 & 0 \\ s_6 & c_6 & 0 & 0 \\ s_5c_6 & s_5s_6 & c_5 & 0 \\ 0 & 0 & 0 & 1 \end{bmatrix} \tag{11}$$

令式(11)两边元素(1, 3)和元素(3, 3)分别相等,可得

$$\left.\begin{aligned} r_{13}(c_1c_{23}c_4+s_1s_4)+r_{23}(s_1c_{23}c_4-c_1s_4)-r_{33}(s_{23}c_4)=-s_5 \\ r_{13}(-c_1s_{23})+r_{23}(-s_1s_{23})+r_{33}(-c_{23})=c_5 \end{aligned}\right\} \tag{12}$$

由式(12)可得

$$\theta_5=a\tan2(s_5, c_5)$$

6) 求 θ_6

在式(1)两端左乘逆变换矩阵 ${}^0_5\boldsymbol{T}^{-1}(\theta_1, \theta_2, \theta_3, \theta_4, \theta_5)$,可得

$${}^0_5\boldsymbol{T}^{-1}(\theta_1, \theta_2, \theta_3, \theta_4, \theta_5){}^0_6\boldsymbol{T}={}^5_6\boldsymbol{T}(\theta_6) \tag{13}$$

令式(13)两边元素(3，1)和元素(1，1)分别相等，可得

$$-r_{11}(c_1c_{23}s_4-s_1c_4)-r_{12}(s_1c_{23}s_4+c_1c_4)+r_{13}(s_{23}s_4)=s_6$$

$$r_{11}[(c_1c_{23}c_4+s_1s_4)c_5-c_1s_{23}s_4]+r_{12}[(s_1c_{23}c_4-c_1s_4)c_5-s_1s_{23}s_5]-r_{13}(s_{23}c_4c_5+c_{23}s_4)=c_6$$

联立以上二式可以求得

$$\theta_6=a\tan 2(s_6,\ c_6)$$

至此，该机器人的逆向运动学问题得以解决，逆向运动共有8种可能的反解。当计算出所有的8种解后，可以根据关节变量的运动范围、运动的连续性以及避障要求剔除多余的解。

【实例2：ABB机器人逆向运动学求解】

试求解如图3-11所示ABB IRB 120机器人的逆向运动学。

解：由式(3-3)可得

$$ {}^0_6\boldsymbol{T}={}^0_1\boldsymbol{T}(\theta_1){}^1_2\boldsymbol{T}(\theta_2){}^2_3\boldsymbol{T}(\theta_3){}^3_4\boldsymbol{T}(\theta_4){}^4_5\boldsymbol{T}(\theta_5){}^5_6\boldsymbol{T}(\theta_6)=\begin{bmatrix} r_{11} & r_{12} & r_{13} & p_x \\ r_{21} & r_{22} & r_{23} & p_y \\ r_{31} & r_{32} & r_{33} & p_z \\ 0 & 0 & 0 & 1 \end{bmatrix} \tag{1}$$

其中

$$\begin{aligned}
r_{11}&=c_1[c_{23}(c_4c_5c_6-s_4s_6)-s_{23}s_5c_6]+s_1(s_4c_5c_6+c_4s_6)\\
r_{12}&=c_1[c_{23}(-c_4c_5s_6-s_4c_6)+s_{23}s_5s_6]+s_1(c_4c_6-s_4c_5s_6)\\
r_{13}&=-c_1[s_{23}c_5+c_{23}c_4s_5]-s_1s_4s_5\\
r_{21}&=s_1[c_{23}(c_4c_5c_6-s_4s_6)-s_{23}s_5c_6]-c_1(c_4s_6+s_4c_5c_6)\\
r_{22}&=s_1[c_{23}(-c_4c_5s_6-s_4c_6)+s_{23}s_5s_6]-c_1(c_4c_6-s_4c_5s_6)\\
r_{23}&=c_1s_4s_5-s_1(c_5s_{23}+c_4s_5c_{23})\\
r_{31}&=s_{23}(s_4s_6-c_4c_5c_6)-c_{23}s_5c_6\\
r_{32}&=s_{23}(s_4c_6+c_4c_5s_6)+c_{23}s_5s_6\\
r_{33}&=s_{23}c_4s_5-c_{23}c_5\\
p_x&=-s_1d_2+c_1(c_{23}a_3-s_{23}d_4+a_2c_2)\\
p_y&=c_1d_2+s_1(c_{23}a_3-s_{23}d_4+a_2c_2)\\
p_z&=-s_{23}a_3-c_{23}d_4-a_2s_2
\end{aligned}$$

式中，$c_i=\cos\theta_i$，$s_i=\sin\theta_i$，$c_{ij}=\cos(\theta_i+\theta_j)$，$s_{ij}=\sin(\theta_i+\theta_j)$。

1) 求θ_1

用$[{}^0_1\boldsymbol{T}(\theta_1)]^{-1}$去乘式(1)两边可得

$$[{}^0_1\boldsymbol{T}(\theta_1)]^{-1}{}^0_6\boldsymbol{T}={}^1_2\boldsymbol{T}(\theta_2){}^2_3\boldsymbol{T}(\theta_3){}^3_4\boldsymbol{T}(\theta_4){}^4_5\boldsymbol{T}(\theta_5){}^5_6\boldsymbol{T}(\theta_6)={}^1_6\boldsymbol{T}$$

即

$$[{}^0_1\boldsymbol{T}(\theta_1)]^{-1}{}^0_6\boldsymbol{T}=\begin{bmatrix} c_1 & s_1 & 0 & 0 \\ -s_1 & c_1 & 0 & 0 \\ 0 & 0 & 1 & 0 \\ 0 & 0 & 0 & 1 \end{bmatrix}\begin{bmatrix} r_{11} & r_{12} & r_{13} & p_x \\ r_{21} & r_{22} & r_{23} & p_y \\ r_{31} & r_{32} & r_{33} & p_z \\ 0 & 0 & 0 & 1 \end{bmatrix}={}^1_6\boldsymbol{T} \tag{2}$$

令矩阵(2)两边的元素(2，4)相等，可得

$$-s_1p_x+c_1p_y=d_2 \tag{3}$$

令

$$p_x=\rho\cos\phi,\ p_y=\rho\sin\phi,\ \rho=\sqrt{p_x^2+p_y^2},\ \phi=a\tan 2(p_y,\ p_x)$$

由式(3)可得 $\sin(\phi-\theta_1)=\dfrac{d_2}{\rho}$,故

$$\cos(\phi-\theta_1)=\pm\sqrt{1-\left(\frac{d_2}{\rho}\right)^2}$$

则
$$\phi-\theta_1=a\tan 2\left[\frac{d_2}{\rho},\pm\sqrt{1-\left(\frac{d_2}{\rho}\right)^2}\right]$$

从而
$$\theta_1=a\tan 2(p_y,\ p_x)-a\tan 2\left[\frac{d_2}{\rho},\pm\sqrt{1-\left(\frac{d_2}{\rho}\right)^2}\right]$$

由上式看出,θ_1 可以有两种解。

2) 求 θ_3

至此,θ_1 已知,则式(2)左边都为已知。如果令式(2)两边的元素(1, 4)和元素(3, 4)分别相等,得

$$\left.\begin{aligned}c_1p_x+s_1p_y&=c_{23}a_3+a_2c_2-s_{23}d_4\\-p_z&=s_{23}a_3+a_2s_2+c_{23}d_4\end{aligned}\right\}\tag{4}$$

将式(4)平方并相加可得

$$a_3c_3-d_4s_3=k\tag{5}$$

其中
$$k=\frac{p_x^2+p_y^2+p_z^2-a_2^2-a_3^2-d_2^2-d_4^2}{2a_2}$$

由式(5)可以解出 θ_3 为

$$\theta_3=a\tan 2(a_3,\ d_4)-a\tan 2(k,\pm\sqrt{a_3^2+d_4^2-k^2})$$

式中的“±”号使得 θ_3 有两个不同的解。

3) 求 θ_2

重新调整式(2),使公式左边只有 θ_2 和已知函数,则

$$[{}_3^2\boldsymbol{T}(\theta_1)]^{-1}[{}_2^1\boldsymbol{T}(\theta_2)]^{-1}[{}_1^0\boldsymbol{T}(\theta_1)]^{-1}{}_6^0\boldsymbol{T}={}_4^3\boldsymbol{T}(\theta_4){}_5^4\boldsymbol{T}(\theta_5){}_6^5\boldsymbol{T}(\theta_6)={}_6^3\boldsymbol{T}$$

即

$$\begin{bmatrix}c_1c_{23} & s_1c_{23} & -s_{23} & -a_2c_3\\-c_1s_{23} & -s_1s_{23} & -c_{23} & a_2s_3\\-s_1 & c_1 & 0 & -d_2\\0 & 0 & 0 & 1\end{bmatrix}\begin{bmatrix}r_{11} & r_{12} & r_{13} & p_x\\r_{21} & r_{22} & r_{23} & p_y\\r_{31} & r_{32} & r_{33} & p_z\\0 & 0 & 0 & 1\end{bmatrix}={}_6^3\boldsymbol{T}\tag{6}$$

式(6)中,${}_6^3T$ 由正向运动学已确定。令式(6)两边的元素(1, 4)和元素(2, 4)分别相等,可得

$$\left.\begin{aligned}c_1c_{23}p_x+s_1c_{23}p_y-s_{23}p_x-a_2c_3&=a_3\\-c_1s_{23}p_x-s_1s_{23}p_y-c_{23}p_z+a_2s_3&=d_4\end{aligned}\right\}\tag{7}$$

由式(7)可以解出 s_{23} 和 c_{23}:

$$\left.\begin{aligned} s_{23} &= \frac{(-a_3 - a_2 c_3) p_z + (c_1 p_x + s_1 p_y)(a_2 s_3 - d_4)}{(c_1 p_x + s_1 p_y)^2 + p_z^{\ 2}} \\ c_{23} &= \frac{(a_2 s_3 - d_4) p_z - (c_1 p_x + s_1 p_y)(a_2 c_3 + a_3)}{(c_1 p_x + s_1 p_y)^2 + p_z^{\ 2}} \end{aligned}\right\} \tag{8}$$

式(8)中分母相等，所以可以求得 θ_2 和 θ_3 的和为

$$\theta_{23} = a\tan 2(s_{23},\ c_{23})$$

根据 θ_1 和 θ_3 的 4 种可能组合，由上式计算 θ_{23} 的 4 个值，然后计算 θ_2 的 4 个可能的解：

$$\theta_2 = \theta_{23} - \theta_3$$

上式中应针对不同的情况选取 θ_3。

4) 求 θ_4

由于式(6)中的左边完全已知，令式(6)两边的元素(1，3)和元素(3，3)分别相等，可得

$$\left.\begin{aligned} & c_1 c_{23} r_{13} + s_1 c_{23} r_{23} - s_{23} r_{33} = -c_4 s_5 \\ & -s_1 r_{13} + c_1 r_{23} = s_4 s_5 \end{aligned}\right\} \tag{9}$$

只要 $s_5 \neq 0$，就可以由式(9) 解出 θ_4：

$$\theta_4 = a\tan 2(-s_1 r_{13} + c_1 r_{23},\ -c_1 c_{23} r_{13} - s_1 c_{23} r_{23} + s_{23} r_{33})$$

当 $\theta_5 = 0$ 时，机器人处于奇异形，此时关节轴 4 和轴 6 呈一条直线，机器人末端连杆的运动只有一种。在这种情况下，所有可能的解都是 θ_4 和 θ_6 的和或差。

5) 求 θ_5

改写正向运动学方程式，使公式左边均为已知数和 θ_4，即

$$[{}^0_4\boldsymbol{T}]^{-1}(\theta_1,\ \theta_2,\ \theta_3,\ \theta_4)\,{}^0_6\boldsymbol{T} = {}^4_6\boldsymbol{T} \tag{10}$$

其中 $$[{}^0_4\boldsymbol{T}]^{-1} = \begin{bmatrix} s_1 s_4 + c_1 c_{23} c_4 & s_1 c_{23} c_4 - c_1 s_4 & -s_{23} c_4 & -a_2 c_3 c_4 + d_2 s_4 - a_3 c_4 \\ s_1 c_4 - c_1 c_{23} s_4 & -s_1 c_{23} s_4 - c_1 c_4 & s_{23} s_4 & a_2 c_3 s_4 + d_2 c_4 + a_3 s_4 \\ -c_1 s_{23} & -s_1 s_{23} & -c_{23} & a_2 s_3 - d_4 \\ 0 & 0 & 0 & 1 \end{bmatrix}$$

${}^4_6\boldsymbol{T}$ 由前式已得到。令式(10)两边的元素(1，3)和元素(3，3)分别相等，得

$$\left.\begin{aligned} & r_{13}(s_1 s_4 + c_1 c_{23} c_4) + r_{23}(s_1 c_{23} c_4 - c_1 s_4) - r_{33}(s_{23} c_4) = -s_5 \\ & r_{13}(-c_1 s_{23}) + r_{23}(-s_1 s_{23}) - r_{33} c_{23} = c_5 \end{aligned}\right\} \tag{11}$$

由式(11)可以解出 θ_5 为

$$\theta_5 = a\tan 2(s_5,\ c_5)$$

6) 求 θ_6

同理，计算出$[{}^0_5\boldsymbol{T}]^{-1}$，并改写正运动学方程为如下形式：

$$[{}^0_5\boldsymbol{T}]^{-1}(\theta_1,\ \theta_2,\ \theta_3,\ \theta_4,\ \theta_5)\,{}^0_6\boldsymbol{T} = {}^5_6\boldsymbol{T}(\theta_6) \tag{12}$$

令式(12)左右两边元素(1，1)和元素(3，1)分别相等，可得

$$\theta_6 = a\tan 2(s_6,\ c_6)$$

其中

$$\left.\begin{aligned} c_6 &= r_{11}[(c_1c_{23}c_4 + s_1c_4)c_5 - c_1s_{23}s_5]r_{21}[(s_1c_{23}c_4 - c_1s_4)c_5 - s_1s_{23}s_5] - r_{31}(s_{23}c_4c_5 + c_{23}s_5) \\ s_6 &= r_{11}(s_1s_4 - c_1c_{23}s_4) - r_{21}(c_1c_4 + s_1c_{23}s_4) + r_{31}(s_{23}s_4) \end{aligned}\right\} \tag{13}$$

由于 θ_1 和 θ_3 的表达式中出现了“±”号，因此这些方程可能有 4 种解。另外机器人可以进行关节“翻转”得到另外 4 个解：

$$\theta'_4 = \theta_4 + 180°$$
$$\theta'_5 = -\theta_5$$
$$\theta'_6 = \theta_6 + 180°$$

当计算出所有的 8 种解后，可以根据关节变量的运动范围、运动的连续性以及避障要求剔除多余的解。

参考文献

[1] Craig J J. Introduction to robotics mechanics and control [M]. 3rd ed. [S. l.]: Person Education, Inc. Published as Prentice Hall, 2005.

[2] Niku S B. Introduction to robotics: analysis, control, applications [M]. 2nd ed. [S. l.]: John Wiley & Sons, Inc., 2010.

[3] Murray R M, Li Z X, Sastry S S. A mathematical introduction to robotic manipulator [M]. [S. l.]: CRC Press, 1994.

[4] 肖尚彬. 元数方法及其应用[J]. 力学进展, 1993, 23(2): 249 - 260.

[5] 熊有伦. 机器人技术基础[M]. 武汉：华中科技大学出版社, 2004.

[6] 宋伟刚. 机器人学：运动学、动力学与控制[M]. 北京：科学出版社, 2007.

[7] 孙树栋. 工业机器人技术基础[M]. 西安：西北工业大学出版社, 2006.

[8] Hayati S, Mirmirani M. Improving the absolute positioning accuracy of robot manipulators [J]. Journal of Field Robotics, 1985, 2(4): 397 - 413.

思考与练习

1. 试求如图 3 - 12 所示 3 自由度机器人的逆向运动学问题。

2. 试求如图 3 - 13 所示 SCARA 机器人的逆向运动学问题。

3. 试求如图 3 - 14 所示肘关节机器人的逆向运动学问题。

4. 试求如图 3 - 15 所示机器人的逆向运动学问题。

5. 试求如图 3 - 16 所示机器人的逆向运动学问题。

第 5 章

工业机器人的速度、静力分析和动力学

◎ **学习成果达成要求**

1. 掌握向量叉积的计算方法。
2. 掌握向量对时间的导数与刚体转动角度的关系。
3. 掌握刚体线速度和角速度的确定方法。
4. 掌握机器人速度雅可比矩阵和力雅可比矩阵的求法。

机器人末端执行器的运动速度(包括线速度和角速度)与机器人每个关节的运动速度相关,在数学上它们之间通过"速度雅可比矩阵"相联系;利用雅可比矩阵可以研究机器人运动的反问题,即已知机器人末端执行器的速度,需要确定机器人的关节速度;也可以研究正问题,即已知机器人的关节速度,需要确定末端执行器的速度。

为了使机器人运动,每个关节需要输出力(包括力矩),所有关节的驱动力与机器人末端执行器受到的工作阻力(包括阻力矩)之间的关系通过"力雅可比矩阵"联系起来,同样,利用力雅可比矩阵也可以解决正反两方面的问题;在机器人高速运动情况下,机器人每个运动连杆的"惯性力(包括惯性力矩)"不能忽视,因为这些惯性力会使机器人末端执行器的真实运动轨迹偏离"理论轨迹"。在此条件下,如何确定机器人的真实运动是机器人动力学需要解决的问题。

5.1 位置向量对时间的导数——质点速度

在三维欧氏空间中建立坐标系$\{A\}$,则一个质点 $\boldsymbol{Q}$ 的位置向量 $\overrightarrow{OQ}$ 可以用坐标(即向量 $\overrightarrow{OQ}$ 在坐标轴上的投影)表示,也可以用"基向量"表示,即 ${}^A\boldsymbol{q}=[q_x \quad q_y \quad q_z]^T=q_x\boldsymbol{i}+q_y\boldsymbol{j}+q_z\boldsymbol{k}$。质点 $\boldsymbol{Q}$ 运动的速度和加速度可通过对位置向量${}^A\boldsymbol{q}$ 对时间求导而得,即

$$\left.\begin{aligned}
{}^A\boldsymbol{q}&=\begin{bmatrix}q_x\\q_y\\q_z\end{bmatrix}=q_x\boldsymbol{i}+q_y\boldsymbol{j}+q_z\boldsymbol{k}\\
{}^A\boldsymbol{v}&=\frac{\mathrm{d}^AQ}{\mathrm{d}t}=\begin{bmatrix}\dot{q}_x\\\dot{q}_y\\\dot{q}_z\end{bmatrix}=\dot{q}_x\boldsymbol{i}+\dot{q}_y\boldsymbol{j}+\dot{q}_z\boldsymbol{k}\\
{}^A\boldsymbol{a}&=\frac{\mathrm{d}^{2A}Q}{\mathrm{d}t^2}=\begin{bmatrix}\ddot{q}_x\\\ddot{q}_y\\\ddot{q}_z\end{bmatrix}=\ddot{q}_x\boldsymbol{i}+\ddot{q}_y\boldsymbol{j}+\ddot{q}_z\boldsymbol{k}
\end{aligned}\right\}\tag{5-1}$$

利用式(5-1)可以求出机器人连杆上任意一点相对于坐标系$\{A\}$的速度和加速度。

5.2 向量叉积的计算方法以及自由向量对时间的导数

在求解机器人运动的角速度时，需要应用向量的叉积(向量积)运算，因此需要研究叉积计算的方法，特别是基于矩阵运算的方法，此外也需要研究向量对时间的导数的物理意义及计算结果。

5.2.1 向量叉积的计算方法

对于向量 $\boldsymbol{a}=[a_1 \quad a_2 \quad a_3]^T$，$\boldsymbol{b}=[b_1 \quad b_2 \quad b_3]^T$，按照两个向量叉积定义：

$$\boldsymbol{a}\times\boldsymbol{b}=\begin{bmatrix}\boldsymbol{i} & \boldsymbol{j} & \boldsymbol{k}\\ a_1 & a_2 & a_3\\ b_1 & b_2 & b_3\end{bmatrix}=\boldsymbol{i}\begin{bmatrix}a_2 & a_3\\ b_2 & b_3\end{bmatrix}+(-1)^3\boldsymbol{j}\begin{bmatrix}a_1 & a_3\\ b_1 & b_3\end{bmatrix}+(-1)^4\boldsymbol{k}\begin{bmatrix}a_1 & a_2\\ b_1 & b_2\end{bmatrix}$$
$$=\begin{bmatrix}a_2b_3-a_3b_2\\ a_3b_1-a_1b_3\\ a_1b_2-a_2b_1\end{bmatrix} \tag{5-2}$$

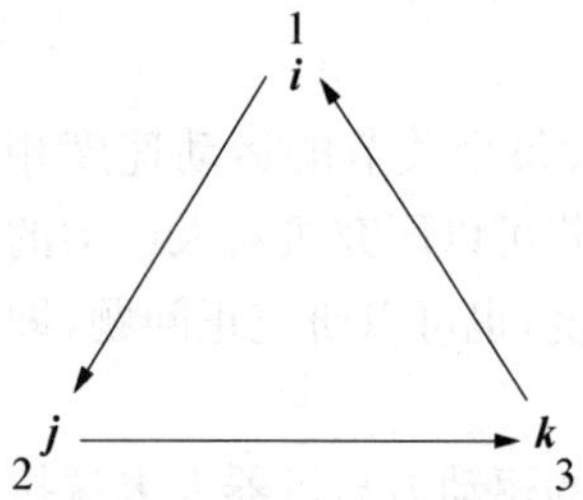

图 5-1 绕坐标轴旋转的变换矩阵特点示意图

叉积的计算结果可以用图 5-1 来表示。以计算向量叉积的第“1”个分量($\boldsymbol{i}$ 分量)为例，“1”以外的另外两个数字“2”和“3”沿着逆时针方向的序号为“23”，对应的结果为“a_2b_3”；再减去两个下标交换“a_3b_2”，结果为“$a_2b_3-a_3b_2$”。第“2”分量和第“3”分量的计算方法相同。

另外，向量叉积也可利用矩阵乘法进行计算。为此，对于一个向量 $\boldsymbol{a}=[a_1 \quad a_2 \quad a_3]^T$，定义一个矩阵$(\boldsymbol{a})^\wedge$

$$(\boldsymbol{a})^\wedge=\hat{\boldsymbol{a}}=\begin{bmatrix}0 & -a_3 & a_2\\ a_3 & 0 & -a_1\\ -a_2 & a_1 & 0\end{bmatrix} \tag{5-3}$$

则

$$\hat{\boldsymbol{a}}\boldsymbol{b}=\begin{bmatrix}0 & -a_3 & a_2\\ a_3 & 0 & -a_1\\ -a_2 & a_1 & 0\end{bmatrix}\begin{bmatrix}b_1\\ b_2\\ b_3\end{bmatrix}=\begin{bmatrix}a_2b_3-a_3b_2\\ a_3b_1-a_1b_3\\ a_1b_2-a_2b_1\end{bmatrix} \tag{5-4}$$

对比式(5-3)和式(5-4)可知

$$\boldsymbol{a}\times\boldsymbol{b}=\hat{\boldsymbol{a}}\boldsymbol{b} \tag{5-5}$$

矩阵 $\hat{\boldsymbol{a}}=\begin{bmatrix}0 & -a_3 & a_2\\ a_3 & 0 & -a_1\\ -a_2 & a_1 & 0\end{bmatrix}$ 与向量 $\boldsymbol{a}$ 之间存在一一对应关系，可以理解为对向量进行了“^”**运算**。$\hat{\boldsymbol{a}}$ 是反对称矩阵。当一个矩阵$\boldsymbol{S}$ 的转置矩阵$\boldsymbol{S}^T$ 等于矩阵$\boldsymbol{S}$ 的反阵$-\boldsymbol{S}$(矩阵对应元素取相反数)，称矩阵$\boldsymbol{S}$ 为反对称矩阵，即$\boldsymbol{S}^T=-\boldsymbol{S}$；此时矩阵$\boldsymbol{S}$ 主对角线上的元素都为0，其他元素沿对角线互为相反数。由于 $\hat{\boldsymbol{a}}$ 是反对称矩阵，故$\hat{\boldsymbol{a}}^T=-\hat{\boldsymbol{a}}$。

5.2.2 向量对时间的导数与刚体转动角速度的关系

基于反对称矩阵可以计算如图 5-2 所示的坐标系{A}中的自由向量 ${}^A\boldsymbol{l}=l_x\boldsymbol{i}+l_y\boldsymbol{j}+l_z\boldsymbol{k}$ 对时间的导数与刚体转动角速度的关系。

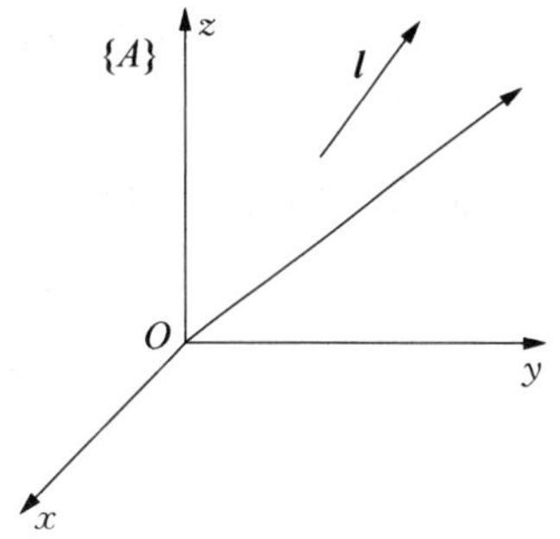

图 5-2 空间中的自由向量 $\boldsymbol{l}$

按照向量对时间求导的定义可知

$$\frac{\mathrm{d}^A\boldsymbol{l}}{\mathrm{d}t}=\frac{\mathrm{d}(l_x\boldsymbol{i})}{\mathrm{d}t}+\frac{\mathrm{d}(l_y\boldsymbol{j})}{\mathrm{d}t}+\frac{\mathrm{d}(l_z\boldsymbol{k})}{\mathrm{d}t}$$
$$=\frac{\mathrm{d}l_x}{\mathrm{d}t}\boldsymbol{i}+\frac{\mathrm{d}l_y}{\mathrm{d}t}\boldsymbol{j}+\frac{\mathrm{d}l_z}{\mathrm{d}t}\boldsymbol{k}+l_x\frac{\mathrm{d}\boldsymbol{i}}{\mathrm{d}t}+l_y\frac{\mathrm{d}\boldsymbol{j}}{\mathrm{d}t}+l_z\frac{\mathrm{d}\boldsymbol{k}}{\mathrm{d}t}$$

因为坐标系{A}中基向量 $\boldsymbol{i}$、$\boldsymbol{j}$ 和 $\boldsymbol{k}$ 都是常向量，其导数为 **0** 向量，故上式可简化为

$$\frac{\mathrm{d}^A\boldsymbol{l}}{\mathrm{d}t}=\frac{\mathrm{d}(l_x\boldsymbol{i})}{\mathrm{d}t}+\frac{\mathrm{d}(l_y\boldsymbol{j})}{\mathrm{d}t}+\frac{\mathrm{d}(l_z\boldsymbol{k})}{\mathrm{d}t}=\frac{\mathrm{d}l_x}{\mathrm{d}t}\boldsymbol{i}+\frac{\mathrm{d}l_y}{\mathrm{d}t}\boldsymbol{j}+\frac{\mathrm{d}l_y}{\mathrm{d}t}\boldsymbol{k} \tag{5-6}$$

当向量 ${}^A\boldsymbol{l}=l_x\boldsymbol{i}+l_y\boldsymbol{j}+l_z\boldsymbol{k}$ 为常向量时，即 l_x、l_y 和 l_z 分别为常数时，其导数都为 0，故 $\frac{\mathrm{d}^A\boldsymbol{l}}{\mathrm{d}t}=0$。

如图 5-3 所示，刚体在坐标系{A}中做平动，刚体上任意两点 Q_1、Q_2 的向量 ${}^A\boldsymbol{l}=Q_1Q_2$ 在运动过程中始终与初始位置平行；因为刚体上任意两点 Q_1 和 Q_2 之间的距离保持不变，因而向量 ${}^A\boldsymbol{l}=Q_1Q_2$ 为常向量，故 $\mathrm{d}^A\boldsymbol{l}/\mathrm{d}t=0$。即刚体做平动时，其上任意一个向量的导数均为 **0** 向量。这表明，当刚体做一般运动时，其“平动部分”不影响刚体上向量的导数。

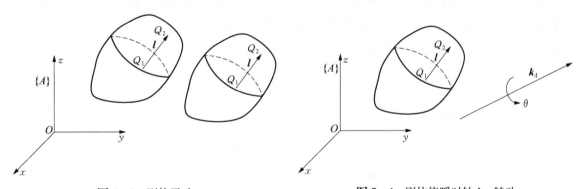

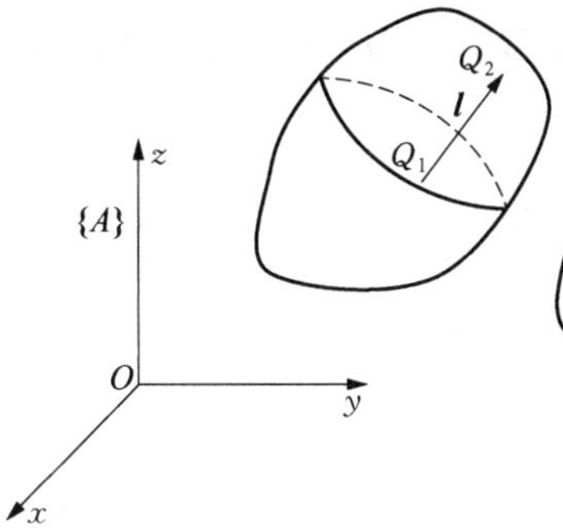

图 5-3 刚体平动

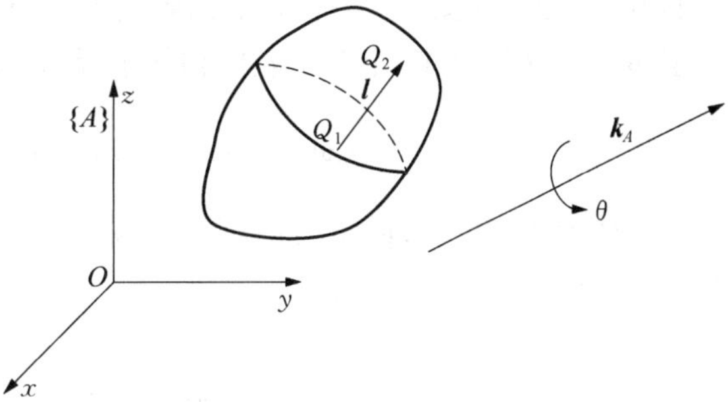

图 5-4 刚体绕瞬时轴 $\boldsymbol{k}_A$ 转动

如图 5-4 所示，刚体绕轴坐标系{A}中的 $\boldsymbol{k}_A$ 轴转动，设为 $\boldsymbol{k}_A=k_x\boldsymbol{i}+k_y\boldsymbol{j}+k_z\boldsymbol{k}$ 为单位向量。设 Δt 时间内刚体旋转了角度 $\Delta\theta$，则根据第二章式(2-38)，相应的旋转矩阵 $R_{\boldsymbol{k}_A}(\Delta\theta)$ 为

$$R_{\boldsymbol{k}_A}(\Delta\theta)=\begin{bmatrix} k_xk_xv\Delta\theta+c\Delta\theta & k_yk_xv\Delta\theta-k_zs\Delta\theta & k_zk_xv\Delta\theta+k_ys\Delta\theta \\ k_xk_yv\Delta\theta+k_zs\Delta\theta & k_yk_yv\Delta\theta+c\Delta\theta & k_zk_yv\Delta\theta-k_xs\Delta\theta \\ k_xk_zv\Delta\theta-k_ys\Delta\theta & k_yk_zv\Delta\theta+k_xs\Delta\theta & k_zk_zv\Delta\theta+c\Delta\theta \end{bmatrix} \tag{5-7}$$

其中 $c\Delta\theta=\cos\Delta\theta$；$s\Delta\theta=\sin\Delta\theta$；$v\Delta\theta=1-\cos\Delta\theta$

经过上述则旋转后向量 $\boldsymbol{l}$ 变为：${}^A\boldsymbol{l}(t+\Delta t)=R_{\boldsymbol{k}_A}(\Delta\theta){}^A\boldsymbol{l}$。

按照向量导数定义：

$$\frac{\mathrm{d}^A\boldsymbol{l}}{\mathrm{d}t}=\lim_{\Delta t\to 0}\frac{{}^A\boldsymbol{l}(t+\Delta t)-{}^A\boldsymbol{l}(t)}{\Delta t}=\lim_{\Delta t\to 0}\frac{R_{\boldsymbol{k}_A}(\Delta\theta){}^A\boldsymbol{l}-{}^A\boldsymbol{l}(t)}{\Delta t}=\lim_{\Delta t\to 0}\frac{(R_{\boldsymbol{k}_A}(\Delta\theta)-I){}^A\boldsymbol{l}(t)}{\Delta t} \tag{a}$$

当 Δt 很小时，$\Delta\theta$ 也很小，此时：$(1-\cos\Delta\theta)\approx 0$；$\cos(\Delta\theta)\approx 1$；$\sin\Delta\theta\approx\Delta\theta$，则

$$R_{\boldsymbol{k}_A}(\Delta\theta)=\begin{bmatrix}1 & -k_z\sin\Delta\theta & k_y\sin\Delta\theta\\ k_z\sin\Delta\theta & 1 & -k_x\sin\Delta\theta\\ -k_y\sin\Delta\theta & k_x\sin\Delta\theta & 1\end{bmatrix} \tag{b}$$

将式(b)代入式(a)可得

$$\frac{\mathrm{d}^A\boldsymbol{l}}{\mathrm{d}t}=\begin{bmatrix}0 & -k_z\dot\theta & k_y\dot\theta\\ k_z\dot\theta & 0 & -k_x\dot\theta\\ -k_y\dot\theta & k_x\dot\theta & 0\end{bmatrix}\boldsymbol{l}(t)=S\boldsymbol{l}(t) \tag{5-8}$$

其中

$$S=\begin{bmatrix}0 & -k_z\dot\theta & k_y\dot\theta\\ k_z\dot\theta & 0 & -k_x\dot\theta\\ -k_y\dot\theta & k_x\dot\theta & 0\end{bmatrix} \tag{5-9}$$

此时刚体相对于坐标系$\{A\}$转动的角速度大小为 $\dot\theta$，角速度向量${}^A\boldsymbol{\omega}$ 的方向可以按照“右手定则(右手四指绕向转方动方向，拇指的指向即为角速度向量的方向)”确定，即${}^A\boldsymbol{\omega}$ 与向量 $\boldsymbol{k}$ 的方向一致，如图 5-4 所示；根据向量等于向量的模与单位向量的积，故 ${}^A\boldsymbol{\omega}=\dot\theta\boldsymbol{k}$，从而可以确定${}^A\boldsymbol{\omega}$ 在坐标系$\{A\}$上三个坐标轴的坐标(投影)为

$${}^A\boldsymbol{\omega}=[{}^A\omega_x\quad {}^A\omega_y\quad {}^A\omega_z]^T=[k_x\dot\theta\quad k_y\dot\theta\quad k_z\dot\theta]^T \tag{5-10}$$

依据式(5-3)，向量 ${}^A\boldsymbol{\omega}=[k_x\dot\theta\quad k_y\dot\theta\quad k_z\dot\theta]^T$ 对应的反对称矩阵为

$${}^A\hat{\boldsymbol{\omega}}=\begin{bmatrix}0 & -k_z\dot\theta & k_y\dot\theta\\ k_z\dot\theta & 0 & -k_x\dot\theta\\ -k_y\dot\theta & k_x\dot\theta & 0\end{bmatrix} \tag{5-11}$$

称向量 ${}^A\boldsymbol{\omega}=[k_x\dot\theta\quad k_y\dot\theta\quad k_z\dot\theta]^T$ 的反对称矩阵${}^A\hat{\boldsymbol{\omega}}$ 为角速度张量。

对比式(5-9)和式(5-11)，可知 $\boldsymbol{S}=\hat{\boldsymbol{\omega}}$，故结合式(5-5)可得

$$\frac{\mathrm{d}^A\boldsymbol{l}}{\mathrm{d}t}=\begin{bmatrix}0 & -k_z\dot\theta & k_y\dot\theta\\ k_z\dot\theta & 0 & -k_x\dot\theta\\ -k_y\dot\theta & k_x\dot\theta & 0\end{bmatrix}{}^A\boldsymbol{l}(t)={}^A\hat{\boldsymbol{\omega}}{}^A\boldsymbol{l}(t)={}^A\boldsymbol{\omega}\times{}^A\boldsymbol{l}(t) \tag{5-12}$$

由式(5-12)可以得出的结论是：坐标系$\{A\}$中任一自由向量${}^A\boldsymbol{l}$ 对时间的导数，等于该向量(随刚体)转动的角速度向量${}^A\boldsymbol{\omega}$ 与其自身${}^A\boldsymbol{l}$ 的“叉积”。

由于刚体转动的角速度是向量，其坐标依赖于“基坐标系”的选取，因此在描述刚体转动的角速度向量时应该指明在哪个坐标系中的角速度向量。

在应用式(5 - 12)研究坐标系$\{A\}$中的向量${}^{A}\boldsymbol{l}$对时间的导数时，关键的问题是如何确定向量(刚体)转动的角速度向量${}^{A}\boldsymbol{\omega}$。由于姿态矩阵$\boldsymbol{R}$是反映刚体与参考坐标系之间的方向(角度)关系，其导数$\dot{\boldsymbol{R}}$能够反映刚体转动的快慢，因此，可以利用$\dot{\boldsymbol{R}}$确定刚体在坐标系$\{A\}$中转动的角速度向量${}^{A}\boldsymbol{\omega}$。

5.3 刚体运动的线速度和角速度

5.3.1 空间点的绝对速度、相对速度和牵连速度

如图 5 - 5 所示，设空间点Q相对于坐标系$\{A\}$和$\{B\}$的坐标分别为：${}^{A}\boldsymbol{q}=[{}^{A}q_x \quad {}^{A}q_y \quad {}^{A}q_z]^T$，${}^{B}\boldsymbol{q}=[{}^{B}q_x \quad {}^{B}q_y \quad {}^{B}q_z]^T$。

设坐标系$\{B\}$相对于坐标系$\{A\}$的位姿矩阵为${}_{B}^{A}\boldsymbol{g}=\begin{bmatrix}{}_{B}^{A}\boldsymbol{R} & \boldsymbol{p}_{AB}\\ 0 & 1\end{bmatrix}$，其中坐标系$\{B\}$(刚体)相对于坐标系$\{A\}$的姿态矩阵为${}_{B}^{A}\boldsymbol{R}=[\boldsymbol{n} \quad \boldsymbol{o} \quad \boldsymbol{a}]=\begin{bmatrix}n_x & o_x & a_x\\ n_y & o_y & a_y\\ n_z & o_z & a_z\end{bmatrix}$，坐标系$\{B\}$(刚体)相对于坐标系$\{A\}$的位置向量为$\boldsymbol{p}_{AB}=[p_x \quad p_y \quad p_z]^T$。

由式(2 - 16)可知

$$
{}^{A}\boldsymbol{q}=\begin{bmatrix}{}^{A}q_x\\ {}^{A}q_y\\ {}^{A}q_z\end{bmatrix}=\boldsymbol{p}_{AB}+{}_{B}^{A}\boldsymbol{R}\begin{bmatrix}{}^{B}q_x\\ {}^{B}q_y\\ {}^{B}q_z\end{bmatrix}=\boldsymbol{p}_{AB}+{}_{B}^{A}\boldsymbol{R}\,{}^{B}\boldsymbol{q} \tag{5-13}
$$

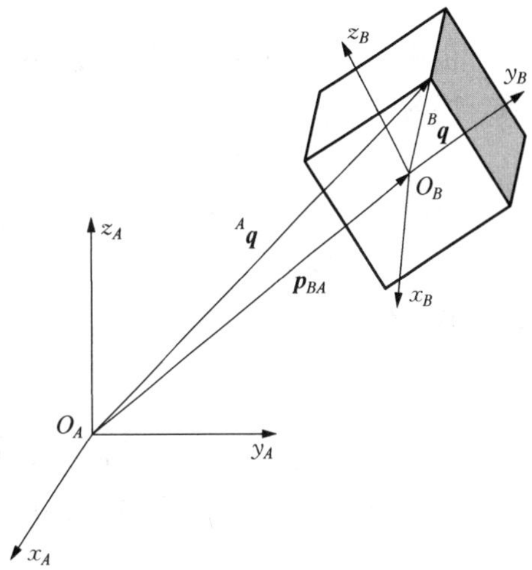

图 5 - 5 点的坐标在两个坐标系之间的变换

由式(5 - 13)两边对时间求导，可得点Q的速度向量为

$$
{}^{A}\dot{\boldsymbol{q}}=\dot{\boldsymbol{p}}_{AB}+{}_{B}^{A}\dot{\boldsymbol{R}}\,{}^{B}\boldsymbol{q}+{}_{B}^{A}\boldsymbol{R}\,{}^{B}\dot{\boldsymbol{q}} \tag{5-14}
$$

式中，$\dot{\boldsymbol{p}}_{AB}$为坐标系$\{B\}$原点的线速度；${}^{B}\dot{\boldsymbol{q}}$为坐标系$\{B\}$中$Q$点相对于坐标系$\{B\}$的速度(理论力学中的相对速度)；${}_{B}^{A}\boldsymbol{R}\,{}^{B}\dot{\boldsymbol{q}}$作用是把动点$Q$相对于坐标系$\{B\}$的速度${}^{B}\dot{\boldsymbol{q}}$变换到坐标系$\{A\}$中描述(只有同一个坐标系中的向量才能合成)；$\dot{\boldsymbol{p}}_{AB}+{}_{B}^{A}\dot{\boldsymbol{R}}\,{}^{B}\boldsymbol{q}$为坐标系$\{B\}$上与$Q$点重合的点的速度向量，即理论力学中的“牵连速度”。

5.3.2 基于姿态矩阵导数的刚体转动角速度的确定方法

按照矩阵求导定义，每个元素都对时间t求导，则

$$
{}_{B}^{A}\dot{\boldsymbol{R}}=[\dot{\boldsymbol{n}} \quad \dot{\boldsymbol{o}} \quad \dot{\boldsymbol{a}}]=\begin{bmatrix}\dot{n}_x & \dot{o}_x & \dot{a}_x\\ \dot{n}_y & \dot{o}_y & \dot{a}_y\\ \dot{n}_z & \dot{o}_z & \dot{a}_z\end{bmatrix} \tag{5-15}
$$

依据式(5 - 12)可得

$$\left.\begin{aligned}\dot{\boldsymbol{n}}&={}^{A}\boldsymbol{\omega}\times\boldsymbol{n}={}^{A}\hat{\boldsymbol{\omega}}\boldsymbol{n}\\\dot{\boldsymbol{o}}&={}^{A}\boldsymbol{\omega}\times\boldsymbol{o}={}^{A}\hat{\boldsymbol{\omega}}\boldsymbol{o}\\\dot{\boldsymbol{a}}&={}^{A}\boldsymbol{\omega}\times\boldsymbol{a}={}^{A}\hat{\boldsymbol{\omega}}\boldsymbol{a}\end{aligned}\right\}\tag{5-16}$$

将式(5-16)代入式(5-15)可得

$${}_{B}^{A}\dot{\boldsymbol{R}}=[\dot{\boldsymbol{n}}\quad\dot{\boldsymbol{o}}\quad\dot{\boldsymbol{a}}]=[{}^{A}\hat{\boldsymbol{\omega}}\boldsymbol{n}\quad{}^{A}\hat{\boldsymbol{\omega}}\boldsymbol{o}\quad{}^{A}\hat{\boldsymbol{\omega}}\boldsymbol{a}]={}^{A}\hat{\boldsymbol{\omega}}[\boldsymbol{n}\quad\boldsymbol{o}\quad\boldsymbol{a}]={}^{A}\hat{\boldsymbol{\omega}}\,{}^{A}\boldsymbol{R}_{B}\tag{5-17}$$

式(5-17)也可以参照上述求"向量"导数的方法,利用${}_{B}^{A}\boldsymbol{R}$对时间求导的定义 ${}_{B}^{A}\dot{\boldsymbol{R}}=\lim\limits_{\Delta t\to 0}\dfrac{{}_{B}^{A}\boldsymbol{R}(t+\Delta t)-{}_{B}^{A}\boldsymbol{R}(t)}{\Delta t}$ 求得。

因为矩阵${}_{B}^{A}\boldsymbol{R}$是正交矩阵,其逆矩阵等于其转置矩阵,即 ${}_{B}^{A}\boldsymbol{R}^{-1}={}_{B}^{A}\boldsymbol{R}^{T}$,式(5-17)两边同时右乘${}_{B}^{A}\boldsymbol{R}^{T}$可得

$${}^{A}\hat{\boldsymbol{\omega}}={}_{B}^{A}\dot{\boldsymbol{R}}{}_{B}^{A}\boldsymbol{R}^{T}\tag{5-18}$$

由式(5-18)可以求出角速度 ${}^{A}\boldsymbol{\omega}=[{}^{A}\omega_{x}\quad{}^{A}\omega_{y}\quad{}^{A}\omega_{z}]^{T}=[k_{x}\dot{\theta}\quad k_{y}\dot{\theta}\quad k_{z}\dot{\theta}]^{T}$ 的具体表达式。因为

$${}^{A}\hat{\boldsymbol{\omega}}=\begin{bmatrix}0&-{}^{A}\omega_{z}&{}^{A}\omega_{y}\\{}^{A}\omega_{z}&0&-{}^{A}\omega_{x}\\-{}^{A}\omega_{y}&{}^{A}\omega_{x}&0\end{bmatrix}={}_{B}^{A}\dot{\boldsymbol{R}}{}_{B}^{A}\boldsymbol{R}^{T}=\begin{bmatrix}\dot{n}_{x}&\dot{o}_{x}&\dot{a}_{x}\\\dot{n}_{y}&\dot{o}_{y}&\dot{a}_{y}\\\dot{n}_{z}&\dot{o}_{z}&\dot{a}_{z}\end{bmatrix}\begin{bmatrix}n_{x}&n_{y}&n_{z}\\o_{x}&o_{y}&o_{z}\\a_{x}&a_{y}&a_{z}\end{bmatrix}$$

由上式可得

$$\left.\begin{aligned}{}^{A}\omega_{x}&=k_{x}\dot{\theta}=\dot{n}_{z}n_{y}+\dot{o}_{z}o_{y}+\dot{a}_{z}a_{y}\\{}^{A}\omega_{y}&=k_{y}\dot{\theta}=\dot{n}_{x}n_{z}+\dot{o}_{x}o_{z}+\dot{a}_{x}a_{z}\\{}^{A}\omega_{z}&=k_{z}\dot{\theta}=\dot{n}_{y}n_{x}+\dot{o}_{y}o_{x}+\dot{a}_{y}a_{x}\end{aligned}\right\}\tag{5-19}$$

因为 $\boldsymbol{k}=[k_{x}\quad k_{y}\quad k_{z}]^{T}$ 是单位向量,即 $\|\boldsymbol{k}\|=\sqrt{(k_{x})^{2}+(k_{y})^{2}+(k_{x})^{2}}=1$,式(5-19)中的三个等式两边分别平方,再相加可得

$$\dot{\theta}^{2}=(\dot{n}_{z}n_{y}+\dot{o}_{z}o_{y}+\dot{a}_{z}a_{y})^{2}+(\dot{n}_{x}n_{z}+\dot{o}_{x}o_{z}+\dot{a}_{x}a_{z})^{2}+(\dot{n}_{y}n_{x}+\dot{o}_{y}o_{x}+\dot{a}_{y}a_{x})^{2}$$

故旋转角速度 $\dot{\theta}$ 为

$$\dot{\theta}=\sqrt{(\dot{n}_{z}n_{y}+\dot{o}_{z}o_{y}+\dot{a}_{z}a_{y})^{2}+(\dot{n}_{x}n_{z}+\dot{o}_{x}o_{z}+\dot{a}_{x}a_{z})^{2}+(\dot{n}_{y}n_{x}+\dot{o}_{y}o_{x}+\dot{a}_{y}a_{x})^{2}}\tag{5-20}$$

将式(5-20)代入式(5-19)得刚体瞬时转动轴 $\boldsymbol{k}=[k_{x}\quad k_{y}\quad k_{z}]^{T}$,其中

$$\left.\begin{aligned}k_{x}&=\frac{\dot{n}_{z}n_{y}+\dot{o}_{z}o_{y}+\dot{a}_{z}a_{y}}{\sqrt{(\dot{n}_{z}n_{y}+\dot{o}_{z}o_{y}+\dot{a}_{z}a_{y})^{2}+(\dot{n}_{x}n_{z}+\dot{o}_{x}o_{z}+\dot{a}_{x}a_{z})^{2}+(\dot{n}_{y}n_{x}+\dot{o}_{y}o_{x}+\dot{a}_{y}a_{x})^{2}}}\\k_{y}&=\frac{\dot{n}_{x}n_{z}+\dot{o}_{x}o_{z}+\dot{a}_{x}a_{z}}{\sqrt{(\dot{n}_{z}n_{y}+\dot{o}_{z}o_{y}+\dot{a}_{z}a_{y})^{2}+(\dot{n}_{x}n_{z}+\dot{o}_{x}o_{z}+\dot{a}_{x}a_{z})^{2}+(\dot{n}_{y}n_{x}+\dot{o}_{y}o_{x}+\dot{a}_{y}a_{x})^{2}}}\\k_{z}&=\frac{\dot{n}_{y}n_{x}+\dot{o}_{y}o_{x}+\dot{a}_{y}a_{x}}{\sqrt{(\dot{n}_{z}n_{y}+\dot{o}_{z}o_{y}+\dot{a}_{z}a_{y})^{2}+(\dot{n}_{x}n_{z}+\dot{o}_{x}o_{z}+\dot{a}_{x}a_{z})^{2}+(\dot{n}_{y}n_{x}+\dot{o}_{y}o_{x}+\dot{a}_{y}a_{x})^{2}}}\end{aligned}\right\}\tag{5-21}$$

由式(5-21)仅能确定刚体瞬时转动轴线 $\boldsymbol{l}$ 的方向,而旋转轴线的具体位置则可以利用式(2-47)确定。

式(5-18)或式(5-19)提供了一种求机器人任意连杆 i 瞬时转动角速度向量的有效方法。这是因为对于一个 n 自由度机器人,由式(3-4)可确定其任意连杆 i 在 t 时刻相对于机器人基坐标系{0}的位姿矩阵为 ${}^0_i\boldsymbol{T}=\begin{bmatrix}\boldsymbol{R}_i & \boldsymbol{p}_i\\ 0 & 1\end{bmatrix}$;将 $\begin{bmatrix}{}^0\boldsymbol{R}_i & \boldsymbol{p}_{i0}\\ 0 & 1\end{bmatrix}$ 中的 R_i 及其导数代入式(5-18),可求得连杆 i 相对于机器人基坐标系{0}转动的角速度向量 ${}^A\boldsymbol{\omega}_i={}^0\boldsymbol{\omega}_i$。

5.3.3 刚体运动的线速度和角速度

如图5-5所示,当坐标系{B}与刚体"固定"相连时,刚体上任一点 $\boldsymbol{Q}$ 速度如何确定?

因为坐标系{B}与刚体固定连接,任一点 $\boldsymbol{Q}$ 在坐标系{B}中的坐标不变,即 ${}^B\dot{\boldsymbol{q}}=\vec{0}$,代入式(5-14)可得

$$
{}^A\dot{\boldsymbol{q}}=\dot{\boldsymbol{p}}_{AB}+{}^A\hat{\boldsymbol{\omega}}{}^A_B\boldsymbol{R}{}^B\boldsymbol{q}+{}^A_B\boldsymbol{R}{}^B\dot{\boldsymbol{q}}=\dot{\boldsymbol{p}}_{AB}+{}^A\hat{\boldsymbol{\omega}}{}^A_B\boldsymbol{R}{}^B\boldsymbol{q} \tag{5-22}
$$

式(5-22)可以用于计算机器人连杆 i 上任意点 $\boldsymbol{Q}$ 的速度向量。将 $\dot{\boldsymbol{p}}_i$、$\dot{\boldsymbol{R}}_i$、${}^A\hat{\boldsymbol{\omega}}_i$ 以及连杆上的任一点 Q 在坐标系{i}上的坐标 ${}^i\boldsymbol{q}$ 代入式(5-22),可以求得点 Q 在 t 时刻相对于基坐标系{0}的瞬时速度向量 ${}^0\dot{\boldsymbol{q}}$。

如图5-6所示,已知连杆 i 的坐标系{i}的原点 O_i 的位置向量 $\boldsymbol{p}_i$ 和连杆 i 相对于基坐标系{0}的旋转角速度 ${}^0\boldsymbol{\omega}_i$,则机器人连杆 i 的线速度和角速度规定为连杆上的坐标系{i}的原点 O_i 相对于基坐标系{0}的线速度向量 ${}^0\boldsymbol{v}_{io}=\dot{\boldsymbol{p}}_i$ 和连杆 i(坐标系{i})相对于基坐标系的转动角速度向量 ${}^A\boldsymbol{\omega}_i={}^0\boldsymbol{\omega}_i$。

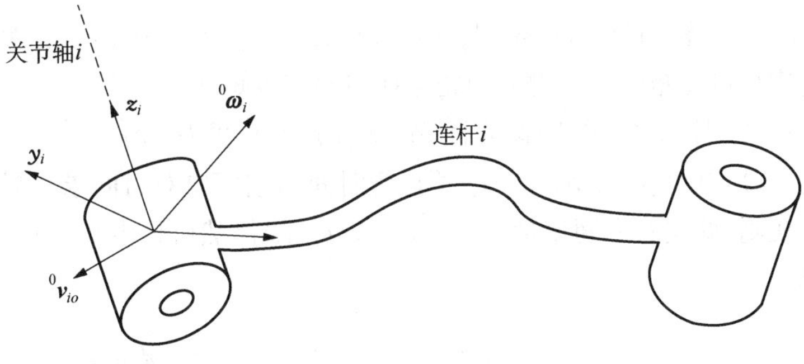

图5-6 连杆 i 相对基坐标系的线速度和角速度

连杆 i 的线速度和角速度为

$$
\left.\begin{aligned}{}^0\boldsymbol{v}_{io}&=\dot{\boldsymbol{p}}_i\\ {}^A\boldsymbol{\omega}_i&={}^0\boldsymbol{\omega}_i\end{aligned}\right\} \tag{5-23}
$$

5.3.4 机器人末端执行器的线速度和角速度

由于机器人作业时,工具坐标系{T}(末端执行器坐标系)的速度才是机器人工作所需要的速度。工具坐标系{T}"固定"在机器人末端连杆 n 的法兰盘上,如图5-7所示。

设法兰坐标系{F}相对于末端连杆坐标系{n}的位姿为 ${}^n_F\boldsymbol{T}$,机器人经过标定后工具坐标系相对于法兰坐标系的位姿为 ${}^F_T\boldsymbol{T}$,则工具坐标系相对于末端连杆坐标系{n}的位姿为

$$
{}^n_T\boldsymbol{T}={}^n_F\boldsymbol{T}{}^F_T\boldsymbol{T} \tag{5-24}
$$

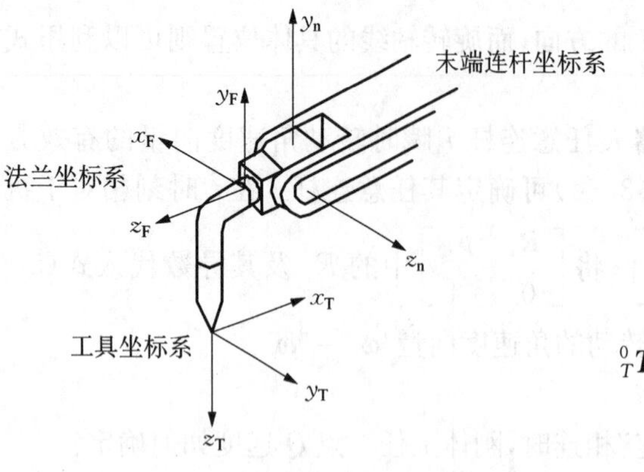

图5-7 工具坐标系

由式(3-3)可以确定机器人末端连杆 n 上的坐标系$\{n\}$相对于机器人基坐标系$\{0\}$的位姿 ${}^{0}_{n}\boldsymbol{T} = {}^{0}_{1}\boldsymbol{T}(\theta_1){}^{1}_{2}\boldsymbol{T}(\theta_2)\cdots{}^{n-2}_{n-1}\boldsymbol{T}(\theta_{n-1}){}^{n-1}_{n}\boldsymbol{T}(\theta_n) = \begin{bmatrix} {}^{0}\boldsymbol{R}_n & \boldsymbol{p}_{n0} \\ 0 & 1 \end{bmatrix}$；故工具坐标系$\{T\}$相对于机器人基坐标系$\{0\}$的位姿为

$$
\begin{aligned}
{}^{0}_{T}\boldsymbol{T} &= {}^{0}_{n}\boldsymbol{T}{}^{n}_{T}\boldsymbol{T} = {}^{0}_{n}\boldsymbol{T}{}^{n}_{F}\boldsymbol{T}{}^{F}_{T}\boldsymbol{T} \\
&= {}^{0}_{1}\boldsymbol{T}(\theta_1){}^{1}_{2}\boldsymbol{T}(\theta_2)\cdots{}^{n-1}_{n}\boldsymbol{T}(\theta_n){}^{n}_{F}\boldsymbol{T}{}^{F}_{T}\boldsymbol{T} = \begin{bmatrix} {}^{0}_{T}\boldsymbol{R} & \boldsymbol{p}_{T0} \\ 0 & 1 \end{bmatrix}
\end{aligned}
\tag{5-25}
$$

将式(5-25)中的${}^{0}_{T}\boldsymbol{R}$ 和$\boldsymbol{p}_{T0}$ 代入式(5-18)可求得工具坐标系$\{T\}$的线速度和角速度为

$$
\left.\begin{aligned}
{}^{0}\boldsymbol{v}_{\mathrm{T}} &= \dot{\boldsymbol{p}}_{T0} \\
{}^{0}\hat{\boldsymbol{\omega}}_{\mathrm{T}} &= {}^{0}_{T}\dot{\boldsymbol{R}}{}^{0}_{T}\boldsymbol{R}^{T}
\end{aligned}\right\}
\tag{5-26}
$$

5.4 机器人速度雅可比矩阵和连杆之间的速度传递

5.4.1 机器人速度雅可比矩阵及其作用

由式(5-25)可知，机器人工具坐标系$\{T\}$相对于基坐标系$\{0\}$的位置 $\boldsymbol{p}_{T0}$ 和姿态${}^{0}_{T}\boldsymbol{R}$ 是所有关节变量θ_1、θ_2、…、θ_n 的函数。由式(5-26)可知，该坐标系原点的移动速度${}^{0}\boldsymbol{v}_T$ 和坐标系$\{T\}$相对于坐标系$\{0\}$转动角速度${}^{0}\boldsymbol{\omega}_T$ 与所有关节速度$\dot{\theta}_1$、$\dot{\theta}_2$、…、$\dot{\theta}_n$ 相关，它们之间的联系称为机器人速度雅可比矩阵。关键的问题是如何确定该矩阵。

工具坐标系$\{T\}$原点相对于基坐标系$\{0\}$的线速度为 ${}^{0}\boldsymbol{v}_T = [v_{Tx} \quad v_{Ty} \quad v_{Tz}]^T = [p_{Tx}, p_{Ty}, p_{Tz}]^T$，其中的 p_{Tx}、p_{Ty}、p_{Tz} 不显含时间 t，它们要对时间求全导数，可以根据多元复合函数求导法则，即先对中间变量θ_1、θ_2、…、θ_n 求导，然后再由θ_1、θ_2、…、θ_n 对时间 t 求导，因而${}^{0}\boldsymbol{v}_T$ 为

$$
\begin{aligned}
{}^{0}\boldsymbol{v}_T = \begin{bmatrix} v_{Tx} \\ v_{Ty} \\ v_{Tz} \end{bmatrix} = \dot{\boldsymbol{p}}_n = \begin{bmatrix} \dot{p}_{Tx} \\ \dot{p}_{Ty} \\ \dot{p}_{Tz} \end{bmatrix} &= \begin{bmatrix} \dfrac{\partial p_{Tx}}{\partial\theta_1}\dot{\theta}_1 + \dfrac{\partial p_{Tx}}{\partial\theta_2}\dot{\theta}_2 + \cdots + \dfrac{\partial p_{Tx}}{\partial\theta_n}\dot{\theta}_n \\ \dfrac{\partial p_{Ty}}{\partial\theta_1}\dot{\theta}_1 + \dfrac{\partial p_{Ty}}{\partial\theta_2}\dot{\theta}_2 + \cdots + \dfrac{\partial p_{Ty}}{\partial\theta_n}\dot{\theta}_n \\ \dfrac{\partial p_{Tz}}{\partial\theta_1}\dot{\theta}_1 + \dfrac{\partial p_{Tz}}{\partial\theta_2}\dot{\theta}_2 + \cdots + \dfrac{\partial p_{Tz}}{\partial\theta_n}\dot{\theta}_n \end{bmatrix} \\
&= \begin{bmatrix} \dfrac{\partial p_{Tx}}{\partial\theta_1} & \dfrac{\partial p_{Tx}}{\partial\theta_2} & \cdots & \dfrac{\partial p_{Tx}}{\partial\theta_n} \\ \dfrac{\partial p_{Ty}}{\partial\theta_1} & \dfrac{\partial p_{Ty}}{\partial\theta_2} & \cdots & \dfrac{\partial p_{Ty}}{\partial\theta_n} \\ \dfrac{\partial p_{Tz}}{\partial\theta_1} & \dfrac{\partial p_{Tz}}{\partial\theta_2} & \cdots & \dfrac{\partial p_{Tz}}{\partial\theta_n} \end{bmatrix} \begin{bmatrix} \dot{\theta}_1 \\ \dot{\theta}_2 \\ \vdots \\ \dot{\theta}_{n-1} \\ \dot{\theta}_n \end{bmatrix} = {}^{0}\boldsymbol{J}_L\dot{\boldsymbol{\theta}}
\end{aligned}
\tag{5-27}
$$

其中

$$\dot{\boldsymbol{\theta}}=\begin{bmatrix}\dot{\theta}_1\\ \dot{\theta}_2\\ \vdots\\ \dot{\theta}_{n-1}\\ \dot{\theta}_n\end{bmatrix};\ {}^0\boldsymbol{J}_L=\begin{bmatrix}\dfrac{\partial p_{Tx}}{\partial\theta_1} & \dfrac{\partial p_{Tx}}{\partial\theta_2} & \cdots & \dfrac{\partial p_{Tx}}{\partial\theta_n}\\ \dfrac{\partial p_{Ty}}{\partial\theta_1} & \dfrac{\partial p_{Ty}}{\partial\theta_2} & \cdots & \dfrac{\partial p_{Ty}}{\partial\theta_n}\\ \dfrac{\partial p_{Tz}}{\partial\theta_1} & \dfrac{\partial p_{Tz}}{\partial\theta_2} & \cdots & \dfrac{\partial p_{Tz}}{\partial\theta_n}\end{bmatrix} \tag{5-28}$$

式(5-28)表明，${}^0\boldsymbol{J}_L$ 为 $3\times n$ 矩阵。

由于姿态矩阵的各个元素 n_x、n_y、n_z、o_x、o_y、o_z、a_x、a_y、a_z 不显含时间 t，它们要对时间求全导数，可以根据多元复合函数求导法则，即先对中间变量 θ_1、θ_2、…、θ_n 求导，然后再由 θ_1、θ_2、…、θ_n 对时间 t 求导，因此，由式(5-19)可得工具坐标系$\{T\}$相对于基坐标系$\{0\}$的转动角度${}^0\boldsymbol{\omega}_T$ 为

$$\begin{aligned}{}^0\boldsymbol{\omega}_T=\begin{bmatrix}\omega_{Tx}\\ \omega_{Ty}\\ \omega_{Tz}\end{bmatrix}&=\begin{bmatrix}\dot{n}_{Tz}n_{Ty}+\dot{o}_{Tz}o_{Ty}+\dot{a}_{Tz}a_{Ty}\\ \dot{n}_{Tx}n_{Tz}+\dot{o}_{Tx}o_{Tz}+\dot{a}_{Tx}a_{Tz}\\ \dot{n}_{Ty}n_{Tx}+\dot{o}_{Ty}o_{Tx}+\dot{a}_{Ty}a_{Tx}\end{bmatrix}\\ &=\begin{bmatrix}n_{Ty}\sum\limits_{i=1}^{n}\dfrac{\partial n_{Tz}}{\partial\theta_i}\dot{\theta}_i+o_{Ty}\sum\limits_{i=1}^{n}\dfrac{\partial o_{Tz}}{\partial\theta_i}\dot{\theta}_i+a_{Ty}\sum\limits_{i=1}^{n}\dfrac{\partial a_{Tz}}{\partial\theta_i}\dot{\theta}_i\\ n_{Tz}\sum\limits_{i=1}^{n}\dfrac{\partial n_{Tx}}{\partial\theta_i}\dot{\theta}_i+o_{Tz}\sum\limits_{i=1}^{n}\dfrac{\partial o_{Tx}}{\partial\theta_i}\dot{\theta}_i+a_{Tz}\sum\limits_{i=1}^{n}\dfrac{\partial a_{Tx}}{\partial\theta_i}\dot{\theta}_i\\ n_{Tx}\sum\limits_{i=1}^{n}\dfrac{\partial n_{Ty}}{\partial\theta_i}\dot{\theta}_i+o_{Tx}\sum\limits_{i=1}^{n}\dfrac{\partial o_{Ty}}{\partial\theta_i}\dot{\theta}_i+a_{Tx}\sum\limits_{i=1}^{n}\dfrac{\partial a_{Ty}}{\partial\theta_i}\dot{\theta}_i\end{bmatrix}={}^0\boldsymbol{J}_R\dot{\boldsymbol{\theta}}\end{aligned} \tag{5-29}$$

其中

$${}^0\boldsymbol{J}_R=\begin{bmatrix}n_{Ty}\dfrac{\partial n_{Tz}}{\partial\theta_1}+o_{Ty}\dfrac{\partial o_{Tz}}{\partial\theta_1}+a_{Ty}\dfrac{\partial a_{Tz}}{\partial\theta_1} & \cdots & n_{Ty}\dfrac{\partial n_{Tz}}{\partial\theta_n}+o_{Ty}\dfrac{\partial o_{Tz}}{\partial\theta_n}+a_{Ty}\dfrac{\partial a_{Tz}}{\partial\theta_n}\\ n_{Tz}\dfrac{\partial n_{Tx}}{\partial\theta_1}+o_{Tz}\dfrac{\partial o_{Tx}}{\partial\theta_1}+a_{Tz}\dfrac{\partial a_{Tx}}{\partial\theta_1} & \cdots & n_{Tz}\dfrac{\partial n_{Tx}}{\partial\theta_n}+o_{Tz}\dfrac{\partial o_{Tx}}{\partial\theta_n}+a_{Tz}\dfrac{\partial a_{Tx}}{\partial\theta_n}\\ n_{Tx}\dfrac{\partial n_{Ty}}{\partial\theta_1}+o_{Tx}\dfrac{\partial o_{Ty}}{\partial\theta_1}+a_{Tx}\dfrac{\partial a_{Ty}}{\partial\theta_1} & \cdots & n_{Tx}\dfrac{\partial n_{Ty}}{\partial\theta_n}+o_{Tx}\dfrac{\partial o_{Ty}}{\partial\theta_n}+a_{Tx}\dfrac{\partial a_{Ty}}{\partial\theta_n}\end{bmatrix} \tag{5-30}$$

式(5-30)表明，${}^0\boldsymbol{J}_R$ 为 $3\times n$ 矩阵。

将式(5-27)和式(5-29)合并可得

$${}^0\boldsymbol{V}_T=\begin{bmatrix}{}^0\boldsymbol{v}_T\\ {}^0\boldsymbol{\omega}_T\end{bmatrix}=\begin{bmatrix}\dot{p}_{Tx}\\ \dot{p}_{Ty}\\ \dot{p}_{Tz}\\ \omega_{Tx}\\ \omega_{Ty}\\ \omega_{Tz}\end{bmatrix}=\begin{bmatrix}{}^0\boldsymbol{J}_L\\ {}^0\boldsymbol{J}_R\end{bmatrix}\dot{\boldsymbol{\theta}}={}^0\boldsymbol{J}_V\dot{\boldsymbol{\theta}} \tag{5-31}$$

其中

$${}^0\boldsymbol{J}_V=\begin{bmatrix}{}^0\boldsymbol{J}_L\\ {}^0\boldsymbol{J}_R\end{bmatrix} \tag{5-32}$$

式(5-32)表明，${}^{0}\boldsymbol{J}_V$ 为 $6\times n$ 矩阵。

式(5-31)建立了机器人工具坐标系$\{T\}$的速度(包括线速度和角速度)与机器人各连杆速度的关系，式中的 $6\times n$ 矩阵${}^{0}\boldsymbol{J}_V$ 称为在基坐标系$\{0\}$中的机器人速度雅可比矩阵。

当然，因为式(5-31)中机器人末端执行器的速度向量是在基坐标系$\{0\}$中描述的，当机器人工具坐标系$\{T\}$速度在其他坐标系连杆 k 的坐标系$\{k\}$中定义时，雅可比矩阵的表达式${}^{k}\boldsymbol{J}_V$不同。根据式(2-12)所示的向量在两个坐标系之间的转换关系，机器人工具坐标系$\{T\}$的速度在任意两个连杆坐标系$\{k\}$和$\{l\}$之间的变换关系为

$$ {}^{k}\boldsymbol{v}_T={}^{k}_{l}\boldsymbol{R}\,{}^{l}\boldsymbol{v}_T;\quad {}^{k}\boldsymbol{\omega}_T={}^{k}_{l}\boldsymbol{R}\,{}^{l}\boldsymbol{\omega}_T $$

因为${}^{k}\boldsymbol{V}_T=\begin{bmatrix}{}^{k}\boldsymbol{v}_T\\{}^{k}\boldsymbol{\omega}_T\end{bmatrix}={}^{k}\boldsymbol{J}_V\dot{\boldsymbol{\theta}}$；${}^{l}\boldsymbol{V}_T=\begin{bmatrix}{}^{l}\boldsymbol{v}_T\\{}^{l}\boldsymbol{\omega}_T\end{bmatrix}={}^{l}\boldsymbol{J}_V\dot{\boldsymbol{\theta}}$，故

$$ {}^{k}\boldsymbol{V}_T=\begin{bmatrix}{}^{k}\boldsymbol{v}_T\\{}^{k}\boldsymbol{\omega}_T\end{bmatrix}={}^{k}\boldsymbol{J}_V\dot{\boldsymbol{\theta}}=\begin{bmatrix}{}^{k}_{l}\boldsymbol{R}\,{}^{l}\boldsymbol{v}_T\\{}^{k}_{l}\boldsymbol{R}\,{}^{l}\boldsymbol{\omega}_T\end{bmatrix}=\begin{bmatrix}{}^{k}_{l}\boldsymbol{R} & \boldsymbol{0}\\ \boldsymbol{0} & {}^{k}_{l}\boldsymbol{R}\end{bmatrix}\begin{bmatrix}{}^{l}\boldsymbol{v}_T\\{}^{l}\boldsymbol{\omega}_T\end{bmatrix}=\begin{bmatrix}{}^{k}_{l}\boldsymbol{R} & \boldsymbol{0}\\ \boldsymbol{0} & {}^{k}_{l}\boldsymbol{R}\end{bmatrix}{}^{l}\boldsymbol{J}_V\dot{\boldsymbol{\theta}} $$

从而可得

$$ {}^{k}\boldsymbol{J}_V=\begin{bmatrix}{}^{k}_{l}\boldsymbol{R} & \boldsymbol{0}\\ \boldsymbol{0} & {}^{k}_{l}\boldsymbol{R}\end{bmatrix}{}^{l}\boldsymbol{J}_V \tag{5-33} $$

由式(5-32)可知，对于一个 n 自由度机器空间人，其雅可比矩阵为 $6\times n$ 矩阵。通用机器人一般有 6 个自由度，其雅可比矩阵${}^{0}\boldsymbol{J}_V$ 为 6×6 方阵。如果方阵${}^{0}\boldsymbol{J}_V$ 可逆，设其逆阵为${}^{0}\boldsymbol{J}_V^{-1}$，则利用式(5-31)可以求出机器人的关节速度 $\dot{\boldsymbol{\theta}}=[\dot{\theta}_1\quad \dot{\theta}_2\quad \cdots\quad \dot{\theta}_6]^T$ 与末端执行器的速度 ${}^{0}\boldsymbol{V}_T=[\dot{p}_{Tx}\quad \dot{p}_{Ty}\quad \dot{p}_{Tz}\quad \omega_{Tx}\quad \omega_{Ty}\quad \omega_{Tz}]^T$ 的关系为

$$ \dot{\boldsymbol{\theta}}=\begin{bmatrix}\dot{\theta}_1\\ \dot{\theta}_2\\ \vdots\\ \dot{\theta}_5\\ \dot{\theta}_6\end{bmatrix}={}^{0}\boldsymbol{J}_V^{-1}{}^{0}\boldsymbol{v}_T={}^{0}\boldsymbol{J}_V^{-1}\begin{bmatrix}\dot{p}_{Tx}\\ \dot{p}_{Ty}\\ \dot{p}_{Tz}\\ \omega_{Tx}\\ \omega_{Ty}\\ \omega_{Tz}\end{bmatrix} \tag{5-34} $$

如果机器人的运动受到约束，如平面机器人，其构件在同一平面或者平行平面内运动，则末端执行器的速度向量${}^{0}\boldsymbol{v}_T$ 少于 6 行。设机器人所在直角坐标空间有 m 个自由度，机器人有 n 个独立关节，则其雅可比矩阵${}^{0}\boldsymbol{J}_V$ 为 $m\times n$ 矩阵，记为${}^{0}\boldsymbol{J}_V m\times n$。因此，雅可比矩阵的“行数”就是机器人所在直角坐标空间的自由度数，“列数”就是机器人独立关节的数目。

由式(5-28)和式(5-30)可知，机器人速度雅可比矩阵${}^{0}\boldsymbol{J}_V$ 仅仅是关节变量 $\boldsymbol{\theta}=[\theta_1\quad \theta_2\quad \cdots\quad \theta_n]^T$ 的函数，即机器人位置的函数，记为${}^{0}\boldsymbol{J}_V(\boldsymbol{\theta})$。对于机器人工作空间内的不同位置 $\boldsymbol{\theta}$，速度雅可比矩阵${}^{0}\boldsymbol{J}_V(\boldsymbol{\theta})m\times n$ 的秩 $\mathrm{Rank}[{}^{0}\boldsymbol{J}_V(\boldsymbol{\theta})\ m\times n]$(不为 0 的最大余子式的行列式的阶数) 可能不同，设其最大值 $K=\max\ \mathrm{Rank}[{}^{0}\boldsymbol{J}_V(\boldsymbol{\theta})m\times n]$。若在某位置 $\boldsymbol{\theta}_i=[\theta_{i1}\quad \theta_{i2}\quad \cdots\quad \theta_{in}]^T$，雅可比矩阵${}^{0}\boldsymbol{J}_V(\boldsymbol{\theta}_i)m\times n$ 的秩 $\mathrm{Rank}[{}^{0}\boldsymbol{J}_V(\boldsymbol{\theta}_i)m\times n]<K$；则称机器人处于“奇异位姿” 或“奇异状态”。

一般机器人都有“奇异位姿”。所有的工业机器人在其工作空间的边界都存在“奇异位姿”，此时机器人位于所有关节全部展开或者收回的状态，如图 5－8 所示是平面 2 自由度机器人在工作空间边界点的奇异位姿。大部分工业机器人在其工作空间内也存在“奇异位姿”，此时有两个或多个关节轴共线，如图 5－9 所示。

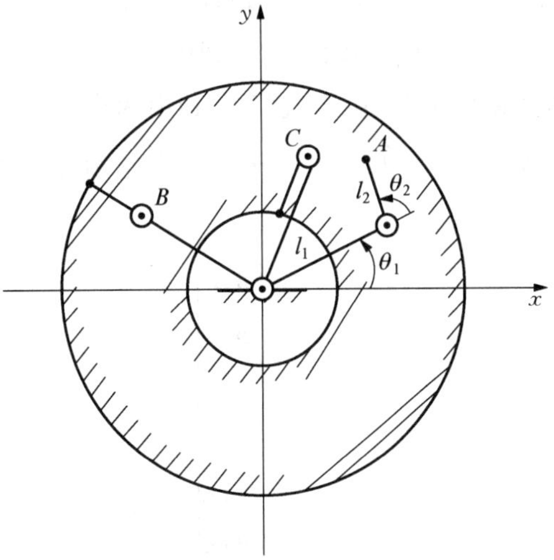

图 5－8 平面 2 自由度机器人关节展开时的奇异位姿

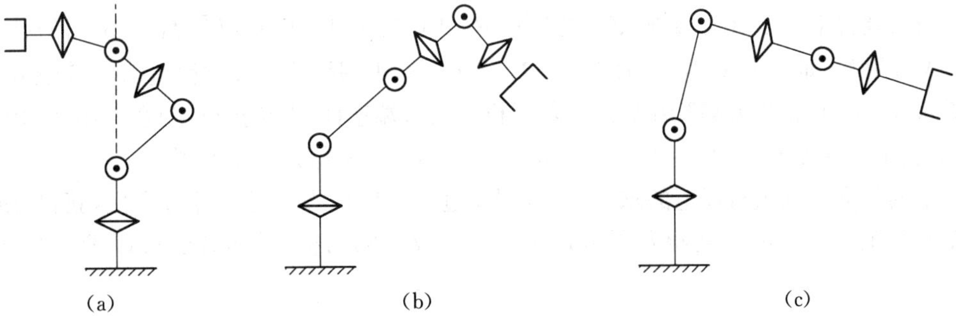

图 5－9 关节机器人关节轴线共线时的奇异位姿

当机器人处于奇异位姿时，它会失去一个或多个自由度，某些关节角速度趋近无穷大。在直角坐标空间的某些方向上，无论关节速度有多大，都不能使机器人手臂沿该方向移动。

当雅可比矩阵${}^0\boldsymbol{J}_V$为方阵时，即${}^0\boldsymbol{J}_V(\boldsymbol{\theta})n\times n$，若$\boldsymbol{\theta}_i=[\theta_{i1}\quad\theta_{i2}\quad\cdots\quad\theta_{in}]^T$，行列式$\det{}^0[\boldsymbol{J}_V(\boldsymbol{\theta}_i)n\times n]=0$，称机器人在$\boldsymbol{\theta}_i$处于“奇异位姿”或“奇异状态”。以通用工业机器人为例，因$n=6$，可以令$\det[{}^0\boldsymbol{J}_V(\boldsymbol{\theta})6\times 6]=0$便可以确定机器人的所有奇异位姿。在规划机器人的运动轨迹时，要避开奇异位姿。

与机器人速度雅可比矩阵相关问题有三类：正向问题、逆向问题、末端执行器位置和姿态微调整问题。

(1) 正向问题。已知机器人各连杆速度$\dot{\boldsymbol{\theta}}=[\dot{\theta}_1\quad\dot{\theta}_2\quad\cdots\quad\dot{\theta}_n]$的情况下，求机器人末端连杆(或末端执行器)的线速度${}^0\boldsymbol{v}_T$(坐标系原点)和转动角速度${}^0\boldsymbol{\omega}_T$。

(2) 逆向问题。已知机器人末端连杆(或末端执行器)的线速度${}^0\boldsymbol{v}_T$(坐标系原点)和转动角速度$^0\boldsymbol{\omega}_T$ 的情况下求机器人各连杆速度 $\dot{\boldsymbol{\theta}}=[\dot{\theta}_1 \quad \dot{\theta}_2 \quad \cdots \quad \dot{\theta}_n]^T$。

(3) 末端执行器位置和姿态微调整问题。对于工件装配作业、工件抓取、焊接作业等，有时要求末端执行器相对于当前的位置和姿态做"微小调整"，以满足作业要求。此时需要确定各关节的微小位移量 $\Delta\boldsymbol{\theta}=[\Delta\theta_1 \quad \Delta\theta_2 \quad \cdots \quad \Delta\theta_n]^T$。

第一类问题(正向问题)求解方法：只要求出当前时刻机器人的雅可比矩阵$^0\boldsymbol{J}_V$，并把$^0\boldsymbol{J}_V$ 和关节速度 $\dot{\boldsymbol{\theta}}=[\dot{\theta}_1 \quad \dot{\theta}_2 \quad \cdots \quad \dot{\theta}_n]$代入式(5-31)即可解决。

第二类问题(逆向问题)求解方法：由于式(5-31)中的雅可比矩阵$^0\boldsymbol{J}_V$、线速度$^0\boldsymbol{v}_T$ 和转动角速度$^0\boldsymbol{\omega}_T$ 均为已知量，要确定 $\dot{\boldsymbol{\theta}}=[\dot{\theta}_1 \quad \dot{\theta}_2 \quad \cdots \quad \dot{\theta}_n]$，这就变成了如下代数方程组求解的问题

$$^0\boldsymbol{J}_V\dot{\boldsymbol{\theta}}=\begin{bmatrix}\dot{p}_{Tx}\\ \dot{p}_{Ty}\\ \dot{p}_{Tz}\\ \omega_{Tx}\\ \omega_{Ty}\\ \omega_{Tz}\end{bmatrix} \tag{5-35}$$

上述方程组是否有解与雅可比矩阵$^0\boldsymbol{J}_V$ 的"秩"有关(秩是线性代数中概念，一个 m 行 n 列矩阵 $\boldsymbol{A}_{m\times n}$ 就是 m 个行向量或 n 个列向量中最大线性无关组的个数)。根据线性方程组有解的充分必要条件是：系数矩阵$^0\boldsymbol{J}_V$ 的"秩"Rank($^0\boldsymbol{J}_V$)和增广矩阵$[^0\boldsymbol{J}_V \quad {}^0\boldsymbol{V}_T]$的秩 Rank($[\boldsymbol{J}_V \quad \boldsymbol{V}]$)相等，即 Rank($^0\boldsymbol{J}_V$)=Rank($[^0\boldsymbol{J}_V \quad {}^0\boldsymbol{V}_T]$)，否则线性代数方程组(5-35)无解。

若式(5-35)出现"无解"情况，意味着在机器人末端连杆(末端执行器)在工作空间的某个位置，其指定的速度 $\boldsymbol{V}=[\dot{p}_x \quad \dot{p}_y \quad \dot{p}_z \quad \omega_x \quad \omega_y \quad \omega_z]^T$ 机器人无法实现。

一般的代数方程组有规范的求解方法，即通过对增广矩阵进行初等行变换，获得"阶梯矩阵"(最简行矩阵)，就可以判断方程组是否有解以及解的结构，具体方法可以参考线性代数教材。

第三类问题求解方法：根据导数的定义，式(5-31)可写成 $^0\boldsymbol{V}_T=\begin{bmatrix}^0\boldsymbol{v}_T\\ ^0\boldsymbol{\omega}_T\end{bmatrix}={}^0\boldsymbol{J}_V\lim\limits_{\Delta t\to 0}\dfrac{\Delta\boldsymbol{\theta}}{\Delta t}$，当 Δt 很小时

$$\begin{bmatrix}\Delta p_{Tx}\\ \Delta p_{Ty}\\ \Delta p_{Tz}\\ \Delta\alpha\\ \Delta\beta\\ \Delta\gamma\end{bmatrix}={}^0\boldsymbol{J}_V\begin{bmatrix}\Delta\theta_1\\ \Delta\theta_2\\ \vdots\\ \Delta\theta_{n-1}\\ \Delta\theta_n\end{bmatrix} \tag{5-36}$$

式(5-36)表明：机器人末端执行器的"微分运动"与各关节做"微分运动"之间通过速度雅可比矩阵联系起来。因此，如果给定机器人末端执行器的"微分运动" $\Delta\boldsymbol{d}=[\Delta p_x \quad \Delta p_y \quad \Delta p_z \quad \Delta\alpha \quad \Delta\beta \quad \Delta\gamma]^T$，通过解如下数方程组(方法同上述第二类问题求解方

法)，即可确定机器人各关节的“微分运动”$\Delta\boldsymbol{\theta}=[\Delta\theta_1 \quad \Delta\theta_2 \quad \cdots \quad \Delta\theta_n]^T$。

$$\boldsymbol{J}_V\begin{bmatrix}\Delta\theta_1\\ \Delta\theta_2\\ \vdots\\ \Delta\theta_{n-1}\\ \Delta\theta_n\end{bmatrix}=\begin{bmatrix}\Delta p_x\\ \Delta p_y\\ \Delta p_z\\ \Delta\alpha\\ \Delta\beta\\ \Delta\gamma\end{bmatrix} \tag{5-37}$$

上述方法对于机器人末端的精细化作业，如零件精密装配、精密测量时末端执行器的微调十分有效。

【例 5-1】 试求如图 5-10 所示平面 2 自由度机器人的速度雅可比矩阵。

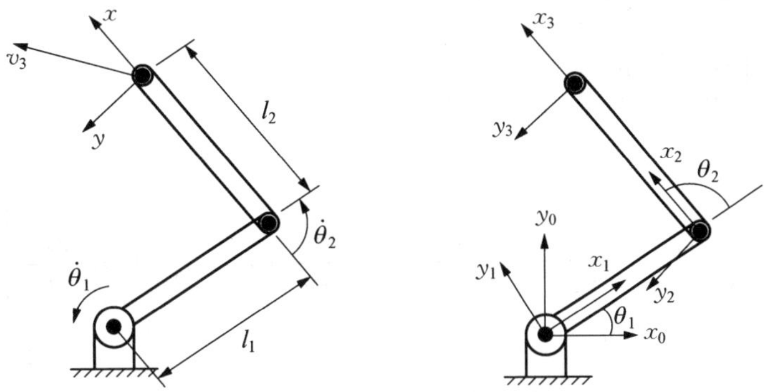

图 5-10 平面 2 自由度机器人

解: 机器人的 D-H 参数见表 5-1。

表 5-1 平面 2 自由度机器人的 D-H 参数

连杆序号	连杆扭角 α_{i-1}	连杆长度 a_{i-1}	连杆偏距 d_i	关节变量 θ_i
1	0°	0	0	θ_1
2	0°	l_1	0	θ_2
2′	0°	l_2	0	0

将上述参数代入式(3-1)可得

$${}^0_1\boldsymbol{T}=\begin{bmatrix}\cos\theta_1 & -\sin\theta_1 & 0 & 0\\ \sin\theta_1 & \cos\theta_1 & 0 & 0\\ 0 & 0 & 1 & 0\\ 0 & 0 & 0 & 1\end{bmatrix};\ {}^1_2\boldsymbol{T}=\begin{bmatrix}\cos\theta_2 & -\sin\theta_2 & 0 & l_1\\ \sin\theta_2 & \cos\theta_2 & 0 & 0\\ 0 & 0 & 1 & 0\\ 0 & 0 & 0 & 1\end{bmatrix};\ {}^2_T\boldsymbol{T}=\begin{bmatrix}1 & 0 & 0 & l_2\\ 0 & 1 & 0 & 0\\ 0 & 0 & 1 & 0\\ 0 & 0 & 0 & 1\end{bmatrix}$$

将上述三个矩阵代入式(5-25)可得

$${}^0_T\boldsymbol{T}={}^0_1\boldsymbol{T}{}^1_2\boldsymbol{T}{}^2_T\boldsymbol{T}=\begin{bmatrix}\cos(\theta_1+\theta_2) & -\sin(\theta_1+\theta_2) & 0 & l_1\cos\theta_1\\ \sin(\theta_1+\theta_2) & \cos(\theta_1+\theta_2) & 0 & l_1\sin\theta_1\\ 0 & 0 & 1 & 0\\ 0 & 0 & 0 & 1\end{bmatrix}\begin{bmatrix}1 & 0 & 0 & l_2\\ 0 & 1 & 0 & 0\\ 0 & 0 & 1 & 0\\ 0 & 0 & 0 & 1\end{bmatrix}$$

$$
=\begin{bmatrix}\cos(\theta_1+\theta_2) & -\sin(\theta_1+\theta_2) & 0 & l_2\cos(\theta_1+\theta_2)+l_1\cos\theta_1\\ \sin(\theta_1+\theta_2) & \cos(\theta_1+\theta_2) & 0 & l_2\sin(\theta_1+\theta_2)+l_1\sin\theta_1\\ 0 & 0 & 1 & 0\\ 0 & 0 & 0 & 1\end{bmatrix}
$$

$$
\begin{matrix}
p_{Tx}=l_2\cos(\theta_1+\theta_2)+l_1\cos\theta_1 & n_{Tx}=\cos(\theta_1+\theta_2) & o_{Tx}=-\sin(\theta_1+\theta_2) & a_{Tx}=0\\
p_{Ty}=l_2\sin(\theta_1+\theta_2)+l_1\sin\theta_1\ ; & n_{Ty}=\sin(\theta_1+\theta_2)\ ; & o_{Ty}=\cos(\theta_1+\theta_2)\ ; & a_{Ty}=0\\
p_{Tz}=0 & n_{Tz}=0 & o_{Tz}=0 & a_{Tz}=1
\end{matrix}
$$

将 p_{Tx}、p_{Ty}、p_{Tz} 代入式(5-28)和式(5-30)可得

$$
\boldsymbol{J}_L=\begin{bmatrix}\dfrac{\partial p_{Tx}}{\partial\theta_1} & \dfrac{\partial p_{Tx}}{\partial\theta_2}\\ \dfrac{\partial p_{Ty}}{\partial\theta_1} & \dfrac{\partial p_{Ty}}{\partial\theta_2}\\ \dfrac{\partial p_{Tz}}{\partial\theta_1} & \dfrac{\partial p_{Tz}}{\partial\theta_2}\end{bmatrix}=\begin{bmatrix}-l_1\sin\theta_1-l_2\sin(\theta_1+\theta_2) & -l_2\sin(\theta_1+\theta_2)\\ l_1\cos\theta_1+l_2\cos(\theta_1+\theta_2) & l_2\cos(\theta_1+\theta_2)\\ 0 & 0\end{bmatrix}
$$

$$
{}^0\boldsymbol{J}_R=\begin{bmatrix}0 & 0\\ 0 & 0\\ n_{Tx}\dfrac{\partial n_{Ty}}{\partial\theta_1}+o_{Tx}\dfrac{\partial o_{Ty}}{\partial\theta_1}+a_{Tx}\dfrac{\partial a_{Ty}}{\partial\theta_1} & n_{Tx}\dfrac{\partial n_{Ty}}{\partial\theta_2}+o_{Tx}\dfrac{\partial o_{Ty}}{\partial\theta_2}+a_{Tx}\dfrac{\partial a_{Ty}}{\partial\theta_2}\end{bmatrix}=\begin{bmatrix}0 & 0\\ 0 & 0\\ 1 & 1\end{bmatrix}
$$

由式(5-32)可得

$$
{}^0\boldsymbol{J}_V=\begin{bmatrix}{}^0\boldsymbol{J}_L\\ {}^0\boldsymbol{J}_R\end{bmatrix}=\begin{bmatrix}-l_1\sin\theta_1-l_2\sin(\theta_1+\theta_2) & -l_2\sin(\theta_1+\theta_2)\\ l_1\cos\theta_1+l_2\cos(\theta_1+\theta_2) & l_2\cos(\theta_1+\theta_2)\\ 0 & 0\\ 0 & 0\\ 0 & 0\\ 1 & 1\end{bmatrix}
$$

因为该机构在基坐标系中的 xOy 平面内运动，可以将上式简写为

$$
{}^0\boldsymbol{J}_V=\begin{bmatrix}-l_1\sin\theta_1-l_2\sin(\theta_1+\theta_2) & -l_2\sin(\theta_1+\theta_2)\\ l_1\cos\theta_1+l_2\cos(\theta_1+\theta_2) & l_2\cos(\theta_1+\theta_2)\end{bmatrix}
$$

利用上述二阶方阵的行列式 $\det({}^0\boldsymbol{J}_V)=0$，可以求出该机器人的奇异位姿为 $\theta_2=k\pi,\ k\in\mathbf{Z}$；即连杆 1 和连杆 2 共线时，机器人处于奇异位姿。

5.4.2 连杆间的速度传递

对于 n 自由度串联机器人，其第 i 个连杆的运动，是前第 1、第 2、…、第 $i-1$ 个连杆相对于其自身轴线 Z_1、Z_2、…、Z_{i-1} 的运动，通过运动链中依次传递到连杆 i 上后，与连杆 i 相对于其自身轴 Z_i 的运动“相叠加”后的合成运动结果。因为是串联机器人，连杆 $i+1$、连杆 $i+2$、…、连杆 n 的运动对连杆 i 的运动无影响。

1) 角速度传递

为了研究上述运动的传递，需要研究相邻两个连杆 $i-1$ 和 i 之间的运动传递关系，如图 5-11 所示。

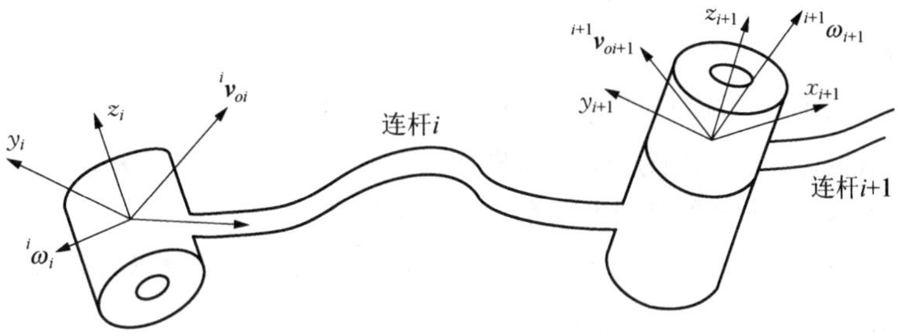

图 5-11 相邻连杆的线速度和角速度关系(转动关节-转动关节)

由于连杆角速度也是向量,先分析相邻两个连杆的角速度合成问题。如图 5-12 所示机构,构件 1 和构件 2 做旋转运动。其中构件 1 相对于基座的旋转角速度向量为 $\boldsymbol{\omega}_e$;构件 2 相对于构件 1 的旋转角速度为 $\boldsymbol{\omega}_r$。根据刚体转动的角速度合成定理:构件 2 转动的绝对角速度 $\boldsymbol{\omega}_a$ 等于牵连角度 $\boldsymbol{\omega}_e$ 和相对角速度 $\boldsymbol{\omega}_r$ 的向量和,即

$$\boldsymbol{\omega}_a=\boldsymbol{\omega}_e+\boldsymbol{\omega}_r \tag{5-38}$$

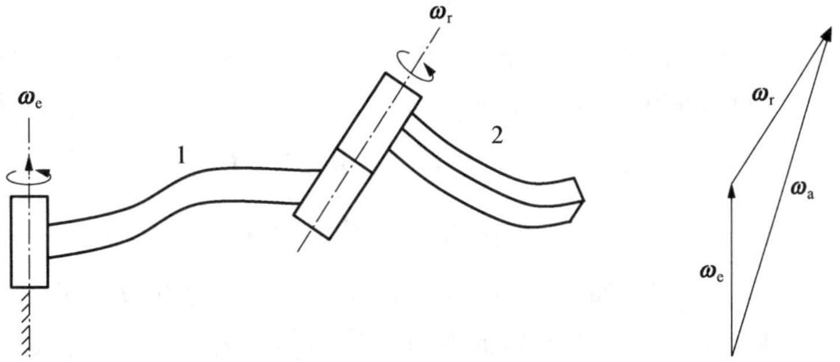

图 5-12 两个刚体转动的合成

向量合成的前提是所有向量均在同一个坐标系中描述,如图 5-11 所示,在坐标系$\{i\}$中,连杆 $i+1$ 的转动角速度 $\boldsymbol{\omega}_{i+1}$ 为

$$^{i}\boldsymbol{\omega}_{i+1}={}^{i}\boldsymbol{\omega}_i+{}^{i}_{i+1}\boldsymbol{R}\dot{\theta}_{i+1}{}^{i+1}\boldsymbol{Z}_{i+1} \tag{5-39}$$

式中,$^{i}\boldsymbol{\omega}_{i+1}$ 为在坐标系$\{i\}$ 中描述的连杆 $i+1$ 的角速度 ω_{i+1}(绝对角速度);$^{i}\boldsymbol{\omega}_i$ 为在坐标系$\{i\}$ 中描述的连杆 i 的角速度ω_i(牵连角速度);$^{i}\dot{\theta}_{i+1}$ 为连杆 $i+1$ 相对于关节 $i+1$ 的轴线 Z_{i+1} 转动的角速度大小(相对角速度大小);$\dot{\theta}_{i+1}{}^{i+1}\boldsymbol{Z}_{i+1}$ 为连杆 $i+1$ 相对于关节 $i+1$ 的轴线 Z_{i+1} 转动的角速度向量 $\boldsymbol{\omega}_r$ 在坐标系$\{i+1\}$ 中描述,即相对角速度向量,$\dot{\theta}_{i+1}{}^{i+1}\boldsymbol{Z}_{i+1}=(0\quad 0\quad \dot{\theta}_{i+1})^T$;${}^{i}_{i+1}\boldsymbol{R}\dot{\theta}_{i+1}{}^{i+1}\boldsymbol{Z}_{i+1}$ 为连杆 $i+1$ 相对于关节 $i+1$ 的轴线 Z_{i+1} 转动的角速度向量 $\boldsymbol{\omega}_r$ 在坐标系$\{i\}$ 中描述。

式(5-39)中所的向量均为坐标系$\{i\}$中的向量,也可以将这些向量变换到坐标系$\{i+1\}$中,即将式(5-39)两边左乘“${}^{i+1}_{i}\boldsymbol{R}$”(坐标系$\{i\}$ 相对于坐标系$\{i+1\}$ 的姿态矩阵,因姿态矩阵是正交矩阵,故${}^{i+1}_{i}\boldsymbol{R}={}^{i}_{i+1}\boldsymbol{R}^{-1}={}^{i}_{i+1}\boldsymbol{R}^{T}$),可得连杆 $i+1$ 的转动角速度 $\boldsymbol{\omega}_{i+1}$ 为${}^{i+1}_{i}\boldsymbol{R}{}^{i}\boldsymbol{\omega}_{i+1}={}^{i+1}_{i}\boldsymbol{R}{}^{i}\boldsymbol{\omega}_i+{}^{i+1}_{i}\boldsymbol{R}{}^{i}_{i+1}\boldsymbol{R}\dot{\theta}_{i+1}{}^{i+1}\boldsymbol{Z}_{i+1}$,因而

$$ {}^{i+1}\boldsymbol{\omega}_{i+1} = {}^{i+1}_{i}\boldsymbol{R}{}^{i}\omega_{i} + \dot{\theta}_{i+1}{}^{i+1}\boldsymbol{Z}_{i+1} \tag{5-40} $$

需要指出的是：

(1) 因为同一个向量可以在任何一个坐标系中描述，因而${}^{i+1}_{i}\boldsymbol{R}{}^{i}\boldsymbol{\omega}_{i+1}$的作用是把连杆$i+1$的角速度$\boldsymbol{\omega}_{i+1}$由坐标系$\{i\}$中描述变换到坐标系$\{i+1\}$中描述；而${}^{i+1}_{i}\boldsymbol{R}{}^{i}\boldsymbol{\omega}_{i}$则是把连杆$i$的角速度$\boldsymbol{\omega}_{i}$由坐标系$\{i\}$中描述变换到坐标系$\{i+1\}$中描述。

(2) ${}^{i+1}_{i}\boldsymbol{R}$为坐标系$\{i\}$相对于坐标系$\{i+1\}$的姿态矩阵，则${}_{i+1}^{i}\boldsymbol{R}$为坐标系$\{i+1\}$相对于坐标系$\{i\}$的姿态矩阵，它们互为逆阵，即${}^{i+1}_{i}\boldsymbol{R}{}_{i+1}^{i}\boldsymbol{R}=\boldsymbol{I}$。

2）线速度传递

如图5-11所示，需要确定连杆$i+1$上的坐标系$\{i+1\}$原点O_{i+1}的速度$\boldsymbol{v}_{oi+1}$与连杆i上的坐标系$\{i\}$原点O_i的速度$\boldsymbol{v}_{oi}$的关系。因为坐标系$\{i+1\}$原点O_{i+1}通过关节$i+1$的旋转轴线Z_{i+1}，因此连杆$i+1$绕轴线Z_{i+1}的旋转运动不影响点O_{i+1}的线速度，所以只需把坐标系$\{i+1\}$原点O_{i+1}作为连杆i上的点，利用同一构件i上点O_{i+1}与O_i之间的速度合成定理：O_{i+1}的绝对速度$\boldsymbol{v}_{oi+1}$等于“基点”O_i的绝对速度$\boldsymbol{v}_{oi}$（牵连速度）和点O_{i+1}绕基点O_i的转动速度（相对速度）的向量和。同样，向量合成的前提是所有向量均在同一个坐标系中描述，因而

$$ {}^{i}\boldsymbol{v}_{oi+1} = {}^{i}\boldsymbol{v}_{oi} + {}^{i}\boldsymbol{v}_{r} = {}^{i}\boldsymbol{v}_{oi} + {}^{i}\boldsymbol{\omega}_{i} \times {}^{i}\boldsymbol{P}_{oi+1} \tag{5-41} $$

式(5-41)中所有的向量均为坐标系$\{i\}$中的向量，也可以将这些向量变换到坐标系$\{i+1\}$中，即将式(5-41)两边左乘“${}^{i+1}_{i}\boldsymbol{R}$”（坐标系$\{i+1\}$相对于坐标系$\{i\}$的姿态矩阵）可得

$$ {}^{i+1}_{i}\boldsymbol{R}{}^{i}\boldsymbol{v}_{oi+1} = {}^{i+1}_{i}\boldsymbol{R}{}^{i}\boldsymbol{v}_{oi} + {}^{i+1}_{i}\boldsymbol{R}{}^{i}\boldsymbol{\omega}_{i} \times {}^{i}\boldsymbol{P}_{oi+1} $$

即

$$ {}^{i+1}\boldsymbol{v}_{oi+1} = {}^{i+1}_{i}\boldsymbol{R}{}^{i}\boldsymbol{v}_{oi} + {}^{i+1}_{i}\boldsymbol{R}{}^{i}\boldsymbol{\omega}_{i} \times {}^{i}\boldsymbol{P}_{oi+1} \tag{5-42} $$

当关节$i+1$为移动关节时，如图5-13所示，坐标系$\{i+1\}$原点O_{i+1}沿着关节$i+1$的轴线Z_{i+1}移动，该运动影响原点O_{i+1}的速度，此时可以应用不同构件上点的运动关系：“原点O_{i+1}的绝对速度$\boldsymbol{v}_{oi+1}$等于牵连速度$\boldsymbol{v}_{\mathrm{e}}$和相对速度$\boldsymbol{v}_{\mathrm{r}}$之和”，求出坐标系$\{i+1\}$原点$O_{i+1}$的速度。

$$ {}^{i+1}\boldsymbol{v}_{oi+1} = {}^{i+1}_{i}\boldsymbol{R}({}^{i}\boldsymbol{v}_{oi} + \boldsymbol{R}{}^{i}\boldsymbol{\omega}_{i} \times {}^{i}\boldsymbol{P}_{oi+1}) + \dot{d}_{i+1}\boldsymbol{Z}_{i+1} \tag{5-43} $$

式中，${}^{i+1}_{i}\boldsymbol{R}({}^{i}\boldsymbol{v}_{oi} + \boldsymbol{R}{}^{i}\boldsymbol{\omega}_{i} \times {}^{i}\boldsymbol{P}_{oi+1})$为牵连速度，即连杆$i$上与原点$O_{i+1}$“重合”的点的速度；$\dot{d}_{i+1}\boldsymbol{Z}_{i+1}$为连杆$i+1$与连杆$i$之间的相对速度。

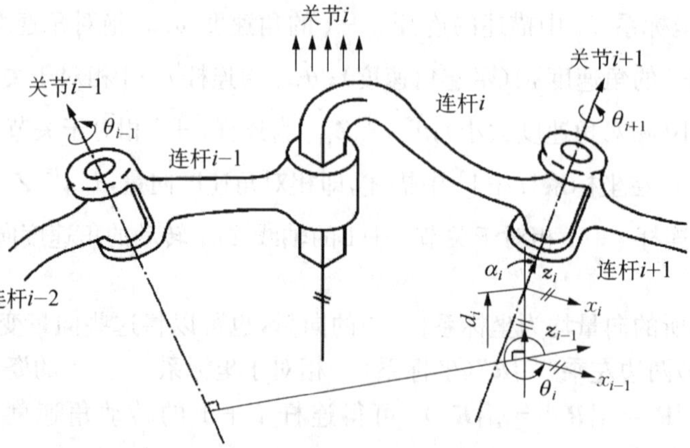

图5-13 相邻连杆的线速度和角速度关系(转动关节-移动关节)

式(5-39)和式(5-41)为连杆 $i+1$ 转动角速度向量 $\boldsymbol{\omega}_i$ 和连杆上坐标系$\{i+1\}$的原点移动速度向量 $\boldsymbol{v}_{oi+1}$ 在坐标系$\{i\}$中的描述;如果需要把它们变换到基坐标系$\{0\}$中描述,则分别左乘${}_i^0\boldsymbol{R}$ 和${}_{i+1}^{\ 0}\boldsymbol{R}$ 即可,即

$$\left.\begin{aligned}{}^0\boldsymbol{\omega}_{i+1}&={}_i^0\boldsymbol{R}\,{}^i\boldsymbol{\omega}_{i+1}\\{}^0\boldsymbol{v}_{oi+1}&={}_i^0\boldsymbol{R}\,{}^i\boldsymbol{v}_{oi+1}\end{aligned}\right\}\tag{5-44}$$

$$\left.\begin{aligned}{}^0\boldsymbol{\omega}_{i+1}&={}_{i+1}^{\ 0}\boldsymbol{R}\,{}^{i\,i+1}\boldsymbol{\omega}_{i+1}\\{}^0\boldsymbol{v}_{oi+1}&={}_{i+1}^{\ 0}\boldsymbol{R}\,{}^{i\,i+1}\boldsymbol{v}_{oi+1}\end{aligned}\right\}\tag{5-45}$$

说明:式(5-39)~式(5-41)是相邻连杆之间线速度和角速度关系的递推关系式。顺着运动链,应用这些表达式可以依次计算出连杆 1 上的坐标系$\{1\}$、连杆 2 上的坐标系$\{2\}$、连杆 3 上的坐标系$\{3\}$、…,直至机器人末端连杆 n 上的坐标系$\{n\}$原点的线速度以及各连杆转动的角速度向量。

【例 5-2】 试求图 5-10 所示平面 2 自由度机器人的速度传递关系。

解: 由式(5-39)和式(5-41)可得

$${}^1\boldsymbol{\omega}_1={}_0^1\boldsymbol{R}\,{}^0\boldsymbol{\omega}_0+\dot{\theta}_1\,{}^1\boldsymbol{Z}_1=\dot{\theta}_1\,{}^1\boldsymbol{Z}_1=\begin{bmatrix}0\\0\\\dot{\theta}_1\end{bmatrix}$$

$${}^1\boldsymbol{v}_{o1}={}_0^1\boldsymbol{R}\,{}^0\boldsymbol{v}_{o0}+{}_0^1\boldsymbol{R}\,{}^0\boldsymbol{\omega}_0\times{}^0\boldsymbol{P}_{o1}=\begin{bmatrix}0\\0\\0\end{bmatrix}$$

$${}^2\boldsymbol{\omega}_2={}_1^2\boldsymbol{R}\,{}^1\boldsymbol{\omega}_1+\dot{\theta}_2\,{}^2\boldsymbol{Z}_2=\begin{bmatrix}\cos\theta_2&\sin\theta_2&0\\-\sin\theta_2&\cos\theta_2&0\\0&0&1\end{bmatrix}\begin{bmatrix}0\\0\\\dot{\theta}_1\end{bmatrix}+\begin{bmatrix}0\\0\\\dot{\theta}_2\end{bmatrix}=\begin{bmatrix}0\\0\\\dot{\theta}_1+\dot{\theta}_2\end{bmatrix}$$

$${}^2\boldsymbol{v}_{o2}={}_1^2\boldsymbol{R}\,{}^1\boldsymbol{v}_{o1}+{}_1^2\boldsymbol{R}\,{}^1\boldsymbol{\omega}_1\times{}^1\boldsymbol{P}_{o2}=\begin{bmatrix}\cos\theta_2&\sin\theta_2&0\\-\sin\theta_2&\cos\theta_2&0\\0&0&1\end{bmatrix}\begin{bmatrix}0\\0\\\dot{\theta}_1\end{bmatrix}\times\begin{bmatrix}l_1\cos\theta_1\\l_1\sin\theta_1\\0\end{bmatrix}=\begin{bmatrix}l_1\dot{\theta}_1\sin\theta_2\\l_1\dot{\theta}_1\cos\theta_2\\0\end{bmatrix}$$

$${}^3\boldsymbol{\omega}_3={}^2\boldsymbol{\omega}_2=\begin{bmatrix}0\\0\\\dot{\theta}_1+\dot{\theta}_2\end{bmatrix}$$

$${}^3\boldsymbol{v}_{o3}={}_2^3\boldsymbol{R}\,{}^2\boldsymbol{v}_{o2}+{}_2^3\boldsymbol{R}\,{}^2\boldsymbol{\omega}_2\times{}^2\boldsymbol{P}_{o3}=\begin{bmatrix}1&0&0\\0&1&0\\0&0&1\end{bmatrix}\begin{bmatrix}l_1\dot{\theta}_1\sin\theta_2\\l_1\dot{\theta}_1\cos\theta_2\\0\end{bmatrix}+\begin{bmatrix}1&0&0\\0&1&0\\0&0&1\end{bmatrix}\begin{bmatrix}0\\0\\\dot{\theta}_1+\dot{\theta}_2\end{bmatrix}\times\begin{bmatrix}l_2\\0\\0\end{bmatrix}$$

$$=\begin{bmatrix}l_1\dot{\theta}_1\sin\theta_2\\l_1\dot{\theta}_1\cos\theta_2\\0\end{bmatrix}+\begin{bmatrix}0\\l_2(\dot{\theta}_1+\dot{\theta}_2)\\0\end{bmatrix}=\begin{bmatrix}l_1\dot{\theta}_1\sin\theta_2\\l_1\dot{\theta}_1\cos\theta_2+l_2(\dot{\theta}_1+\dot{\theta}_2)\\0\end{bmatrix}$$

$${}_3^0\boldsymbol{T}={}_1^0\boldsymbol{T}\,{}_2^1\boldsymbol{T}\,{}_3^2\boldsymbol{T}=\begin{bmatrix}\cos(\theta_1+\theta_2)&-\sin(\theta_1+\theta_2)&0&l_2\cos(\theta_1+\theta_2)+l_1\cos\theta_1\\\sin(\theta_1+\theta_2)&\cos(\theta_1+\theta_2)&0&l_2\sin(\theta_1+\theta_2)+l_1\sin\theta_1\\0&0&1&0\\0&0&0&1\end{bmatrix}$$

故姿态矩阵 $_3^0\boldsymbol{R}=\begin{bmatrix}\cos(\theta_1+\theta_2) & -\sin(\theta_1+\theta_2) & 0\\ \sin(\theta_1+\theta_2) & \cos(\theta_1+\theta_2) & 0\\ 0 & 0 & 1\end{bmatrix}$，因而

$$^0\boldsymbol{\omega}_3={}_3^0\boldsymbol{R}\,^3\boldsymbol{\omega}_3=\begin{bmatrix}\cos(\theta_1+\theta_2) & -\sin(\theta_1+\theta_2)\\ \sin(\theta_1+\theta_2) & \cos(\theta_1+\theta_2)\\ 0 & 0\end{bmatrix}\begin{bmatrix}0\\0\\\dot{\theta}_1+\dot{\theta}_2\end{bmatrix}=\begin{bmatrix}0\\0\\\dot{\theta}_1+\dot{\theta}_2\end{bmatrix}$$

$$^0\boldsymbol{v}_{o3}={}_3^0\boldsymbol{R}\,^3\boldsymbol{v}_{o3}=\begin{bmatrix}\cos(\theta_1+\theta_2) & -\sin(\theta_1+\theta_2) & 0\\ \sin(\theta_1+\theta_2) & \cos(\theta_1+\theta_2) & 0\\ 0 & 0 & 1\end{bmatrix}\begin{bmatrix}l_1\dot{\theta}_1\sin\theta_2\\ l_1\dot{\theta}_1\cos\theta_2+l_2(\dot{\theta}_1+\dot{\theta}_2)\\ 0\end{bmatrix}$$

$$=\begin{bmatrix}-l_1\dot{\theta}_1\sin\theta_1-l_2(\dot{\theta}_1+\dot{\theta}_2)\sin(\theta_1+\theta_2)\\ l_1\dot{\theta}_1\cos\theta_1+l_2(\dot{\theta}_1+\dot{\theta}_2)\cos(\theta_1+\theta_2)\\ 0\end{bmatrix}$$

5.5 连杆上的静力及其传递

机器人若受到外部负载的作用，为保持受力平衡，需要确定每个关节输出的驱动力(包括力和力矩)，这需要研究关节驱动力沿运动链的传递关系。以如图 5-14 所示的连杆 i 为研究对象，规定：

(1) $\boldsymbol{f}_{i-1}^{i}$ 为连杆 $i-1$ 对连杆 i 施加的作用力；其反作用力为 $\boldsymbol{f}_{i}^{i-1}$。

(2) $\boldsymbol{\tau}_{i-1}^{i}$ 为连杆 $i-1$ 对连杆 i 施加的力矩；其反作用力矩为$\boldsymbol{\tau}_{i}^{i-1}$。

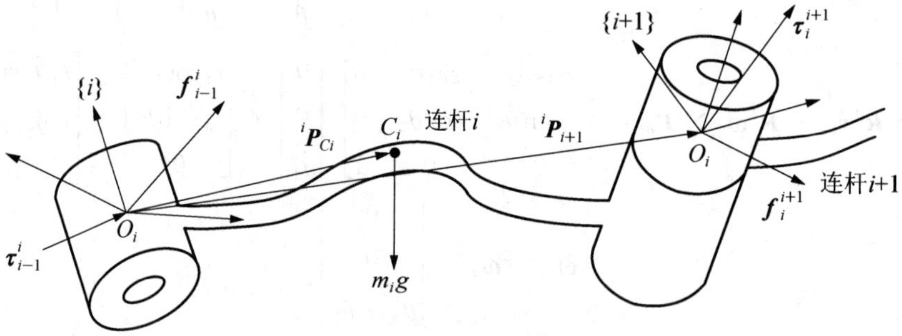

图 5-14 连杆的静力平衡关系

连杆 i 受力平衡的条件是合外力和合外力矩(对坐标系$\{i\}$原点取矩)分别为 0，则

$$\left.\begin{aligned}&^i\boldsymbol{f}_{i-1}^i-{}^i\boldsymbol{f}_i^{i+1}+{}^i\boldsymbol{m}_ig=0\\&^i\boldsymbol{\tau}_{i-1}^i-{}^i\boldsymbol{\tau}_i^{i+1}+{}^i\boldsymbol{P}_{Ci}\times{}^im_ig-{}^i\boldsymbol{P}_{i+1}\times{}^i\boldsymbol{f}_i^{i+1}=0\end{aligned}\right\}\tag{5-46}$$

当不计连杆重力时，式(5-46)变为

$$\left.\begin{aligned}&^i\boldsymbol{f}_{i-1}^i={}^i\boldsymbol{f}_i^{i+1}={}_{i+1}^{i}\boldsymbol{R}\,^{i+1}\boldsymbol{f}_i^{i+1}\\&^i\boldsymbol{\tau}_{i-1}^i={}_{i+1}^{i}\boldsymbol{R}\,^{i+1}\boldsymbol{\tau}_i^{i+1}+{}^i\boldsymbol{P}_{i+1}\times{}^i\boldsymbol{f}_i^{i+1}={}_{i+1}^{i}\boldsymbol{R}\,^{i+1}\boldsymbol{\tau}_i^{i+1}+{}^i\boldsymbol{P}_{i+1}\times{}^i\boldsymbol{f}_{i-1}^i\end{aligned}\right\}\tag{5-47}$$

式(5-47)为相邻连杆 i 和连杆 $i+1$ 之间静力传递的递推式。

应用式(5-47)时,一般应在工具坐标系$\{T\}$中根据末端连杆受到的工作阻力 $\boldsymbol{F}_R$ 和阻力矩$\boldsymbol{M}_R$ 求出末端连杆 n 对工作对象的作用力 $\boldsymbol{f}_n^G$ 和作用力矩 $\boldsymbol{\tau}_n^G$;然后可以依据坐标系之间的姿态矩阵,按照式(5-47)依次求出所有相邻连杆之间的作用力。

对于转动关节,为了平衡连杆 i 上的力和力矩,需要在关节 i 上施加的力矩${}^i\boldsymbol{\tau}_{i-1}^i$(向量)为

$$ {}^i\boldsymbol{N}_{i-1}^i = ({}^i\boldsymbol{\tau}_{i-1}^i \cdot \boldsymbol{Z}_i)\boldsymbol{Z}_i \tag{5-48}$$

对于移动关节,关节 i 上的驱动力${}^i\boldsymbol{F}_{i-1}^i$ 为

$$ {}^i\boldsymbol{F}_{i-1}^i = ({}^i\boldsymbol{f}_{i-1}^i \cdot \boldsymbol{Z}_i)\boldsymbol{Z}_i \tag{5-49}$$

说明:式(5-47)是计算机器人各相邻连杆之间作用力和力矩的递推关系式,但计算次序应该从机器人末端连杆(末端执行器)开始,先利用末端执行器受到的工作阻力,求出末端连杆 n 的关节驱动力,再利用式(5-47)依次计算出连杆 n 与连杆 $n-1$、连杆 $n-1$ 与连杆 $n-2$、…、连杆 2 与连杆 1 之间的作用力和力矩。

【例 5-3】 试求如图 5-15 所示的平面 2 自由度机器人的力和力矩传递关系。

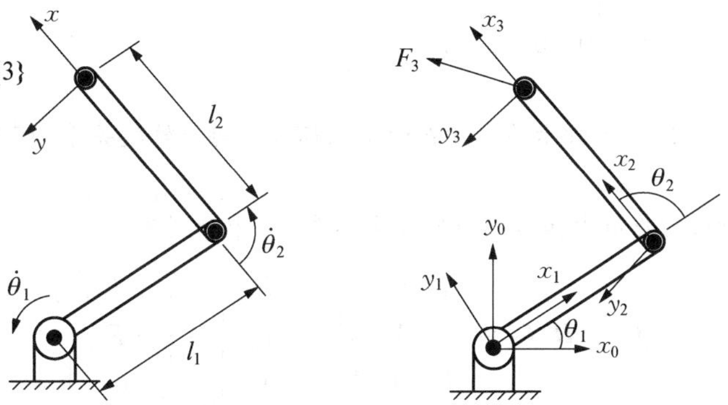

图 5-15 平面 2 自由度机器人

解: 设末端执行器受到的工作阻力在坐标系$\{3\}$中为 ${}^3\boldsymbol{F}_2^G = {}^3\boldsymbol{F} = \begin{bmatrix} {}^3F_{3x} \\ {}^3F_{3y} \\ 0 \end{bmatrix}$;设该力在基坐标系$\{0\}$中的坐标为${}^0\boldsymbol{F}_2^G = \begin{bmatrix} {}^0F_{3x} \\ {}^0F_{3y} \\ 0 \end{bmatrix}$。由【例 5-2】可知

$$ {}_3^0\boldsymbol{T} = \begin{bmatrix} \cos(\theta_1+\theta_2) & -\sin(\theta_1+\theta_2) & 0 & l_2\cos(\theta_1+\theta_2)+l_1\cos\theta_1 \\ \sin(\theta_1+\theta_2) & \cos(\theta_1+\theta_2) & 0 & l_2\sin(\theta_1+\theta_2)+l_1\sin\theta_1 \\ 0 & 0 & 1 & 0 \\ 0 & 0 & 0 & 1 \end{bmatrix} $$

则坐标系$\{3\}$相对于坐标系$\{0\}$的姿态矩阵为

$$ {}_3^0\boldsymbol{R} = \begin{bmatrix} \cos(\theta_1+\theta_2) & -\sin(\theta_1+\theta_2) & 0 \\ \sin(\theta_1+\theta_2) & \cos(\theta_1+\theta_2) & 0 \\ 0 & 0 & 1 \end{bmatrix} $$

根据式(2-12)所示向量在两个坐标系之间的转换关系可得

$$ {}^{0}\boldsymbol{F}_{2}^{G}=\begin{bmatrix}{}^{0}F_{3x}\\ {}^{0}F_{3y}\\ 0\end{bmatrix}={}_{3}^{0}\boldsymbol{R}\,{}^{3}\boldsymbol{F}_{2}^{G}=\begin{bmatrix}\cos(\theta_1+\theta_2) & -\sin(\theta_1+\theta_2) & 0\\ \sin(\theta_1+\theta_2) & \cos(\theta_1+\theta_2) & 0\\ 0 & 0 & 1\end{bmatrix}\begin{bmatrix}{}^{3}F_{3x}\\ {}^{3}F_{3y}\\ 0\end{bmatrix} $$

即工作阻力在坐标系{3}中的坐标与其在基坐标系{0}中的坐标关系为

$$ \begin{bmatrix}{}^{3}F_{3x}\\ {}^{3}F_{3y}\\ 0\end{bmatrix}=\begin{bmatrix}\cos(\theta_1+\theta_2) & \sin(\theta_1+\theta_2) & 0\\ -\sin(\theta_1+\theta_2) & \cos(\theta_1+\theta_2) & 0\\ 0 & 0 & 1\end{bmatrix}\begin{bmatrix}{}^{0}F_{3x}\\ {}^{0}F_{3y}\\ 0\end{bmatrix} \tag{1} $$

连杆2(末端执行器)对外工作对象输出的作用力在坐标系{3}中为 ${}^{3}\boldsymbol{f}_{2}^{G}=\begin{bmatrix}-{}^{3}F_{3x}\\ -{}^{3}F_{3y}\\ 0\end{bmatrix}$。

由【例5-2】可知 ${}_{3}^{2}\boldsymbol{T}=\begin{bmatrix}1 & 0 & 0 & l_2\\ 0 & 1 & 0 & 0\\ 0 & 0 & 1 & 0\\ 0 & 0 & 0 & 1\end{bmatrix}$,即坐标系{3}相对于坐标系{2}的姿态矩阵 ${}_{3}^{2}\boldsymbol{R}=\begin{bmatrix}1 & 0 & 0\\ 0 & 1 & 0\\ 0 & 0 & 1\end{bmatrix}$,故根据式(2-12)所示的向量在两个坐标系之间的转换关系,可求得连杆2(末端执行器)对外工作对象输出的作用力和作用力矩在坐标系{2}中分别为

$$ {}^{2}\boldsymbol{f}_{1}^{2}={}_{3}^{2}\boldsymbol{R}\,{}^{3}\boldsymbol{f}_{2}^{G}=\begin{bmatrix}1 & 0 & 0\\ 0 & 1 & 0\\ 0 & 0 & 1\end{bmatrix}\begin{bmatrix}-{}^{3}F_{3x}\\ -{}^{3}F_{3y}\\ 0\end{bmatrix}=\begin{bmatrix}-{}^{3}F_{3x}\\ -{}^{3}F_{3y}\\ 0\end{bmatrix} $$

$$ {}^{2}\boldsymbol{\tau}_{1}^{2}=l_2\hat{\boldsymbol{X}}_2\times\begin{bmatrix}-{}^{3}F_{3x}\\ -{}^{3}F_{3y}\\ 0\end{bmatrix}=\begin{bmatrix}0\\ 0\\ -l_2\,{}^{3}F_{3y}\end{bmatrix} $$

由【例5-2】可知 ${}_{2}^{1}\boldsymbol{T}=\begin{bmatrix}\cos\theta_2 & -\sin\theta_2 & 0 & l_1\\ \sin\theta_2 & \cos\theta_2 & 0 & 0\\ 0 & 0 & 1 & 0\\ 0 & 0 & 0 & 1\end{bmatrix}$,即坐标系{2}相对于坐标系{1}的姿态矩阵 ${}_{2}^{1}\boldsymbol{R}=\begin{bmatrix}\cos\theta_2 & -\sin\theta_2 & 0\\ \sin\theta_2 & \cos\theta_2 & 0\\ 0 & 0 & 1\end{bmatrix}$,故由式(5-47)可得连杆1对连杆2的作用力在坐标系{1}中分别为

$$ {}^{1}\boldsymbol{f}_{0}^{1}={}_{2}^{1}\boldsymbol{R}\,{}^{2}\boldsymbol{f}_{1}^{2}=\begin{bmatrix}\cos\theta_2 & -\sin\theta_2 & 0\\ \sin\theta_2 & \cos\theta_2 & 0\\ 0 & 0 & 1\end{bmatrix}\begin{bmatrix}-{}^{3}F_{3x}\\ -{}^{3}F_{3y}\\ 0\end{bmatrix}=\begin{bmatrix}-\cos\theta_2\,{}^{3}F_{3x}+\sin\theta_2\,{}^{3}F_{3y}\\ -\sin\theta_2\,{}^{3}F_{3x}-\cos\theta_2\,{}^{3}F_{3y}\\ 0\end{bmatrix} $$

$$ {}^{1}\boldsymbol{\tau}_{0}^{1}={}_{2}^{1}\boldsymbol{R}\,{}^{2}\boldsymbol{\tau}_{1}^{2}+{}^{1}\boldsymbol{P}_{2}\times{}^{1}\boldsymbol{f}_{0}^{1}=\begin{bmatrix}\cos\theta_2 & -\sin\theta_2 & 0\\ \sin\theta_2 & \cos\theta_2 & 0\\ 0 & 0 & 1\end{bmatrix}\begin{bmatrix}0\\ 0\\ -l_2\,{}^{3}F_{3y}\end{bmatrix}+\begin{bmatrix}l_1\\ 0\\ 0\end{bmatrix}\times\begin{bmatrix}-\cos\theta_2 F_{3x}+\sin\theta_2\,{}^{3}F_{3y}\\ -\sin\theta_2 F_{3x}-\cos\theta_2\,{}^{3}F_{3y}\\ 0\end{bmatrix} $$

$$=\begin{bmatrix}0\\0\\-l_2{}^3F_{3y}\end{bmatrix}+\begin{bmatrix}0\\0\\-l_1\sin\theta_2{}^3F_{3x}-l_1\cos\theta_2{}^3F_{3y}\end{bmatrix}=\begin{bmatrix}0\\0\\-l_1\sin\theta_2{}^3F_{3x}-l_1\cos\theta_2{}^3F_{3y}-l_2{}^3F_{3y}\end{bmatrix}$$

由式(5-48)可以求出两个关节的驱动力矩分别为

$${}^2\boldsymbol{N}_1^2=({}^2\boldsymbol{\tau}_1^2\cdot\boldsymbol{Z}_2)\boldsymbol{Z}_2=\begin{bmatrix}0\\0\\-l_2{}^3F_{3y}\end{bmatrix}$$

$${}^1\boldsymbol{N}_0^1=({}^1\boldsymbol{\tau}_0^1\cdot\boldsymbol{Z}_1)\boldsymbol{Z}_1=\begin{bmatrix}0\\0\\-l_1\sin\theta_2{}^3F_{3x}-l_1\cos\theta_2{}^3F_{3y}-l_2{}^3F_{3y}\end{bmatrix}$$

故

$${}^2N_1^2=({}^2\tau_1^2\cdot Z_2)=-l_2{}^3F_{3y}$$
$${}^1N_0^1=({}^1\tau_0^1\cdot Z_1)=-l_1\sin\theta_2{}^3F_{3x}-l_1\cos\theta_2{}^3F_{3y}-l_2{}^3F_{3y}$$

即

$$\boldsymbol{N}=\begin{bmatrix}{}^1N_0^1\\{}^2N_1^2\end{bmatrix}=\begin{bmatrix}l_1\sin\theta_2 & l_1\cos\theta_2+l_2\\0 & l_2\end{bmatrix}\begin{bmatrix}-{}^3F_{3x}\\-{}^3F_{3y}\end{bmatrix}\tag{2}$$

把式(1)代入式(2)可得

$$\boldsymbol{N}=\begin{bmatrix}{}^1N_0^1\\{}^2N_1^2\end{bmatrix}=\begin{bmatrix}l_1\sin\theta_2 & l_1\cos\theta_2+l_2\\0 & l_2\end{bmatrix}\begin{bmatrix}\cos(\theta_1+\theta_2) & -\sin(\theta_1+\theta_2)\\\sin(\theta_1+\theta_2) & \cos(\theta_1+\theta_2)\end{bmatrix}\begin{bmatrix}-{}^0F_{3x}\\-{}^0F_{3y}\end{bmatrix}$$
$$=\begin{bmatrix}-l_1\sin\theta_1-l_2\sin(\theta_1+\theta_2) & l_1\cos\theta_1+l_2\cos(\theta_1+\theta_2)\\-l_2\sin(\theta_1+\theta_2) & -l_2\cos(\theta_1+\theta_2)\end{bmatrix}\begin{bmatrix}{}^0F_{3x}\\{}^0F_{3y}\end{bmatrix}$$

即该机器人在基坐标系{0}中的雅可比矩阵为 J_F 为

$$\boldsymbol{J}_F=\begin{bmatrix}-l_1\sin\theta_1-l_2\sin(\theta_1+\theta_2) & l_1\cos\theta_1+l_2\cos(\theta_1+\theta_2)\\-l_2\sin(\theta_1+\theta_2) & -l_2\cos(\theta_1+\theta_2)\end{bmatrix}$$

对比【例 5-1】结果可知，力雅可比矩阵与速度雅可比矩阵之间的关系为 $\boldsymbol{J}_F=\boldsymbol{J}_V^T$，即力雅可比矩阵为速度雅可比矩阵的转置。

5.6 机器人力雅可比矩阵及其作用

对于一个 n 自由度机器人，若已知机器人末端连杆受到的阻力 $\boldsymbol{f}_n$（三维向量）和阻力矩 $\boldsymbol{M}_n$（三维向量），它们可以合写成六维向量：$\boldsymbol{F}_n=\begin{bmatrix}\boldsymbol{f}_n\\\boldsymbol{M}_n\end{bmatrix}^T=[f_{nx}\quad f_{ny}\quad f_{nz}\quad M_{nx}\quad M_{ny}\quad M_{nz}]^T$。为了平衡机器人末端执行器受到的阻力 $\boldsymbol{f}_n$ 和阻力矩 $\boldsymbol{M}_n$，机器人关节 1、关节 2、…、关节 n 各需要提供的驱动力 $\boldsymbol{N}=[N_1\quad N_2\quad \cdots\quad N_n]^T$ 为多大?

设机器人各连杆的关节变量为 $\boldsymbol{\theta}=[\theta_1\quad\theta_2\quad\cdots\quad\theta_n]^T$，关节速度为 $\dot{\boldsymbol{\theta}}=[\dot{\theta}_1\quad\dot{\theta}_2\quad\cdots\quad\dot{\theta}_n]^T$；末端连杆的速度为 $\boldsymbol{V}_n=\begin{bmatrix}v_n\\\omega_n\end{bmatrix}^T=[v_{nx}\quad v_{ny}\quad v_{nz}\quad\omega_x\quad\omega_y\quad\omega_z]^T$。则在不计摩擦的前提下，根据能量守恒原律，单位时间内所有驱动力所做的功和阻力所做的功应

该相等，即

$$N_1\dot{\theta}_1 + N_2\dot{\theta}_2 + \cdots + N_n\dot{\theta}_n = f_{nx}v_{nx} + f_{ny}v_{ny} + f_{nz}v_{nz} + M_{nx}\omega_{nx} + M_{ny}\omega_{ny} + M_{nz}\omega_{nz}$$，即

$$\boldsymbol{F}_n{}^T\boldsymbol{V}_n = \boldsymbol{N}^T\dot{\boldsymbol{\theta}} \tag{5-50}$$

由式(5-31)可知 $\boldsymbol{V}_n = \boldsymbol{J}_V\dot{\boldsymbol{\theta}}$，代入上式可得：$\boldsymbol{F}_n{}^T\boldsymbol{J}_V\dot{\boldsymbol{\theta}} = \boldsymbol{N}^T\dot{\boldsymbol{\theta}}$，故 $\boldsymbol{F}_n{}^T\boldsymbol{J}_V = \boldsymbol{N}^T$，两边取矩阵转置可得

$$\boldsymbol{N} = \boldsymbol{J}_V^T\boldsymbol{F}_n = \boldsymbol{J}_F\boldsymbol{F}_n \tag{5-51}$$

式(5-51)中的 $\boldsymbol{J}_F$ 称为机器人力雅可比矩阵，它是机器人速度雅可比矩阵 $\boldsymbol{J}_V^T$ 的转置。

与速度雅可比矩阵的作用相似，与机器人速度雅可比矩阵相关问题有两类：正向问题和逆向问题。

(1) 正向问题。已知机器人末端连杆 n 受到的外力和力矩 $\boldsymbol{F}_n = [f_{nx} \quad f_{ny} \quad f_{nz} \quad M_{nx} \quad M_{ny} \quad M_{nz}]^T$ 的情况下，求机器人各关节的驱动力 $\boldsymbol{N} = [N_1 \quad N_2 \quad \cdots \quad N_n]^T$。

(2) 逆向问题。已知机器人各关节的输出力 $\boldsymbol{N} = [N_1 \quad N_2 \quad \cdots \quad N_n]^T$，求在机器人末端连杆承受多大的外力和力矩 $\boldsymbol{F}_n = [f_{nx} \quad f_{ny} \quad f_{nz} \quad M_{nx} \quad M_{ny} \quad M_{nz}]^T$。

第一类问题(正向问题)求解方法：只要确定当前时刻机器人的力雅可比矩阵 $\boldsymbol{J}_F$，并把 $\boldsymbol{J}_F$ 和外力 $\boldsymbol{F}_n$ 代入式(5-51)即可解决。

第二类问题(逆向问题)求解方法：由式(5-51)中的雅可比矩阵 $\boldsymbol{J}_F$ 和 $\boldsymbol{N} = [N_1 \quad N_2 \quad \cdots \quad N_n]^T$ 为已知量，要确定 $\boldsymbol{F}_n = [f_{nx} \quad f_{ny} \quad f_{nz} \quad M_{nx} \quad M_{ny} \quad M_{nz}]^T$ 就变成如下代数方程组求解的问题：

$$\boldsymbol{J}_F\boldsymbol{F}_n = \begin{bmatrix} N_1 \\ N_1 \\ \vdots \\ N_n \end{bmatrix} \tag{5-52}$$

上述方程组是否有解，与力雅可比矩阵 $\boldsymbol{J}_F$ 的“秩”有关。线性代数中线性方程组有解的充分必要条件是：系数矩阵 $\boldsymbol{J}_F$ 的“秩”Rank($\boldsymbol{J}_F$)和增广矩阵 $[\boldsymbol{J}_F \quad \boldsymbol{N}]$ 的秩相等，即 Rank($\boldsymbol{J}_F$)=Rank($[\boldsymbol{J}_F \quad \boldsymbol{N}]$)，否则线性代数方程组(5-52)无解。

若式(5-52)出现“无解”情况，意味着在机器人末端连杆(末端执行器)工作空间的某个位置，指定的关节力在机器人末端产生的输出力的某些分量之间出现矛盾，此时机器人处于“奇异位姿”。

一般的代数方程组有规范的求解方法，即通过对增广矩阵进行初等行变换，获得“阶梯矩阵”(最简行矩阵)，就可以判断方程组是否有解以及解的结构。

上述方法适用于静力平衡计算，在计算过程中没有考虑构件的重力、构件的惯性力和惯性力矩以及运动副摩擦力和摩擦力矩，一般可以用于机器人运动速度较低的场合。当机器人的连杆高速运动时，构件的惯性力和惯性力矩不能忽略，此时需要研究机器人动力学问题。

5.7 机器人动力学

5.7.1 刚体做平动时的动能

如图 5-16 所示，刚体 B 相对于坐标系$\{A\}$做平动，即在运动过程中，刚体上的坐标系$\{B\}$相对于坐标系$\{A\}$的“姿态”始终保持不变，由于此时刚体上所有点的速度相同，都等于坐

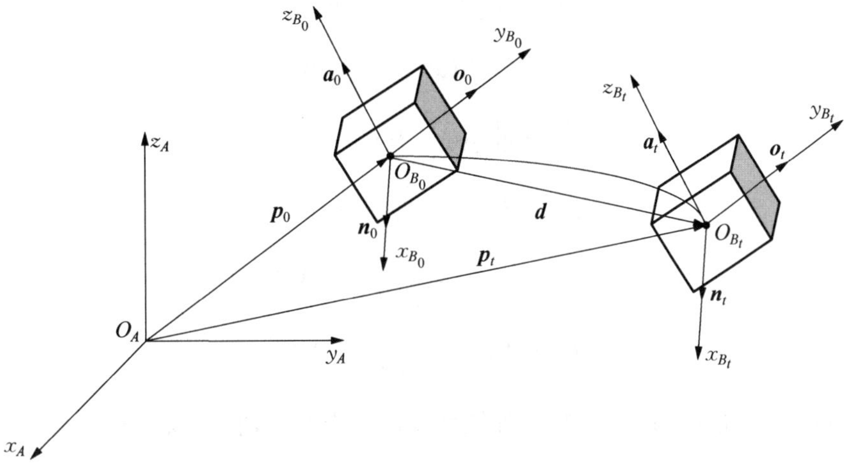

图 5 - 16 刚体做平动

标系$\{B\}$原点的速度$\dot{\boldsymbol{p}}_t$。设刚体的质量为 m，故刚体的动能 T 为

$$T=\frac{1}{2}m\dot{\boldsymbol{p}}_t^T\dot{\boldsymbol{p}}_t=\frac{1}{2}m\parallel\dot{\boldsymbol{p}}_t\parallel^2 \tag{5-53}$$

5.7.2 刚体做一般运动时的动能

5.7.2.1 刚体惯性张量

为了便于描述刚体转动动能，引入描述刚体惯性的参量“惯性张量”。

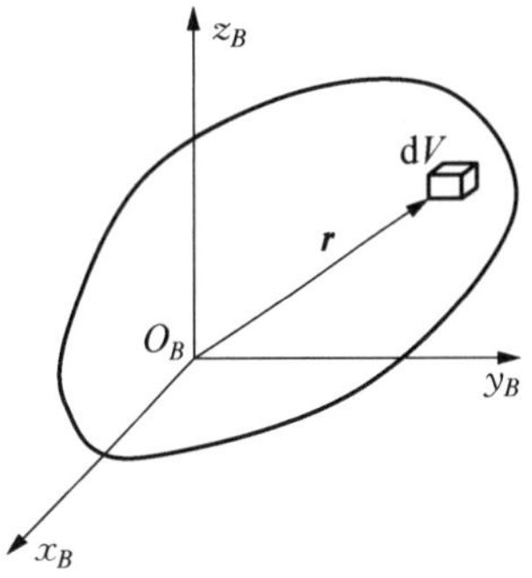

图 5 - 17 描述刚体质量分布的惯性张量

如图 5 - 17 所示，在刚体上建立坐标系$\{B\}$，设刚体在点 Q 处的位置向量$\overrightarrow{OQ}=\boldsymbol{r}=[x\quad y\quad z]^T$，密度为$\rho(r)$。与向量 $\boldsymbol{r}$ 对应的反对称矩阵$\hat{\boldsymbol{r}}=(\boldsymbol{r})^\wedge=\begin{bmatrix}0 & -z & y\\ z & 0 & -x\\ -y & x & 0\end{bmatrix}$，则坐标系$\{B\}$中的惯性张量可定义为

$$\begin{aligned}
{}^B\boldsymbol{I}&=\iiint_V\rho\hat{\boldsymbol{r}}\hat{\boldsymbol{r}}^T\mathrm{d}V=-\iiint_V\rho\hat{\boldsymbol{r}}^2\mathrm{d}V=\iiint_V\rho\left(\begin{bmatrix}0 & -z & y\\ z & 0 & -x\\ -y & x & 0\end{bmatrix}\begin{bmatrix}0 & z & -y\\ -z & 0 & x\\ y & -x & 0\end{bmatrix}\right)\mathrm{d}V\\
&=\begin{bmatrix}\iiint_V\rho(y^2+z^2)\mathrm{d}x\,\mathrm{d}y\,\mathrm{d}z & -\iiint_V\rho xy\,\mathrm{d}x\,\mathrm{d}y\,\mathrm{d}z & -\iiint_V\rho xz\,\mathrm{d}x\,\mathrm{d}y\,\mathrm{d}z\\ -\iiint_V\rho yx\,\mathrm{d}x\,\mathrm{d}y\,\mathrm{d}z & \iiint_V\rho(z^2+x^2)\mathrm{d}x\,\mathrm{d}y\,\mathrm{d}z & -\iiint_V\rho yz\,\mathrm{d}x\,\mathrm{d}y\,\mathrm{d}z\\ -\iiint_V\rho zx\,\mathrm{d}x\,\mathrm{d}y\,\mathrm{d}z & -\iiint_V\rho zy\,\mathrm{d}x\,\mathrm{d}y\,\mathrm{d}z & \iiint_V\rho(x^2+y^2)\mathrm{d}x\,\mathrm{d}y\,\mathrm{d}z\end{bmatrix}\\
&=\begin{bmatrix}I_{xx} & I_{xy} & I_{xz}\\ I_{yx} & I_{yy} & I_{yz}\\ I_{zx} & I_{zy} & I_{zz}\end{bmatrix}
\end{aligned}$$

(5 - 54)

其中

$$\left.\begin{aligned}
I_{xx}&=\iiint_V \rho(y^2+z^2)\rho \mathrm{d}V\\
I_{yy}&=\iiint_V \rho(x^2+z^2)\rho \mathrm{d}V\\
I_{zz}&=\iiint_V \rho(x^2+y^2)\rho \mathrm{d}V\\
I_{xy}&=I_{yx}=-\iiint_V \rho xy\rho \mathrm{d}V\\
I_{xz}&=I_{zx}=-\iiint_V \rho xz\rho \mathrm{d}V\\
I_{yz}&=I_{zy}=-\iiint_V \rho yz\rho \mathrm{d}V
\end{aligned}\right\} \tag{5-55}$$

式中，I_{xx} 为对 x 轴惯性矩；I_{yy} 为对 y 轴惯性矩；I_{zz} 为对 z 轴惯性矩；$I_{xy}=I_{yx}$、$I_{xz}=I_{zx}$、$I_{yz}=I_{zy}$ 为惯性积。

5.7.2.2 以质心为基点的连杆(刚体)动能计算方法

刚体的惯性张量可以用于计算刚体的转动动能。如图 5-18 所示，为描述机器人连杆 i 相对于基坐标系{0}的运动，可以将动坐标系{i}建立在刚体质心 C_i 处。

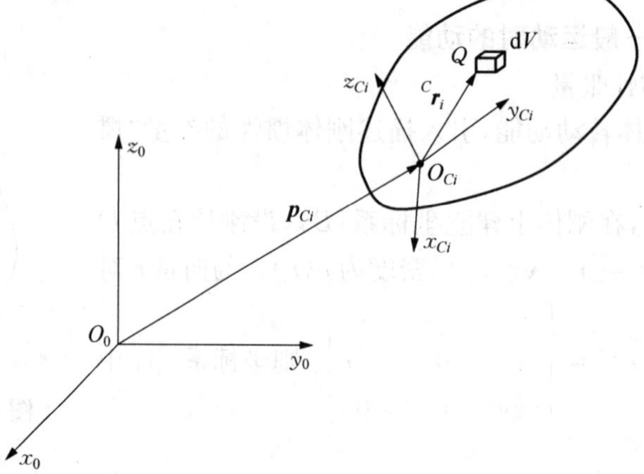

图 5-18 动坐标系位于连杆 i 质心时刚体的动能

如图 5-18 所示，在刚体上 Q 点附件的一个微元体 $\mathrm{d}V$，质量为 $\rho({}^C r_i)\mathrm{d}V$，则连杆 i 的质量为 $m_i=\iiint_V \rho({}^C r_i)\mathrm{d}V$，为常量。

坐标系{B}中刚体的质心位置为 $\bar{r}_C=\dfrac{\iiint_V {}^C r_i\rho({}^C r_i)\mathrm{d}V}{\iiint_V \rho({}^C r_i)\mathrm{d}V}$，当坐标系{$C$}原点 O_C 位于刚体质心 C 时，$\bar{r}_C=0$。

设连杆 i 的质心坐标系 c_i 相对于坐标系{0}的位姿为 ${}^0\boldsymbol{g}_{Ci}=\begin{bmatrix}{}^0R_{Ci} & {}^0p_{Ci}\\ 0 & 1\end{bmatrix}$。由式(2-16)可知连杆 i 上任一点 Q 在基坐标系{0} 中的位置为 ${}^0\boldsymbol{r}={}^0p_{Ci}+{}^0_{Ci}R\,{}^C r_i$；$Q$ 点相对于坐标系{A}的速度为

$$^{A}\dot{\boldsymbol{r}}_i = {}^{0}\dot{\boldsymbol{p}}_{Ci} + {}^{0}_{Ci}\dot{\boldsymbol{R}}\,{}^{C}\boldsymbol{r}_i + {}^{0}_{Ci}\boldsymbol{R}\,{}^{C}\dot{\boldsymbol{r}}_i = {}^{0}\dot{\boldsymbol{p}}_{Ci} + {}^{0}_{Ci}\dot{\boldsymbol{R}}\,{}^{C}\boldsymbol{r}_i \tag{5-56}$$

在连杆 i 上 Q 点附近的一个微元体 $\mathrm{d}V$，其质量为 $\rho\mathrm{d}V$，该微元体的动能为

$$T_{\mathrm{d}V} = \frac{1}{2}\rho\mathrm{d}V \| {}^{A}\dot{\boldsymbol{r}} \|^2 = \frac{1}{2}\rho\mathrm{d}V \| \dot{\boldsymbol{p}}_C + {}^{0}_{Ci}\dot{\boldsymbol{R}}\,{}^{C}\boldsymbol{r} \|^2 \tag{5-57}$$

$$\begin{aligned} \| \dot{\boldsymbol{p}}_C + {}^{A}\dot{\boldsymbol{R}}_C\,{}^{C}\boldsymbol{r} \|^2 &= ({}^{0}\dot{\boldsymbol{p}}_{Ci} + {}^{0}_{Ci}\dot{\boldsymbol{R}}\,{}^{C}\boldsymbol{r}_i)^T ({}^{0}\dot{\boldsymbol{p}}_{Ci} + {}^{0}_{Ci}\dot{\boldsymbol{R}}\,{}^{C}\boldsymbol{r}_i) \\ &= \| {}^{0}\dot{\boldsymbol{p}}_{Ci} \|^2 + 2\,{}^{0}\dot{\boldsymbol{p}}_{Ci}^{T}\,{}^{0}_{Ci}\dot{\boldsymbol{R}}\,{}^{C}\boldsymbol{r}_i + \| {}^{0}_{Ci}\dot{\boldsymbol{R}}\,{}^{C}\boldsymbol{r}_i \|^2 \end{aligned} \tag{5-58}$$

将式(5-58)代入式(5-57)，可得整个刚体的动能 K 为

$$\begin{aligned} K_i &= \frac{1}{2}\iiint_V \rho (\| {}^{0}\dot{\boldsymbol{p}}_{Ci} \|^2 + 2\,{}^{0}\dot{\boldsymbol{p}}_{Ci}^{T}\,{}^{0}_{Ci}\dot{\boldsymbol{R}}\,{}^{C}\boldsymbol{r}_i + \| {}^{0}_{Ci}\dot{\boldsymbol{R}}\,{}^{C}\boldsymbol{r}_i \|^2)\mathrm{d}V \\ &= \frac{1}{2}\iiint_V \rho \| {}^{0}\dot{\boldsymbol{p}}_C \|^2 \mathrm{d}V + \frac{1}{2}\iiint_V \rho \| {}^{0}_{Ci}\dot{\boldsymbol{R}}\,{}^{C}\boldsymbol{r}_i \|^2 \mathrm{d}V \end{aligned} \tag{5-59}$$

因坐标系原点位于刚体的质心 C_i，$\iiint_V \rho\,{}^{C}r_i \mathrm{d}V = 0$，故$\iiint_V \rho({}^{0}\dot{\boldsymbol{p}}_{Ci}^{T}\,{}^{0}\dot{\boldsymbol{R}}_{Ci}\,{}^{C}\boldsymbol{r}_i)\mathrm{d}V = 0$。刚体动能包括随质心 C_i 的平动动能 $T_{\mathrm{D}i}$ 和绕质心轴的转动动能 T_{Ri}，它们分别为

$$T_{\mathrm{D}i} = \frac{1}{2}\iiint_V \rho \| {}^{0}\dot{\boldsymbol{p}}_{Ci} \|^2 \mathrm{d}V = \frac{1}{2} m \| {}^{0}\dot{\boldsymbol{p}}_{Ci} \|^2 \tag{5-60}$$

$$T_R = \frac{1}{2}\iiint_V \rho \| {}^{0}_{Ci}\dot{\boldsymbol{R}}\,{}^{C}\boldsymbol{r}_i \|^2 \mathrm{d}V \tag{5-61}$$

式(5-61)可以化简。由式(5-18)可知连杆 i 转动的角速度向量${}^{0}\boldsymbol{\omega}_i$ 满足

$${}^{0}\hat{\boldsymbol{\omega}}_i = {}^{0}\dot{\boldsymbol{R}}_{Ci}\,{}^{0}\boldsymbol{R}_{Ci}^{T} \tag{5-62}$$

刚体转动角速度 $\boldsymbol{\omega}$ 在坐标系{0}和坐标系{i}之间的关系为

$${}^{0}\boldsymbol{\omega}_i = {}^{0}_{Ci}\boldsymbol{R}\,{}^{C}\boldsymbol{\omega}_i \tag{5-63}$$

现在面临的关键问题是，如何确定在坐标系{0}中描述的角速度张量${}^{0}\hat{\boldsymbol{\omega}}_i$，与坐标系{$i$}中描述的角速度张量${}^{C}\hat{\boldsymbol{\omega}}_i$ 之间的关系。

对于姿态矩阵 $\boldsymbol{R}$ 和向量 $\boldsymbol{a}$ 以及 $\boldsymbol{a}$ 的反对称矩阵 $(\boldsymbol{a})^{\wedge} = \hat{\boldsymbol{a}}$，存在以下关系式(参见本章末思考与练习第7题)：

$$(\boldsymbol{R}\boldsymbol{a})^{\wedge} = \boldsymbol{R}\hat{\boldsymbol{a}}\boldsymbol{R}^T \tag{5-64}$$

因而，$({}^{0}\boldsymbol{\omega}_i)^{\wedge} = {}^{0}\hat{\boldsymbol{\omega}} = ({}^{0}\boldsymbol{R}_{Ci}\,{}^{C}\boldsymbol{\omega}_i)^{\wedge} = {}^{0}\boldsymbol{R}_{Ci}\,{}^{C}\hat{\boldsymbol{\omega}}_i\,{}^{0}\boldsymbol{R}_{Ci}^{T}$，即

$${}^{0}\hat{\boldsymbol{\omega}}_i = {}^{0}_{Ci}\boldsymbol{R}\,{}^{C}\hat{\boldsymbol{\omega}}_i\,{}^{0}_{Ci}\boldsymbol{R}^T \tag{5-65}$$

由式(5-62)和式(5-64)可得 ${}^{0}_{Ci}\boldsymbol{R}\,{}^{C}\hat{\boldsymbol{\omega}}_i\,{}^{0}_{Ci}\boldsymbol{R}^T = {}^{0}_{Ci}\dot{\boldsymbol{R}}\,{}^{0}_{Ci}\boldsymbol{R}^T$，故

$$\left.\begin{aligned} {}^{C}\hat{\boldsymbol{\omega}}_i &= {}^{0}_{Ci}\boldsymbol{R}^T\,{}^{0}_{Ci}\dot{\boldsymbol{R}} \\ {}^{0}_{Ci}\dot{\boldsymbol{R}} &= {}^{0}_{Ci}\boldsymbol{R}\,{}^{C}\hat{\boldsymbol{\omega}}_i \end{aligned}\right\} \tag{5-66}$$

将式(5-66)代入式(5-61)可得

$$\iiint_V \frac{1}{2}\rho({}^0\dot{\boldsymbol{R}}_{Ci}{}^C\boldsymbol{r}_i)^T({}_{Ci}^0\dot{\boldsymbol{R}}{}^C\boldsymbol{r}_i)\mathrm{d}V=\iiint_V \frac{1}{2}\rho({}_{Ci}^0\boldsymbol{R}{}^C\hat{\boldsymbol{\omega}}_i{}^C\boldsymbol{r}_i)^T({}_{Ci}^0\boldsymbol{R}{}^C\hat{\boldsymbol{\omega}}_i{}^C\boldsymbol{r}_i)\mathrm{d}V$$

$$=\iiint_V \frac{1}{2}\rho({}^C\hat{\boldsymbol{r}}_i{}^C\boldsymbol{\omega}_i)^T({}^C\hat{\boldsymbol{r}}_i{}^C\boldsymbol{\omega}_i)\mathrm{d}V=\iiint_V \frac{1}{2}{}^C\boldsymbol{\omega}_i^T({}^C\hat{\boldsymbol{r}}_i^{TC}\hat{\boldsymbol{r}}_i){}^C\boldsymbol{\omega}_i\mathrm{d}V$$

$$=\frac{1}{2}{}^C\boldsymbol{\omega}_i^T\left[\iiint_V({}^C\hat{\boldsymbol{r}}^{TC}\hat{\boldsymbol{r}})\mathrm{d}V\right]{}^C\boldsymbol{\omega}_i$$

上式中利用了 ${}^C\hat{\boldsymbol{\omega}}_i{}^C\boldsymbol{r}_i=-{}^C\hat{\boldsymbol{r}}_i{}^C\boldsymbol{\omega}_i$。又

$${}^C\hat{\boldsymbol{r}}_i^{TC}\hat{\boldsymbol{r}}_i=\begin{bmatrix}0 & {}^Cz_i & -{}^Cy_i\\ -{}^Cz_i & 0 & {}^Cx_i\\ {}^Cy_i & -{}^Cx_i & 0\end{bmatrix}\begin{bmatrix}0 & -{}^Cz_i & {}^Cy_i\\ {}^Cz_i & 0 & -{}^Cx_i\\ -{}^Cy_i & {}^Cx_i & 0\end{bmatrix}$$

$$=\begin{bmatrix}{}^Cz_i^2+{}^Cy_i^2 & -{}^Cx_i{}^Cy_i & -{}^Cx{}^Cz\\ -{}^Cx_i{}^Cy_i & {}^Cz_i^2+{}^Cx_i^2 & -{}^Cy{}^Cz\\ -{}^Cz_i{}^Cx_i & -{}^Cz_i{}^Cy_i & {}^Cx^2+{}^Cy^2\end{bmatrix}$$

因而

$$\iiint_V \frac{1}{2}({}^C\hat{\boldsymbol{r}}^{TC}\hat{\boldsymbol{r}})\mathrm{d}V=\iiint_V \frac{1}{2}\begin{bmatrix}{}^Cz_i^2+{}^Cy_i^2 & -{}^Cx_i{}^Cy_i & -{}^Cx{}^Cz\\ -{}^Cx_i{}^Cy_i & {}^Cz_i^2+{}^Cx_i^2 & -{}^Cy{}^Cz\\ -{}^Cz_i{}^Cx_i & -{}^Cz_i{}^Cy_i & {}^Cx^2+{}^Cy^2\end{bmatrix}\mathrm{d}V$$

$$=\begin{bmatrix}{}^CI_{xx} & {}^CI_{xy} & {}^CI_{xz}\\ {}^CI_{yx} & {}^CI_{yy} & {}^CI_{yz}\\ {}^CI_{zx} & {}^CI_{zy} & {}^CI_{zz}\end{bmatrix}={}^C\boldsymbol{I}_i$$

$$\iiint_V \frac{1}{2}\rho({}_{Ci}^0\dot{\boldsymbol{R}}{}^C\boldsymbol{r}_i)^T({}_{Ci}^0\dot{\boldsymbol{R}}{}^C\boldsymbol{r}_i)\mathrm{d}V=\frac{1}{2}{}^C\boldsymbol{\omega}_i^T\left[\iiint_V({}^C\hat{\boldsymbol{r}}_i^{TC}\hat{\boldsymbol{r}}_i)\mathrm{d}V\right]{}^C\boldsymbol{\omega}_i=\frac{1}{2}{}^C\boldsymbol{\omega}_i^{TC}\boldsymbol{I}_i{}^C\boldsymbol{\omega}_i$$

因为 ${}^C\boldsymbol{\omega}_i={}_{Ci}^0\boldsymbol{R}^{T0}\boldsymbol{\omega}_i$，故

$$K_{Ri}=\frac{1}{2}{}^C\boldsymbol{\omega}_i^{TC}\boldsymbol{I}^C\boldsymbol{\omega}_i=\frac{1}{2}({}_{Ci}^0\boldsymbol{R}^{T0}\boldsymbol{\omega}_i)^{TC}\boldsymbol{I}({}_{Ci}^0\boldsymbol{R}^{T0}\boldsymbol{\omega})=\frac{1}{2}{}^0\boldsymbol{\omega}_i^T({}_{Ci}^0\boldsymbol{R}^C\boldsymbol{I}_i^0{}_{Ci}^0\boldsymbol{R}^T){}^0\boldsymbol{\omega}_i \quad (5-67)$$

由式(5-59)和式(5-67)可得刚体动能为

$$K_i=K_{Di}+K_{Ri}=\frac{1}{2}m\parallel{}^0\dot{\boldsymbol{p}}_{Ci}\parallel^2+\frac{1}{2}{}^C\boldsymbol{\omega}_i^{TC}\boldsymbol{I}_i{}^C\boldsymbol{\omega}_i=\frac{1}{2}m\parallel{}^0\dot{\boldsymbol{p}}_{Ci}\parallel^2+\frac{1}{2}{}^0\boldsymbol{\omega}_i^T({}_{Ci}^0\boldsymbol{R}^C\boldsymbol{I}_i{}_{Ci}^0\boldsymbol{R}^T){}^0\boldsymbol{\omega}_i \quad (5-68)$$

由式(5-68)可以看出，连杆动能包括随质心的平动动能和绕质心旋转的转动动能；连杆动能是连杆位姿的函数，也是质心速度以及连杆转动角速度的函数。在应用式(5-68)时，具体计算步骤如下：

(1) 将机器人在某一时刻 t 的关节变量 $\boldsymbol{\theta}=[\theta_1\quad\theta_2\quad\cdots\quad\theta_n]$ 代入式(3-4)可求出连杆 i 上的D-H坐标系$\{i\}$相对于机器人基坐标系$\{0\}$的位姿矩阵${}_i^0\boldsymbol{T}=\begin{bmatrix}\boldsymbol{R}_i & \boldsymbol{p}_i\\ 0 & 1\end{bmatrix}$。

(2) 利用 ${}^0\boldsymbol{T}_i=\begin{bmatrix}\boldsymbol{R}_i & \boldsymbol{p}_i\\0 & 1\end{bmatrix}$ 求出坐标$\{i\}$原点线速度 $\dot{\boldsymbol{p}}_i$；再利用式(5-19)求出连杆的转动角度 ${}^0\boldsymbol{\omega}_i$。

(3) 利用质心坐标系$\{C_i\}$与坐标系$\{i\}$的位置矩阵 ${}^i\boldsymbol{T}_{Ci}$ 求出质心坐标系$\{C\}$相对于基坐标系的位姿 ${}^0_{Ci}\boldsymbol{T}={}^0_i\boldsymbol{T}{}^i_{Ci}\boldsymbol{T}=\begin{bmatrix}{}^0_{Ci}\boldsymbol{R} & {}^0\boldsymbol{p}_{Ci}\\0 & 1\end{bmatrix}$。

(4) 利用上式可求出连杆 i 质心的速度 ${}^0\dot{\boldsymbol{p}}_{Ci}$。

(5) 将连杆 i 质心速度 ${}^0\dot{\boldsymbol{p}}_{Ci}$、连杆转动角速度 ${}^0\boldsymbol{\omega}_i$、质心坐标系$\{C_i\}$相对于机器人基坐标系$\{0\}$的姿态矩阵 ${}^0\boldsymbol{R}_{Ci}$、连杆 i 相对于其质心的惯性张量 ${}^C\boldsymbol{I}_i$ 代入式(5-68)可计算出连杆 i 的动能 K_i。

5.7.3 拉格朗日动力学方程

5.7.3.1 拉格朗日动力学方程的建立

机器人在高速运动时，连杆的惯性力和惯性力矩对机器人末端执行器的运动轨迹精度和姿态精度有较大的影响，不能忽略不计，在这种情况下，需要研究机器人中作用力和运动的关系，这就是机器人的动力学问题。

通过机器人动力学方程研究机器人的动力学问题，特别是在已知驱动力的作用下，如何确定机器人各连杆的真实运动，是机器人动力学的根本问题。建立机器人动力学方程的方法有多种，如牛顿-欧拉迭代方法、凯恩方法、拉格朗日方程方法等，这些方法对于研究机器人的运动而言是等效的。在这些方法中，最直接的方法就是拉格朗日方程方法，它最大的优势在于：在不必求运动副之间作用力的情况下，就可以直接获得机器人的动力学方程。

对于一个 n 自由度机器人，其关节变量 $\boldsymbol{\theta}=[\theta_1\quad\theta_2\quad\cdots\quad\theta_n]^T$，关节速度 $\dot{\boldsymbol{\theta}}=[\dot{\theta}_1\quad\dot{\theta}_2\quad\cdots\quad\dot{\theta}_n]^T$，可以由式(5-68)计算机器人连杆 i 的动能为 K_i，设连杆 i 的势能为 P_i；则机器人的动能 K 和势能 P 分别为

$$K(\boldsymbol{\theta},\dot{\boldsymbol{\theta}})=\sum_{i=1}^{n}K_i \tag{5-69}$$

$$P(\boldsymbol{\theta})=\sum_{i=1}^{n}P_i \tag{5-70}$$

机器人的拉格朗日函数 L 为

$$L(\boldsymbol{\theta},\dot{\boldsymbol{\theta}})=K-P \tag{5-71}$$

则关节 i 的驱动力(转动关节为驱动力矩，移动关节为驱动力 N_i)为

$$N_i=\frac{\mathrm{d}}{\mathrm{d}t}\left(\frac{\partial L}{\partial\dot{\theta}_i}\right)-\frac{\partial L}{\partial\theta_i} \tag{5-72}$$

应该指出，对于 n 自由度机器人，其动能 K 是关节变量 θ_1、θ_2、…、θ_n 和关节速度 $\dot{\theta}_1$、$\dot{\theta}_2$、…、$\dot{\theta}_n$ 共 $2n$ 个变量的函数；而势能 P 仅仅是关节变量 θ_1、θ_2、…、θ_n 的函数；因此，拉格朗日函数 L 对关节速度 $\dot{\theta}_i$ 求偏导数 $\partial L/\partial\theta_i$，是把 n 个关节变量 θ_1、θ_2、…、θ_n 和其余 $n-1$ 个关节速度 $\dot{\theta}_1$、$\dot{\theta}_2$、…、$\dot{\theta}_{i-1}$、$\dot{\theta}_{i+1}$、…、$\dot{\theta}_n$ 当作“常量”，而只对关节速度 $\dot{\theta}_i$ 求导。

【例5-4】 试求如图5-19所示的平面2自由度机器人的机器人动力学方程。

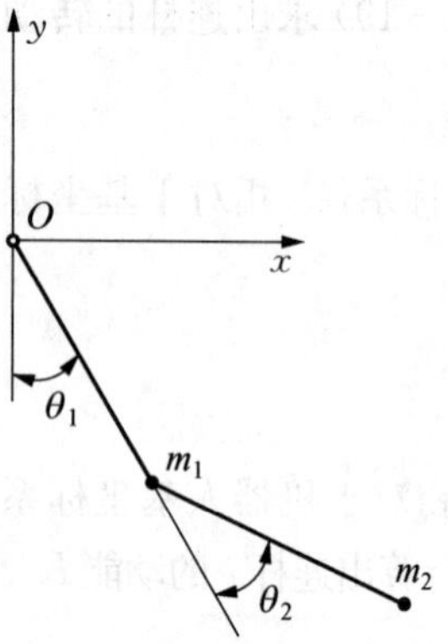

图 5-19 平面 2 自由度机器人

解: 1) 求连杆质心坐标

由图 5-19 可得连杆 1 和连杆 2 的质心坐标分别为

$$\begin{bmatrix} x_{c1} \\ y_{c1} \end{bmatrix} = \begin{bmatrix} l_1\sin\theta_1 \\ -l_1\cos\theta_1 \end{bmatrix} \tag{1}$$

$$\begin{bmatrix} x_{c2} \\ y_{c2} \end{bmatrix} = \begin{bmatrix} l_1\sin\theta_1 + l_2\sin(\theta_1+\theta_2) \\ -l_1\cos\theta_1 - l_2\cos(\theta_1+\theta_2) \end{bmatrix} \tag{2}$$

2) 求连杆质心速度

由式(1)、式(2)可得

$$\begin{bmatrix} \dot{x}_{c1} \\ \dot{y}_{c1} \end{bmatrix} = \begin{bmatrix} l_1\dot{\theta}_1\cos\theta_1 \\ l_1\dot{\theta}_1\sin\theta_1 \end{bmatrix} \tag{3}$$

$$\begin{bmatrix} \dot{x}_{c2} \\ \dot{y}_{c2} \end{bmatrix} = \begin{bmatrix} l_1\dot{\theta}_1\cos\theta_1 + l_2(\dot{\theta}_1+\dot{\theta}_2)\cos(\theta_1+\theta_2) \\ l_1\dot{\theta}_1\sin\theta_1 + l_2(\dot{\theta}_1+\dot{\theta}_2)\sin(\theta_1+\theta_2) \end{bmatrix} \tag{4}$$

故

$$v_{c1}^2 = l_1^2\dot{\theta}_1^2$$

$$v_{c2}^2 = l_1^2\dot{\theta}_1^2 + l_2^2(\dot{\theta}_1+\dot{\theta}_2)^2 + 2l_1l_2\dot{\theta}_1(\dot{\theta}_1+\dot{\theta}_2)\cos\theta_2$$

3) 求系统动能

连杆 1 和连杆 2 的动能分别为

$$K_1 = \frac{1}{2}m_1v_{c1}^2 = \frac{1}{2}m_1l_1^2\dot{\theta}_1^2$$

$$K_2 = \frac{1}{2}m_2v_{c2}^2 = \frac{1}{2}m_2[l_1^2\dot{\theta}_1^2 + l_2^2(\dot{\theta}_1+\dot{\theta}_2)^2 + 2l_1l_2\dot{\theta}_1(\dot{\theta}_1+\dot{\theta}_2)\cos\theta_2]$$

$$= \frac{1}{2}m_2l_1^2\dot{\theta}_1^2 + \frac{1}{2}m_2l_2^2(\dot{\theta}_1+\dot{\theta}_2)^2 + m_2l_1l_2(\dot{\theta}_1^2+\dot{\theta}_1\dot{\theta}_2)\cos\theta_2$$

由式(5-69)可求得系统的总动能为

$$K = K_1 + K_2 = \frac{1}{2}m_1l_1^2\dot{\theta}_1^2 + \frac{1}{2}m_2l_1^2\dot{\theta}_1^2 + \frac{1}{2}m_2l_2^2(\dot{\theta}_1+\dot{\theta}_2)^2 + m_2l_1l_2(\dot{\theta}_1^2+\dot{\theta}_1\dot{\theta}_2)\cos\theta_2$$

$$= \frac{1}{2}(m_1+m_2)l_1^2\dot{\theta}_1^2 + \frac{1}{2}m_2l_2^2(\dot{\theta}_1+\dot{\theta}_2)^2 + m_2l_1l_2(\dot{\theta}_1^2+\dot{\theta}_1\dot{\theta}_2)\cos\theta_2 \tag{5}$$

4) 求系统势能

由式(5-70)可得系统的总势能为

$$P = P_1 + P_2 = -m_1l_1g\cos\theta_1 - m_2g[l_1\cos\theta_1 + l_2\cos(\theta_1+\theta_2)] \tag{6}$$

5) 求拉格朗日函数

将式(5)和式(6)代入式(5-71),可求得机器人的拉格朗日函数为

$$L = K - P = \frac{1}{2}(m_1+m_2)l_1^2\dot{\theta}_1^2 + \frac{1}{2}m_2l_2^2(\dot{\theta}_1+\dot{\theta}_2)^2 + m_2l_1l_2(\dot{\theta}_1^2+\dot{\theta}_1\dot{\theta}_2)\cos\theta_2 +$$

$$m_1l_1g\cos\theta_1 + m_2g[l_1\cos\theta_1 + l_2\cos(\theta_1+\theta_2)] \tag{7}$$

6）求关节驱动力

将式(7)代入式(5-72)，可求得两个关节的驱动力矩为

$$\frac{\partial L}{\partial \dot{\theta}_1}=(m_1+m_2)l_1^2\dot{\theta}_1+m_2l_2^2(\dot{\theta}_1+\dot{\theta}_2)+m_2l_1l_2(2\dot{\theta}_1+\dot{\theta}_2)\cos\theta_2$$

$$\begin{aligned}\frac{d}{dt}\left(\frac{\partial L}{\partial \dot{\theta}_1}\right)&=(m_1+m_2)l_1^2\ddot{\theta}_1+m_2l_2^2(\ddot{\theta}_1+\ddot{\theta}_2)+m_2l_1l_2[(2\ddot{\theta}_1+\ddot{\theta}_2)\cos\theta_2-(2\dot{\theta}_1\dot{\theta}_2+\dot{\theta}_2^2)\sin\theta_2]\\&=[(m_1+m_2)l_1^2+m_2l_2^2+2m_2l_1l_2\cos\theta_2]\ddot{\theta}_1+(m_2l_2^2+m_2l_1l_2\cos\theta_2)\ddot{\theta}_2-\\&\quad 2m_2l_1l_2\dot{\theta}_1\dot{\theta}_2\sin\theta_2-m_2l_1l_2\dot{\theta}_2^2\sin\theta_2\end{aligned}$$

$$\frac{\partial L}{\partial \theta_1}=-m_1gl_1\sin\theta_1-m_2gl_1\sin\theta_1-m_2gl_2\sin(\theta_1+\theta_2)$$

$$\begin{aligned}L=K-P=&\frac{1}{2}(m_1+m_2)l_1^2\dot{\theta}_1^2+\frac{1}{2}m_2l_2^2(\dot{\theta}_1+\dot{\theta}_2)^2+m_2l_1l_2(\dot{\theta}_1^2+\dot{\theta}_1\dot{\theta}_2)\cos\theta_2+\\&m_1l_1g\cos\theta_1+m_2g[l_1\cos\theta_1+l_2\cos(\theta_1+\theta_2)]\end{aligned}$$

$$\frac{\partial L}{\partial \dot{\theta}_2}=m_2l_2^2(\dot{\theta}_1+\dot{\theta}_2)+m_2l_1l_2\dot{\theta}_1\cos\theta_2$$

$$\frac{d}{dt}\left(\frac{\partial L}{\partial \dot{\theta}_2}\right)=m_2l_2^2(\ddot{\theta}_1+\ddot{\theta}_2)+m_2l_1l_2\ddot{\theta}_1\cos\theta_2-m_2l_1l_2\dot{\theta}_1\dot{\theta}_2\sin\theta_2$$

$$\frac{\partial L}{\partial \theta_2}=-m_2l_1l_2(\dot{\theta}_1^2+\dot{\theta}_1\dot{\theta}_2)\sin\theta_2-m_2gl_2\sin(\theta_1+\theta_2)$$

关节1和关节2的驱动力矩为

$$\begin{aligned}N_1=&\frac{d}{dt}\left(\frac{\partial L}{\partial \dot{\theta}_1}\right)-\frac{\partial L}{\partial \theta_1}\\=&[(m_1+m_2)l_1^2+m_2l_2^2+2m_2l_1l_2\cos\theta_2]\ddot{\theta}_1+(m_2l_2^2+m_2l_1l_2\cos\theta_2)\ddot{\theta}_2-\\&2m_2l_1l_2\dot{\theta}_1\dot{\theta}_2\sin\theta_2-m_2l_1l_2\dot{\theta}_2^2\sin\theta_2+(m_1+m_2)gl_1\sin\theta_1+m_2gl_2\sin(\theta_1+\theta_2)\end{aligned}$$

$$N_2=\frac{d}{dt}\left(\frac{\partial L}{\partial \dot{\theta}_2}\right)-\frac{\partial L}{\partial \theta_2}=(m_2l_2^2+m_2l_1l_2\cos\theta_2)\ddot{\theta}_1+m_2l_2^2\ddot{\theta}_2+m_2l_1l_2\dot{\theta}_1^2\sin\theta_2+m_2gl_2\sin(\theta_1+\theta_2)$$

即

$$\begin{aligned}\begin{bmatrix}N_1\\N_1\end{bmatrix}=&\begin{bmatrix}(m_1+m_2)l_1^2+m_2l_2^2+2m_2l_1l_2\cos\theta_2 & m_2l_2^2+m_2l_1l_2\cos\theta_2\\ m_2l_2^2+m_2l_1l_2\cos\theta_2 & m_2l_2^2\end{bmatrix}\begin{bmatrix}\ddot{\theta}_1\\\ddot{\theta}_2\end{bmatrix}+\\&\begin{bmatrix}2m_2l_1l_2\dot{\theta}_1\dot{\theta}_2\sin\theta_2-m_2l_1l_2\dot{\theta}_2^2\sin\theta_2\\ m_2l_2^2\ddot{\theta}_2+m_2l_1l_2\dot{\theta}_1^2\sin\theta_2\end{bmatrix}+\begin{bmatrix}(m_1+m_2)gl_1\sin\theta_1+m_2gl_2\sin(\theta_1+\theta_2)\\ m_2gl_2\sin(\theta_1+\theta_2)\end{bmatrix}\end{aligned}\tag{5-73}$$

或

$$\begin{aligned}\begin{bmatrix}N_1\\N_1\end{bmatrix}=&\begin{bmatrix}(m_1+m_2)l_1^2+m_2l_2^2+2m_2l_1l_2\cos\theta_2 & m_2l_2^2+m_2l_1l_2\cos\theta_2\\ m_2l_2^2+m_2l_1l_2\cos\theta_2 & m_2l_2^2\end{bmatrix}\begin{bmatrix}\ddot{\theta}_1\\\ddot{\theta}_2\end{bmatrix}+\\&\begin{bmatrix}0 & -m_2l_1l_2\sin\theta_2\\ m_2l_1l_2\sin\theta_2 & 0\end{bmatrix}\begin{bmatrix}\dot{\theta}_1^2\\\dot{\theta}_2^2\end{bmatrix}+\begin{bmatrix}-m_2l_1l_2\sin\theta_2 & -m_2l_1l_2\sin\theta_2\\ 0 & 0\end{bmatrix}\begin{bmatrix}\dot{\theta}_1\dot{\theta}_2\\\dot{\theta}_2\dot{\theta}_1\end{bmatrix}+\end{aligned}$$

$$\begin{bmatrix}(m_1+m_2)gl_1\sin\theta_1+m_2gl_2\sin(\theta_1+\theta_2)\\ m_2gl_2\sin(\theta_1+\theta_2)\end{bmatrix} \tag{5-74}$$

式中，含 $\dot{\theta}_1^2$ 和 $\dot{\theta}_2^2$ 项为离心惯性力项；含 $\dot{\theta}_1\dot{\theta}_2$ 项为科里奥利惯性力项；含 m_ig 项为重力项。一般的机器人动力学方程是时变、多变量、非线性、强耦合的特点。

5.7.3.2 拉格朗日动力学方程的结构

由式(5－68)可以求得机器人所有连杆的动能之和为

$$K(\boldsymbol{\theta},\dot{\boldsymbol{\theta}})=\sum_{i=1}^{n}K_i=\frac{1}{2}\dot{\boldsymbol{\theta}}^T\boldsymbol{M}(\boldsymbol{\theta})\dot{\boldsymbol{\theta}} \tag{5-75}$$

式中，n 阶对称方阵 $\boldsymbol{M}(\boldsymbol{\theta})$ 称为机器人的**质量矩阵**，因为机器人的动能总为正值，故 $\boldsymbol{M}(\boldsymbol{\theta})$ 是正定矩阵；矩阵中的每个元素是 n 个关节变量 θ_1、θ_2、…、θ_n 的函数。矩阵对于 n 自由度机器人，由式(5－72)求出的关节驱动力方程有 n 个，由它们组成的方程组为

$$\boldsymbol{N}=\boldsymbol{M}(\boldsymbol{\theta})\ddot{\boldsymbol{\theta}}+\boldsymbol{H}(\boldsymbol{\theta},\dot{\boldsymbol{\theta}})+\boldsymbol{G}(\boldsymbol{\theta}) \tag{5-76}$$

式中，$\ddot{\boldsymbol{\theta}}=[\ddot{\theta}_1\quad\ddot{\theta}_2\quad\cdots\quad\ddot{\theta}_n]^T$；$\boldsymbol{N}=[N_1\quad N_2\quad\cdots\quad N_n]^T$ 为关节驱动力向量；$n\times1$ 矩阵 $\boldsymbol{H}(\boldsymbol{\theta},\dot{\boldsymbol{\theta}})$ 为惯性力项(包括离心惯性力和科里奥利惯性力)，它是机器人关节变量、关节速度以及机器人位置和速度的函数；位置 $n\times1$ 矩阵 $\boldsymbol{G}(\boldsymbol{\theta})$ 为重力向量，它是机器人位置的函数。式(5－73)为平面2自由度机器人的形如式(5－76)的动力学方程。

也可以将式(5－76)中的离心力项和科里奥利力项分开，式(5－76)可改写为

$$\boldsymbol{N}=\boldsymbol{M}(\boldsymbol{\theta})\ddot{\boldsymbol{\theta}}+\boldsymbol{C}(\boldsymbol{\theta})[\boldsymbol{\theta}^2]+\boldsymbol{V}(\boldsymbol{\theta})[\boldsymbol{\theta}\boldsymbol{\theta}]+\boldsymbol{G}(\boldsymbol{\theta}) \tag{5-77}$$

式中，$[\boldsymbol{\theta}^2]=[\theta_1^2\quad\theta_2^2\quad\cdots\quad\theta_n^2]^T$ 为 $n\times1$ 阶向量；关节速度积向量 $[\boldsymbol{\theta}\boldsymbol{\theta}]=[\theta_1\theta_2\quad\theta_1\theta_3\quad\cdots\quad\theta_{n-1}\theta_n]^T$ 为 $n(n-1)/2\times1$ 阶向量；$n\times n$ 矩阵 $\boldsymbol{C}(\boldsymbol{\theta})$ 为离心力系数矩阵，它仅仅是机器人位置的函数；$n\times n(n-1)/2$ 矩阵 $\boldsymbol{V}(\boldsymbol{\theta})$ 为科里奥利惯性力系数矩阵；$n\times1$ 矩阵 $\boldsymbol{G}(\boldsymbol{\theta})$ 为重力向量。式(5－74)为平面2自由度机器人的形如式(5－77)的动力学方程。

说明：式(5－76)和式(5－77)中，连杆 i 的驱动力 $N_i=\mathrm{d}(\partial L/\partial\dot{\theta}_i)/\mathrm{d}t-\partial L/\partial\theta_i$ 一般是耦合方程，这里的耦合是指某一关节的驱动力或力矩中包含有其他关节变量或关节变量导数。由于机器人动力学方程一般包含离心力项 $\dot{\theta}_i^2$ 和科里奥利力项 $\dot{\theta}_j\dot{\theta}_k$，求解较为困难。

式(5－76)或式(5－77)左边仅为实现等式右边机器人连杆的运动时，机器人的关节所需要提供的驱动力 $\boldsymbol{N}=[N_1\quad N_2\quad\cdots\quad N_n]^T$；它没有涉及连杆运动副受到的摩擦力 $\boldsymbol{\tau}_f(\boldsymbol{\theta},\dot{\boldsymbol{\theta}})=[\tau_{f1}\quad\tau_{f2}\quad\cdots\quad\tau_{fn}]^T$ 以及连杆受到的其他阻力等效到关节上的当量阻力 $\boldsymbol{\tau}_R(\boldsymbol{\theta})=[\tau_{R1}\quad\tau_{R2}\quad\cdots\quad\tau_{Rn}]^T$；如果考虑到这些力的作用，式(5－76)应改写为

$$\boldsymbol{N}=\boldsymbol{M}(\boldsymbol{\theta})\ddot{\boldsymbol{\theta}}+\boldsymbol{H}(\boldsymbol{\theta},\dot{\boldsymbol{\theta}})+\boldsymbol{G}(\boldsymbol{\theta})+\boldsymbol{\tau}_f(\boldsymbol{\theta},\dot{\boldsymbol{\theta}})+\boldsymbol{\tau}_R(\boldsymbol{\theta}) \tag{5-78}$$

5.7.3.3 拉格朗日动力学方程的应用

拉格朗日动力学方程可以解决以下两类问题：

(1) 正问题。已知关节变量 $\boldsymbol{\theta}=[\theta_1\quad\theta_2\quad\cdots\quad\theta_n]^T$、关节速度 $\dot{\boldsymbol{\theta}}=[\dot{\theta}_1\quad\dot{\theta}_2\quad\cdots\quad\dot{\theta}_n]^T$ 和关节加速度 $\ddot{\boldsymbol{\theta}}=[\ddot{\theta}_1\quad\ddot{\theta}_2\quad\cdots\quad\ddot{\theta}_n]^T$，求每个关节的驱动力 $\boldsymbol{N}=[N_1\quad N_2\quad\cdots\quad N_n]^T$。

(2) 反问题。已知关节的驱动力 $\boldsymbol{N}=[N_1\quad N_2\quad\cdots\quad N_n]^T$，求机器人的运动规律，即每

个关节的变量 $\boldsymbol{\theta}=[\theta_1 \quad \theta_2 \quad \cdots \quad \theta_n]^T$ 的运动规律。

正问题求解较为简单，只需把关节变量 $\boldsymbol{\theta}=[\theta_1 \quad \theta_2 \quad \cdots \quad \theta_n]^T$、关节速度 $\dot{\boldsymbol{\theta}}=[\dot{\theta}_1 \quad \dot{\theta}_2 \quad \cdots \quad \dot{\theta}_n]^T$ 和关节加速度 $\ddot{\boldsymbol{\theta}}=[\ddot{\theta}_1 \quad \ddot{\theta}_2 \quad \cdots \quad \ddot{\theta}_n]^T$ 代入式(5-76)或式(5-77)，经过矩阵运算即可求出驱动力 $\boldsymbol{N}=[N_1 \quad N_2 \quad \cdots \quad N_n]^T$。

反问题，如机器人弧焊中的轨迹跟踪问题就属于此类。此时 $\boldsymbol{N}=[N_1 \quad N_2 \quad \cdots \quad N_n]^T$ 为已知量，需要利用式(5-76)或式(5-77)的方程组求解关节变量 $\boldsymbol{\theta}=[\theta_1 \quad \theta_2 \quad \cdots \quad \theta_n]^T$ 是否与规划的轨迹相符。由于该方程组为耦合的非线性方程组，求解析解较为困难，但一般可以利用数值计算的方法求得数值解。研究机器人的动力学问题可以借助机械系统动力学自动分析(automatic dynamic analysis of mechanical systems，ADAMS)软件进行。

参考文献

[1] Craig J J. Introduction to robotics mechanics and control [M]. 3rd ed. [S. l.]: Person Education, Inc., 2005.

[2] Niku S B. Introduction to robotics: analysis, control, applications [M]. 2nd ed. [S. l.]: John Wiley & Sons, Inc., 2010.

[3] 哈尔滨工业大学理论力学教研室. 理论力学：Ⅱ[M]. 8版. 北京：高等教育出版社，2016.

思考与练习

1. 试求图3-12所示平面3自由度机器人的速度雅可比矩阵和力雅可比矩阵，并求使机器人末端产生 ${}^0\boldsymbol{F}=50\boldsymbol{i}+20\boldsymbol{j}+10\boldsymbol{k}$（$\boldsymbol{i}$、$\boldsymbol{j}$、$\boldsymbol{k}$ 为基坐标系 x 轴、y 轴、z 轴的单位向量）的关节力。

2. 试求图3-13所示SCARA机器人的速度雅可比矩阵。

3. 试画出一个3自由度机器人的机构运动简图，它的线速度雅可比矩阵为三阶单位阵。

4. 某一3自由度机器人的运动学方程为

$$
{}_3^0\boldsymbol{T}=\begin{bmatrix}
\cos\theta_1\cos(\theta_2+\theta_3) & -\cos\theta_1\sin(\theta_2+\theta_3) & \sin\theta_1 & l_1\cos\theta_1+l_2\cos\theta_1\cos\theta_2 \\
\sin\theta_1\cos(\theta_2+\theta_3) & -\sin\theta_1\sin(\theta_2+\theta_3) & -\cos\theta_1 & l_1\sin\theta_1+l_2\sin\theta_1\cos\theta_2 \\
\sin(\theta_2+\theta_3) & \cos(\theta_2+\theta_3) & 0 & l_2\sin\theta_2 \\
0 & 0 & 0 & 1
\end{bmatrix}
$$

试求其速度雅可比矩阵 ${}^0\boldsymbol{J}$。

5. 如图5-20所示为一具有测力装置的末端执行器示意图，已知传感器相对于腕部坐标系 $\{W\}$ 的位姿为 ${}_S^W\boldsymbol{T}$，工具坐标系 $\{T\}$ 相对于腕部坐标系 $\{W\}$ 的位姿为 ${}_T^W\boldsymbol{T}$。力传感器的输出（相对于传感器坐标系 $\{S\}$）为 ${}^S\boldsymbol{F}=[{}^Sf \quad {}^S\tau]^T$（${}^Sf\in\mathbf{R}^3$ 为作用力，${}^S\boldsymbol{\tau}\in\mathbf{R}^3$ 为作用力矩）；设末端执行器受到的作用力（相对于工具坐标系 $\{T\}$）${}^T\boldsymbol{F}=[{}^Tf \quad {}^T\tau]^T$（${}^Tf\in\mathbf{R}^3$ 为作用力，${}^T\tau\in\mathbf{R}^3$ 为作用力矩）。试求出从传感器输出力 ${}^S\boldsymbol{F}$ 到末端执行器作用力 ${}^T\boldsymbol{F}$ 的变换矩阵。

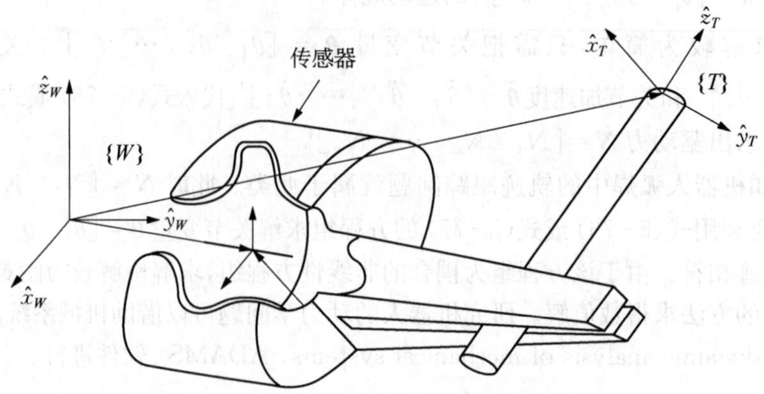

图 5-20　具有测力传感器的末端执行器

6. 设矩阵 $\boldsymbol{R}$ 为旋转矩阵，试证明：

$$\dot{\boldsymbol{R}}\boldsymbol{R}^{-1}(t)=\dot{\boldsymbol{R}}\boldsymbol{R}^{T}(t)=\begin{bmatrix}0 & -k_z\dot{\theta} & k_y\dot{\theta}\\ k_z\dot{\theta} & 0 & -k_x\dot{\theta}\\ -k_y\dot{\theta} & k_x\dot{\theta} & 0\end{bmatrix}=\begin{bmatrix}0 & -\omega_z & \omega_y\\ \omega_z & 0 & -\omega_x\\ -\omega_y & \omega_x & 0\end{bmatrix}$$

其中$[k_x \quad k_y \quad k_z]$为瞬时旋转轴，$[\omega_x \quad \omega_y \quad \omega_z]=[k_x\dot{\theta} \quad k_y\dot{\theta} \quad k_z\dot{\theta}]$为瞬时旋转角速度向量。

7. 试证明：对于姿态矩阵 $\boldsymbol{R}$ 和向量 $\boldsymbol{a}$ 以及 $\boldsymbol{a}$ 的反对称矩阵 $(\boldsymbol{a})^{\wedge}=\hat{\boldsymbol{a}}$，存在关系 $(\boldsymbol{R}\boldsymbol{a})^{\wedge}=\boldsymbol{R}\hat{\boldsymbol{a}}\boldsymbol{R}^{T}$。

第 6 章

工业机器人运动轨迹规划

◎ 学习成果达成要求

1. 掌握路径和轨迹的概念。
2. 了解机器人轨迹控制方法。
3. 掌握机器人轨迹插值计算方法。
4. 了解工业机器人轨迹规划实施过程。

机器人运动规划包括路径规划和轨迹规划，是指根据作业任务的要求，特别是与作业相关的工艺要求，首先确定机器人的作业路径；之后根据路径点上机器人工具坐标系原点的位置和工具坐标系的姿态要求，利用机器人逆向运动学，求出与每个路径点相应的机器人各关节变量的值；在路径点之间，需要根据路径点位移、速度和加速度等约束条件，确定关节变量的位移、速度和加速度变化规律。本章将学习常用的轨迹规划方法，可为学习机器人编程奠定基础。

完成了机器人轨迹规划，并不能保证机器人能精确地实现这些轨迹，除非机器人以极低的速度运行。当机器人高速运行时，机器人连杆的惯性力和惯性力矩会使机器人末端执行器偏离其规划的轨迹。为了解决这个问题，需要结合机器人的动力学方程对轨迹进行修正。

6.1 工业机器人轨迹规划概述

6.1.1 路径和轨迹

机器人运动轨迹是指机器人在完成某一作业过程中，其工具坐标系 TCS 原点 TCP(tool center point)的位移以及相应的工具坐标系 TCS 的姿态变化历程。

机器人的作业方式包括点位(point to point, PTP)作业(图 6－1)和连续轨迹(continuous path, CP)作业(图 6－2)两种。

点位作业是指在作业过程中，只要求工业机器人工具坐标系 TCS 在作业空间中某些离散的点满足指定的位置和姿态要求，而离散点之间的运动轨迹不做特殊规定。如图 6－1a 所示的机器人码垛，它的作业只要求机器人在抓取工件和放置工件时保证准确的位姿要求，而在抓取点和放置点之间的位姿并无特殊要求；图 6－1b 所示的机器人点焊也属于典型的点位作业。对于点位作业，一般只要求工业机器人在作业点之间运动尽可能快速。

(a) 机器人码垛

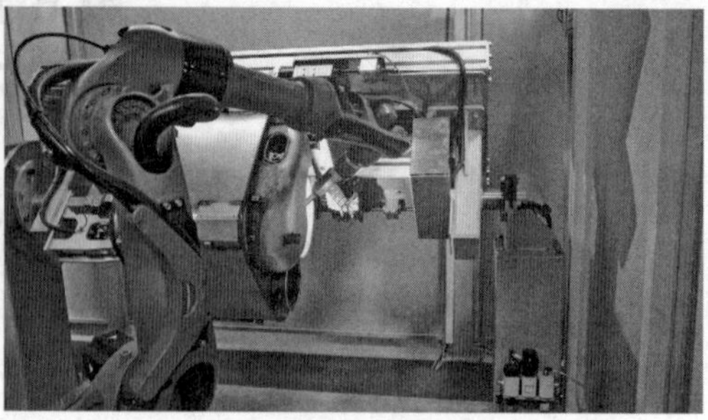

(b) 机器人点焊

图 6-1 机器人点位作业

连续轨迹作业是指机器人的工具坐标系 TCS 在作业起始点和终止点之间的轨迹为设计要求的连续曲线。如图 6-2 所示的工件的弧焊即为连续轨迹作业，它要求机器人焊枪坐标系 TCS 严格按照设计规定的焊缝曲线运行，轨迹光滑、精确。

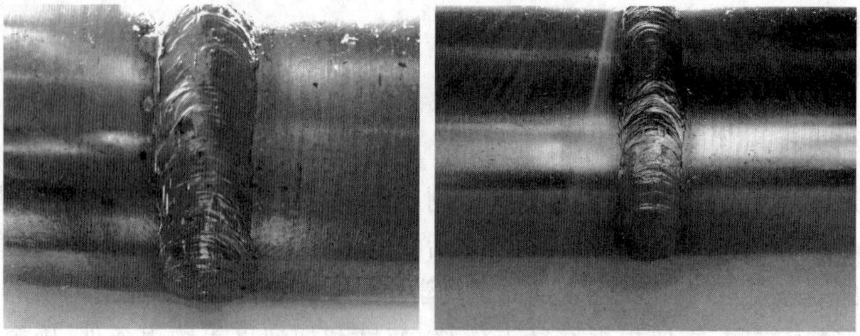

图 6-2 工件弧焊

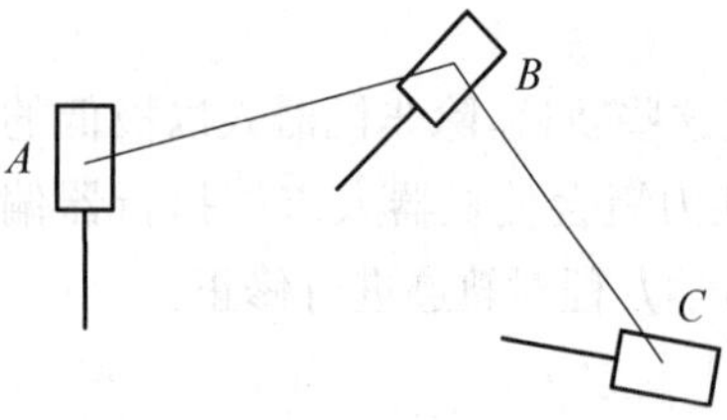

图 6-3 机器人末端执行器的作业路径

机器人作业时对工具坐标系 TCS 一般有位置坐标$[x, y, z]$和姿态 R 的要求。根据作业任务要求而确定的机器人的一个特定位姿序列$\{\{\boldsymbol{P}_i[x_i, y_i, z_i], R_i\}\}$称为机器人的路径。如图 6-3 所示，机器人末端执行器从起始位置 A 运动到位置 B，开始实施作业，到达位置 C 完成作业，然后返回起始位置 A。由这三个特定位置 A、B、C 上工具坐标系 TCS 原点 TCP 的位置坐标以工具坐标系 TCS 的姿态形成的序列$\{\{\boldsymbol{P}_A[x_A, y_A, z_A], R_A\}, \{\boldsymbol{P}_B[x_B, y_B, z_B], R_B\}, \{\boldsymbol{P}_C[x_C, y_C, z_C], R_C\}\}$构成机器人运动的一条路径。机器人的作业路径一般有多种，路径规划就是在多种路径方案中选择合适的一种。

机器人的轨迹是指工具坐标系 TCS 原点 TCP 在运动过程中的位移、速度和加速度以及 TCS 的姿态随时间的变化。如图 6-3 所示，在机器人从位置 B 到位置 C 实施作业任务，路径规划只是给出了机器人在位置 B 和位置 C 时的位置和姿态，由于机器人的运动是时间的连续函数，从位置 B 运动到位置 C 的过程中，需要确定机器人的工具坐标系 TCS 原点 TCP 的位置以及工具坐标系 TCS 的姿态随时间的变化规律，这就是机器人的轨迹。

轨迹的生成方法一般是先指定轨迹上的若干个点，如起始点、中间点和终止点，然后利用机器人逆向运动学求出机器人各关节变量的值；在两个点之间，按照一定的规律对关节变量进行插值，以确定一系列中间点的位置，这一过程通常称为轨迹规划。

对于商用工业机器人，用户通过示教或简单的描述来指定机器人期望运动，由机器人控制系统协助用户完成运动规划，包括完成路径规划和轨迹规划。

6.1.2 轨迹规划的一般问题

对用户而言，在描述机器人作业任务时，一般将机器人的运动看作把工具坐标系{T}（或者工件坐标系{G}）相对于工作台坐标系{S}（用户坐标系）的一系列运动更为方便。这种方式的主要优点是把作业路径描述与具体的机器人和末端执行器分离开来，从而形成模型化的作业描述方法，这也是描述机器人作业的通用方法。一旦机器人的基坐标系和工作台坐标系（用户坐标系）的位姿关系准确建立（一般可以通过示教完成），可利用坐标变换，变换成工具坐标系相对于机器人基坐标系的运动，从而可以通过工业机器人的运动指令完成上述作业任务。

轨迹规划，就是要确定完成作业任务的工具坐标系 TCS 原点 TCP 的轨迹 $O_i[x_i, y_i, z_i]$以及在该点工具坐标系 TCS 的姿态 R_i，如图 6-4 所示。为叙述方便，可以把它们写成 $P_i\{O_i, R_i\}$，即工具坐标系 TCS 相对于工作台坐标系的位姿。轨迹规划，就是确定作业起始点、中间点以及终止点的位姿，也就确定位姿序列$\{P_1\{O_1, R_1\}, P_2\{O_2, R_2\}, \cdots, P_i\{O_i, R_i\}, \cdots, P_n\{O_n, R_n\}\}$。

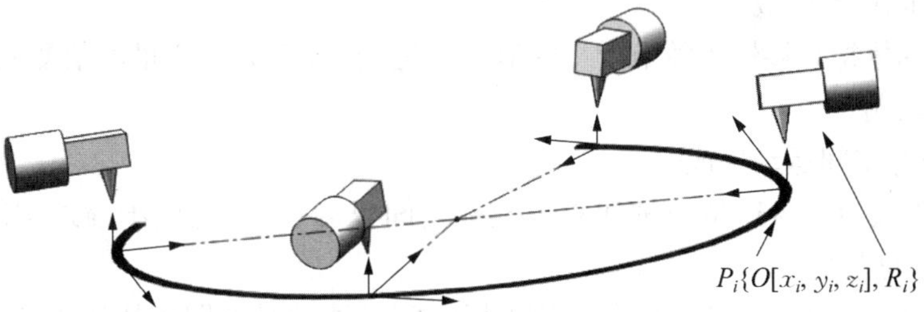

图 6-4 工具坐标系运动的位姿序列

轨迹规划可以在机器人关节空间进行，也可以在直角坐标空间中进行。在关节空间进行规划时，是将关节变量表示成时间的函数，并确定它的一阶和二阶时间导数；在直角坐标空间进行规划时，首先要根据作业要求，确定工具坐标系 TCS 在路径点和中间点的位姿和速度，然后可利用机器人逆向运动学求出关节位移；再利用速度雅可比矩阵的逆矩阵求出关节速度。

6.1.3 机器人轨迹的生成方式

运动轨迹的生成有以下几种方式：

1) 示教-再现运动

由操作人员按照作业任务要求，手持机器人末端执行器运动到一系列位置，在每个位置定时记录各关节变量的值，从而得到沿路径运动时各关节的位姿时间函数序列$\{P_1(t_1), P_2(t_2), \cdots, P_i(t_i), \cdots, P_n(t_n)\}$；所谓再现，是指机器人按内存中记录，再现上述各个路径点的值，即产生序列动作，从而完成作业任务。

如图 6-5 所示，机器人直线焊缝焊接的示教过程为：操作人员手握机器人焊枪，让机器人从原点位置 1 移动到准备点 2 的位置，并按照焊接工艺要求调整好焊枪的姿态，并随即让机器人记录该位置的位姿信息；再让焊枪运动到焊接起始位置 3，并让机器人记录此位置的位姿信息；随后再让机器人焊枪按焊接工艺要求的姿态，沿着焊缝移动到焊接终点位置 4，如图所示，并再次记录该位置的位姿信息；然后再让焊枪移动到焊枪安全返回位置 5，并记录该位置的位姿信息；最后让焊枪由位置5回到原点1，完成作业示教过程。机器人可以再现这些位姿，从而完成焊接作业。

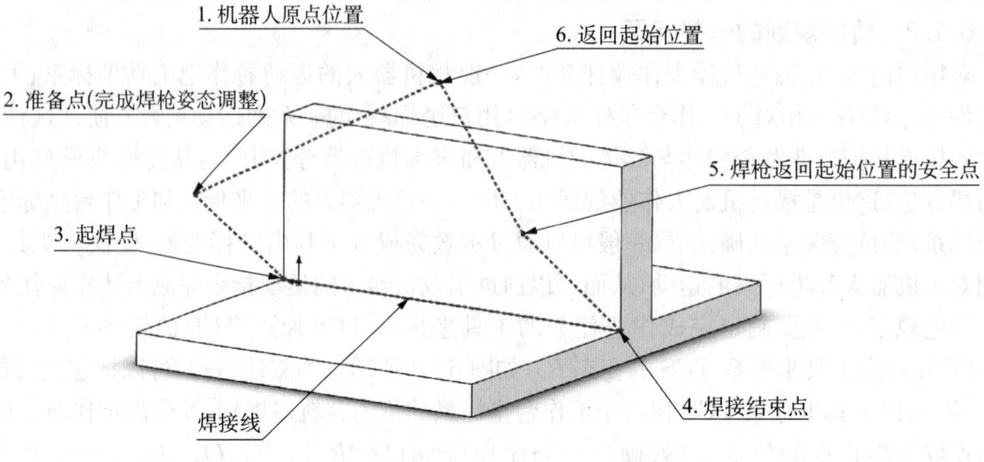

图6-5 机器人直线焊缝示教示意图

2）关节空间运动生成

机器人各轴依据直接输入关节变量的值产生运动，每个关机变量的值受到其最大速度和最大加速度的限制。

3）直角坐标空间运动生成

(1) 空间直线运动。这是一种在直角坐标空间里的运动，它便于描述空间操作，计算量小，适宜于简单的作业。

(2) 空间曲线运动。这是一种在直角坐标空间描述的具有明确轨迹表达的运动，如圆周运动、螺旋运动等。

6.1.4 轨迹规划的流程

为了描述一个完整的作业过程，可以采用以下流程：

(1) 对工作对象及作业进行描述，并用示教方法给出轨迹上的若干个路径点，即结点。

(2) 用一条轨迹通过或逼近结点，此轨迹可按一定的原则优化，如加速度平滑等，从而得到直角坐标空间的位移时间函数 $X(t)$ 或关节空间的位移时间函数 $q(t)$。在结点之间进行插补，即根据轨迹表达式在每一个采样周期实时计算轨迹上点的位姿和各关节变量值。

(3) 以上生成的轨迹是机器人工具坐标系TCS位姿控制的给定值，可以据此并结合机器人的动态参数设计一定的控制规律。

(4) 对规划的运动轨迹进行仿真，以检查机器人路径上是否存在障碍。

6.2 插补方式与轨迹控制

由于机器人每个轴运动的分辨率有限，如某一轴的分辨率是0.01 mm，则0.01 mm以下的运动机器人无法准确实现。因而机器人一般难以严格按照既定的曲线轨迹进行运动，而是以折线近似替代曲线运动，为了减小实际轨迹和理论轨迹之间的偏差，在已知点之间必须进行数据点密化，以获得足够多的中间点坐标，这种确定中间点的方法称为插补。

1）插补方式

机器人作业的点位控制（PTP 控制）通常没有轨迹约束，只要求满足起始点和终止点的位置和姿态要求，而在起始点和终止点之间的轨迹只有关节的几何限制、最大速度和最大加速度约束。但是为了保证运动的连续性，中间点一般要求机器人工具坐标系原点 TCP 的速度连续，各轴运动同步达到终止点。连续轨迹控制（CP 控制）则在起始点和终止点之间有严格的轨迹约束，中间点须足够密，既要保证中间点轨迹不失真，又要保证轨迹偏差足够小。轨迹控制与插补方式分类见表 6-1。

表 6-1　轨迹控制与插补方式分类

轨迹控制	关节插补（平滑）	空间插补
点位控制（PTP 控制）	（1）各轴独立同时到达 （2）各轴协调运动定时插补 （3）受各关节最大加速度限制	无须
连续轨迹控制（CP 控制）	（1）在空间插补点间进行关节定时插补 （2）用关节的低阶多项式拟合空间曲线使各轴协调运动 （3）受各关节最大加速度限制	（1）直线、圆弧、曲线进行等距插补 （2）起停点线速度、线加速度给定，受各关节速度、加速度限制

2）机器人轨迹控制过程

机器人的基本操作方式是示教-再现。在示教过程中，不可能把空间轨迹上的所有点都示教一遍并让机器人记住，这样做不仅过程烦琐，也浪费计算机内存。实际上，对于有规律的轨迹，仅需示教几个特征点，计算机就能利用插补算法获得中间点的坐标，如直线轨迹只需示教起始点和终止点两点，圆弧则需要示教三点等，之后通过机器人逆向运动学算法由这些点的坐标求出机器人关节变量的值$[\theta_1, \theta_2, \cdots, \theta_n]$，然后由位置控制系统实现所要求的轨迹上的一点；继续插补并重复上述过程，可以实现既定的轨迹。机器人轨迹控制过程如图 6-6 所示。

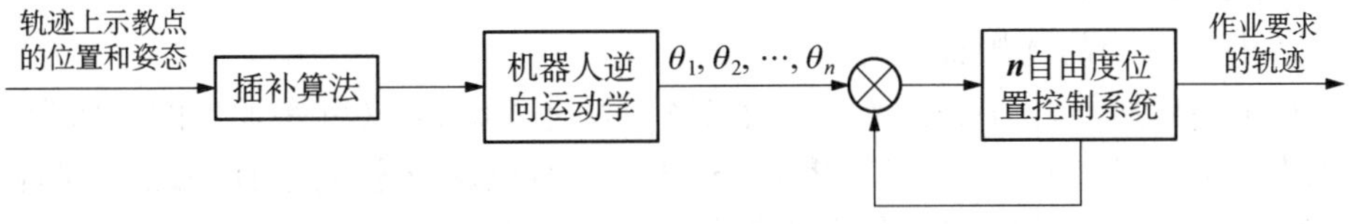

图 6-6　机器人轨迹控制过程

6.3　机器人轨迹插值计算

在给出各个路径结点后，轨迹规划的任务包括根据任务的运动要求和工艺要求，确定机器人工具坐标系的初始位置、准备位置、工作开始位置、中间结点、工作终止位置以及工具坐标系脱离作业安全位置，需要确定这些位置的坐标$[x_i, y_i, z_i]^T$和相应的姿态矩阵$\boldsymbol{R}_i$，再利用逆向运动学求出相应的关节变量$[\theta_{1i} \quad \theta_{2i} \quad \cdots \quad \theta_{ni}]^T$，最后利用插值运算确定一系列中间点相对应的关节变量值。插值既可以在直角坐标空间进行，也可以在关节空间进行。

6.3.1 直角坐标空间的插补

1）直线插补

空间直线插补是在已知该直线始末两点的位置和姿态的条件下，求各轨迹中间点（插补点）的位置和姿态。但是在大多数情况下，机器人沿直线运动时其姿态不变，所以无须进行姿态插补，即保持第一个示教点时的姿态。在有些情况下作业要求姿态变化，此时需要进行姿态插补。

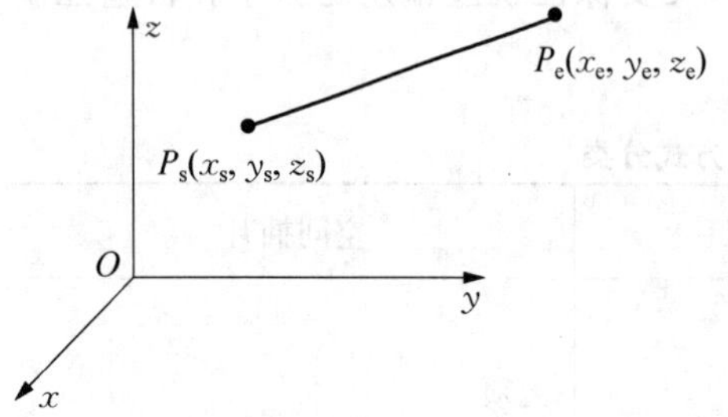

图 6-7 空间直线插补

如图 6-7 所示，已知直线始末两点的坐标值 $P_{s(x_s, y_s, z_s)}$、$P_e(x_e, y_e, z_e)$及姿态矩阵 $\boldsymbol{R}_s$ 和 $\boldsymbol{R}_e$，其中 P_s 和 P_e 是相对于基坐标系的位置。这些已知的位置和姿态通常是通过示教方式得到的。设 v 为要求的沿直线运动的速度，t_s 为插补时间间隔。

为减少实时计算量，示教完成后，可求出直线长度为

$$L=\sqrt{(x_e-x_s)^2+(y_e-y_s)^2+(z_e-z_s)^2} \tag{6-1}$$

如果工具坐标系 TCS 在 P_0 和 P_e 两点内做匀速运动，并设在 t_s 间隔内的行程为 $d=vt_s$，则插补总步数 N 为 $L/d+1$ 的整数部分，记为 $N=\text{int}(L/d)+1$。

各轴增量分别为

$$\left.\begin{aligned}\Delta x&=(x_e-x_s)/N\\ \Delta y&=(y_e-y_s)/N\\ \Delta z&=(z_e-z_s)/N\end{aligned}\right\} \tag{6-2}$$

各插补点坐标值递推表达式为

$$\left.\begin{aligned}x_{i+1}&=x_i+i\Delta x\\ y_{i+1}&=y_i+i\Delta y\\ z_{i+1}&=z_i+i\Delta z\end{aligned}\right\} \tag{6-3}$$

其中，$i=0, 1, 2, \cdots, N$。

2）基坐标平面上的圆弧插补

基坐标平面包括 xOy 平面、xOz 平面以及 yOz 平面。以 xOy 平面上的圆弧为例，已知不在一条直线上的三点 P_1、P_2、P_3（图 6-8、图 6-9），以及与这些点对应的工件坐标系 TCS 的姿态，并假定圆弧圆心位于基坐标系的原点。

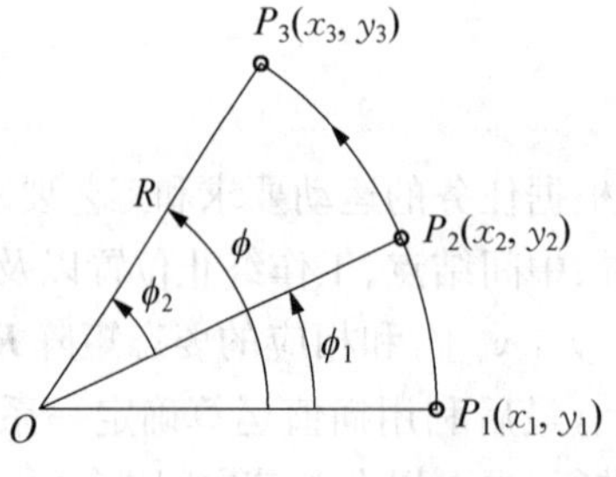

图 6-8 由 P_1、P_2、P_3 三点决定的圆弧

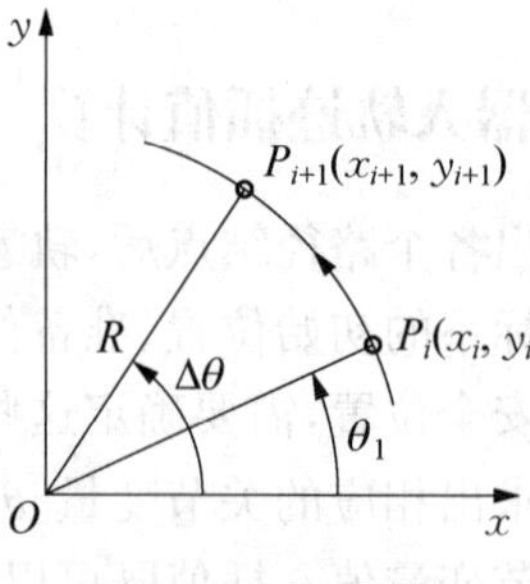

图 6-9 圆弧插补

设 v 为沿圆弧运动速度；t_s 为插补时间间隔，则圆弧插补计算步骤为：

(1) 由 P_1、P_2、P_3 三点确定圆弧半径 R。

(2) 确定总的圆心角 $\phi=\phi_1+\phi_2$，其中

$$\left.\begin{aligned}\phi_1&=\arccos\{[2R^2-(x_2-x_1)^2-(y_2-y_1)^2]/(2R^2)\}\\ \phi_2&=\arccos\{[2R^2-(x_3-x_2)^2-(y_3-y_2)^2]/(2R^2)\}\end{aligned}\right\}\tag{6-4}$$

(3) 计算 t_s 时间内的角位移量 $\Delta\theta=t_s v/R$。

(4) 计算总插补步数(取整) $N=\text{int}(\phi/\Delta\theta)+1$。

根据图 6-9 所示的几何关系求各插补点坐标。P_{i+1} 点的坐标为

$$\left.\begin{aligned}x_{i+1}&=R\cos(\theta_i+\Delta\theta)=x_i\cos(\Delta\theta)-y_i\sin(\Delta\theta)\\ y_{i+1}&=R\sin(\theta_i+\Delta\theta)=x_i\sin(\Delta\theta)+y_i\cos(\Delta\theta)\end{aligned}\right\}\tag{6-5}$$

其中 $$x_i=R\cos\theta_i,\ y_i=R\sin\theta_i$$

由 $\theta_{i+1}=\theta_i+\Delta\theta$ 可以判断是否到达插补终点。若 $\theta_{i+1}\leqslant\phi$，则继续插补下去；当 $\theta_{i+1}>\phi$ 时，则修正最后一步的步长 $\Delta\theta$，并以 $\Delta\theta'=\phi-\theta_i$ 表示，故平面圆弧位置插补表达式为

$$\left.\begin{aligned}x_{i+1}&=R\cos(\theta_i+\Delta\theta)=x_i\cos(\Delta\theta)-y_i\sin(\Delta\theta)\\ y_{i+1}&=R\sin(\theta_i+\Delta\theta)=x_i\sin(\Delta\theta)+y_i\cos(\Delta\theta)\\ \theta_{i+1}&=\theta_i+\Delta\theta\end{aligned}\right\}\tag{6-6}$$

应该指出，当基平面上的圆弧的圆心不在基坐标系的原点时，可在其圆心处建立一个局部坐标系，从而可以利用上述插值方法计算出插值点的坐标，之后再利用坐标变换，将这些坐标值变换到基坐标系中。

3) 空间圆弧插补

空间圆弧是指三维空间中不在基坐标平面上的圆弧，该圆弧插补问题可以转化成圆弧插补平面问题。空间圆弧插补可以按以下步骤进行：

(1) 确定圆弧所在平面。如图 6-10 所示，设圆弧所在平面与基坐标系平面的交线分别为 AB、BC、CA，则圆弧所在平面为 ABC。由不在同一直线上的三点 P_1、P_2、P_3 可确定一个圆及三点间的圆弧，其圆心为 O_R，半径为 R。

建立圆弧平面上的插补坐标系，即以圆心 O_R 为坐标系 $\{x_R\quad y_R\quad z_R\}$ 的原点，z_R 为平面 ABC 的外法线方向；取过 O_R 点且平行于直线 AB 的直线为 x_R 轴，即 $x_R\,/\!/\,AB$；由 $y_R=z_R\times x_R$ 可以确定 y_R 轴，如图 6-10 所示。

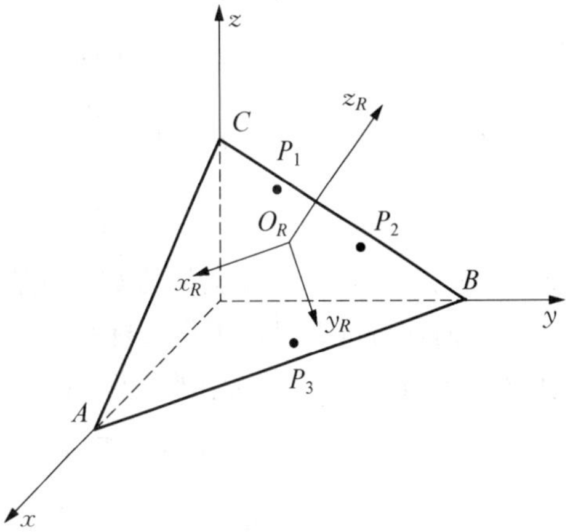

图 6-10 基坐标系与空间圆弧平面坐标系的关系

(2) 在空间平面上利用二维平面插补算法求出插补点坐标 $(\xi_{i+1},\ \eta_{i+1})$。在平面 ABC 上依据基平面圆弧插补表达式(6-1) ~ 式(6-6) 完成圆弧插补，确定插补坐标为$(\xi_{i+1},\ \eta_{i+1})$。

(3) 把空间平面圆弧上的插补点坐标 $(\xi_{i+1},\ \eta_{i+1})$ 变换为在基坐标系中的三维坐标 $(x_{i+1},\ y_{i+1},\ z_{i+1})$。为实现上述目标，需要建立坐

标系$\{x_R \quad y_R \quad z_R\}$与基坐标系$\{x \quad y \quad z\}$的坐标变换关系，即确定如图 6-11 所示的由圆弧所在平面坐标系$\{x_R \quad y_R \quad z_R\}$到基坐标系$\{x_0 \quad y_0 \quad z_0\}$的坐标变换矩阵。

设直线 AB 与 x_0 轴的夹角为 α，因为 $x_R \parallel AB$，故 x_R 轴与基坐标系 x_0 轴的夹角也为 α，它与 y_0 轴的夹角为 $\pi/2-\alpha$；因为 z_0 轴 $\perp AB$，故 x_R 轴与 z_0 轴的夹角为 $\pi/2$。x_R 轴的单位向量 $\boldsymbol{n}$ 在基坐标系 x_0 轴、y_0 轴、z_0 轴的投影为 $\boldsymbol{n}=[\cos\alpha \quad -\sin\alpha \quad 0]^T$。$z_R$ 轴为平面 ABC 的外法向量，设 z_R 轴与基坐标系 z_0 轴的夹角为 θ。

如图 6-11 所示，过基坐标系原点 O 做直线 $OP \perp AB$，OP 交 AB 于 N；把向量 z_R 在平面 ABC 内平移，使得 O_R 与点 N 重合，并取 NM 为单位长度，即 $NM=1$；过 M 做 $MP \perp x_0O_0y_0$ 平面，垂足为 P，可以证明 P 在直线 ON 上（因为 $AB \perp NM$，$AB \perp MP$，故 $AB \perp$ 平面 NMP，因而，$AB \perp NP$；由于 $AB \perp ON$，且 O、N、P 共面，故 O、N、P 共线）。过 N 做 $NQ \parallel x_0$；过 P 做 $PQ \parallel y_0$，两线交于 Q 点。

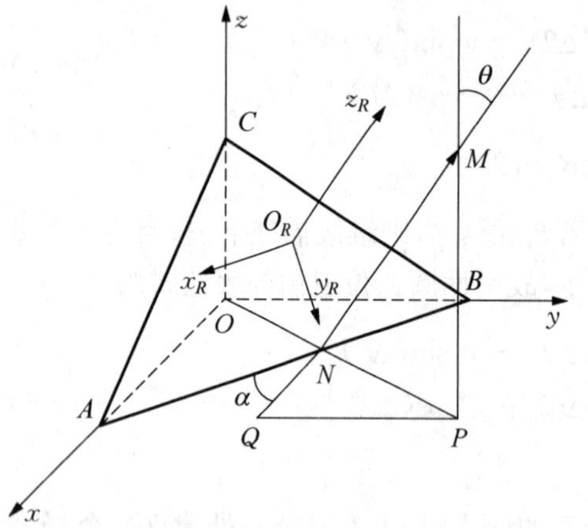

图 6-11 空间圆弧平面坐标系与基坐标系的关系

因为 AB 与 x_0 轴夹角为 α，故 $\angle PNQ=\pi/2-\alpha$。$NP=NM\sin\theta=\sin\theta$，$NQ=NP\cos\angle PNQ=\sin\theta\sin\alpha$，$QP=NP\sin\angle PNQ=\sin\theta\cos\alpha$，$MP=NM\cos\theta=\cos\theta$，即 z_R 轴的单位向量 $\boldsymbol{a}$ 在基坐标系的 x_0 轴、y_0 轴、z_0 轴的投影分别为 $\sin\theta\sin\alpha$，$\sin\theta\cos\alpha$，$\cos\theta$；即 $\boldsymbol{a}=[\sin\theta\sin\alpha \quad \sin\theta\cos\alpha \quad \cos\theta]^T$。因为 x_R、y_R、z_R 为右手正交坐标系，y_R 轴的单位向量 $\boldsymbol{o}$ 可以由 z_R 的单位向量 $\boldsymbol{a}$ 和 x_R 的单位向量 $\boldsymbol{n}$ 的叉积确定，即 y_R 轴的单位向量 $\boldsymbol{o}$ 在基坐标系 x_0 轴、y_0 轴、z_0 轴的投影为

$$\boldsymbol{o}=\boldsymbol{a}\times\boldsymbol{n}=\begin{bmatrix} e_1 & e_2 & e_3 \\ \cos\alpha & -\sin\alpha & 0 \\ \sin\theta\sin\alpha & \sin\theta\cos\alpha & \cos\theta \end{bmatrix}^T=[-\cos\theta\sin\alpha \quad -\cos\theta\cos\alpha \quad \sin\theta]^T$$

由式(2-11)可得坐标系$\{x_R \quad y_R \quad z_R\}$相对于基坐标系$\{x_0 \quad y_0 \quad z_0\}$的位姿矩阵为

$$\boldsymbol{T}_R=\begin{bmatrix} \cos\alpha & -\cos\theta\sin\alpha & \sin\theta\cos\alpha & p_{xOR} \\ -\sin\alpha & -\cos\theta\cos\alpha & \sin\theta\cos\alpha & p_{yOR} \\ 0 & \sin\theta & \cos\theta & p_{zOR} \\ 0 & 0 & 0 & 1 \end{bmatrix} \tag{6-7}$$

式中，p_{xOR}、p_{yOR}、p_{zOR} 为圆心 O_R 在基坐标系下的坐标值。

因而，由式(2-17)可得坐标系$\{x_R \quad y_R \quad z_R\}$中圆弧上点 C 的坐标$[\xi_{i+1} \quad \eta_{i+1}]^T$ 与点 C 在坐标系$\{x_0 \quad y_0 \quad z_0\}$中的坐标$[x_{i+1} \quad y_{i+1} \quad z_{i+1}]^T$ 之间的坐标变换为

$$\begin{bmatrix} x_{i+1} \\ y_{i+1} \\ z_{i+1} \\ 1 \end{bmatrix}={}_R^0\boldsymbol{T}\begin{bmatrix} x_R \\ y_R \\ z_R \\ 1 \end{bmatrix}=\begin{bmatrix} \cos\alpha & -\cos\theta\sin\alpha & \sin\theta\cos\alpha & p_{xOR} \\ -\sin\alpha & -\cos\theta\cos\alpha & \sin\theta\cos\alpha & p_{yOR} \\ 0 & \sin\theta & \cos\theta & p_{zOR} \\ 0 & 0 & 0 & 1 \end{bmatrix}\begin{bmatrix} \xi_{i+1} \\ \eta_{i+1} \\ 0 \\ 1 \end{bmatrix} \tag{6-8}$$

6.3.2 定时插补与定距插补

由于机器人各关节运动有最小分辨率，机器人的实际运动是一系列逼近理论轨迹的“折线”。因此，为了保证轨迹“光滑”，中间的插补点要取得足够多。可采用定时插补和定距插补方法来实现该目标。

1) 定时插补

从图 6-6 所示的轨迹控制过程可知，每插补出一个轨迹点的坐标值，就要转换成相应的关节角度值，并传递给位置伺服控制系统以实现这个位置，这个过程每隔一个时间间隔 t_s 完成一次。为保证运动的平稳，t_s 不能太长。

由于关节机器人一般采用开链，刚度不高，插补时间间隔 t_s 一般不超过 25 ms(40 Hz)，这样就产生了 t_s 的上限值 t_h。当然 t_s 越小越好，但它受到计算量限制，即对于机器人的控制，计算机要在 t_s 时间内完成一次插补运算和一次逆向运动学计算。对于目前的大多数机器人控制器，完成这样一次计算需几毫秒，这样产生了 t_s 的下限值 t_l。当然，应当选择 t_s 接近或等于下限值 t_l，这样可以同时保证较高的轨迹精度和平滑的运动过程。

以一个 xOy 平面里的直线轨迹为例说明定时插补的方法。设机器人需要的运动轨迹为直线，运动速度为 v(mm/s)，时间间隔为 t_s(ms)，则每个 t_s 间隔内机器人应走过的距离为

$$P_iP_{i+1}=vt_s \tag{6-9}$$

由式(6-9)可知，两个插补点之间的距离正比于要求的运动速度，只有插补点之间的距离足够小，才能满足一定的轨迹精度要求。

机器人控制系统易于实现定时插补，例如可采用定时中断方式，每隔 t_s 中断一次进行一次插补，并计算一次逆向运动学，输出一次给定值。由于 t_s 仅为几毫秒，机器人沿着要求轨迹的速度一般不会很高，目前大部分工业机器人采用定时插补方式。

2) 定距插补

当要求以更高的精度实现运动轨迹时，可采用定距插补。由式(6-9)可知，v 是要求的运动速度，它不能变化，如果要两插补点的距离 P_iP_{i+1} 恒为一个足够小的值以保证轨迹精度，t_s 就要变化。在此条件下，插补点距离不变，但 t_s 要随着不同工作速度 v 的变化而进行调整。

定时插补和定距插补基本算法相同，只是前者固定 t_s，易于实现；后者保证轨迹插补精度，但 t_s 要随之变化，实现起来相对困难。

6.3.3 关节空间的插补

路径点(结点)通常用工具坐标系$\{T\}$以相对于工作台坐标系$\{S\}$的位姿来表示。为了求得在关节空间形成所要求的轨迹，首先用逆向运动学将路径点转换成关节变量的值，然后对每个关节拟合一个光滑函数，使之从起始点开始，依次通过所有路径点，最后到达目标点。

对于每一段路径，各个关节运动时间均相同，这样可以保证所有关节同时到达路径点和终止点，从而得到工具坐标系应有的位置和姿态。

为了便于控制机器人，需要给定机器人在初始点和终止点的末端执行器的位姿。在规划机器人关节插值运动轨迹时，需要注意以下几点：

(1) 抓取物体时，末端执行器的运动方向应该指向离开物体支承表面的方向，否则末端执行器可能与支承面相碰。

(2) 若沿支承面的法线方向从初始点向外给定一个离开位置(提升点)，并要求工具坐标系原点 TCP 经过此位置，这种离开运动是允许的。如果还给定由初始点运动到离开位置的时

间，就可以控制提起物体运动的速度。

(3) 对于手臂运动提升点的要求，同样也适用于终止位置运动的下放点（即必须先运动到支承表面外法线方向上的某点，然后再慢慢下移至终止点）。这样可获得正确的接近方向。

(4) 对手臂的每一次运动，都设定四个点：初始点、提升点、下放点和终止点。

对于上述四个位置点，机器人运动满足的约束条件包括：

(1) 初始点：①位置给定；②速度给定，通常为零；③加速度给定，通常为零。

(2) 提升点：①位置给定；②位置与前一段轨迹末端位移相同；③速度与前一段轨迹末端速度相同；④加速度与前一段轨迹末端加速度相同。

(3) 下放点：①位置给定；②位置与前一段轨迹末端位移相同；③速度与前一段轨迹末端速度相同；④加速度与前一段轨迹末端加速度相同；

(4) 终止点：①位置给定；②速度给定，通常为零；③加速度给定，通常为零。

在关节空间中进行轨迹规划，需要由机器人在起始点、终止点处末端执行器的位姿利用机器人逆向运动学求解出相应的关节变量。对关节进行插值时，应满足一系列约束条件。在满足所要求的约束条件下，可以选取不同类型的关节插值函数生成轨迹，其中最常用的插值函数为多项式，如

$$\theta(t)=a_0+a_1t+a_2t^2+\cdots+a_{n-1}t^{n-1}+a_nt^n \tag{6-10}$$

在多项式插值中以三次多项式最为常用。如果机器人对路径的起始点、终止点以及一系列中间点的位移、速度和加速度等有更多要求时，三次多项式就无法满足需要，此时需要用更高阶的多项式对运动轨迹的路径段进行插值。高次多项式的主要缺点为求解多项式系数计算量大以及高次多项式对误差敏感，因此一般采用的多项式不超过五次，而且通常采用低次多项式组合的轨迹也同样能满足约束条件。

6.3.3.1　三次多项式插值

在机器人运动的过程中，由于相应于起始点的关节角度 θ_0 已知，而终止点的关节角 θ_f 可以通过运动学反解获得。关节位移曲线 $\theta(t)$ 可以假定为一个多项式，如图 6-12 所示，并利用起始点关节和终止点的位移、速度和加速度约束，确定多项式各项系数。

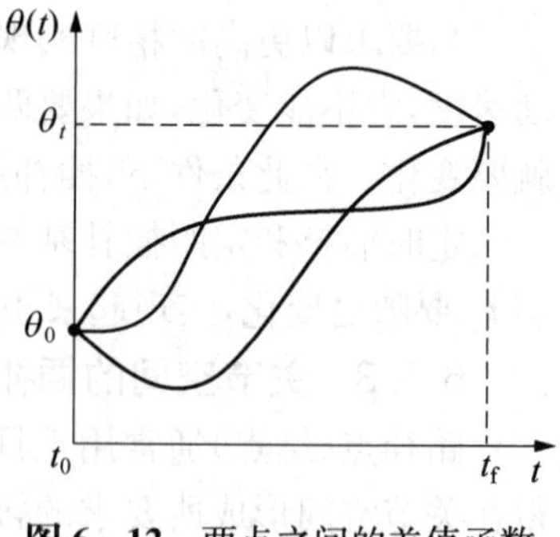

图 6-12　两点之间的差值函数

为实现单个关节的平稳运动，轨迹函数 $\theta(t)$ 至少需要满足四个约束条件，即两端点位置约束和速度约束。

端点位置约束是指起始位姿和终止位姿分别所对应的关节角度。$\theta(t)$ 在时刻 $t_0=0$ 时的值是起始关节角度 θ_0，在终端时刻 t_f 时的值是终止关节角度 θ_{t_f}，即

$$\left.\begin{aligned}\theta(0)&=\theta_0\\ \theta(t_f)&=\theta_{t_f}\end{aligned}\right\} \tag{6-11}$$

为满足关节运动速度的连续性要求，另外还有两个约束条件，即在起始点和终止点的关节速度要求，但在当前情况下可设定为零

$$\left.\begin{aligned}\dot{\theta}(0)&=0\\ \dot{\theta}(t_f)&=0\end{aligned}\right\} \tag{6-12}$$

由式(6-11)和式(6-12)给出的四个约束条件可以唯一地确定一个三次多项式，即

$$\theta(t)=a_0+a_1t+a_2t^2+a_3t^3 \tag{6-13}$$

由式(6-13)对时间求导，可以得到运动过程中的关节速度和加速度分别为

$$\left.\begin{aligned}\dot{\theta}(t)&=a_1+2a_2t+3a_3t^2\\ \ddot{\theta}(t)&=2a_2+6a_3t\end{aligned}\right\} \tag{6-14}$$

为求得三次多项式的系数 a_0、a_1、a_2 和 a_3，将式(6-11)和式(6-12)所示的约束条件代入，可得

$$\left.\begin{aligned}&a_0=\theta_0\\ &a_0+a_1t_f+a_2t_f^2+a_3t_f^3=\theta_{t_f}\\ &a_1=0\\ &a_1+2a_2t_f+3a_3t_f^2=0\end{aligned}\right\} \tag{6-15}$$

求解该方程组，可求得多项式系数为

$$\left.\begin{aligned}&a_0=\theta_0\\ &a_1=0\\ &a_2=3(\theta_{t_f}-\theta_0)/t_f^2\\ &a_3=-2(\theta_{t_f}-\theta_0)/t_f^3\end{aligned}\right\} \tag{6-16}$$

将上述系数代入式(6-13)，可求得能满足连续平稳运动要求的三次多项式插值函数为

$$\theta(t)=\theta_0+\frac{3(\theta_{t_f}-\theta_0)}{t_f^2}t^2-\frac{2(\theta_{t_f}-\theta_0)}{t_f^3}t^3 \tag{6-17}$$

对式(6-17)求导，可得关节角速度和角加速度分别为

$$\left.\begin{aligned}\dot{\theta}(t)&=\frac{6(\theta_{t_f}-\theta_0)}{t_f^2}t-\frac{6(\theta_{t_f}-\theta_0)}{t_f^3}t^2\\ \ddot{\theta}(t)&=\frac{6(\theta_{t_f}-\theta_0)}{t_f^2}-\frac{12(\theta_{t_f}-\theta_0)}{t_f^3}t\end{aligned}\right\} \tag{6-18}$$

基于三次多项式的关节运动的位移曲线、速度曲线和加速度曲线如图 6-13 所示。

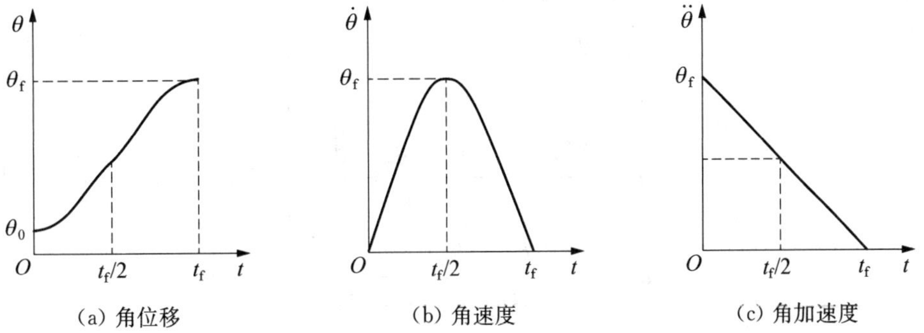

(a) 角位移 (b) 角速度 (c) 角加速度

图 6-13 三次多项式插值的关节运动轨迹

【例 6-1】 设某一机器人的一个转动关节，其在执行一项作业时历时 3 s。作业要求该关节运动平稳，且满足约束条件为：初始时，关节静止不动，$\theta_0=0°$；运动结束时 $\theta_f=60°$，此时关节速度为 0。试确定能满足上述要求的多项式。

解： 根据要求，可以对该关节采用三次多项式插值函数来规划其运动。已知 $\theta_0=0°$，$\theta_f=60°$，$t_f=3$ s，代入式(6-16)可得三次多项式的系数为：$a_0=0.0$，$a_1=0.0$，$a_2=20.0$，$a_3=-4.44$。

由式(6-17)和式(6-18)，可以确定该关节的位移、速度和加速度为

$$\theta(t)=20t^2-4.44t^3,\ \dot{\theta}(t)=40t-13.32t^2,\ \ddot{\theta}(t)=40-26.64t$$

6.3.3.2 过路径点的三次多项式插值

多项式插值的方法也可应用于具有多个路径点(结点)的运动规划。如图 6-14 所示，机器人作业除在 A、B 点有位姿要求外，在路径点 C、D 也有位姿要求。对于这种情况，为保证运动平滑，将中间路径点(结点)在前一段运动终止点的位移、速度和加速度值作为后一段运动起始点的位移、速度和加速度，从而可以确定多项式的系数。

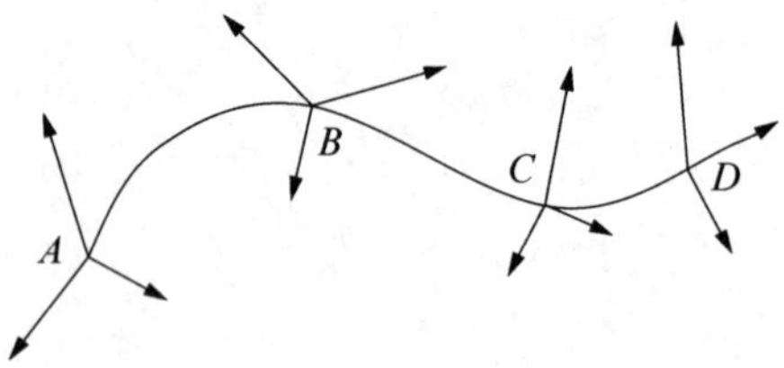

图 6-14 机器人作业路径点

可以把所有路径点也看作"起始点"或"终止点"，通过逆向运动学求解得到相应的关节变量值，然后确定所要求的三次多项式插值函数。应用此方法可以把路径点平滑地连接起来。但是，在这些"起始点"和"终止点"的关节运动速度不再是零。

设路径点上的关节速度已知，在某段路径上，起始点为 θ_0 和 $\dot{\theta}_0$，终止点为 θ_{t_f} 和 $\ddot{\theta}_{t_f}$，这时，确定三次多项式系数的方法与上述方法相同，只是速度约束条件变为

$$\left.\begin{aligned}\dot{\theta}(0)&=\dot{\theta}_0\\ \dot{\theta}(t_f)&=\dot{\theta}_{t_f}\end{aligned}\right\} \tag{6-19}$$

利用约束条件可以得到如下方程组：

$$\left.\begin{aligned}a_0&=\theta_0\\ a_0+a_1t_f+a_2t_f^2+a_3t_f^3&=\theta_{t_f}\\ a_1&=\dot{\theta}_0\\ a_1+2a_2t_f+3a_3t_f^2&=\dot{\theta}_{t_f}\end{aligned}\right\} \tag{6-20}$$

求解上述方程组，可得三次多项式的系数为

$$\left.\begin{aligned}a_0&=\theta_0\\ a_1&=\dot{\theta}_0\\ a_2&=\frac{3(\theta_{t_f}-\theta_0)}{t_f^2}-\frac{2\dot{\theta}_0}{t_f}-\frac{\dot{\theta}_{t_f}}{t_f}\\ a_3&=\frac{-2(\theta_{t_f}-\theta_0)}{t_f^3}+\frac{\dot{\theta}_{t_f}-\dot{\theta}_0}{t_f^2}\end{aligned}\right\} \tag{6-21}$$

由上式确定的三次多项式描述了起始点和终止点具有任意给定位置和速度的运动轨迹，但接

下来的问题就是如何确定路径点上的关节速度。具体方法为：基于工具坐标系的瞬时线速度和角速度(一般可以根据作业要求选定)，利用机器人雅可比矩阵的逆矩阵确定机器人的关节速度。

6.3.3.3 用抛物线过渡的线性插值

在关节空间轨迹规划中，单纯线性插值会导致起始点和终止点的关节运动速度不连续，且加速度为无穷大，在两端点会造成刚性冲击。为消除刚性冲击，可以对如图 6 - 15 所示线性函数插值方法进行修正，即在线性插值两端点之间设置一段抛物线形的缓冲段，如图 6 - 16 所示。

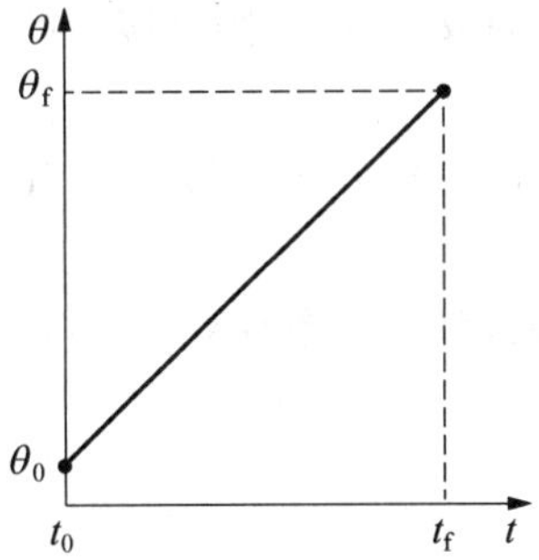

图 6 - 15 两点间的线性插值轨迹

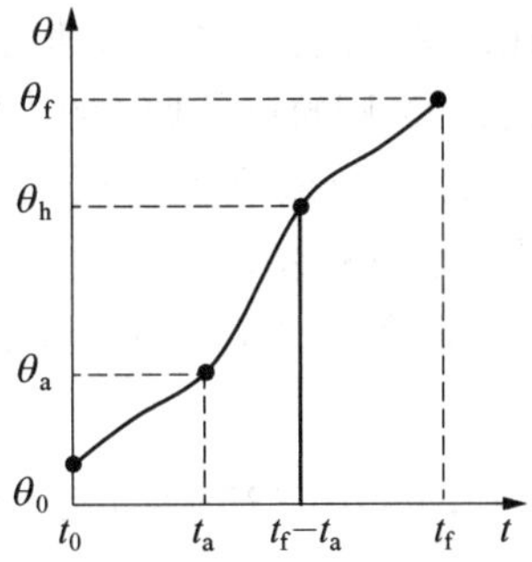

图 6 - 16 带有抛物线过渡域的线性轨迹

为了确定过渡段的运动轨迹，假设两端的抛物线轨迹具有相同的持续时间 t_a，具有大小相同而符号相反的恒加速度 $\ddot{\theta}$。这种路径规划存在多个解，其轨迹不唯一，如图 6 - 17 所示。但是每条路径都对称于时间中点 t_h 和位置中点 θ_h。

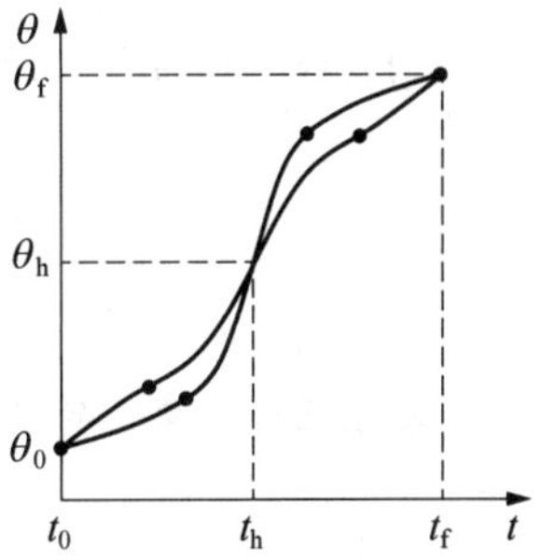

图 6 - 17 轨迹的多解性与对称性

要保证路径轨迹的连续、光滑，即要求抛物线轨迹的终点速度必须等于线性段的速度，即满足以下关系

$$\ddot{\theta}t_a=\frac{\theta_h-\theta_a}{t_h-t_a} \tag{6-22}$$

式中，θ_a 为对应于抛物线持续时间 t_a 的关节角度。θ_a 的值可以按下式确定

$$\theta_a=\theta_0+\frac{1}{2}\ddot{\theta}t_a^2 \tag{6-23}$$

设关节从起始点到终止点的总运动时间为 t_f，则 $t_f=2t_h$，由于

$$\theta_h=\frac{1}{2}(\theta_0+\theta_f) \tag{6-24}$$

将式(6 - 23)和式(6 - 24)代入式(6 - 22)可得

$$\ddot{\theta}t_a^2-\ddot{\theta}t_f t_a+(\theta_f-\theta_0)=0 \tag{6-25}$$

当 θ_0、θ_f、t_f 已知时，可根据式(6 - 23) 选择相应的 $\ddot{\theta}$ 和 t_a 值，进而得到相应的关节运动轨迹。一般的方法是先选定加速度 $\ddot{\theta}$ 的值，然后按式(6 - 25) 求出相应的 t_a 值，即

$$t_a = \frac{t_f}{2} - \frac{\sqrt{\ddot{\theta}^2 t_f^2 - 4\ddot{\theta}(\theta_f - \theta_0)}}{2\ddot{\theta}} \tag{6-26}$$

由式(6-26)可知，为保证 t_a 有解，加速度值 $\ddot{\theta}$ 须满足 $\ddot{\theta}^2 t_f^2 - 4\ddot{\theta}(\theta_f - \theta_0) \geqslant 0$，即

$$\ddot{\theta} \geqslant \frac{4(\theta_f - \theta_0)}{t_f^2} \tag{6-27}$$

当式(6-27)中的等号成立时，轨迹线性段的长度缩减为零，整个轨迹由两个过渡段组成，这两个过渡段在衔接处的斜率(关节速度)相等；加速度 $\ddot{\theta}$ 的取值越大，则过渡段的长度越短，若加速度趋于无穷大，则轨迹还原至线性插值情况。

【例6-2】 θ_0、θ_f 和 t_f 的含义同【例6-1】，若将已知条件变为 $\theta_0 = 10°$，$\theta_f = 70°$，$t_f = 5\,s$，试设计一条带有抛物线过渡的线性轨迹。

解： 根据题意，按式(6-27)定出加速度的取值范围，为此，将已知条件代入式(6-27)中，有 $\ddot{\theta} \geqslant 9.6°/s^2$。

选 $\ddot{\theta}_1 = 20°/s^2$，由式(6-27)算出过渡时间 t_{a1}，即

$$t_{a1} = \frac{5}{2} - \frac{\sqrt{20^2 \times 5^2 - 4 \times 20 \times (70 - 10)}}{2 \times 20} = 0.70(s)$$

由式(6-23)可计算出过渡域终了时的关节位置 θ_{a1} 和关节速度 $\dot{\theta}_1$，可得

$$\theta_{a1} = 10 + \frac{1}{2} \times 20 \times 0.70^2 = 14.9(°)$$

$$\dot{\theta}_1 = \ddot{\theta}_1 t_{a1} = 20 \times 0.70 = 14.0(°/s)$$

据上面计算得出的数值可以绘出如图6-18所示的轨迹曲线。

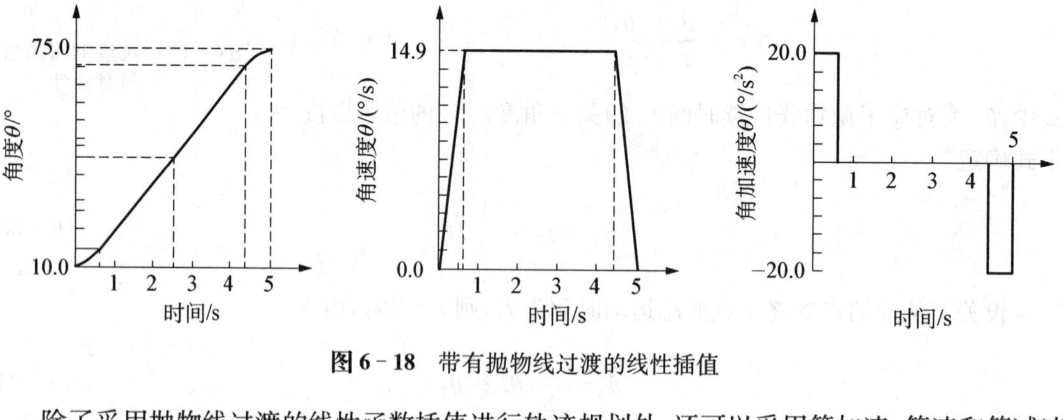

图6-18 带有抛物线过渡的线性插值

除了采用抛物线过渡的线性函数插值进行轨迹规划外，还可以采用等加速、等速和等减速运动规律、正弦运动规律等。

6.3.3.4 五次多项式轨迹

如果在某段路径的起始点和终止点都给定了关节的位置、速度和加速度，则可以用一个五次多项式进行插值，即

$$\theta(t) = a_0 + a_1 t + a_2 t^2 + a_3 t^3 + a_4 t^4 + a_5 t^5 \tag{6-28}$$

上述多项式有6个系数 a_0, a_1, …, a_5,理论上必须有6个约束条件才能唯一地确定多项式的系数。根据起始点和终止点的位移、速度和加速度约束条件可得

$$\left.\begin{aligned}&a_0=\theta_0\\&a_0+a_1t_f+a_2t_f^2+a_3t_f^3+a_4t_f^4+a_5t_f^5=\theta_{t_f}\\&a_1=\dot{\theta}_0\\&a_1+2a_2t_f+3a_3t_f^2+4a_4t_f^3+5a_5t_f^4=\dot{\theta}_{t_f}\\&2a_2=\ddot{\theta}_0\\&2a_2+6a_3t_f+12a_4t_f^2+20a_5t_f^3=\ddot{\theta}_{t_f}\end{aligned}\right\}\tag{6-29}$$

解上述方程组可以确定多项式系数 a_0, a_1, …, a_5。

6.3.3.5 “4-3-4”多项式轨迹

机器人每个关节的运动轨迹包含三段(图6-19):第一段由初始点到提升点的轨迹用四次多项式表示;第二段(或中间段)由提升点到下放点的轨迹用三次多项式表示;最后一段由下放点到终止点的轨迹由四次多项式表示。

在每段轨迹中关节变量的多项式为

第一段

$$\theta_1(t)=a_{14}t^4+a_{13}t^3+a_{12}t^2+a_{11}t+a_{10}\quad t\in[0,\ \tau_{1f}]\tag{6-30}$$

第二段

$$\theta_2(t)=a_{23}t^3+a_{22}t^2+a_{21}t+a_{20}\quad t\in[0,\ \tau_{2f}-\tau_{1f}]\tag{6-31}$$

第三段

$$\theta_3(t)=a_{34}t^4+a_{33}t^3+a_{32}t^2+a_{31}t+a_{30}\quad t\in[0,\ \tau_{3f}-\tau_{2f}]\tag{6-32}$$

约束条件如下:

1) 初始位置

(1) 初始点位置 θ_1 给定。

(2) 初始点速度 $\dot{\theta}_1$ 给定,通常为零。

(3) 初始点加速度 $\ddot{\theta}_1$ 给定,通常为零。

2) 提升位置

(1) 提升点位置 θ_2 给定。

(2) 提升点位置与前一段轨迹末端位移相同: $\theta_2=\theta_1(t=\tau_{1f})=\theta_2(t=0)$。

(3) 提升点速度与前一段轨迹末端速度相同: $\dot{\theta}_2=\dot{\theta}_1(t=\tau_{1f})=\dot{\theta}_2(t=0)$。

(4) 提升点加速度与前一段轨迹末端加速度相同: $\ddot{\theta}_2=\ddot{\theta}_1(t=\tau_{1f})=\ddot{\theta}_2(t=0)$。

3) 下放位置

(1) 下放点位置 θ_3 给定。

(2) 下放点位置与前一段轨迹末端位移相同: $\theta_3=\theta_2(t=\tau_{2f})=\theta_3(t=0)$。

(3) 下放点速度与前一段轨迹末端速度相同: $\dot{\theta}_3=\dot{\theta}_2(t=\tau_{2f})=\dot{\theta}_3(t=0)$。

(4) 下放点加速度与前一段轨迹末端加速度相同：$\ddot{\theta}_3=\ddot{\theta}_2(t=\tau_{2f})=\ddot{\theta}_3(t=0)$。

4) 终止位置

(1) 终止位置 θ_4 给定。

(2) 终止速度 $\dot{\theta}_4$ 给定，通常为零。

(3) 终止加速度 $\ddot{\theta}_4$ 给定，通常为零。

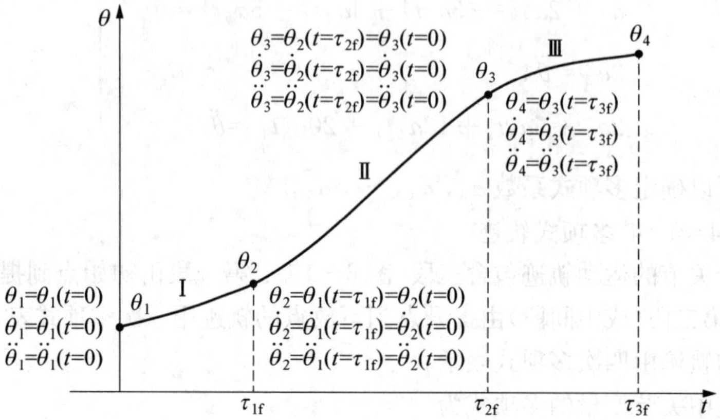

图 6-19 “4-3-4”多项式轨迹

第一段

$$\left.\begin{aligned}\theta_1(t)&=a_{14}t^4+a_{13}t^3+a_{12}t^2+a_{11}t+a_{10}\quad t\in[0,\ \tau_{1f}]\\\dot{\theta}_1(t)&=4a_{14}t^3+3a_{13}t^2+2a_{12}t+a_{11}\\\ddot{\theta}_1(t)&=12a_{14}t^2+6a_{13}t+2a_{12}\end{aligned}\right\}\tag{6-33}$$

$t=0$ 时，要满足此位置的约束条件为

$$\left.\begin{aligned}\theta_1(0)&=a_{10}\\\dot{\theta}_1(0)&=a_{11}\\\ddot{\theta}_1(0)&=2a_{12}\end{aligned}\right\}\tag{6-34}$$

第二段

$$\left.\begin{aligned}\theta_2(t)&=a_{23}t^3+a_{22}t^2+a_{21}t+a_{20}\quad t\in[0,\ \tau_{2f}-\tau_{1f}]\\\dot{\theta}_2(t)&=3a_{23}t^2+2a_{22}t+a_{21}\\\ddot{\theta}_2(t)&=6a_{23}t+2a_{22}\end{aligned}\right\}\tag{6-35}$$

$t=0$ 时，第二段与第一段末了的位移、速度和加速度分别相同，故

$$\left.\begin{aligned}\theta_2(0)&=\theta_1(t=\tau_{1f})=a_{14}\tau_{1f}^4+a_{13}\tau_{1f}^3+a_{12}\tau_{1f}^2+a_{11}\tau_{1f}+a_{10}=\theta_2(t=0)=a_{20}\\\dot{\theta}_2(0)&=\dot{\theta}_1(t=\tau_{1f})=4a_{14}\tau_{1f}^3+3a_{13}\tau_{1f}^2+2a_{12}\tau_{1f}+a_{11}=\dot{\theta}_2(t=0)=a_{21}\\\ddot{\theta}_2(0)&=\ddot{\theta}_1(t=\tau_{1f})=12a_{14}\tau_{1f}^2+6a_{13}\tau_{1f}+2a_{12}=\ddot{\theta}_2(t=0)=2a_{22}\end{aligned}\right\}\tag{6-36}$$

第三段

$$\left.\begin{aligned}&\theta_3(t)=a_{34}t^4+a_{33}t^3+a_{32}t^2+a_{31}t+a_{30}\quad t\in[0,\ \tau_{3f}-\tau_{2f}]\\&\dot{\theta}_3(t)=4a_{34}t^3+3a_{33}t^2+2a_{32}t+a_{31}\\&\ddot{\theta}_3(t)=12a_{34}t^2+6a_{33}t+2a_{32}\end{aligned}\right\}\tag{6-37}$$

$t=0$ 时，第三段与第二段末了的位移、速度和加速度分别相同，故

$$\left.\begin{aligned}&\theta_3(0)=\theta_2(t=\tau_{2f})=a_{23}\tau_{2f}^3+a_{22}\tau_{2f}^2+a_{21}\tau_{2f}+a_{20}=\theta_3(t=0)=a_{30}\\&\dot{\theta}_3(0)=\dot{\theta}_2(t=\tau_{2f})=3a_{23}\tau_{2f}^2+2a_{22}\tau_{2f}+a_{21}=\dot{\theta}_3(t=0)=a_{31}\\&\ddot{\theta}_3(0)=\ddot{\theta}_2(t=\tau_{2f})=6a_{23}\tau_{2f}+2a_{22}=\ddot{\theta}_3(t=0)=2a_{32}\end{aligned}\right\}\tag{6-38}$$

$t=\tau_{3f}$ 时，第三段末了的位移、速度和加速度为

$$\left.\begin{aligned}&\theta_4(0)=\theta_3(t=\tau_{3f})=a_{34}\tau_{3f}^4+a_{33}\tau_{3f}^3+a_{32}\tau_{3f}^2+a_{31}\tau_{3f}+a_{30}\\&\dot{\theta}_4(0)=\dot{\theta}_3(t=\tau_{3f})=4a_{34}\tau_{3f}^3+3a_{33}\tau_{3f}^2+2a_{32}\tau_{3f}+a_{31}\\&\ddot{\theta}_4(0)=\ddot{\theta}_3(t=\tau_{3f})=12a_{34}\tau_{3f}^2+6a_{33}\tau_{3f}+2a_{32}\end{aligned}\right\}\tag{6-39}$$

联立式(6－34)、式(6－36)、式(6－38)、式(6－39)，可得

$$\begin{bmatrix}\theta_1\\\dot{\theta}_1\\\ddot{\theta}_1\\\theta_2\\\theta_2\\0\\0\\\theta_3\\\theta_3\\0\\0\\\theta_4\\\dot{\theta}_4\\\ddot{\theta}_4\end{bmatrix}=\begin{bmatrix}1&0&0&0&0&0&0&0&0&0&0&0&0&0\\0&1&0&0&0&0&0&0&0&0&0&0&0&0\\0&0&2&0&0&0&0&0&0&0&0&0&0&0\\1&\tau_{1f}&\tau_{1f}^2&\tau_{1f}^3&\tau_{1f}^4&0&0&0&0&0&0&0&0&0\\0&0&0&0&0&1&0&0&0&0&0&0&0&0\\0&1&2\tau_{1f}&3\tau_{1f}^2&4\tau_{1f}^3&0&-1&0&0&0&0&0&0&0\\0&0&2&6\tau_{1f}&12\tau_{1f}^2&0&0&-2&0&0&0&0&0&0\\0&0&0&0&0&1&\tau_{2f}&\tau_{2f}^2&\tau_{2f}^3&0&0&0&0&0\\0&0&0&0&0&0&0&0&0&1&0&0&0&0\\0&0&0&0&0&0&1&2\tau_{2f}&3\tau_{2f}^2&0&-1&0&0&0\\0&0&0&0&0&0&0&2&6\tau_{2f}&0&0&-2&0&0\\0&0&0&0&0&0&0&0&0&1&\tau_{3f}&\tau_{3f}^2&\tau_{3f}^3&\tau_{3f}^4\\0&0&0&0&0&0&0&0&0&0&1&2\tau_{3f}&3\tau_{3f}^2&4\tau_{3f}^3\\0&0&0&0&0&0&0&0&0&0&0&2&2\tau_{3f}&12\tau_{3f}^2\end{bmatrix}\begin{bmatrix}a_{10}\\a_{11}\\a_{12}\\a_{13}\\a_{14}\\a_{20}\\a_{21}\\a_{22}\\a_{23}\\a_{30}\\a_{31}\\a_{32}\\a_{33}\\a_{34}\end{bmatrix}\tag{6-40}$$

即

$$\left.\begin{aligned}&[\boldsymbol{\theta}]=[\boldsymbol{M}][\boldsymbol{A}]\\&[\boldsymbol{A}]=[\boldsymbol{M}]^{-1}[\boldsymbol{\theta}]\end{aligned}\right\}\tag{6-41}$$

式中，矩阵 $\boldsymbol{M}$ 的结构便于计算未知系数，矩阵 $\boldsymbol{M}$ 的逆矩阵 $\boldsymbol{M}^{-1}$ 存在(可利用 MATLAB 的矩阵求逆指令求得)。利用 $\boldsymbol{M}^{-1}$ 可以求得各段多项式系数，结果可登录出版社网站(www. sstp. cn)“课件/配套资源”栏目参考。

6.3.3.6 “3-5-3”多项式轨迹

每个关节也由三段组成：第一段用三次多项式表示，第二段用五次多项式表示，最后一段用三次多项式表示。每一段多项式系数的计算方法可以参考“4-3-4”多项式轨迹的方法确定。

6.4 轨迹规划的实施过程

以图 6-20 所示的销孔装配作业为例，说明机器人轨迹规划的实际过程。

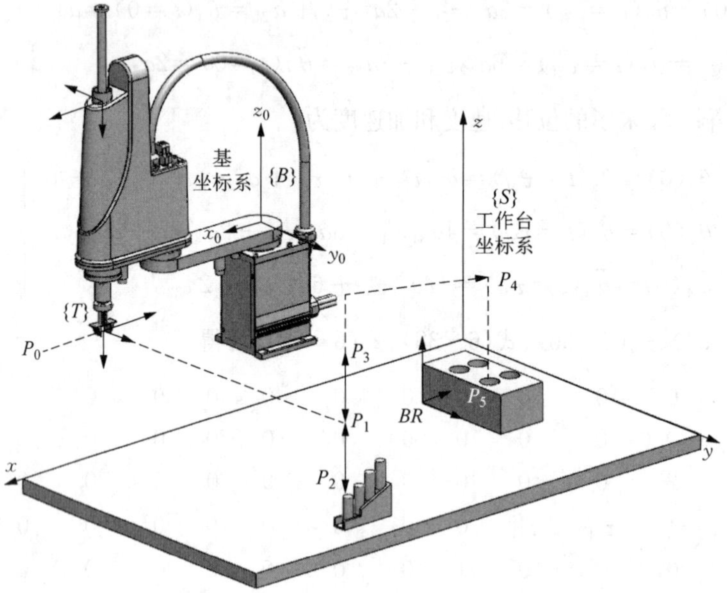

图 6-20 机器人销孔装配作业的轨迹

1) 建立工件坐标系和工作台坐标系

工件坐标系$\{G\}$的建立应根据作业性质和零件的结构特点，结合机器人工具坐标系的 z 轴设定规定来确定，一般建立在能使工具坐标系 TCS 把握工件的有效方向上。根据此原则，销轴的工件坐标系的建立如图 6-21 所示，工件坐标系$\{x_G \quad y_G \quad z_G\}$建立在销轴顶部，坐标原点为顶部圆心，且 zp 轴与销轴轴线重合。

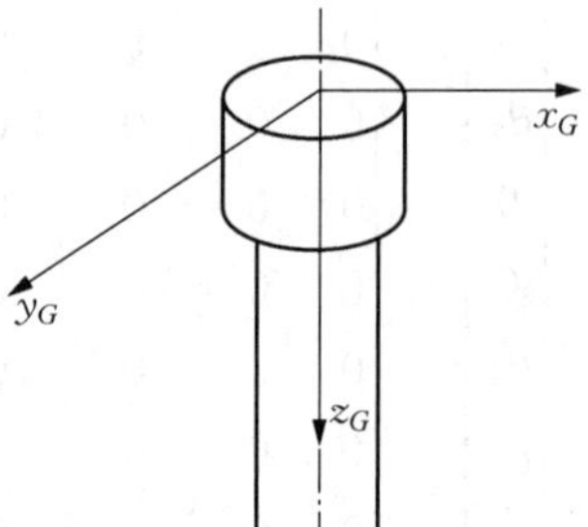

图 6-21 作业对象及工件坐标系

2) 基于工作台坐标系的作业过程描述

机器人的作业过程可以用工件坐标系相对于工作台坐标系$\{S\}$(用户坐标系)的结点序列$\{{}^SP_1\{{}^SO_1, {}^SR_1\}, {}^SP_2\{{}^SO_2, {}^SR_2\}, \cdots, {}^SP_i\{{}^SO_i, {}^SR_i\}, \cdots, {}^SP_n\{{}^SO_n, {}^SR_n\}\}$来确定，每个结点$\{{}^SO_i, {}^SR_i\}$包括工件坐标系原点相对于工作台坐标系的位置向量${}^S\boldsymbol{O}_i$，以及工件坐标系相对于工作台坐标系的姿态${}^S\boldsymbol{R}_i$。${}^S\boldsymbol{P}_i$ 可以用工件坐标系相对于工作台坐标系的位姿矩阵${}^S_G\boldsymbol{T}_i$ 来描述，即 ${}^S\boldsymbol{P}_i = {}^S_G\boldsymbol{T}_i$。

图 6-20 所示的机器人销孔装配作业，要求把销轴从槽中取出并放入托架的一个孔中。结点序列$\{{}^SP_0\{{}^SO_0, {}^SR_0\}, {}^SP_1\{{}^SO_1, {}^SR_1\}, {}^SP_2\{{}^SO_2, {}^SR_2\}, {}^SP_3\{{}^SO_3, {}^SR_3\}, \cdots, {}^SP_6\{{}^SO_6,$

${}^{S}R_6\}\}$为机器人的作业路径，如图中的沿虚线运动所示。设定${}^{S}P_i(i=0,1,2,3,4,5)$为手爪必须经过的直角坐标结点。参照这些结点的位姿将作业描述为表6-2所示的手爪的一系列运动和动作。

表6-2　工作台坐标系中销轴的抓紧和插入过程

结点	${}^{S}P_0$	${}^{S}P_1$	${}^{S}P_2$	${}^{S}P_2$	${}^{S}P_3$	${}^{S}P_4$	${}^{S}P_5$	${}^{S}P_5$	${}^{S}P_6$
动作	初始位置	接近销轴	到达	抓住	提升	接近托架	插入孔中	松夹	移开

3）机器人路径规划

表6-2所示的机器人作业路径是在工作台坐标系中描述的，需要把它们变换到机器人的基坐标系$\{B\}$中才能通过编程完成作业动作过程。机器人的作业过程在基坐标系中以用工具坐标系$\{T\}$相对于机器人基坐标系$\{B\}$结点序列$\{{}^{B}P_1\{{}^{B}O_1,{}^{B}R_1\},{}^{B}P_2\{{}^{B}O_2,{}^{B}R_2\},\cdots,{}^{B}P_i\{{}^{B}O_i,{}^{B}R_i\},\cdots,{}^{B}P_n\{{}^{B}O_n,{}^{B}R_n\}\}$来确定，每个结点$\{{}^{B}O_i,{}^{B}R_i\}$包括工具坐标系原点相对于工作台坐标系的位置向量${}^{B}\boldsymbol{O}_i$，以及工具坐标系$\{T\}$相对于基坐标系$\{B\}$的姿态${}^{B}\boldsymbol{R}_i$。${}^{B}\boldsymbol{P}_i$可以用工具坐标系相对于基坐标系$\{B\}$的位姿矩阵${}^{B}_{T}\boldsymbol{T}_i$来描述，即${}^{B}\boldsymbol{P}_i={}^{B}_{T}\boldsymbol{T}_i$。

设机器人工作台坐标系$\{S\}$相对于机器人基坐标系$\{B\}$的位姿为${}^{B}_{S}\boldsymbol{T}$，则根据式(2-21)可以将上述作业变换到基坐标系$\{B\}$中的描述变换为

$$
{}^{B}\boldsymbol{P}_i={}^{B}_{T}\boldsymbol{T}_i={}^{B}_{S}\boldsymbol{T}{}^{S}_{G}\boldsymbol{T}={}^{B}_{S}\boldsymbol{T}{}^{S}\boldsymbol{P}_i \tag{6-42}
$$

经过上述变换后，销孔装配过程在基坐标系$\{B\}$中的路径规划见表6-3。

表6-3　基坐标系中销轴的抓紧和插入过程(路径规划)

结点	${}^{B}P_0$	${}^{B}P_1$	${}^{B}P_2$	${}^{B}P_2$	${}^{B}P_3$	${}^{B}P_4$	${}^{B}P_5$	${}^{B}P_5$	${}^{B}P_6$
动作	初始位置	接近销轴	到达	抓住	提升	接近托架	插入孔中	松夹	移开

4）轨迹规划

表6-3中的路径为在基坐标系(直角坐标)中描述的路径。销孔装配属于典型的“点位作业”类型，即要求机器人工具坐标系在上述路径点位姿保持准确，而相邻两个结点之间的轨迹无特殊要求。因而相邻两个结点之间的轨迹需要利用轨迹规划来确定。

以关节空间规划为例，具体轨迹规划步骤为：

(1) 将工具坐标系的运动变换为机器人末端连杆坐标系的运动。可以应用机器人编程设定工具坐标系$\{T\}$；经过设定后，设工具坐标系$\{T\}$相对于机器人末端连杆坐标系$\{n\}$的位姿为${}^{n}_{T}\boldsymbol{T}$，设机器人末端连杆坐标系$\{n\}$相对于机器人基坐标系$\{B\}$的位姿为${}^{0}_{n}\boldsymbol{T}={}^{B}_{n}\boldsymbol{T}$，则工具坐标系$\{T\}$相对于基坐标系的位姿${}^{B}_{n}\boldsymbol{T}$与工具坐标系相对于末端连杆的位姿${}^{n}_{T}\boldsymbol{T}$以及末端连杆坐标系$\{n\}$相对于基坐标系$\{B\}$之间的关系为

$$
{}^{B}_{T}\boldsymbol{T}={}^{0}_{n}\boldsymbol{T}{}^{n}_{T}\boldsymbol{T} \tag{6-43}
$$

因为${}^{B}_{T}\boldsymbol{T}_i={}^{B}\boldsymbol{P}_i$，且${}^{n}_{T}\boldsymbol{T}$已知，则根据式(6-43)，确定与表6-3中的每个结点${}^{B}P_i$相对应的机器人末端连杆坐标系$\{n\}$的位姿(相对于基坐标系)为

$$
{}^{0}_{n}\boldsymbol{T}_i={}^{B}_{T}\boldsymbol{T}{}^{n}_{T}\boldsymbol{T}^{-1}={}^{B}_{T}\boldsymbol{T}{}^{B}\boldsymbol{P}_i^{-1} \tag{6-44}
$$

(2) 确定机器人各轴的关节变量。将机器人末端连杆坐标系{n}相应的位姿${}^0_n\boldsymbol{T}_i$ 代入式(4-1),利用机器人逆向运动学求解方法可以求出相应的关机变量值 $\boldsymbol{\theta}_i=(\theta_{i1}, \theta_{i2}, \cdots, \theta_{in})^T$。

(3) 关节空间的运动规划。因为相邻两个结点${}^BP_i$ 和${}^BP_{i+1}$ 的关节变量已知,便可以利用关节空间插补的方法确定两个结点之间的运动轨迹。

应当指出,对于商用工业机器人,机器人作业前要先设置工具坐标系{T}、工作台坐标系{S}以及工件坐标系的初始位姿。用户只要按照商用机器人自带的编程语言完成作业描述,并确定工件坐标系{G}在工作台坐标系中的路径(即表 6-2)后,式(6-42)～式(6-44)的计算由机器人自带的路径规划器自动完成;且结点之间的轨迹规划可以采用人机对话的形式,由用户根据作业特点和作业环境要求自行选择,而无须用户自己进行具体的计算。

6.5 基于动力学的机器人轨迹规划

上述轨迹规划过程属于运动学范畴内的轨迹规划,即在轨迹规划过程中,不考虑机器人受到的外力以及惯性力和惯性力矩对机器人运动轨迹的影响。当机器人各关节运动速度很低,而机器人各个连杆的惯性力和惯性力矩几乎可以忽略,基于运动学的轨迹规划方法基本上可以满足机器人轨迹的精度要求。

由于外力是改变运动状态的原因,机器人的真实运动状态需要通过求解式(5-76)或式(5-77)所示的动力学方程组才能确定。因此,当机器人处于高速运动状态下时,机器人连杆的惯性力和惯性力矩的作用会使机器人偏离按运动学规划确定的轨迹,此时需要结合机器人动力学完成轨迹规划过程。

一般工业机器人的轨迹规划过程如图 6-22 所示,它由用户根据作业任务要求和约束条件提出机器人作业任务要求,并将这些要求通过机器人的人机接口输入机器人作业任务规划器;利用人机对话完成任务规划过程,以产生机器人完成作业任务的位姿序列{$P_1\{O_1, R_1\}$, $P_2\{O_2, R_2\}$, $\cdots$, $P_i\{O_i, R_i\}$, $\cdots$, $P_n\{O_n, R_n\}$};把该位姿序列输入机器人运动轨迹规划器,利用人机对话形式完成轨迹规划,以产生关节变量序列;再把关节变量序列输入机器人控制器;同时,利用动力学方程求解出关节驱动力,以产生相应的指令,也同时传送给机器人控制

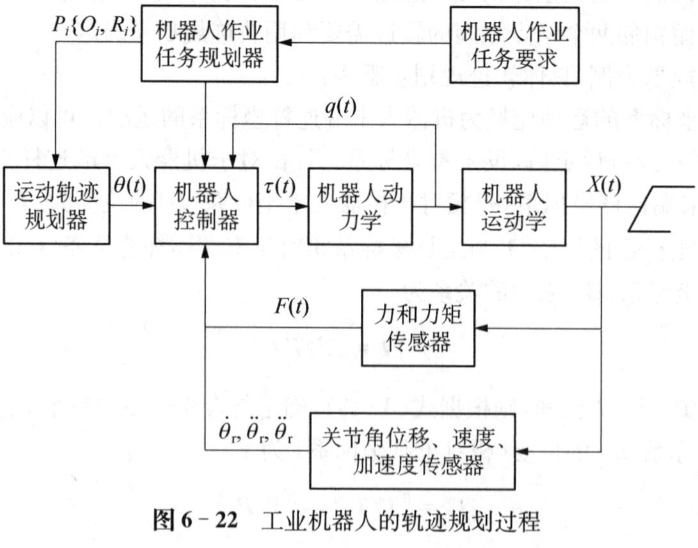

图 6-22 工业机器人的轨迹规划过程

器;机器人控制器发出运动指令,机器人开始运动,根据机器人位移(速度和加速度)以及作用力反馈,修正机器人的运动,从而满足作业任务,包括机器人轨迹精度要求。

参考文献

[1] Craig J J. Introduction to robotics mechanics and control [M]. 3rd ed. [S. l.]: Person Education, Inc. , 2005.

[2] Niku S B. Introduction to robotics: analysis, control, applications [M]. 2nd ed. [S. l.]: John Wiley & Sons, Inc. , 2010.

[3] 熊有伦. 机器人技术基础[M]. 武汉:华中科技大学出版社,2004.

[4] 宋伟刚. 机器人学:运动学、动力学与控制[M]. 北京:科学出版社,2007.

[5] 孙树栋. 工业机器人技术基础[M]. 西安:西北工业大学出版社,2006.

[6] 罗敏,等. 数控原理与编程[M]. 北京:机械工业出版社,2011.

[7] 郑淑芝. 数控原理与编程[M]. 上海:上海科学技术出版社,2012.

[8] 黄云清,舒适,陈艳萍,等. 数值计算方法[M]. 北京:科学出版社,2016.

[9] Sauer T. Numerical analysis [M]. 3rd ed. [S. l.]: Pearson, 2017.

思考与练习

1. 一个机器人转动关节静止在关节角 $\theta=60^\circ$ 处,在 4 s 内平滑地将关节转动到 $\theta=90^\circ$。试求完成此运动并且使机器人停在目标点的三次多项式的系数。画出关节的位置、速度和加速度随时间变化的函数。

2. 试用一个五次多项式控制机器人某一关节的运动,已知该机器人用 5 s 由初始位置 $\theta=0^\circ$ 运动到 $\theta=65^\circ$,已知机器人在起始点的速度为 0,初始加速度为 0;在终点的加速度为 $-15^\circ/s^2$。

3. 一个机器人的关节用 3 s 以速度 $\omega=10^\circ/s$ 由初始位置 $\theta_0=65^\circ$ 运动到 $\theta_t=135^\circ$。若采用带抛物线的线性运动轨迹,求线性段与抛物线段之间必需的过渡时间,并绘制关节位移、速度和角速度曲线。

4. 已知一个机器人关节以"4-3-4"多项式轨迹由起点经过两个中间点到达终点。给定该关节在 3 个位置位移、速度和加速度及所用时间为

$$\theta_1=15^\circ;\quad \dot{\theta}_1=0\quad \ddot{\theta}_1=0\quad \tau_{1f}=2$$

$$\theta_2=45^\circ;\quad \tau_{2f}=4$$

$$\theta_3=90^\circ;\quad \tau_{3f}=6\quad \ddot{\theta}_1=0$$

$$\theta_4=50^\circ;\quad \dot{\theta}_4=0\quad \ddot{\theta}_4=0\quad \tau_{4f}=8$$

试求其轨迹方程。

5. 为什么插值多项式一般超过 5 次?

第7章

机器人编程语言

◎ 学习成果达成要求

1. 了解机器人语言的功能。
2. 了解工业机器人编程语言的分类。
3. 了解工业机器人离线编程语言的作用及种类。

根据机器人作业任务要求，在完成机器人的轨迹规划后，如何让机器人实现这些运动？如何实现机器人与外围设备的协调运行？为了解决这些问题，商用机器人一般都向用户提供编程语言，作为用户和机器人之间的接口。

对于一种具体品牌的商用机器人，研发人员掌握其编程语言的指令集和语法规则并不困难。然而，由于机器人的作业任务一般与具体的工艺有关，如机器人焊接作业与焊接工艺有关，这就要求研发人员在充分理解工艺的基础上，才能按照既定的轨迹规划完成程序设计，并生成可执行程序，最后由机器人控制器完成既定的运动控制任务。

7.1 机器人编程语言的基本功能

1）几何模型描述

机器人编程语言应可以在三维空间中定义与机器人作业相关的坐标系，包括基坐标系、机器人关节坐标系、工具坐标系、工作台坐标系、工件坐标系，且具备坐标变换和基变换功能；可以描述关节变量、工具坐标系的位置和姿态，可以描述机器人在三维空间中的运动；可以建立CAD模型，并可以定义物体边缘、表面和几何形貌；可以对夹具、末端执行器以及机器人外围设备进行建模；具有机器人的正向运动学以及逆向运动学模型。

2）机器人作业描述

机器人编程语言可以基于上述几何模型，根据工艺条件和作业环境条件，完整地描述机器人整个作业流程，包括位置描述，如作业的准备结点、开始结点、中间结点、终止结点和安全返回结点等；也包括动作描述，如搬运作业中的工件夹紧、工件放松等，焊接作业中的起弧、开保护气体等；还包括作业速度描述等。

3）运动功能

机器人编程语言可以基于几何模型，在不同的坐标系中描述点到点的直线运动、坐标平面的圆弧运动、空间圆弧运动、样条曲线轨迹运动等，并具备插补功能；也可以按规划的轨迹实现相应的运动;还可以指定机器人各轴运动的速度和加速度以及机器人工具坐标系运动的速度与加速度。

4) 操作流程及响应功能

机器人编程语言除了具备一般高级语言所具备的程序设计功能,如顺序结构设计、选择结构设计、循环结构设计功能外,还具备子程序调用、程序并行运行、查询、中断以及对外部触发做出相应的功能。此外,最重要的是具备控制机器人严格按照设定的时序完成相应的操作的功能。

5) 友好的程序开发环境

机器人运动控制指令应简单、含义直接,并便于记忆;机器人编程语言应具备友好的人机界面以及人机交互功能,应用程序开发效率高。

6) 与外部信息交换功能

机器人编程语言应具备较为完善的外部触发功能;具备接收外部力传感器、触觉传感器、视觉传感器、温度传感器等相关传感器信息的能力;并具备对这些信息变化做出响应的能力。

7.2 工业机器人编程语言的分类

机器人编程分为示教、动作级和任务级编程语言三种级别。

1) 示教编程语言

"示教"就是操作人员手把手或者利用示教盘教会机器人的末端执行器完成某些动作,机器人的控制系统会以程序的形式将这些动作过程记录下来。示教完成之后,机器人可以"再现"这些动作过程。

2) 动作级编程语言

动作级编程语言主要描述机器人的运动,通常一条指令对应机器人的一个动作,表示从机器人的一个位姿运动到另一个位姿。动作级编程语言的优点是指令简单、易学;缺点是功能有限,无法进行复杂的数学运算和逻辑运算,子程序中不含有自变量,只能接收外部的开关变量等。

动作级编程语言分为关节级编程和末端执行器级编程:

(1) 关节级编程。通过简单的编程指令来完成,也可以通过示教盘示教和键盘输入示教来实现。

(2) 末端执行器级编程。在机器人作业空间的直角坐标系中进行,通过给出机器人末端工具坐标系的位姿序列,连同其他辅助功能如力觉、触觉、视觉等的时间序列,协调进行机器人动作的控制。

3) 任务级编程语言

任务级编程语言只需要按照某种规则描述机器人对象物的初始状态和最终目标状态,机器人语言系统即可利用已有的环境信息、知识库、数据库自动进行推理、计算,从而自动生成机器人的路径,并实现运动控制目标。例如,一装配机器人欲完成销轴和轴孔的装配,螺钉的初始位置和装配后的目标位置已知,当发出抓销轴的命令时,语言系统从初始位置到目标位置之间寻找路径,在复杂的作业环境中找出一条不会与周围障碍物产生碰撞的合适路径,在初始位置处选择恰当的姿态抓取销轴,沿此路径运动到目标位置。在此过程中,作业方案的设计、工序的选择、动作的前后安排等一系列问题都由计算机自动完成。

任务级编程语言的结构十分复杂，需要人工智能理论和大型知识库、数据库作为支撑；它是机器人语言发展的主要方向，但目前功能尚不够完善。

7.3 主流工业机器人编程语言及其分类

7.3.1 主流工业机器人编程语言

为了便于机器人应用，一般的机器人厂商都提供“自己”的编程语言。目前主流的工业机器人编程语言以及离线编程软件见表7-1。如KUKA机器人采用KRL编程语言，ABB机器人采用RAPID编程语言，FANUC机器人采用的KAREL编程语言等。这些编程语言具有类似C语言或者VB这类高级编程语言的结构形式，同时增加了机器人运动的控制以及对外输入输出点的控制等。

表7-1 主流工业机器人编程语言及离线编程软件

机器人品牌名称	编程语言	离线编程软件
KUKA	KRL	KUKA. Office Lite
ABB	RAPID	RobotStudio
FANUC	KAREL	RobotGuide
川崎	AS	K-ROSET(K-SPARC，KCONG)
安川	INFORM	RobotMaster
那智不二越	FD	FD on Desk
STAUBLI	VAL3	RobotMaster，RobotArt
COMAU	PDL2	RobotMaster，RobotArt
EPSON	spel+	RobotMaster，RobotArt
新松	示教编程	RobotArt

7.3.2 主流工业机器人编程语言分类

机器人编程可分为示教编程和离线编程两种，这两种编程各有优缺点。

7.3.2.1 示教编程

目前的商用工业机器人主要采用示教编程方式，而且主要针对如码垛、焊接等机器人运动轨迹比较简单的情形。示教编程的主要优点是简单、易学，不需要环境模型；其主要缺点是示教过程要占用机器人、示教在线编程过程烦琐、效率低且精度低等。

示教编程一般可分为手把手示教编程和示教盘示教编程两种方式。

1）手把手示教编程

利用示教手柄引导末端执行器经过所要求的位置，同时由传感器检测出工业机器人各关节轴的坐标值，并由控制系统记录、存储这些数据信息，实际运行时，工业机器人的控制系统会重复再现示教过的轨迹。手把手示教编程主要用于喷漆、弧焊等要求实现连续轨迹控制的工业机器人示教编程中。

此外，手把手示教编程也能实现点位控制，即机器人只是记录轨迹程序移动的两端点位置，轨迹的运动速度则按各轨迹程序段相应的数据输入确定。

2）示教盘示教编程

利用示教盘上所具有的各种功能按钮来驱动工业机器人的各关节轴，实现作业所需要的路径和轨迹，如图 7－1 所示。这种示教编程方式常用于大型机器人或危险环境条件的机器人作业示教。

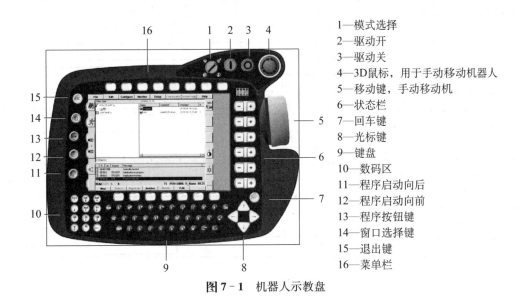

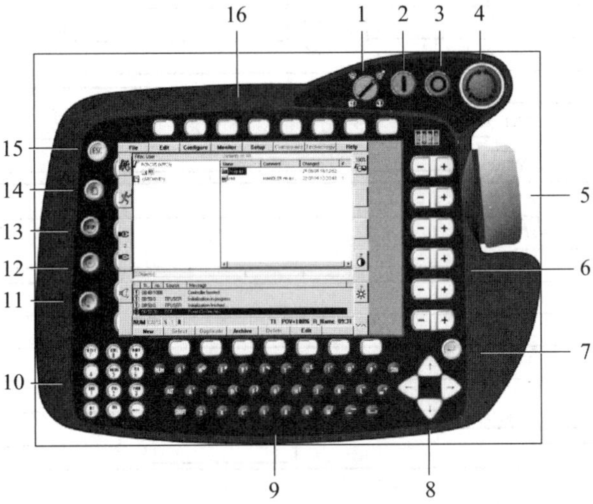

1—模式选择
2—驱动开
3—驱动关
4—3D鼠标，用于手动移动机器人
5—移动键，手动移动机
6—状态栏
7—回车键
8—光标键
9—键盘
10—数码区
11—程序启动向后
12—程序启动向前
13—程序按钮键
14—窗口选择键
15—退出键
16—菜单栏

图 7－1 机器人示教盘

7.3.2.2 **离线编程**

为了提高作业效率，一些机器人公司推出了离线仿真软件，譬如 ABB 机器人有 RobotStudio，KUKA 机器人有 KUKA. Office Lite 离线仿真软件等。这些软件通常运行于 PC 机上，在编程环境中的仿真结果可以直接下载到机器人控制器中，完成机器人的作业任务。

1）离线编程实施的主要过程

（1）明确作业任务和作业环境。除了机器人搬运、码垛等较为简单的操作外，对于机器人焊接、喷涂、加工等作业，需要先确定作业的工艺要求，再结合现场涉及的所有外围设备的空间布局，详细描述机器人作业的具体步骤以及实施每一步的具体要求，包括机器人位姿要求以及相关的工艺参数，并确定机器人作业的时序图，如图 7－2 所示。

时序图又称序列图或循序图，它通过描述对象之间发送消息的时间顺序显示多个对象之间的动态协作。它可以用来表示与机器人作业相关的所有设备运行的时序；它包括所有操作的生命周期，以及每一操作在其生命周期中与其他操作的时序关系；启动一个设备运行时，对应一个触发事件，产生触发信号，启动相关设备运行；某一个设备运行至某一时刻，也可能产生触发信号，以便控制相关设备运行以及关闭。

（2）构建出机器人、外围设备以及作业环境的 3D（三维）实体模型。利用机器人的运动参数和几何参数构建机器人 3D 实体模型，该模型能够用于模拟机器人的真实运动，同时也能对机器人外围设备构建 3D 实体模型；通过设立世界坐标系、机器人基坐标系、工具坐标系、工作台坐标系（用户坐标系）、工件坐标系，把机器人以及外围设备联系起来，构建包括机器人、外围设备以及作业对象（工件）的 3D 环境。

（3）构建机器人运动模型。利用几何学、运动学、动力学的知识建立机器人的 3D 运动模

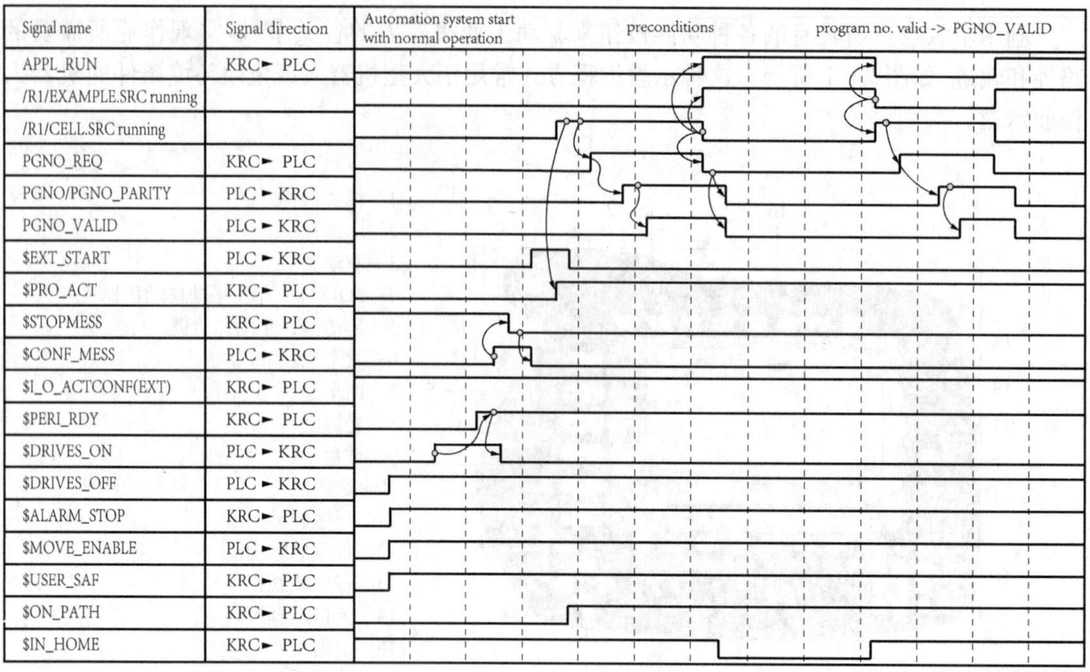

图 7-2　时序图

型，可以模拟机器人在作业环境中的运动。

（4）利用 3D 环境规划机器人的路径和运动轨迹。依据作业任务和 3D 作业环境，完成机器人运动轨迹规划；并利用 3D 模型检查关节运动是否超限、机器人的运动是否出现干涉，从而确定避障路径等。

（5）误差评估及修正。可以对工件定位误差、机器人位姿和姿态误差等进行评估，并提出修正策略。

（6）能进行传感器接口连接和仿真，生成离线程序代码。利用传感器仿真模型提供的输入、输出信息和机器人作业时序图，检验机器人的整个作业流程能否满足作业要求，并生成程序代码。

（7）能借助通信接口与机器人及外围设备实现连接。通过离线编程器自带的相关通信接口，实现离线程序代码与机器人控制器以及外围设备控制器的通信。

（8）离线仿真程序移植。为用户提供人机界面，并利用相关接口将仿真程序移植到机器人的控制器以及外围设备的控制器上。

（9）机器人作业任务运行检验。运行仿真程序，检验机器人的运动是否与既定的运动规划相符，机器人及外围设备的时序动作是否与作业要求相符。

2）RobotStudio 及其主要功能

以 ABB 的 RobotStudio 为例，说明离线编程的主要过程：RobotStudio 使用图形化编程、编辑和调试机器人系统来创建机器人的运行，并模拟优化现有的机器人程序，其编程界面如图 7-3 所示。RobotStudio 的优势在于仿真，但根据几何模型生成轨迹能力弱，而且只支持 ABB 机器人。

图 7-3 RobotStudio 软件界面

(1) CAD 导入。可导入各种主流 CAD 格式的数据，包括 IGES、STEP、VRML、VDAFS、ACIS 及 CATIA 等。开发人员可依据这些精确的数据编制精度更高的机器人程序，从而提高产品质量。

(2) AutoPath 功能。该功能利用零件的 CAD 模型自动生成跟踪加工曲线所需要的机器人位置(路径)。

(3) 程序编辑器。可生成机器人控制程序，使用户能够在 Windows 环境中离线开发或维护机器人程序，可缩短编程时间、优化程序结构。

(4) 路径优化。如果程序包含接近奇异点的机器人动作，RobotStudio 可自动检测出来并发出报警，从而防止机器人在实际运行中发生这种现象。RobotStudio 的仿真监视器是一种用于机器人运动优化的可视工具，红色线条显示可改进之处，以使机器人按照最有效方式运行。可以对 TCP 速度、加速度、奇异点或轴线等进行优化，以缩短周期时间。

(5) 可达性分析。通过 Autoreach 可自动进行可达性分析，使用便捷，用户可通过该功能任意移动机器人或工件，直至所有位置均可到达，在短时间内便可完成工作单元平面布置验证和优化。

(6) 虚拟示教台。虚拟示教台是实物示教平台的图形显示，其核心技术是 VirtualRobot。所有可以在实际示教台上进行的示教工作都可以在虚拟示教台(QuickTeach™)上完成，因而便于教学和培训。

(7) 事件表。提供一种用于验证程序结构与逻辑的功能。程序执行期间，可通过该工具直接观察工作单元的 I/O 状态。可将 I/O 连接到仿真事件，实现工位内机器人及所有设备的仿真。

(8) 碰撞检测。碰撞检测功能可避免机器人与外围设备发生碰撞造成严重损失。选定检测对象后，RobotStudio 可自动监测并显示程序执行时这些对象是否会发生碰撞。

(9) VBA 功能。可采用 VBA 改进和扩充 RobotStudio 功能，根据用户具体需要开发功能强大的外接插件、宏，或定制用户界面。

(10) 程序上传和下载功能。机器人控制程序无须任何转换便可直接下载到实际机器人系统，该功能得益于 ABB 独有的 VirtualRobot 技术。

7.4 通用离线编程语言

通用离线编程语言一般由第三方开发，可以针对市场上的主流工业机器人进行离线编程。机器人通用离线编程语言包括 RobotArt、RobotMaster、Robotworks、Robomove、RobotCAD、DELMIA 和 Grasp 等，其主要优势见表 7-2。其中 RobotArt 和 RobotCAD 的编程界面如图 7-4 和图 7-5 所示。

表 7-2 主要机器人离线编程语言及其优势

语言类型	主要优势
RobotArt（中国）	(1) 支持多种格式的三维 CAD 模型 (2) 支持多种品牌工业机器人离线编程操作 (3) 自动识别与搜索 CAD 模型的点、线、面信息生成轨迹 (4) 轨迹与 CAD 模型特征关联，如模型移动或变形，轨迹则自动跟随变化 (5) 一键优化轨迹与几何级别的碰撞检测 (6) 支持多种工艺包，如切割、焊接、喷涂、去毛刺等
RobotMaster（加拿大）	(1) 可以按照产品数模生成程序，适用于切割、铣削、焊接、喷涂等 (2) 运动学规划和碰撞检测非常精确 (3) 支持外部轴(直线导轨系统、旋转系统)，支持复合外部轴组合系统
Robotworks（以色列）	(1) 支持多种 CAD 数模，具有丰富的数据接口 (2) 编程功能强，从输入 CAD 数据到输出机器人加工代码只需四步 (3) 系统支持市场上主流工业机器人，且提供主流工业机器人三维数模 (4) 仿真模拟功能强，机器人加工仿真系统可对机器人手臂、工具与工件之间的运动进行自动碰撞检查，关节轴超限检查；可以自动删除不合格路径，还可以自动优化路径 (5) 工艺库开放
Robomove（意大利）	支持市面上大多数品牌的工业机器人，机器人加工轨迹由外部 CAM 导入
RobotCAD（德国）	(1) 可与主流的 CAD 软件(如 NX、CATIA、IDEAS)集成 (2) 实现了工装工具、机器人和操作者的三维可视化 (3) 可以进行制造单元、测试以及编程的仿真 (4) 主要功能模块包括 Workcell and Modeling、Spot and OLP、Human、Paint、Arc、Laser 等
DELMIA（法国）	(1) 可进行机器人工作单元建立、仿真与验证，可以提供一个完整的柔性解决方案 (2) 含有 400 种以上的机器人资源 (3) 可进行工厂布置规划 (4) 可加入工作单元中工艺所需的资源，并进一步细化布局

（续表）

语言类型	主 要 优 势
Grasp （英国）	(1) 人机互动式三维图形编辑 (2) 机器人的工作范围检测以及配置检测 (3) 工作循环时间分析 (4) 动态碰撞以及近距离位置监测 (5) 各种工业机器人的静力学模型 (6) 支持各种机器人以及同步外部设备 (7) 离线编程支持绝大多数工业机器人语言 (8) 使用精确的机器人以及工作单元测量技术

图 7-4　RobotArt 编程界面

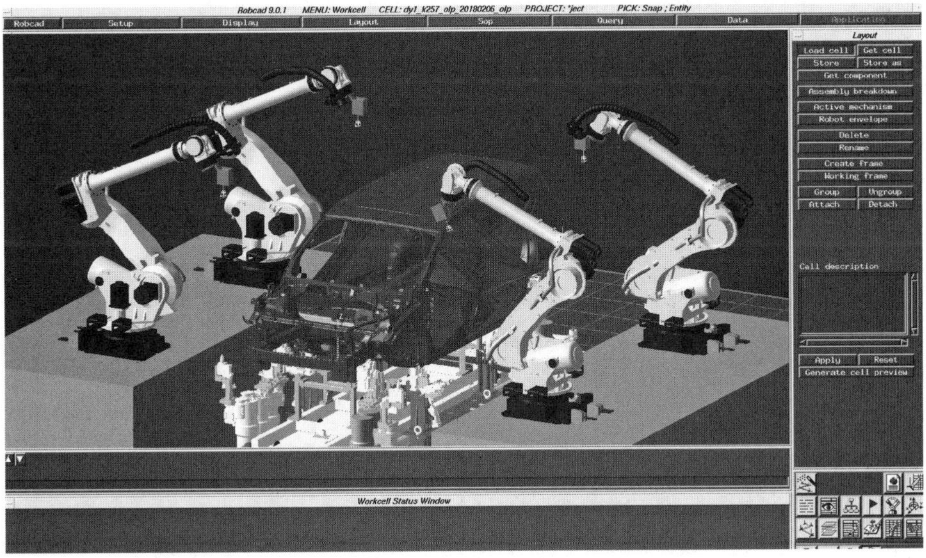

图 7-5　RobotCAD 编程界面

思考与练习

1. 用任意一种机器人语言编写程序,完成如下作业:机器人从传送带上取下销子,之后移动到一个工件的上方,销轴朝下,插入一个轴线位于水平方向的销孔中。

2. 用任意一种机器人语言编写程序,完成如下作业:机器人从一个传送带上取下一个插装器件,之后移动到一块电路板的上方,器件两只引脚朝下,插入一块电路板上的两个孔中,孔的轴线位于铅直方向。

3. 查阅相关文献,编写机器人点焊和弧焊的焊接工艺。

4. 查阅相关文献,编写机器人激光熔覆的工艺。

5. 查阅相关文献,编写机器人激光切割的工艺。

6. 查阅相关文献,编写机器人喷涂工艺。

第 8 章

工业机器人作业坐标系的建立及标定

◎ **学习成果达成要求**

1. 了解与机器人作业相关的坐标系的建立方法。
2. 了解工业机器人标定的方法。

机器人是通过末端执行器完成作业任务的，为了便于控制机器人的运动，需要在机器人末端法兰上安装末端执行器，并在其上建立工具坐标系{T}，还须建立该坐标系与机器人法兰坐标系{F}的关系。在作业现场，为了便于描述工件的运动，需要建立工件坐标系{G}和工作台坐标系{S}；如果作业需要多台机器人完成，还需要建立世界坐标系{W}。机器人作业轨迹一般的确定方法是：根据作业要求，在工作台坐标系{S}中描述工件坐标系{G}的位姿序列；然而，机器人的运动指令都是相对于机器人基坐标系给出的，因而机器人的基坐标系{B}与工作台坐标系{S}之间、工具坐标系{T}与基坐标系{B}之间，以及工件坐标系{G}与工作台坐标系{S}之间，都必须具有准确的相对位置关系，才能确保机器人能够按照既定的运动轨迹完成作业任务，为此需要学习这些坐标系的建立方法。机器人投入运行前，工具坐标系的位置、姿态、轨迹精度必须经过重新标定，否则机器人末端执行器的轨迹和姿态精度将难以保证，因而需要学习机器人位置、姿态和轨迹标定的方法，也涉及机器人工具坐标系{T}、工作台坐标系{S}、工件坐标系{G}等坐标系的标定。

8.1 与机器人作业相关的坐标系的建立

8.1.1 与机器人作业相关的坐标系类型

如图 8-1 所示，与工业机器人作业相关的坐标系包括世界坐标系(world coordinate system){Wo}、基坐标系(base coordinate system){B}、法兰坐标系(frange coordinate system){F}、工具坐标系(tool coordinate system)(末端执行器坐标系){T}、工作台坐标系(station coordinate system){S}或用户坐标系(user coordinate system){U}、工件坐标系{goal coordinate system}{G}。

1) 世界坐标系{Wo}

如图 8-2 所示，当有两个及两个以上的机器人协调作业时，为了便于描述机器人的运动，可以在现场地面建立一个公共坐标系，称为世界坐标系{Wo}。

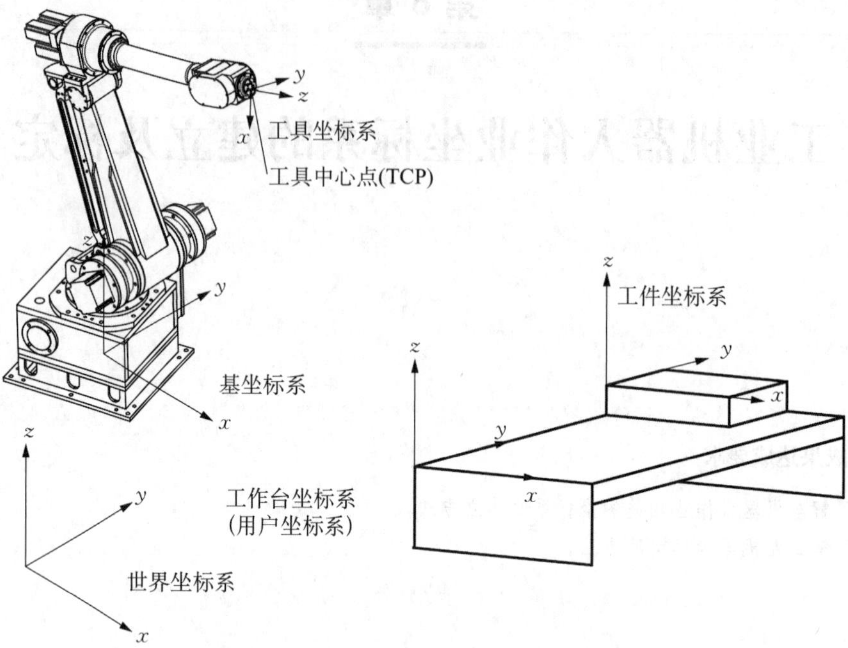

图 8-1 与机器人作业相关的坐标系

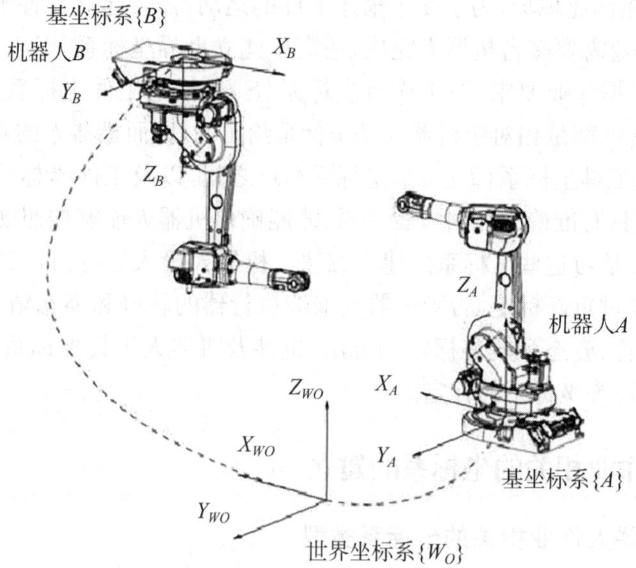

图 8-2 世界坐标系与多机器人基坐标系

2）基坐标系{B}

基坐标系{B}是建立在机器人基座(连杆 0)上的坐标系，由机器人生产厂家设定，如图 8-1、图 8-2 所示，它是描述机器人其余各连杆坐标系以及工具坐标系位姿的基准。基坐标系的具体位置要根据工件的运动轨迹，并结合机器人的工作空间特别是灵活空间来确定。

3）法兰坐标系{F}

如图 8-3、图 8-4 所示，法兰坐标系{F}是建立在机器人末端连杆 n 法兰盘上的坐标系，因法兰盘与末端连杆 n"固定"相连，因而，法兰坐标系$\{F\}$相对于末端连杆坐标系$\{n\}$的位姿${}^{n}_{F}T$ 确定，且保持不变。

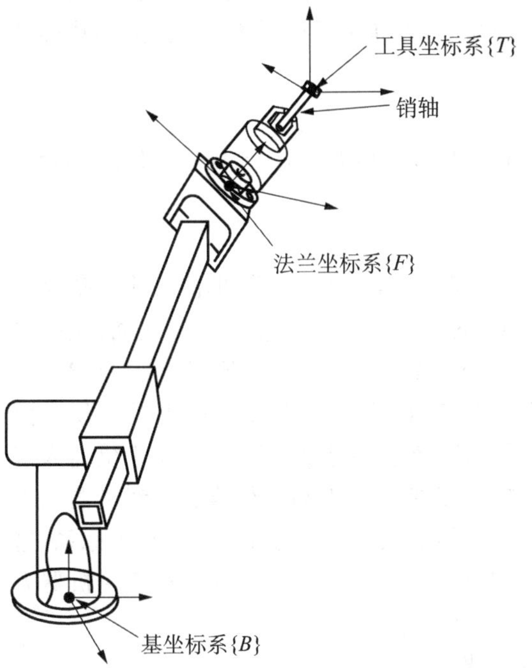

图 8-3 法兰坐标系和工具坐标系

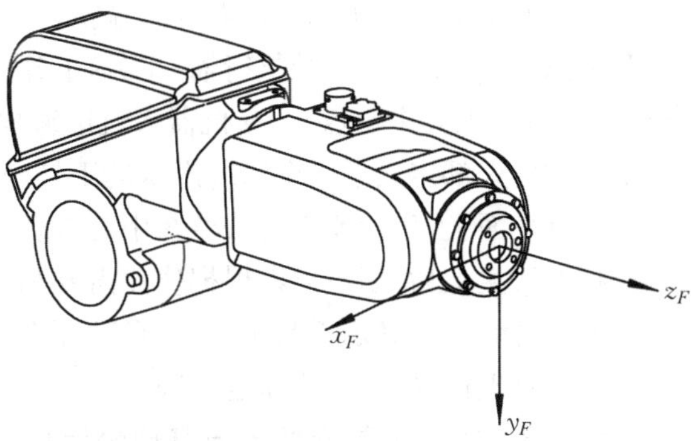

图 8-4 机器人末端法兰坐标系

4) 工具坐标系 TCS(末端执行器坐标系)

为描述末端执行器的运动，需要在其上建立工具坐标系$\{T\}$。该坐标系的建立与末端执行器的结构、作业类型以及机器人末端连杆上连接法兰有关。在机器人投入使用前，工具坐标系必须先进行设定；如果没有进行设定，则机器人编程系统默认为定义在机器人法兰盘上的坐标系为工具坐标系，如图 8-5 所示。

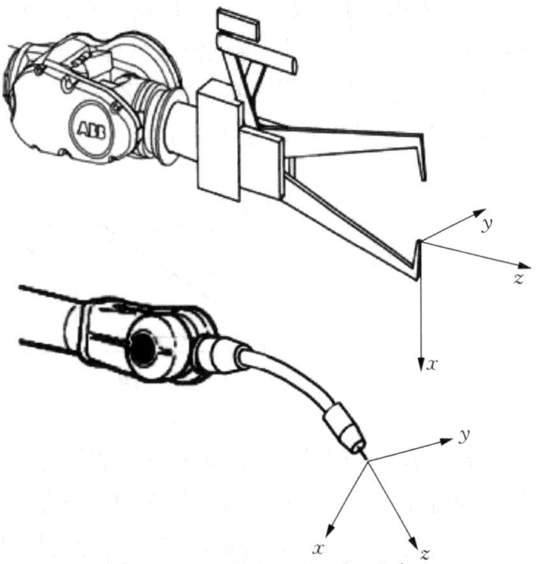

图 8-5 机器人工具坐标系建立

工具坐标系$\{T\}$一般把机器人末端法兰盘所握工具的有效方向规定为 Z 轴，坐标系原点定义在工具端点，所以工具坐标系的方向随机器人腕部的移动而发生变化，如图 8-5 所示。

工具坐标系定义机器人到达预设目标时所使用工具的位姿。因为末端执行器固定在机器人末端连杆 n 上，因而工具坐标系$\{T\}$和法兰坐标系$\{F\}$之间没有相对运动，同时法兰坐标系$\{F\}$与机器人末端连杆坐标系$\{n\}$之间也没有相对运动，故工具坐标系$\{T\}$和末端连杆坐标系$\{n\}$之间的位姿关系${}^{F}_{T}T$ 是确定的，而且保持不变。工具坐标系的建立，要根据作业特点以及末端执行器的具体结构来确定，如图 8-5

所示，这可以通过标定来完成。工业机器人一般采用四点法、三点法与六点法标定工具坐标系。

5）工作台坐标系$\{S\}$/用户坐标系$\{U\}$

如图 8-1 所示，工作台坐标系$\{S\}$(用户坐标系$\{U\}$)是根据工件的作业任务要求，结合现场环境条件而设定的坐标系，它是描述工件运动的基准，通常是最适于对机器人的运动轨迹进行编程的坐标系。

6）工件坐标系$\{G\}$

如图 8-1 所示，工件坐标系建立在工件上，其根据作业任务要求，用于确定工件的起始位姿、终了位姿以及运动轨迹，这就是所谓的轨迹规划。

8.1.2 机器人工具坐标系的设定

在工业机器人末端连杆的法兰上安装上合适的末端执行器(工具)后，机器人才具备执行一定任务的功能。为了描述机器人末端执行器(工具)相对于机器人基坐标系的运动，包括位置和姿态变化，需要在末端执行器(工具)上建立工具坐标系 TCS，TCS 的原点就是 TCP(tool center point，工具中心点)。在机器人轨迹编程时，需要将 TCS 的位姿记录到程序中。所有商用工业机器人都定义了一个系统默认的工具坐标系 TCS，该坐标系的 XY 平面位于机器人末端法兰盘平面上，坐标原点与法兰盘中心重合，如图 8-5 所示。末端执行器安装到机器人末端连杆的法兰上后，用户可以根据作业需要和末端执行器的结构特点另外定义工具坐标系，这需要通过“标定”来确定工具坐标系 TCS 相对于法兰坐标系$\{F\}$的位姿。每一种商用机器人都提供工具坐标系 TCS 的标定方法。

8.1.3 机器人基坐标系与其他坐标系关系的建立

对于每一种商用工业机器人，其世界坐标系$\{W\}$、工作台坐标系$\{S\}$和工件坐标系$\{G\}$都可以通过示教的方法进行设定。一般可以采用三点法(或四点法)进行设定。所谓三点法，如图 8-6 所示，用示教的方法可以确定不在同一直线上的第一点 X_1、第二点 X_2 和第三点 Y_1；第一点 X_1与第二点 X_2连线组成坐标系的 X 轴；通过第三点 Y_1向 X 轴作的垂直线，为 Y 轴，交点为坐标系原点；利用向量叉积 $Z=X\times Y$ 可以确定 Z 轴。图中的工作台坐标系$\{S\}$和工件坐标系$\{G\}$都可以用该方法建立。

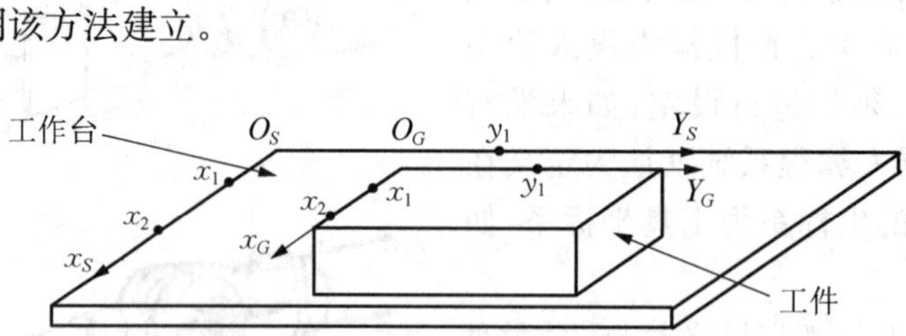

图 8-6 三点法设定坐标系原理

机器人现场作业时，需要根据作业任务要求如焊接作业等，确定工件坐标系$\{G\}$相对于工作台坐标系$\{S\}$的初始位置和姿态以及终了位置和姿态，然后为工件坐标系$\{G\}$在初始位置和终了位置之间规划出合理的轨迹。因为工具坐标系描述的是末端执行器相对于机器人基坐标系$\{B\}$的位置和姿态，因此需要把上述在工作台坐标系$\{S\}$中规划的轨迹坐标和姿态变换到机器人基坐标系$\{B\}$中，其相应的坐标变换为

$$^{B}_{G}T = ^{B}_{S}T^{S}_{G}T \tag{8-1}$$

式中，$^{S}_{G}T$ 为工件坐标系$\{G\}$相对于工作台坐标系$\{S\}$的位置和姿态；$^{B}_{S}T$ 为工作台坐标系$\{S\}$

相对于机器人基坐标系$\{B\}$的位置和姿态；${}^{B}_{G}T$ 为工件坐标系$\{G\}$相对于机器人基坐标系$\{B\}$的位置和姿态。

利用上述变换，可以把工件坐标系$\{G\}$相对于工作台坐标系$\{S\}$的轨迹变换到机器人基坐标系中。由于作业过程如焊接或者抓取过程中，工具坐标系$\{T\}$与工件坐标系$\{G\}$不一定重合，需要把表示工件坐标系$\{G\}$相对于机器人基坐标系$\{B\}$的位置和姿态${}^{B}_{G}T$ 变换成相应工具坐标系$\{T\}$"对应"的相对于机器人基坐标系$\{B\}$的位置和姿态${}^{B}_{T}T$。因为工件坐标系$\{G\}$和工具坐标系之间的位姿关系也可以设定，即${}^{T}_{G}T$ 已知。因为 ${}^{B}_{G}T={}^{B}_{T}T{}^{T}_{G}T$ ，故

$$ {}^{B}_{T}T={}^{B}_{G}T{}^{T}_{G}T^{-1} \tag{8-2} $$

接下来的问题是如何由 ${}^{B}_{T}T$ 确定机器人的关节变量 $\boldsymbol{\theta}=(\theta_1, \theta_2, \cdots, \theta_n)^T$ 的值。

因为工具坐标系$\{T\}$相对于法兰坐标系$\{F\}$的位姿${}^{F}_{T}T$ 已知，而法兰坐标系$\{F\}$相对于末端连杆坐标系$\{n\}$的位姿${}^{n}_{F}T$ 也已知，且 ${}^{B}_{T}T={}^{B}_{n}T{}^{n}_{T}T={}^{0}_{n}T{}^{n}_{T}T$，故

$$ {}^{0}_{n}T={}^{B}_{n}T{}^{n}_{T}T^{-1} \tag{8-3} $$

由此可以求得末端连杆坐标系$\{n\}$相对应的位姿，把它作为已知量代入机器人运动学方程(3-3)的右端；然后利用方程(3-3)可逐点求出关节变量 $\boldsymbol{\theta}=(\theta_1, \theta_2, \cdots, \theta_n)^T$。

8.2 机器人坐标系的标定

机器人投入运行前，其位置、姿态、轨迹精度必须经过重新标定，否则机器人的轨迹精度将难以保证，因而需要学习机器人位置、姿态和轨迹标定的方法。

机器人作业轨迹的一般确定方法是：根据作业要求，在工作台坐标系$\{S\}$中描述工件坐标系$\{G\}$的一系列位姿序列，但是机器人的运动指令都是相对于机器人基坐标系给出的，因而机器人的基坐标系与工作台坐标系之间、工件坐标系与工作台坐标系之间都必须具有准确的相对位置关系，才能确保机器人能够按照既定的运动轨迹完成作业任务。这就涉及机器人工作台坐标系、工件坐标系等坐标系的标定。

8.2.1 工业机器人零点校正

机器人每个关节轴都有一个基准位置，称为"零点"或"机械零位"，旋转关节的角位移和移动关节的线位移都是以零点位置为基准。零点的设置是利用行程开关或接近开关进行的，方法是让某一关节电机轴旋转或者移动，当关节上的触点与行程开关或接近开关接触时，行程开关或接近开关会发出"触发"指令，机器人的控制器接收到这个"触发"指令后，让电机停止旋转。此时该轴上安装的编码器会"记住"此位置，作为"机械零点"位置，即该关节轴运动的基准。此后，编码器相对于该位置的变化量即为该轴的角位移或线位移。不同厂家、不同型号的机器人其每个轴的"零点"位置设置一般不同。以 KUKA 机器人为例，两种不同型号机器人的 6 个轴的"零点"位置如图 8-7 所示。

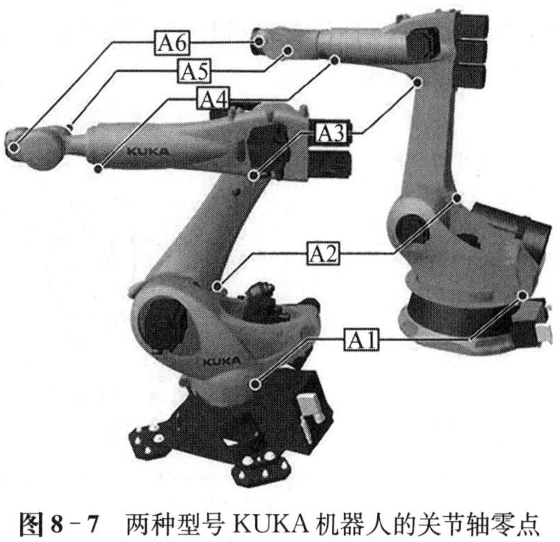

图 8-7 两种型号 KUKA 机器人的关节轴零点

当机器人的各个关节轴都回到其“零点”位置时，机器人处于“零点”位置或者“初始”位置。机器人末端执行器的运动轨迹包括位置和姿态，都是以机器人的“零点”位置作为基准，这是机器人“编程”的基准位置。一旦由于某些原因，使得机器人某些轴的基准位置偏离“机械零点”位置，则机器人的运动便失控。

原则上机器人在运动前必须处于零点的状态，因而在下列情况下必须进行零点标定：①机器人安装完毕后要投入运行；②在移动或更换了“零点”位置开关后；③未通过机器人控制器移动了机器人轴；④机器人进行了机械维修；⑤机器人运动过程中受到碰撞后。

“零点”标定一般采用电子测量仪器或者千分表，如图 8-8 所示。

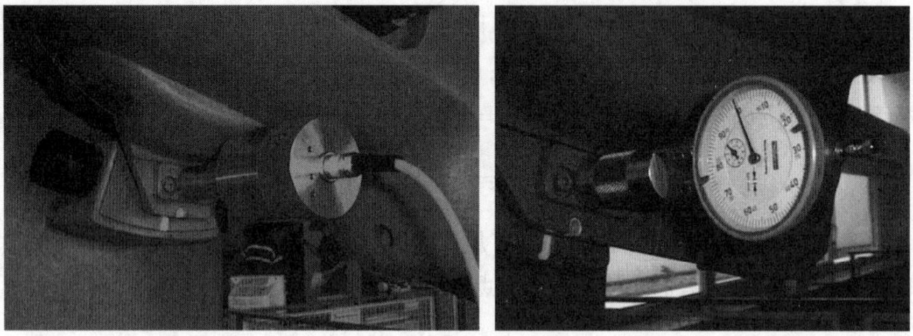

图 8-8 利用电子测量仪器和千分表标定“零点”

用电子测量仪器零位校正零点位置时，机器人各轴会自动移动到机械零点位置；如果用千分表校正零点位置，则必须在轴坐标系运动模式下手动移动各轴到达机械零点位置。一般商用机器人每个轴都配有一个零点标定套筒和一个零点标定标记，探针到达测量槽最深点时的位置即为该轴的“零点”位置。

当每一个轴都进行“零点”标定后，机器人回到了“零点”位置，此后机器人才可以投入使用。

8.2.2 工业机器人位姿精度测量

机器人的位姿精度是指机器人末端执行器的实际位置与标准位置（理论位置、理想位置）之间的差距，差距越小，说明精度越高。衡量机器人位姿精度的指标包括位姿准确度和位姿重复性。机器人的位姿准确度表示指令位姿和从同一方向接近指令位姿时的实到位姿平均值之间的偏差，它包括位置准确度和姿态准确度，如图 8-9 所示。

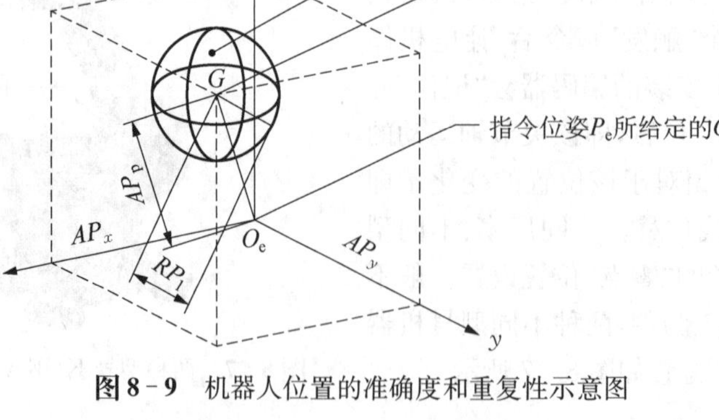

图 8-9 机器人位置的准确度和重复性示意图

机器人位姿的重复性表示对同一指令位姿，从同一方向重复响应 n 次后实到位姿的一致程度，如图 8-10 所示。

机器人关节上的角位移一般用编码器和光栅进行测量，但编码器和光栅受到温度变化等因素的影响较大，因而目前商用机器人的绝对定位精度很低，仅为毫米级，无法满足高精度位置控制要求，需要通过补偿来提高绝对定位精度。商用机器人一般只给出重复定位精度指标。

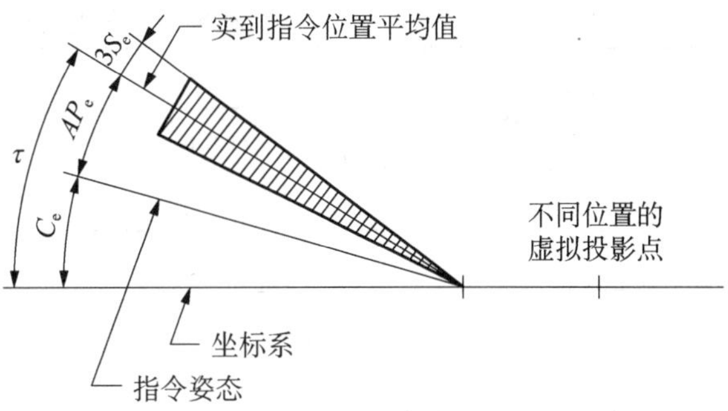

图 8-10 姿态准确度和重复性示意图

机器人重复定位精度是指在相同条件下，一定距离范围内，机器人重复运动到同一指令位置，其实际位置与理论位置的偏差大小，如图 8-10 所示。重复定位精度是工业机器人最重要的性能指标之一。现在主流的工业机器人，重复定位精度高于±0.02 mm，在机器人工作空间范围内的绝对定位精度一般大于±1 mm。

8.2.2.1 **工业机器人位置准确度和重复性测量**

工业机器人位置精度包括位置准确度和重复性，它们可以按照 GB/T 12642—2013/ISO 9283:1998《工业机器人 性能规范及其试验方法》的规定进行。其具体的测量方法包括定位探针方法、轨迹比较方法、三边测量方法、极坐标测量方法、三角测量方法、惯性测量方法、三坐标测量方法和轨迹描述方法等。可以根据测量条件选用合适的测量方法。

1) 位置准确度测量

对于工业机器人，其位置准确度表示指令位置与从同一方向接近指令位置的平均位置之间的偏差，它表示机器人对同一指令位姿与从同一方向重复 n 次后实到位置的一致程度；具体而言，就是机器人的指令位置与实到位置集群重心之差，如图 8-10 所示。机器人的位置准确度规定如下：

$$AP_p=\sqrt{(Ap_x)^2+(Ap_y)^2+(Ap_z)^2} \tag{8-4}$$

$$\left.\begin{aligned} Ap_x&=\bar{x}-x_c \\ Ap_y&=\bar{y}-y_c \\ Ap_z&=\bar{z}-z_c \end{aligned}\right\} \tag{8-5}$$

$$\left.\begin{aligned} \bar{x}&=\frac{1}{n}\sum_{j=1}^{n}x_j \\ \bar{y}&=\frac{1}{n}\sum_{j=1}^{n}y_j \\ \bar{z}&=\frac{1}{n}\sum_{j=1}^{n}z_j \end{aligned}\right\} \tag{8-6}$$

式中，$\bar{x}$、$\bar{y}$ 和 $\bar{z}$ 分别为同一位姿重复测量 n 次后获得的位置集群中心的 x 坐标、y 坐标和 z 坐标；x_c、y_c 和 z_c 分别为指令位置(理论位置)的 x 坐标、y 坐标和 z 坐标；x_j、y_j 和 z_j 分别为第 j 次测量实际位置的 x 坐标、y 坐标和 z 坐标。

对某一指令位置，在规定的条件下[1][2]进行重复运动，并测量实际位置值，填入表 8-1 中。

表 8-1 位置坐标重复测量结果

指令位置：测量次序	坐标系值		
	x/mm	y/mm	z/mm
1			
2			
3			
⋮			
n			

2）位置重复性测量

位置重复性表示对于同一指令位置，从同一方向重复响应 n 次后实到位置的一致程度。对某一位姿，它是以位置集群中心为球心的球半径 RP_l 值。

对表 8-1 中的测量数据进行统计分析，可以确定该机器人的位置重复性为

$$RP_1 = \bar{l} \pm 3S_l \tag{8-7}$$

其中

$$\bar{l} = \frac{1}{n}\sum_{j=1}^{n} l_j \tag{8-8}$$

$$l_j = \sqrt{(x_j - \bar{x})^2 + (y_j - \bar{y})^2 + (z_j - \bar{z})^2} \tag{8-9}$$

式中，$\bar{x}$、$\bar{y}$、$\bar{z}$ 为实到位置的平均值；x_j、y_j、z_j 为第 j 次实到位置。且

$$S_l = \sqrt{\frac{\sum_{j=1}^{n}(l_j - \bar{l})^2}{n-1}} \tag{8-10}$$

8.2.2.2 工业机器人姿态准确度和重复性测量

工业机器人姿态精度测量也可以按照 ISO/TR 13309：1995《操作型工业机器人》的规定进行，常用的测量方法包括惯性测量方法、三坐标测量方法、激光跟踪仪和基于 CCD 的测量方法等。

可以测量机器人默认的末端执行器坐标系(定义在机器人末端连杆法兰上)的位姿精度，也可以测量机器人实际安装的末端执行器 TCS(TCP)的位置和姿态测量。具体方法是选取机器人末端执行器的一系列典型位姿进行重复运动，并同时测量机器人末端执行器的姿态。

1）姿态准确度测量

对于工业机器人而言，其姿态准确度表示机器人对同一指令姿态与从同一方向重复 n 次后实到姿态平均值一致程度，如图 8-10 所示。在 ISO/TR 13309：1995 规定的测试条件下，机器人的姿态准确度规定为

$$\left.\begin{aligned} Ap_a &= \bar{a} - a_a \\ Ap_b &= \bar{b} - b_b \\ Ap_c &= \bar{c} - c_c \end{aligned}\right\} \tag{8-11}$$

其中

$$\left.\begin{aligned}\bar{a}&=\frac{1}{n}\sum_{j=1}^{n}a_j\\ \bar{b}&=\frac{1}{n}\sum_{j=1}^{n}b_j\\ \bar{c}&=\frac{1}{n}\sum_{j=1}^{n}c_j\end{aligned}\right\}\tag{8-12}$$

式中，$\bar{a}$、$\bar{b}$ 和 $\bar{c}$ 分别为同一姿态重复测量 n 次后获得的姿态角（欧拉角）中俯仰角、横滚角和偏航角度的平均值；a_{a}、b_{b} 和 c_{c} 分别为指令位置（理论位置）姿态角（欧拉角）中的俯仰角、横滚角和偏航角度的值。

对某一指令姿态，在标准规定的测量条件下进行重复运动，并测量出实际姿态值，填入表 8－2 中。

表 8－2　姿态重复测量结果

指令姿态测量次序	姿态值（a－俯仰角；b－横滚角；c－偏航角）		
	a/°	b/°	c/°
1			
2			
3			
⋮			
n			

将表 8－2 中的数据代入式（8－11）和式（8－12），可以确定机器人姿态的准确度。

2）姿态重复性测量

按照 ISO/TR 13309：1995，姿态重复性定义为：①以位置集群中心为球心的球半径 RP_{l} 值；②围绕姿态角度（俯仰角、横滚角和偏航角）的平均值 $\bar{a}$、$\bar{b}$ 和 $\bar{c}$ 的角度散布 $\pm 3S_{\mathrm{a}}$、$\pm 3S_{\mathrm{b}}$、$\pm 3S_{\mathrm{c}}$，其中 S_{a}、S_{b}、S_{c} 为标准偏差。则有

$$RP_{\mathrm{a}}=\pm 3S_{\mathrm{a}}=\pm 3\sqrt{\frac{\sum_{j=1}^{n}(a_j-\bar{a})^2}{n-1}}\tag{8-13}$$

$$RP_{\mathrm{b}}=\pm 3S_{\mathrm{b}}=\pm 3\sqrt{\frac{\sum_{j=1}^{n}(b_j-\bar{b})^2}{n-1}}\tag{8-14}$$

$$RP_{\mathrm{c}}=\pm 3S_{\mathrm{c}}=\pm 3\sqrt{\frac{\sum_{j=1}^{n}(c_j-\bar{c})^2}{n-1}}\tag{8-15}$$

将表 8－2 中的数据代入式（8－13）～式（8－15），可以获得姿态重复度。

8.2.3 工业机器人其他性能参数

工业机器人的其他性能参数，包括距离准确度和距离重复性、位置稳定时间、位置超调量、位姿特性漂移、互换性、轨迹准确度和轨迹重复性(位置)、拐角偏差、轨迹速度特性、静态柔顺性等，它们的测量也可以按照 ISO/TR 13309:1995 的规定进行。

8.2.4 工业机器人位姿精度标定

机器人的运动学方程建立了机器人末端连杆坐标系与机器人基坐标系之间位姿的“理论”上的关系。但由于机器人连杆的制造误差以及装配产生的误差，以及机器人作业过程中的磨损也会使运动副产生间隙，再加上连杆受力变形等因素，不可避免地会使得机器人实际的“D-H”参数值与理论值之间产生偏差。这种偏差使得机器人末端执行器的“实际位姿”与“理论位姿”之间产生偏差。因此，机器人出厂前需要由生产厂商确定机器人末端执行器坐标系(建立在机器人末端连杆法兰上的“工具坐标系”)相对于机器人基坐标系的位姿精度。

对于工业机器人而言，所谓标定就是基于精密的测量手段和参数辨识方法确定工业机器人运动学模型的准确参数，从而提高机器人末端执行器坐标系的位姿精度。机器人标定一般包括机器人运动学建模、位姿测量、运动学模型参数识别和位姿误差补偿四个过程。

1) 机器人运动学建模

一般商业机器人都提供机器人各关节轴的 D-H 参数，基于 D-H 参数可以建立机器人各连杆的坐标系，如图 8-11 所示就是基于一种商用机器人的 D-H 参数建立的连杆坐标系。可以依据机器人各连杆的 D-H 参数，根据第 3 章式(3-3)建立机器人的运动学方程，即可获得机器人的运动学模型。

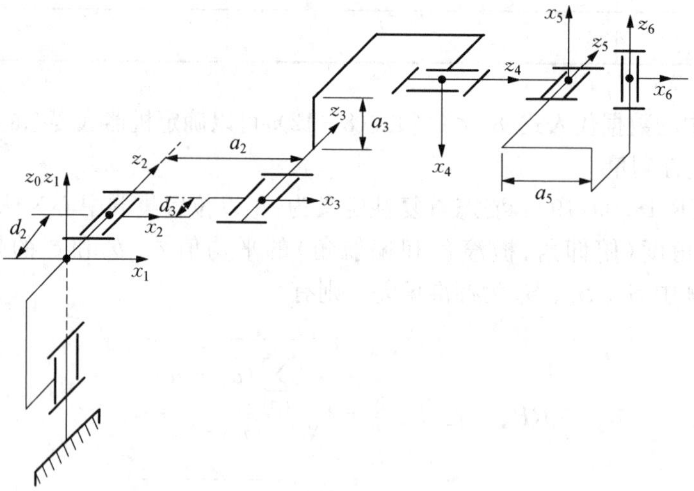

图 8-11 一种机器人运动学模型(D-H 坐标系)

2) 位姿测量

位姿测量包括位置测量和姿态测量，可以应用 8.2.2 节中的方法进行。

可以测量机器人默认的末端执行器坐标系(定义在机器人末端连杆法兰上)的位姿精度，也可以测量机器人实际安装的末端执行器 TCS 的位置和姿态测量。具体方法是选取机器人末端执行器一系列典型的位姿进行重复运动，并同时测量出机器人末端执行器的位置和姿态值。

3）运动学模型参数识别

如果不能获得机器人的D-H参数，则用户只能根据机器人的结构特点和运动尺寸，根据D-H坐标系的建立原则，自行建立机器人各连杆的坐标系，从而确定各连杆的D-H参数，见表8-3。

表8-3 机器人D-H参数

连杆序号	连杆扭角 α_{i-1}	连杆长度 a_{i-1}	连杆偏距 d_i	关节变量 θ_i
1	α_0	a_0	d_1	θ_1
2	α_1	a_1	d_2	θ_2
3	α_2	a_2	d_3	θ_3
⋮	⋮	⋮	⋮	⋮
$n-2$	α_{n-3}	a_{n-3}	d_{n-2}	θ_{n-2}
$n-1$	α_{n-2}	a_{n-2}	d_{n-1}	θ_{n-1}
n	α_{n-1}	a_{n-1}	d_n	θ_n

利用D-H参数和式(3-1)、式(3-3)，可以初步建立机器人的运动学方程；之后，确定一组机器人末端执行器的位姿测量结果：$T_{m1}=\begin{bmatrix}R_{m1} & p_{m1}\\0 & 1\end{bmatrix}$，$T_{m2}=\begin{bmatrix}R_{m2} & p_{m2}\\0 & 1\end{bmatrix}$，…，$T_{mk}=\begin{bmatrix}R_{mk} & p_{mk}\\0 & 1\end{bmatrix}$；并利用机器人关节轴上编码器的读数，确定与每一位姿相对应的关节变量的值 $\boldsymbol{\theta}_1=(\theta_{11},\theta_{21},\cdots,\theta_{n1})^T$，$\boldsymbol{\theta}_2=(\theta_{12},\theta_{22},\cdots,\theta_{n2})^T$，…，$\boldsymbol{\theta}_k=(\theta_{1k},\theta_{2k},\cdots,\theta_{nk})^T$，将这些参数值代入式(3-3)可得

$$\begin{bmatrix}r_{11}(\boldsymbol{\theta}_i) & r_{12}(\boldsymbol{\theta}_i) & r_{13}(\boldsymbol{\theta}_i) & p_x(\boldsymbol{\theta}_i)\\ r_{21}(\boldsymbol{\theta}_i) & r_{22}(\boldsymbol{\theta}_i) & r_{23}(\boldsymbol{\theta}_i) & p_y(\boldsymbol{\theta}_i)\\ r_{31}(\boldsymbol{\theta}_i) & r_{32}(\boldsymbol{\theta}_i) & r_{33}(\boldsymbol{\theta}_i) & p_z(\boldsymbol{\theta}_i)\\ 0 & 0 & 0 & 1\end{bmatrix}=\begin{bmatrix}R_{mi} & p_{mi}\\0 & 1\end{bmatrix} \tag{8-16}$$

利用式(8-16)两边矩阵元素对应相等，可以得到含有每个关节D-H参数 a_1、α_1、a_2、α_2、…、a_n、α_n 的12个方程。一般可以利用最小二乘法等方法确定 a_1、α_1、a_2、α_2、…、a_n、α_n 的具体值。

4）位姿误差补偿

对于工业机器人而言，为确定默认的工具坐标系的位姿精度，每一个制造商都根据国际标准ISO 9283:1998建立了自己的测量方法及实施规范。出厂前，依据企业规范通过标定由此给出机器人具体的性能指标。

机器人出厂后，由于机器人转运、维修以及作业任务发生变化，或使用过程中出现故障、机器人长期使用产生磨损等原因，机器人在投入使用前，都需要对机器人默认的工具坐标系的位姿精度重新进行标定。

通过典型位姿测量的方式，以机器人末端的实际位姿与其名义位姿之差值作为参数辨识程序的输入，根据建立的静态位姿误差模型计算得到机器人运动学参数的误差，进而对机器人

的运动学参数进行了修正，从而提高了机器人的位姿精度。

8.2.5 与机器人作业相关的坐标系的建立及标定

工作台坐标系{S}是为便于描述工件运动轨迹设定的坐标系，但是机器人的运动指令都是以机器人基坐标系{B}为基准给出的，因而需要把该运动轨迹通过工作台坐标系{S}与机器人基坐标系{B}的关系转换到基坐标系中。如果工作台坐标系{S}与机器人基坐标系{B}之间的关系建立得不准确，或者由于外在的原因，如工作台发生偏移，这都会使得它们之间的关系发生变化，都会导致机器人末端执行器的“真实运动轨迹”偏离“目标轨迹”，因而也需要进行标定。

如图 8-1 所示，机器人及外围设备在现场安装完毕之后，在机器人投入运行前，应对机器人进行标定，目的是修正机器人的位姿精度，并建立机器人基坐标系、工件坐标系、工作台坐标系、世界坐标系和工具坐标系之间的准确关系；否则，机器人无法完成规划的运动轨迹。

1）零点校正

按照机器人使用说明书的具体要求，参照 8.2.1 节的方法，用测量仪器或千分尺标定机器人每一个轴的“零点”。

2）机器人位姿和轨迹标定

按照机器人使用说明书的具体要求，参照 8.2.2～8.2.4 节的方法，完成机器人位置精度、姿态精度和轨迹精度的标定。

3）设定工具坐标系 TCS

工具坐标系是指在机器人末端执行器上建立的坐标系，是为了便于控制末端执行器与作业对象之间的运动而建立。机器人工具坐标系 TCS 由工具中心点（TCP）与坐标方位组成。机器人完成作业任务时，TCP 是必需的，如图 8-12 所示。

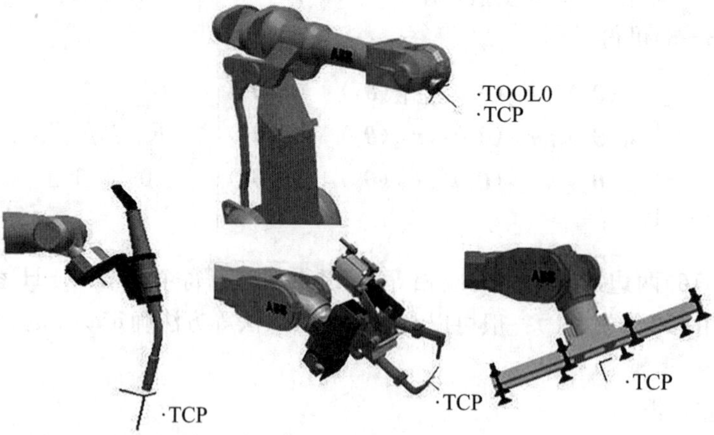

图 8-12 机器人工具坐标系

由于工具安装在机器人末端连杆的法兰上，因而工具坐标系的标定就是建立工具坐标系相对于法兰坐标系的位姿关系，如图 8-12 所示。

思考与练习

1. 查阅 KUKA 机器人技术手册，确定其坐标系设定及标定方法。

2. 查阅ABB机器人技术手册，确定其坐标系设定及标定方法。

3. 查阅安川机器人技术手册，确定其坐标系设定及标定方法。

4. 查阅FANUC机器人技术手册，确定其坐标系设定及标定方法。

第9章

工业机器人与外围设备及生产系统的集成

◎ **学习成果达成要求**

1. 熟悉工业机器人与外围设备及生产系统相集成的基本问题。
2. 掌握工业机器人与外围设备相集成的技术途径。
3. 熟悉工业机器人与外围设备相集成的工作流程。

工业机器人的应用，就是针对具体的作业要求，完成工业机器人的二次开发，从而为用户提供完整的解决方案。具体而言，就是实现机器人作业所需要的外围设备的系统集成，从而形成机器人工作站。机器人工作站的开发，是通过结构化的综合布线系统和网络技术，将工业机器人及外围设备的功能和信息等集成到一个集设备控制、设备管理和信息交换于一体的另一个层级更高的控制系统或控制平台上。

机器人工作站系统集成的关键在于解决分立的设备之间的互连和设备协调运行控制问题。由于工业机器人和外围设备由多个不同厂商制造，产品一般有不同的工业标准和通信协议，要完成系统集成，要求开发人员在熟悉机器人及所有外围设备接口和通信协议的基础上，主要解决以下两个方面的问题：

(1) 硬件设备互连。基于所有设备的接口和通信协议，利用综合布线技术、网络互连技术和通信技术将机器人和所有的外围设备实现互连，从而构建设备间信息交换的链路(通路)。

(2) 应用程序开发。针对用户的需求，从系统的高度为用户提供一个全面的解决方案。具体而言，就是针对用户提出的具体技术要求，在工业机器人控制系统以及所有外围设备的控制系统之上，开发一个层级更高的控制系统，从而构建机器人工作站；将工作站融入生产系统中，它能够按照生产节拍完成既定的作业任务。

为解决上述两个问题，研究人员需要做到以下几点：

(1) 掌握工业机器人技术基础。要理解位姿矩阵的含义，也要理解与机器人作业相关的坐标系，包括机器人基坐标系、关节坐标系、工具坐标系、工作台坐标系和工件坐标系的含义；具有机器人运动学方面的基础知识，特别是要掌握坐标系之间的变换关系。

(2) 具有工业控制系统集成能力。具体而言，开发人员需要掌握微型计算机原理与接口技术、工业现场总线技术、计算机网络技术、电气控制技术等相关知识，从而为机器人与外围设备之间的数据传输和交换建立通道。

(3) 具有工业控制系统应用程序开发能力。工业机器人工作站的控制系统可以基于机器人控制器、PLC 和工业控制计算(industrial personal computer, IPC,简称“工控机”)三种平台,其中以 PLC 最为常用。为实现系统集成目标,开发人员需要掌握“PLC 技术”。此外,由于工控机已经在工业控制中普及,特别是工作站的运行过程中涉及大量数据处理时,PLC 难以胜任,此时工控机是较为理想的选择,因而应掌握其配置方法。由于机器人及外围设备种类较多,为了实现分立设备的协调控制,还需要掌握“工业控制系统集成技术”。

(4) 具有与机器人作业相关的工艺知识。工业机器人的具体用途与作业的工艺相关,如机器人焊接涉及焊接工艺,机器人喷涂涉及喷涂工艺,机器人装配涉及零部件的装配工艺等。机器人工作站的开发效率很大程度上取决于开发人员对工艺的理解程度。

(5) 具有与机器人作业相关的末端执行器、工装和夹具的设计能力。由于通用工业机器人不配置末端执行器,因而与作业相关的末端执行器,如焊接作业用的焊枪(焊钳)、搬运作业用的手爪、喷涂作业用的喷枪等需要由开发人员选择或者设计。此外,与人工作业相比,机器人作业对工件的尺寸精度、工件定位精度的要求较高,为此,要求开发人员根据作业要求,设计工装和夹具,还需要具备机械制造工艺以及工装及夹具设计知识和技能。

由上述分析可知,工业机器人工作站的开发是一个系统集成过程,它需要机器人技术、电气控制技术、机械工程技术、计算机技术以及与作业任务相关的工艺技术等领域的人员协作才能完成。

9.1 工业机器人与外围设备及生产系统相集成的基本问题

9.1.1 机器人工作站硬件系统配置

目前工业机器人主要用于焊接(点焊、弧焊)、喷涂、搬运、装配、激光加工和测量等领域,可以按照不同用途完成机器人工作站的系统配置,包括机器人选型、末端执行器设计或选型以及外围设备设计等。

9.1.1.1 焊接机器人工作站

1) 熟悉焊接工艺规范及焊接机器人工作站组成

焊接是一种以加热、高温或者高压的方式接合金属或其他热塑性材料的制造工艺及技术。按照焊接方法的不同,焊接可分为熔化焊、压力焊和钎焊,如图 9-1 所示。

熔化焊是指在焊接过程中,将焊接接头在高温等的作用下熔化,由于两个被焊工件紧密贴在一起,在温度场和重力等的作用下,无须施加压力,两个工件贴合部位熔化成液体并发生混合,在温度降低后,熔化部分凝结,从而实现两个工件的连接。

压力焊是指在加热或不加热状态下对组合焊件施加一定的压力,使其产生塑性变形或融化,并通过再结晶和扩散等作用,使两个分离表面的原子形成金属键而连接。

钎焊是采用比母材熔点低的金属材料作钎料,将焊件和钎料加热到高于钎料熔点,而低于母材熔化温度,利用液态钎料润湿母材,填充接头间隙并与母材相互扩散从而实现连接。

开发人员需要根据用户提供的焊接件图样的技术要求,确定所有焊缝类型、焊接工艺和工艺参数。焊接常用的焊缝类型见表 9-1。

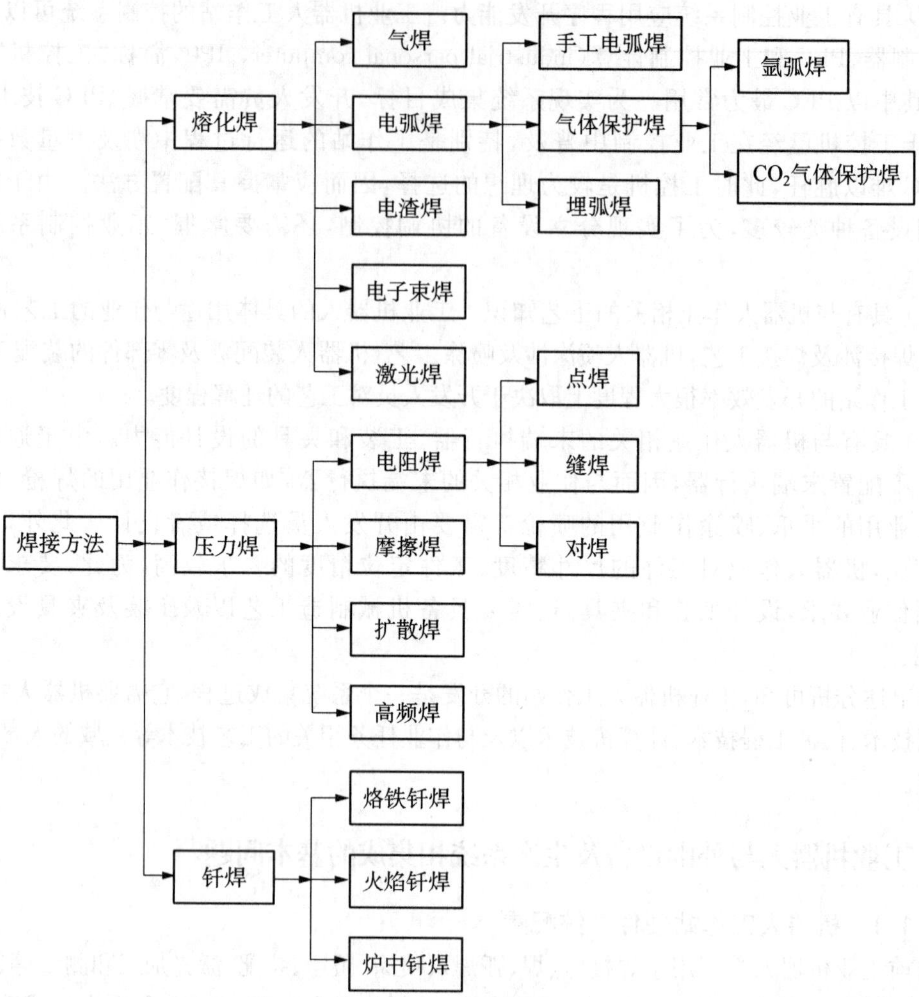

图 9-1 焊接分类

表 9-1 常用焊缝类型

焊缝名称	焊缝横截面形状	符号	焊缝名称	焊缝横截面形状	符号
I形焊缝		‖	角焊缝		◺
V形焊缝		V			
带钝边V形焊缝		Y	塞焊缝或槽焊缝		⊓
单边V形焊缝					
钝边单边V形焊缝			喇叭形焊缝		
带钝边U形焊缝			点焊缝		○
封底焊缝			缝焊缝		

机器人焊接是自动化焊接的重要方向，焊接工作站一般包括：①焊接电源；②送丝机；③焊枪；④机器人；⑤变位机；⑥焊接工装和夹具；⑦主控制器；⑧焊缝跟踪系统；⑨辅助装置；⑩应用软件。

焊接设备中常用的计算机软件有编程软件、功能软件、工艺方法软件和专家系统等。

机器人焊接常用的有氩弧焊(TIG)、CO_2 气体保护焊和点焊三种。

(1) 氩弧焊。如图 9-2 所示，氩弧焊(tungsten inert gas welding, TIG 焊接)又称非熔化极惰性气体钨极保护焊，它是在惰性气体(氩气、氦气或氩氦混合气体)的保护下，利用钨电极与工件间产生的电弧热熔化母材和填充焊丝的一种焊接方法。焊接时保护气体从焊枪的喷嘴中喷出，在电弧周围形成气体保护层以隔绝空气，以防止对钨极、熔池及邻近热影响区产生有害影响，从而可获得高质量焊缝。氩弧焊的热源一般为直流电弧，其工作电压为 10～95 V，电流可达 600 A。

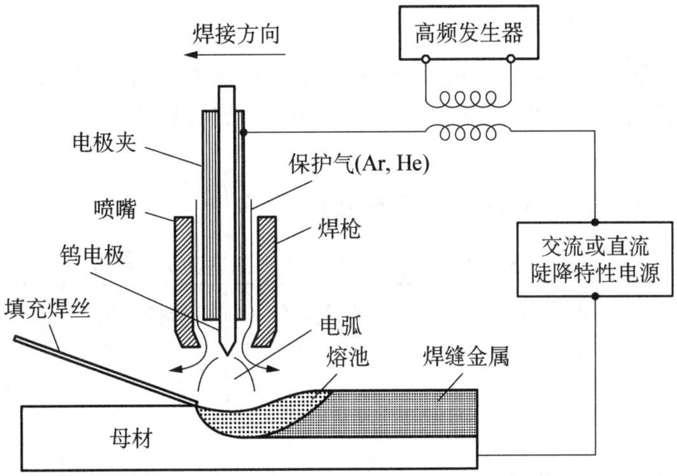

图 9-2 氩弧焊焊接原理

氩弧焊的主要优点包括：焊缝质量高；氩气不参与反应；适合薄板焊接；焊接无飞溅、焊缝美观。氩弧焊的主要用途及工艺参数见表 9-2。

表 9-2 氩弧焊的主要用途及工艺参数

电流种类、极性	焊接母材	焊接厚度	焊接方位	工艺参数
直流正接(工件接电源正极)	低合金高强钢、不锈钢、耐热钢；铜及其合金、有色金属铝、镁等及其合金；高温合金、钛及钛合金，难熔的活性金属(如钼、铌、锆等)	一般≤6 mm，多用于 3 mm 以下薄件焊接；厚件打底(单面焊双面成形)； 工件厚度＜3 mm 时可不开坡口	可进行全方位焊接	(1) 焊接电流种类、极性和大小 (2) 焊接电压 (3) 焊接速度 (4) 保护气体流量 (5) 焊接方位 (6) 钨极直径与端部形状、钨极伸出长度 (7) 喷嘴的直径、形状、喷嘴与工件间距离等
直流反接(工件接电源负极)	适用于各种金属的熔化极氩弧焊			
交流	铝、镁及其合金			

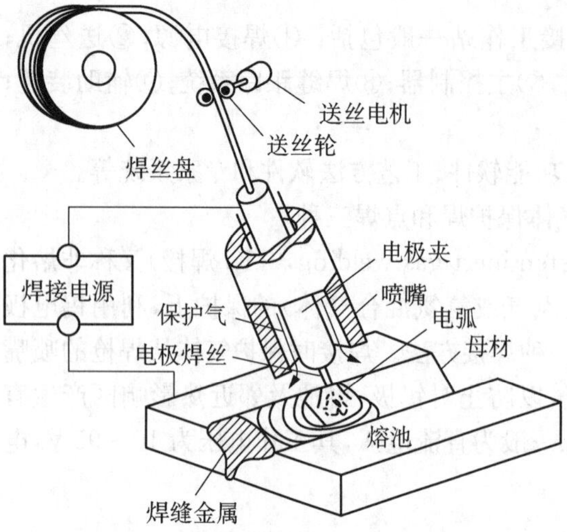

图 9-3 CO_2 气体保护焊焊接原理

氩弧焊焊接工艺规范的确定，要根据工件的材料种类、厚度、焊缝形状、熔深，确定焊接方法、焊前准备加工、装配、焊接材料、焊接设备、焊接顺序、焊接操作、焊接工艺参数以及焊后处理等。

(2) CO_2 气体保护焊。CO_2 气体保护焊的焊接原理如图 9-3 所示，它是利用 CO_2（有时采用 CO_2+Ar 混合气体）作为保护气体进行焊接，属于弧焊的一种，适用于自动焊接，并可以进行全方位焊接。

CO_2 气体保护焊的主要优点包括：焊接作业效率高；焊接成本低；焊接件变形小；焊缝抗锈蚀能力强。

CO_2 气体保护焊焊接工艺规范的确定，要根据工件的材料种类、厚度、焊缝形状、熔深，确定焊接方法、焊前准备加工、装配、焊接材料、焊接设备、焊接顺序、焊接操作、焊接工艺参数以及焊后处理等。

CO_2 气体保护焊的主要用途及工艺参数见表 9-3。

表 9-3　CO_2 气体保护焊的主要用途及工艺参数

电流种类、极性	焊接母材	焊接厚度	焊接方位	工艺参数
直流反接	碳钢、低合金钢结构、耐热钢、不锈钢等	0.8～350 mm	可进行全方位焊接	(1) 焊丝直径 (2) 焊接电流 (3) 电弧电压 (4) 焊接速度 (5) 焊丝的伸出长度 (6) 气体的流量

(3) 点焊。如图 9-4 所示，点焊就是焊件通过焊接电流局部发热，并在焊件的接触加热处施加压力，形成一个焊点的连接方法。

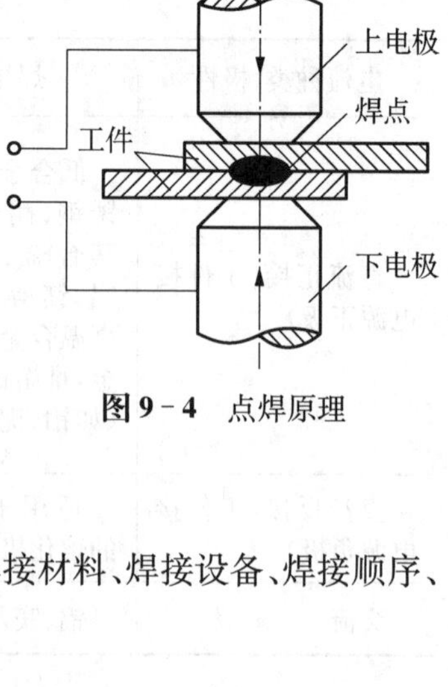

图 9-4　点焊原理

点焊是在焊件间靠熔核进行连接，熔核应均匀、对称分布在焊件的贴合面上；点焊具有大电流、短时间、压力状态下进行焊接的工艺特点；它是热-机械（力）联合作用的焊接过程，根据供电形式可分为单面焊和双面焊两类。

点焊的主要优点包括：焊接准备时间短，所以作业效率高；焊接成本低；焊接过程中热量都集中在局部区域，被焊接材料很少发生热变形，焊接质量好；焊接过程中不排出有害气体和强光。

点焊的焊接工艺规范包括焊接方法、焊前准备加工、装配、焊接材料、焊接设备、焊接顺序、焊接操作、焊接工艺参数以及焊后处理等。

点焊的主要用途及工艺参数见表9-4。

表9-4 点焊的主要用途及工艺参数

焊接母材	焊接厚度	焊接方位	工艺参数
低碳钢、低合金钢、高碳钢、高锰钢、不锈钢、铝合金、钛合金等	小于5 mm	可进行全方位焊接	(1) 电极的端面形状 (2) 电极尺寸 (3) 电极压力 (4) 焊接时间 (5) 焊接电流

2) 焊接机器人工作站硬件设备配置方法

(1) 确定焊接机器人工作站的组成。根据焊接工艺可以确定是选用氩弧焊、CO_2 气体保护焊还是点焊,从而可以确定机器人工作站的组成。弧焊机器人工作站组成如图9-5所示。

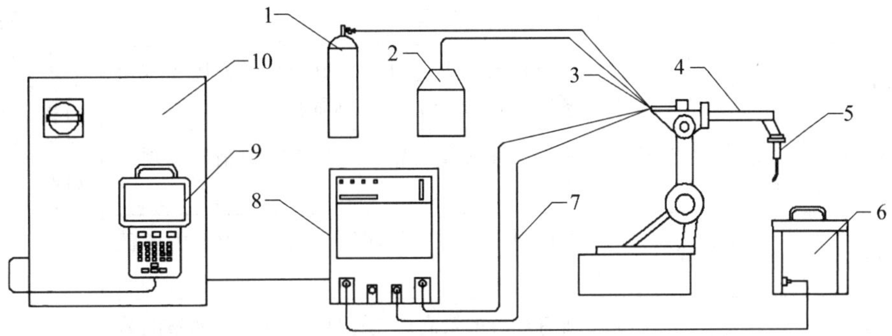

1—气瓶;2—焊丝桶;3—送丝机;4—操作机;5—焊枪;6—工作台;7—供电及控制电缆;8—弧焊电源;9—示教盘;10—机器人控制柜

图9-5 弧焊机器人工作站组成

点焊机器人工作站如图9-6所示。

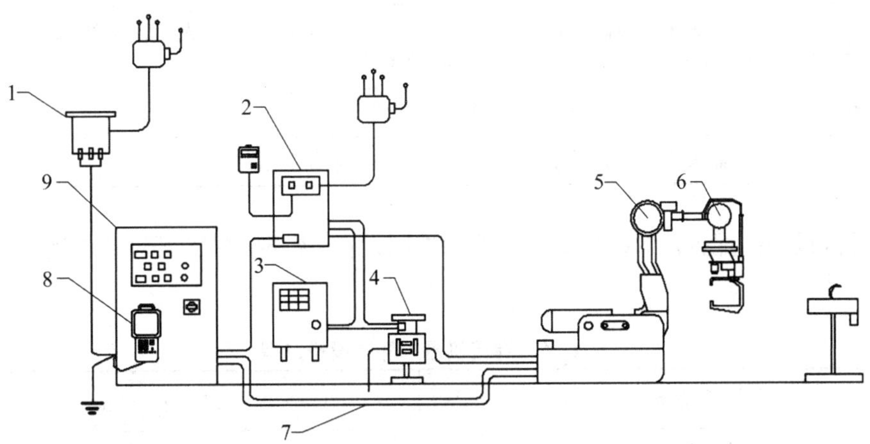

1—机器人供电变压器;2—焊接控制器;3—水冷机;4—汽水管路组合体;5—操作机;6—焊钳;7—供电及控制电缆;8—示教盘;9—机器人控制柜

图9-6 点焊机器人工作站组成

(2) 焊接机器人的选型。选择焊接机器人，首先要确定焊接工艺。具体而言，就是根据焊接件装配图标识的所有焊缝的焊接技术要求，确定结构件上所有焊缝的焊接工艺规范，再结合所有焊缝在空间分布特点、生产节奏、作业环境要求(温度、湿度、有无粉尘等易燃易爆介质)、项目成本等要求，确定机器人的品牌及型号。

焊接机器人类型的选择可以参考表 9-5。

表 9-5 焊接机器人选型

<table>
<tr><th>选型依据</th><th colspan="2">机器人的主要参数</th><th>型号选择</th></tr>
<tr><td rowspan="3">焊接工艺：
弧焊工艺
点焊工艺</td><td>直角坐标</td><td>直线焊缝、平面焊缝</td><td rowspan="7">综合考虑机器人市场占有率、机器人购置成本、维护成本等因素，尽可能选择专用焊接机器人</td></tr>
<tr><td>柱坐标</td><td>水平面圆弧焊缝、空间螺旋线型焊缝等；焊接过程焊枪轴线与机器人垂直关节轴线夹角不变</td></tr>
<tr><td>关节型</td><td>焊缝呈空间分布、焊枪姿态调整频繁</td></tr>
<tr><td>焊缝的空间分布</td><td>工作空间</td><td>焊缝空间分布包含在机器人工作空间内，尽可能位于灵活空间内</td></tr>
<tr><td>焊接方向</td><td>自由度</td><td>确定是水平焊、立焊、横焊、仰焊；若作业变化频繁，一般可选 6 自由度机器人</td></tr>
<tr><td>焊缝尺寸精度</td><td>重复定位精度</td><td>机器人重复定位精度≤焊件定位精度和焊缝尺寸精度</td></tr>
<tr><td>末端负载</td><td>额定负载</td><td>焊枪重量+保护气体反作用力+惯性力≤额定负载</td></tr>
<tr><td>生产节拍</td><td>关节速度</td><td>所有焊缝的最高焊接速度、焊枪位置调整的最高速度≤机器人的最高速度</td><td></td></tr>
<tr><td rowspan="3">控制方式</td><td>相关参数</td><td colspan="2">控制参数类型及数量、状态参数类型及数量</td></tr>
<tr><td>通信接口</td><td colspan="2">所有通信接口类型及通信协议</td></tr>
<tr><td>是否支持工业现场总线</td><td colspan="2">所支持的工业现场总线的类型</td></tr>
<tr><td>防护等级</td><td colspan="3">根据现场环境确定，符合 GB/T 20723—2006《弧焊机器人　通用技术条件》或 GB/T 14283—2008《点焊机器人　通用技术条件》</td></tr>
<tr><td>供电电源</td><td colspan="3">电源类型(直流、交流)及功率</td></tr>
<tr><td>成本</td><td colspan="3">机器人成本及其占工作站开发成本的比例、维护成本</td></tr>
</table>

(3) 外围设备的配置。焊接作业所需要的外围设备，要根据焊接工艺要求进行配置，具体选型可以参考表 9-6。

表 9-6 焊接机器人外围设备选型

<table>
<tr><th colspan="2">外围系统组成</th><th>选 型 依 据</th></tr>
<tr><td rowspan="3">焊接电源</td><td>输出功率</td><td rowspan="3">根据焊接工艺确定：①焊接类型：弧焊、点焊；②焊接工艺参数：焊接电流的种类、极性和大小、焊接电压、焊接速度；③保护气体等</td></tr>
<tr><td>电流极性</td></tr>
<tr><td>电压波形</td></tr>
</table>

（续表）

外围系统组成		选型依据
焊接电源	控制参数、状态参数	控制参数类型及数量、状态参数类型及数量
	通信接口	所有通信接口类型及通信协议
	是否支持工业现场总线	所支持的工业现场总线的类型
	焊接电缆、控制电缆及其他附件	根据现场设备间距离和现场条件确定
	供电电源	电源类型（直流、交流）及功率
送丝机	焊丝类型	根据母材成分和焊接工艺参照国家标准确定
	送丝速度范围	根据焊接速度确定
	控制参数、状态参数	根据焊机速度和现场环境条件配备
	通信接口	所有通信接口类型及通信协议
	是否支持工业现场总线	所支持的工业现场总线的类型
	送丝机安装板及安装附件、送丝盘（桶）安装附件	根据送丝机与机器人安装位置确定
	供电电源	电源类型（直流、交流）及功率
保护气体输送系统	流量	根据焊接工艺确定
	控制参数、状态参数	控制参数类型及数量、状态参数类型及数量
	开关、流量计、气管	根据需求配备
	供电电源	电源类型（直流、交流）及功率
焊枪/焊钳	型号、连接尺寸、重量	根据焊接电流、焊接温度、焊接速度，结合焊枪结构、重量和机器人末端额定负载确定
焊枪夹持器	连接尺寸、重量	根据焊枪结构、机器人末端法兰尺寸设计、选配
清枪剪丝机构	连接尺寸、重量	根据焊接工艺确定
变位机	机械传动系统	根据工件重量、焊接方位、焊接工艺要求、焊接作业任务变化是否频繁等要求设计或选配
	伺服驱动系统	根据工件定位精度、姿态精度等要求确定
	控制系统	控制参数类型及数量、状态参数类型及数量
	通信接口	所有通信接口类型及通信协议
	是否支持工业现场总线	所支持的工业现场总线的类型
	润滑油供给系统	根据润滑要求配备
	线缆桥架、拖链、护罩等附件	根据变位机工作范围及安装条件确定
	供电电源	电源类型（直流、交流）及功率

（续表）

外围系统组成			选型依据
工装夹具	工装		按照焊接组件的定位精度（根据焊接组件尺寸精度、位置精度和焊接工艺确定）、批量、生产率进行设计
	夹具	夹紧力大小、作用位置、作用方向	根据工件尺寸、形状、材料、焊接作业过程中受到的作用力确定
		夹紧机构	根据工件尺寸、形状、材料、夹紧力确定
		控制系统	控制参数类型及数量、状态参数类型及数量
		动力源	根据现场动力源情况确定：电动（电磁）式、液压式、气动式
		供电电源	电源类型（直流、交流）及功率
安全防护系统	隔离栏		根据 GB 9448—1999《焊接与切割安全》以及现场的工作环境条件确定
	报警装置		
	烟尘排送系统		

（4）焊枪（焊钳）选择。一般焊接机器人制造商会提供标准的焊枪或焊钳规格，用户可以根据焊接工艺要求，结合机器人末端额定负载和法兰连接尺寸等要求，选择合适型号的焊枪或焊钳。

（5）焊接作业工装和夹具设计。焊接作业所需要的工装和夹具，一般由开发人员根据焊接工艺要求，结合作业批量、产量以及工件的定位精度、焊缝在工件上的分布等条件进行设计和选配，具体方法可以参考机器人焊接工装和夹具设计。

9.1.1.2 喷涂机器人工作站

1）熟悉喷涂工艺及喷涂机器人工作站组成

喷涂就是借助不同的工作原理将涂料变成细小的雾滴，然后喷射到工件表面，并与工件表面结合形成涂层的工艺，它可以分为无气喷涂和有气喷涂两大类。

有气喷涂也称低压有气喷涂，它依靠低压空气使涂料在喷出枪口后形成雾化气流，喷射到工件表面形成涂层。有气喷涂涂层均匀，作业工作效率高。

无气喷涂是利用柱塞泵、隔膜泵等增压泵，将液体状的涂料先增压，然后经高压软管输送至无气喷枪，最后在喷嘴处释放，瞬时雾化后喷向工件表面，形成涂层。

目前常用的四种喷涂方式为空气喷涂、高压无气喷涂、混气（空气辅助）喷涂和离心力喷涂。

采用机器人进行喷涂的主要优点包括：①作业柔性好；②喷涂质量高、材料使用率高；③易操作和维护；④喷涂效率高。

喷涂工艺的主要参数包括涂装效率、涂着效率和涂装有效率。涂装效率是喷涂作业效率，包括单位时间的喷涂面积、涂料和喷涂面积的有效利用率；涂着效率是指喷涂过程中涂着在被涂物上的涂料量与实际喷出涂料总量之比值，或涂层的实测厚度与按喷出涂料量计算的涂层厚度之比，即涂料的传输效率或涂料利用率；涂装有效率是指实际喷涂被涂物的表面积与喷枪运行的覆盖面积之比。

2）喷涂机器人工作站硬件设备配置方法

（1）喷涂机器人工作站组成。如图 9－7 所示，喷涂机器人工作站主要由机器人控制柜、示教盘、涂料输送系统、除尘排烟系统、涂装机器人、自动喷枪/旋杯和防爆吹扫系统等组成。

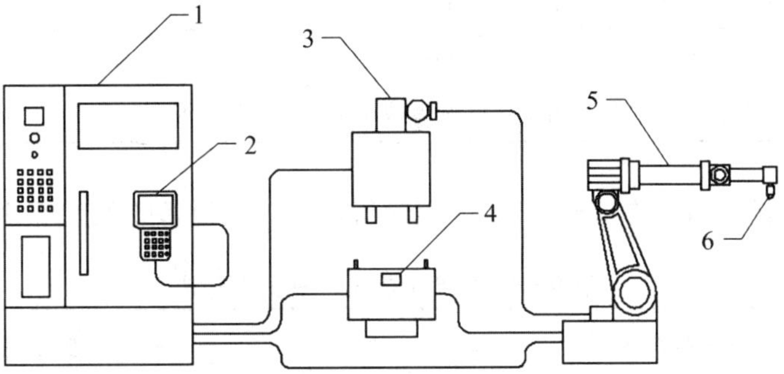

1—机器人控制柜；2—示教盘；3—涂料输送系统；4—除尘排烟系统；5—涂装机器人；6—自动喷枪/旋杯

图 9－7 喷涂机器人工作站组成

（2）喷涂机器人选型。喷涂机器人的选型可以参考表 9－7。

表 9－7 喷涂机器人选型

选型依据	机器人的主要参数		型号选择
喷涂工艺：喷漆工艺 涂料喷涂工艺	直角坐标	平面涂层喷涂	综合考虑机器人市场占有率、机器人成本、维护成本等因素，尽可能选择专用喷涂机器人
	柱坐标	为大型水平面圆弧形涂层	
	关节型	涂层呈空间分布、喷枪姿态调整频繁	
零件喷涂区域的空间形状、分布	工作空间	涂层空间分布包含在机器人工作空间内，尽可能位于灵活空间内	
喷涂方向	自由度	水平喷涂、垂直喷涂、横向喷涂、仰姿喷涂；作业变化频繁，一般可选 6 自由度机器人	
喷涂尺寸精度	重复定位精度	机器人重复定位精度≤工件定位精度和涂层尺寸精度；一般涂胶机器人：重复定位精度≤0.5 mm；喷漆机器人：重复定位精度>0.5 mm	
末端负载	额定负载	喷枪重量＋保护气体反作用力＋惯性力≤额定负载	
生产节拍	关节速度	所有工艺允许的最高喷涂速度、喷枪位置调整的最高速度≤机器人允许的最高速度	
控制方式	相关参数	控制参数类型及数量、状态参数类型及数量	
	通信接口	所有通信接口类型及通信协议	
	是否支持工业现场总线	所支持的工业现场总线的类型	

（续表）

选型依据	机器人的主要参数	型号选择
防护等级	根据现场环境条件确定，符合 GB 6514—2008《涂装作业安全规程　涂漆工艺安全及其通风净化》等 12 个国家标准	
供电电源	电源类型（直流、交流）及功率	
成本	机器人成本及其占工作站开发成本的比例、维护成本	

（3）外围设备的配置。图 9－7 所示的喷涂机器人外围设备的配置可参考表 9－8。

表 9－8　喷涂机器人外围设备选型

外围系统组成		选 型 依 据
涂料输调系统	调漆系统	根据喷涂工艺参数确定
	输送系统（含输送泵）	根据生产率确定
	流量调节系统	根据喷涂速度确定
	涂料温度调节系统	根据喷涂温度范围确定
	控制器	控制参数类型及数量、状态参数类型及数量
	电缆、辅助管线	根据喷涂工艺和现场安装条件确定
	供电电源	电源类型（直流、交流）及功率
喷枪	喷枪	根据喷涂工艺选择
	喷枪夹持器	根据喷枪机构选配或设计
	喷枪清理装置	根据喷涂工艺选配
空气过滤系统	初级过滤器：空调送风系统第一级过滤器	防止杂物、大颗粒粉尘等被吸入空调系统
	中级过滤器：空调送风系统第二级（中级）过滤器	去除≥10 μm 的尘埃粒子，起到前置保护过滤的作用
	喷室过滤	根据喷涂工艺要求确定
	控制器	控制参数类型及数量、状态参数类型及数量
	附件	根据过滤要求确定
	供电电源	电源类型（直流、交流）及功率
工件传送系统	工件传送驱动系统	根据工件传送速度设计
	工件传送控制系统	根据定位精度要求设计
	控制参数和状态参数	控制参数类型及数量、状态参数类型及数量
	润滑油供给系统	根据运动部件润滑要求确定
	电缆、线缆桥架、拖链、护罩等附件	根据传输距离和现场条件确定
	供电电源	电源类型（直流、交流）及功率

(续表)

外围系统组成			选型依据
工装夹具	工装		按照工件的定位精度、喷涂工艺、作业批量、生产率等设计
	夹具	夹紧力大小、作用位置、作用方向	根据工件尺寸、形状、材料、焊接作业过程中受到的作用力确定
		夹紧机构	根据工件尺寸、形状、材料、夹紧力确定
		控制系统	控制参数类型及数量、状态参数类型及数量
		动力源	根据现场动力源情况确定：电动(电磁)式、液压式、气动式
		供电电源	电源类型(直流、交流)及功率
安全防护系统	隔离栏		符合 GB 6514—2008 等 12 个国家标准
	报警装置		
	烟尘排送系统		

(4) 喷枪选择。一般喷涂机器人制造商会提供标准的喷枪规格，用户可以根据喷涂工艺要求，结合机器人末端额定负载、法兰连接尺寸等要求，选择合适型号的喷枪。

(5) 喷涂作业工装和夹具设计。喷涂作业所需要的工装和夹具，一般由开发人员根据喷涂工艺要求，结合作业批量、产量以及工件的定位精度、喷涂区域的空间分布等条件进行设计或选配，具体方法可以参考机器人喷涂工装和夹具设计。

9.1.1.3 **搬运机器人工作站**

1) 熟悉搬运机器人工作站组成

机器人搬运包括工件、物料搬运以及码垛等，如图 9-8a 所示。机器人搬运的主要优点包括：①动作稳定和提高搬运准确性；②改善工人劳作条件，摆脱有毒、有害环境；③柔性高、适应性强，可实现多形状、不规则物料搬运；④定位准确，保证批量一致性。

典型的搬运机器人工作站的组成如图 9-8b 所示，一般包括机器人、搬运手爪、工件输送装置等。

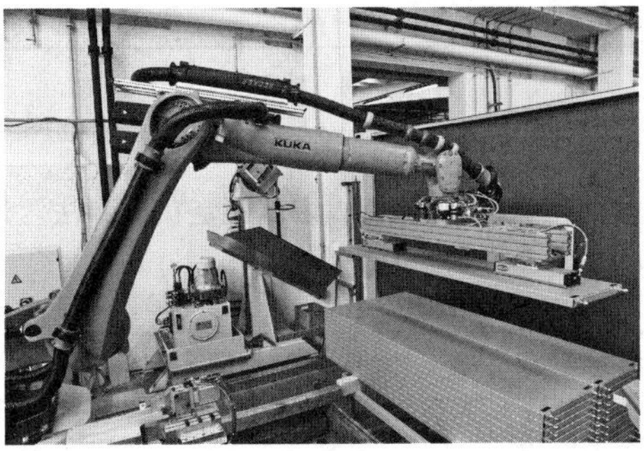

(a)

(b)

图 9-8 机器人搬运

2）搬运机器人工作站硬件设备配置方法

（1）搬运机器人选型。机器人搬运作业一般要在末端法兰上安装自制的手爪，手爪本身有驱动机构，根据工作站的指令完成抓取和放置工件任务。

搬运机器人选型可以参考表 9－9。

表 9－9　搬运机器人选型

选型依据	机器人的主要参数		型号选择
作业类型：点位作业 连续轨迹作业	直角坐标	直线作业、水平面作业	综合考虑机器人市场占有率、机器人成本、维护成本等因素，尽可能选择通用机器人
	柱坐标	水平面圆弧轨迹作业	
	关节型	空间轨迹作业	
工件空间分布	工作空间	工件在机器人工作空间内，尽可能位于灵活空间内	
作业方向	自由度	水平作业、垂直作业、横向作业、仰姿作业；作业变化频繁，一般可选 6 自由度机器人	
工件尺寸精度	重复定位精度	机器人重复定位精度≤工件定位精度和作业定位尺寸精度	
末端负载	额定负载	手爪重量＋惯性力≤额定负载	
生产节拍	各关节速度	作业的最高搬运速度、手爪位置调整的最高速度≤关节的最高速度	
控制方式	相关参数	控制参数类型、状态参数类型	
	通信接口	所有通信接口类型及通信协议	
	是否支持工业现场总线	所支持的工业现场总线的类型	
防护等级	根据现场环境确定，符合 GB/T 20867—2007《工业机器人　安全实施规范》		
供电电源	电源类型（直流、交流）及功率		
成本	机器人成本及其占工作站开发成本的比例、维护成本		

（2）外围设备的配置。搬运机器人外围设备的配置可以参考表 9－10。

表 9－10　搬运机器人外围设备选型

外围系统组成		选 型 依 据
末端执行器	末端手爪机械本体	根据作业要求，机器人末端额定负载和法兰连接尺寸等条件进行设计
	手爪连接装置	
	手爪驱动系统	
	控制系统	控制参数类型及数量、状态参数类型及数量
	通信接口	通信协议
	动力源	根据现场动力源情况确定：电动（电磁）式、液压式、气动式
	供电电源	电源类型（直流、交流）及功率

（续表）

外围系统组成			选型依据
工件输送系统	工作台本体		根据搬运作业要求、作业任务变化是否频繁、工件定位精度等要求确定
	传输驱动系统		根据工件总量、形状、作业批量、传输距离等要求确定
	伺服控制系统		根据工件定位精度确定
	检测系统		根据工件定位要求确定
	通信接口		通信协议
	是否支持工业现场总线		所支持的工业现场总线的类型
	线缆桥架、拖链、护罩等附件		根据传输距离和现场条件确定
	润滑油供给系统		根据设备润滑要求确定
	供电电源		电源类型（直流、交流）及功率
工装夹具	工装		按照工件的尺寸、重量、定位精度、批量、生产率等要求设计
	夹具	夹紧力大小、作用位置、作用方向	根据工件尺寸、形状、材料等因素确定
		夹紧机构	根据工件尺寸、形状、材料、夹紧力确定
		控制系统	控制参数类型及数量、状态参数类型及数量
		动力源	根据现场动力源情况确定：电动（电磁）式、液压式、气动式
		供电电源	电源类型（直流、交流）及功率
安全防护系统	隔离栏		根据现场环境条件确定，符合GB/T 20867—2007
	报警装置		

（3）末端执行器设计。机器人搬运作业的末端执行器（手爪），要根据所搬运工件的重量、尺寸、定位精度、工件夹紧的方式、机器人末端额定负载、法兰连接尺寸等要求，参照机器人夹持式和吸附式末端执行器设计。

（4）搬运作业工装和夹具设计。搬运作业所需要的工装和夹具一般由开发人员根据搬运要求，特别是工件的定位精度、尺寸、重量以及工件在空间上的放置要求等，参照机器人搬运工装和夹具设计。

9.1.1.4 装配机器人工作站

1）熟悉装配工艺以及装配机器人工作站的组成

由机器人代替人完成零部件的装配，特别是轴与孔的装配，其主要优点是：作业速度高、装配精度高且装配作业一致性高。

典型的装配机器人工作站包括两类：关节机器人装配工作站（图9-9）和SCARA机器人装配工作站。前者适合于空间装配作业，后者适合于水平面装配作业。

图 9-9　机器人装配

2）装配机器人工作站硬件设备配置方法

（1）装配机器人选型。装配机器人的选型可以参考表 9-11。

表 9-11　装配作业机器人选型

选型依据	机器人的主要参数		型号选择
装配工艺	直角坐标	水平面装配作业	综合考虑机器人市场占有率、机器人成本、维护成本等因素，尽可能选择 SCARA 机器人或者通用机器人
	柱坐标	水平面作业、铅直方向轴孔装配	
	关节型	空间位置装配	
工件空间分布	工作空间	工件在机器人工作空间内，尽可能位于灵活空间内	
作业方向	自由度	水平作业、垂直作业、横向作业、仰姿作业；作业变化频繁，一般可选 6 自由度机器人	
工件定位精度和装配精度	重复定位精度	机器人重复定位精度≤工件定位精度和作业定位尺寸精度	
末端负载	额定负载	手爪重量惯性力≤额定负载	
生产节拍	各关节速度	作业的最高搬运速度、手爪位置调整的最高速度≤机器人的最高速度	
控制方式	相关参数	控制参数类型、状态参数类型	
	通信接口	所有通信接口类型及通信协议	
	是否支持工业现场总线	所支持的工业现场总线的类型	
防护等级	根据现场环境条件确定，符合 GB/T 20867—2007		
供电电源	电源类型（直流、交流）及功率		
成本	机器人成本及其占工作站开发成本的比例、维护成本		

（2）外围设备的配置。机器人装配作业所需的外围设备的选型可以参照表 9-12。

表 9-12 装配机器人外围设备选型

外围系统组成			选型依据
末端执行器	末端手爪机械本体		根据装配工件重量、装配技术要求、机器人末端额定负载和法兰连接尺寸等进行设计
	手爪连接装置		
	手爪驱动系统		
	控制系统		控制参数类型及数量、状态参数类型及数量
	通信接口		通信协议
	动力源		根据现场动力源情况确定：电动(电磁)式、液压式、气动式
	供电电源		电源类型(直流、交流)及功率
工件输送系统	工作台本体		根据装配作业要求、作业任务变化是否频繁、工件定位精度等要求确定
	传输驱动系统		根据工件总量、形状、作业批量、传输距离等要求确定
	伺服控制系统		根据工件定位精度要求确定
	检测系统		根据工件定位要求确定
	通信接口		通信协议
	是否支持工业现场总线		所支持的工业现场总线的类型
	电缆、线缆桥架、拖链、护罩等附件		根据工件传输距离和现场条件确定
	润滑油供给系统		根据润滑要求确定
	供电电源		电源类型(直流、交流)及功率
工装夹具	工装		按照工件定位精度、尺寸、重量、装配工艺、作业批量和生产率等要求设计
	夹具	夹紧力大小、作用位置、作用方向	根据工件尺寸、形状、材料、装配过程中受到的作用力确定
		夹紧机构	根据工件尺寸、形状、材料、夹紧力确定
		控制系统	控制参数类型及数量、状态参数类型及数量
		动力源	根据现场动力源情况确定：电动(电磁)式、液压式、气动式
		供电电源	电源类型(直流、交流)及功率
安全防护系统	隔离栏		根据现场环境条件确定，符合 GB/T 20867—2007
	报警装置		根据搬运作业要求确定

(3) 末端执行器设计。机器人装配作业的末端执行器(手爪)要根据所装配工件的重量、尺寸、定位精度、工件夹紧的方式、机器人末端额定负载、法兰连接尺寸等要求,参照机器人夹持式和吸附式末端执行器设计。

(4) 装配作业工装和夹具设计。装配作业所需要的工装和夹具一般由开发人员根据装配技术要求,结合作业批量、产量以及工件的定位精度、装配区域的空间分布进行设计,具体方法可以参考机器人装配工装和夹具设计。

9.1.1.5 **激光加工机器人工作站**

1) 熟悉激光加工机器人工艺和激光加工机器人工作站的组成

激光加工分为激光焊接、激光熔覆和激光切割三类。

(1) 激光焊接。指利用高能量密度的激光束作为热源的一种高效精密焊接方法,其工作原理如图 9-10 所示。

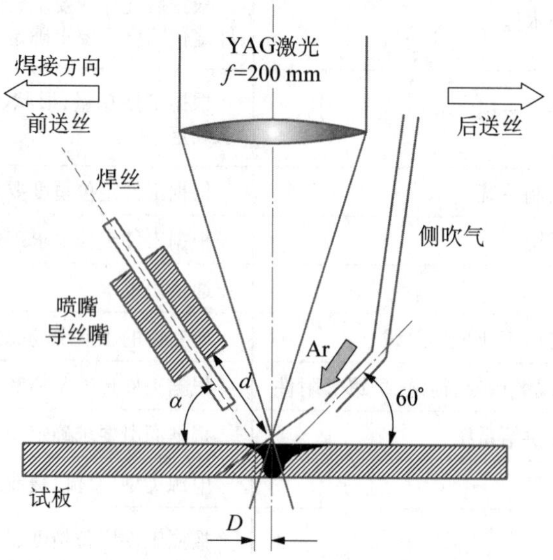

图 9-10 激光焊接原理

激光焊接的主要优点包括:激光焊接可以将热量降到最低的需要量,热影响区金相变化范围小,而且因热传导所导致的变形也很低;无须使用电极,没有电极污染或受损的顾虑;激光束易于聚焦、对准及受光学仪器所导引;工件可放置在封闭的空间内,激光束可聚焦在很小的区域,可焊接小型或间隔相近的部件。

激光焊接的主要工艺参数包括功率密度、激光脉冲波形、激光脉冲宽度、离焦量、焊接速度和保护气体等。

① 功率密度。为激光加工中最关键的参数之一。高功率密度对材料去除加工(如打孔、切割等)有利;而采用相对低的功率密度,使得表层温度达到沸点需要经历数毫秒时间,在表层汽化前,可使底层达到熔点,容易获得高质量焊缝。

② 激光脉冲波形。当高强度激光束射至材料表面,金属表面会有 60%~98%的激光能量因反射而损失,但当材料表面温度升高到熔点时,反射率会迅速下降,当表面处于熔化状态时,反射稳定于某一值。由于不同的金属对激光的反射率和利用率不同,因而要采用不同波形的

激光,才能使焊缝处形成与基体金属一致的组织,从而获得高质量焊缝。

③ 激光脉冲宽度。为脉冲激光焊接的重要参数,它由熔深与热影响分区确定,脉冲宽度越大,热影响区越大,但脉冲宽度的增大会降低峰值功率,因此增加脉冲宽度一般用于热传导焊接方式,形成的焊缝尺寸宽而浅,比较适合薄板和厚板的搭接焊。

④ 离焦量。激光焊接通常需要一定的离焦量,因为激光焦点处光斑中心的功率密度过高,容易蒸发成孔,而离开激光焦点的各平面上,功率密度分布相对均匀。

⑤ 焊接速度。其对熔深有较大的影响,提高速度会使熔深变浅,但速度过低又会导致材料过度熔化以及发生工件焊穿现象。因此,对一定激光功率和一定厚度的特定材料有一个合适的焊接速度范围,并在其中相应速度值时可获得最大熔深。

⑥ 保护气体。激光焊接过程常使用氦、氩、氮等惰性气体来保护熔池;保护气体也能保护聚焦透镜免受金属蒸气污染和液体熔滴的溅射,还可以有效驱散高功率激光焊接产生的等离子屏蔽。

(2) 激光熔覆。指以不同的填料方式在被涂覆基体表面上放置选择的涂层材料,经激光辐照使之和基体表面薄层同时熔化,并快速凝固后形成稀释度极低并与基体材料形成冶金结合的表面涂层,从而显著改善基体材料表面的耐磨、耐蚀、耐热、抗氧化及电器特性等的工艺方法。激光熔覆原理如图 9-11 所示。

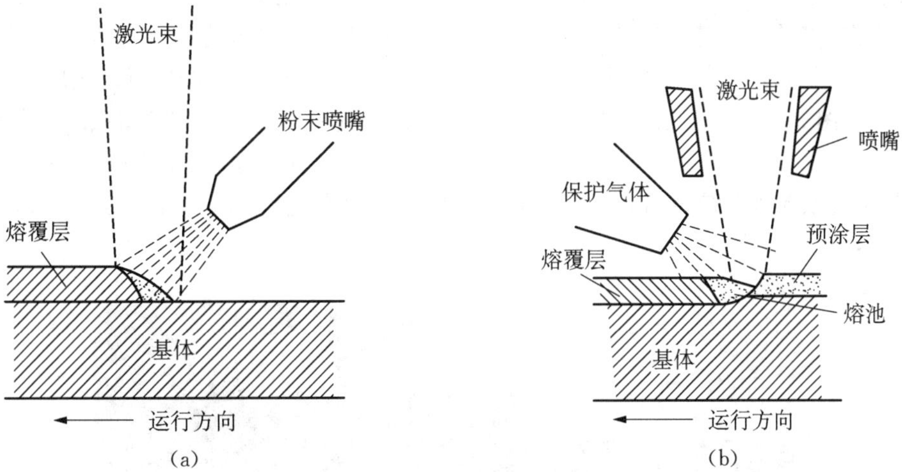

图 9-11 激光熔覆原理

目前激光熔覆主要应用于零件材料的表面改性,如轧辊、燃气轮机叶片、齿轮等;也可用于产品的表面修复,如转子、钻头等;也可通过激光熔覆技术在模具的表面覆着一层超耐磨抗腐蚀合金,从而提高其使用寿命。

激光熔覆技术的主要优点包括:

① 冷却速度快,凝固过程快速,这使工件容易得到细结晶组织或产生平衡态所无法得到的非稳态、非晶态等新相。

② 涂层稀释率低,与被加工工件基体形成牢固的冶金结合或界面扩散结合,通过对激光工艺功率、光斑大小及焦距等参数的调整,可以获得良好的涂层,并且成分和稀释度均可控。

③ 热畸变较小,采用高功率密度快速熔覆时,变形可控制降低到零件的装配公差内。

④ 粉末选择几乎没有限制，可以按照工艺要求使用任意种类配比的粉末材料，尤其是在低熔点金属表面熔覆高熔点合金。

⑤ 能进行选区熔覆，使材料消耗减少，提高性价比。

⑥ 激光光束可以对工件中难以接近的区域进行熔覆，只要保证光斑及粉末可以照射到该区域即可。

⑦ 熔覆层的厚度范围大，可以对同一部位进行多次熔覆。

(3) 激光切割。指采用激光束照射到钢板表面时释放的能量来使钢熔化并蒸发，其原理如图 9-12 所示。激光源一般用二氧化碳激光束，工作功率为 500～2 500 W。激光束通过透镜和反射镜聚集在很小的区域，能量得以高度集中，因而能够进行迅速局部加热，使不锈钢蒸发。此外，作业过程中由于能量非常集中，仅有少量热传到钢材的其他部分，所造成的变形较小。利用激光可以非常准确地切割复杂形状的坯料，所切割的坯料不需做进一步的处理。

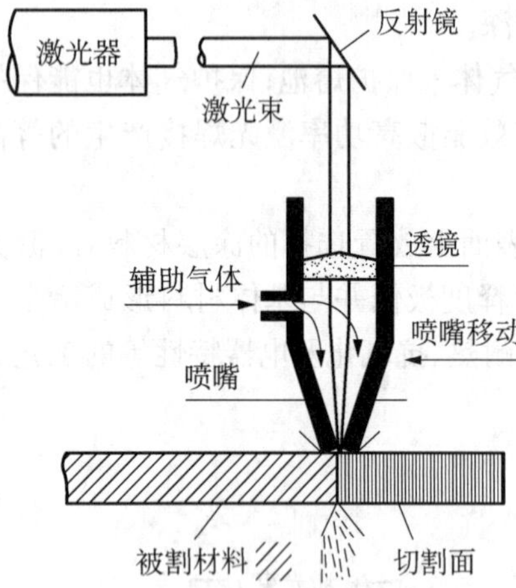

图 9-12 激光切割原理

利用激光切割技术一般可切割 4 mm 以下的不锈钢，在激光束中加氧气可切割 8～10 mm 厚的不锈钢，但加氧切割后会在切割面形成薄薄的氧化膜。切割的最大厚度可增加至 16 mm，但此时切割部件的尺寸误差较大。

机器人激光焊接系统由机器人、工作台、吸尘器、激光光源和冷水机等组成，如图 9-13 所示。

图 9-13 激光焊接机器人工作站组成

2) 激光加工机器人工作站硬件设备配置方法

(1) 激光焊接机器人、外围设备以及工装和夹具的选型或设计。

① 激光焊接机器人选型。激光焊接机器人的选型可以参照表 9-13。

表 9－13　激光焊接机器人选型

选型依据	机器人的主要参数		型号选择
焊接工艺： 弧焊工艺 点焊工艺	直角坐标	直线焊缝、平面焊缝	综合考虑机器人市场占有率、机器人成本、维护成本等因素，尽可能选择专用焊接机器人
	柱坐标	焊缝为大型水平面圆弧、空间螺旋线；焊接过程焊枪轴线与机器人垂直关节轴线夹角不变	
	关节型	焊缝呈空间分布、焊枪姿态调整频繁	
焊缝的空间分布	工作空间	焊缝空间分布包括在机器人工作空间内，尽可能位于灵活空间内	
焊接方向	自由度	水平焊、立焊、横焊、仰焊；作业变化频繁，一般可选 6 自由度机器人	
焊缝尺寸精度	重复定位精度	机器人重复定位精度≤工件定位精度和焊缝尺寸精度	
末端负载	额定负载	焊枪重量＋保护气体反作用力＋惯性力≤额定负载	
生产节拍	各关节速度	所有焊缝的最高焊接速度、焊枪位置调整的最高速度≤机器人最高速度	
控制方式	相关参数	控制参数类型、状态参数类型	
	通信接口	所有通信接口类型及通信协议	
	是否支持工业现场总线	所支持的工业现场总线的类型	
防护等级	根据现场环境条件确定，符合 GB/T 20723—2006《弧焊机器人　通用技术条件》或 GB/T 14283—2008《点焊机器人　通用技术条件》、GB 9448—1999《焊接与切割安全》以及 GB/T 20722—2006《激光加工机器人　通用技术条件》		
电源	供电电源	电源类型（直流、交流）及功率	
成本	机器人成本及其占工作站开发成本的比例、维护成本		

② 外围设备的配置。激光焊接作业所需要的外围设备，要根据焊接工艺要求进行配置，具体选型可以参考表 9－14。

表 9－14　激光焊接机器人外围设备选型

外围系统组成		选型依据
焊接电源	功率	根据焊接工艺确定：①焊接类型：弧焊、点焊；②焊接工艺参数：焊接电流的种类、极性和大小、焊接电压、焊接速度；③保护气体等
	电流极性	
	波形	
	控制参数、状态参数	控制参数类型及数量、状态参数类型及数量
	通信接口	所有通信接口类型及通信协议
	是否支持工业现场总线	所支持的工业现场总线的类型
	焊接电缆、控制电缆及其他附件	根据现场安放条件确定
	供电电源	电源类型（直流、交流）及功率

（续表）

外围系统组成			选型依据
送丝机	焊丝类型		根据母材成分和焊接工艺参照国家标准确定
	送丝速度范围		根据焊接工艺要求确定
	控制参数、状态参数		根据焊机速度和现场环境条件配备
	通信接口		所有通信接口类型及通信协议
	是否支持工业现场总线		所支持的工业现场总线的类型
	送丝机安装板及安装附件、送丝盘(桶)安装附件		根据送丝机与机器人安装位置确定
	供电电源		电源类型(直流、交流)及功率
保护气体输送系统	流量		根据焊接工艺确定
	控制参数、状态参数		控制参数类型及数量、状态参数类型及数量
	开关、流量计、气管		根据需求配备
焊枪	型号、连接尺寸、重量		根据焊接工艺要求选配，根据焊接电流、焊接温度、焊接速度、结合焊枪结构、重量和机器人末端额定负载确定
焊枪夹持器	连接尺寸、重量		根据焊枪结构、机器人末端法兰尺寸设计、选配
清枪剪丝机构	连接尺寸、重量		根据焊接工艺确定
变位机	机械传动系统		根据工件重量、焊接方向、焊接工艺要求、焊接作业任务变化是否频繁确定
	伺服驱动系统		根据工件定位精度、姿态精度等要求确定
	控制系统		控制参数类型及数量、状态参数类型及数量
	通信接口		所有通信接口类型及通信协议
	是否支持现场总线		所支持的工业现场总线的类型
	润滑油供给系统		根据润滑要求配备
	线缆桥架、拖链、护罩等附件		根据变位机工作范围及安装条件确定
	供电电源		电源类型(直流、交流)及功率
工装夹具	工装		按照焊接组件的定位精度(根据焊接组件尺寸精度、位置精度和焊接工艺确定)、批量和生产率进行设计
	夹具	夹紧力大小、作用位置、作用方向	根据工件尺寸、形状、材料、焊接作业过程中受到的作用力确定
		夹紧机构	根据工件尺寸、形状、材料、夹紧力确定
		控制系统	控制参数类型及数量、状态参数类型及数量
		动力源	根据现场动力源情况确定：电动(电磁)式、液压式、气动式
		供电电源	电源类型(直流、交流)及功率

（续表）

外围系统组成		选型依据
安全防护系统	隔离栏	根据现场环境条件确定，符合 GB 9448—1999 以及 GB/T 20722—2006
	报警装置	
	烟尘排送系统	

③ 焊枪的选择。一般焊接机器人生产厂商会提供标准的焊枪或焊钳规格，开发人员可以根据焊接工艺要求，结合机器人末端额定负载、法兰连接尺寸等要求，选择合适型号的焊枪或焊钳。

④ 工装和夹具设计。激光焊接作业所需要的工装和夹具，一般由开发人员根据焊接工艺要求，结合作业批量、产量以及工件的定位精度、作业焊缝的空间分布等条件进行设计和选配，具体方法可以参考机器人激光焊接工装和夹具设计。

(2) 激光熔覆机器人、外围设备以及工装和夹具的选型或设计。

① 激光熔覆机器人选型。可以参照表 9 - 15。

表 9 - 15　激光熔覆机器人选型

选型依据	机器人的主要参数		型号选择
熔覆工艺：熔覆表面轮廓熔覆工艺参数	直角坐标	直线焊缝、平面焊缝	综合考虑机器人市场占有率、机器人成本、维护成本等因素，尽可能选择焊接机器人
	柱坐标	焊缝为大型水平面圆弧、空间螺旋线；焊接过程焊枪轴线与机器人垂直关节轴线夹角不变	
	关节型	焊缝呈空间分布、焊枪姿态调整频繁	
熔覆层的空间分布大小	工作空间	熔覆工件空间分布包括在机器人工作空间内，尽可能位于灵活空间内	
作业方向	自由度	水平作业、立式作业、横向作业、仰姿作业；作业变化频繁，一般可选 6 自由度机器人	
工件定位精度和熔覆表面尺寸精度	重复定位精度	工件定位精度和熔覆表面尺寸精度	
末端负载：激光枪重量、保护气体反作用力等	额定负载	焊枪重量＋保护气体反作用力＋惯性力≤额定负载	
生产节拍	各关节速度	所有焊缝的最高焊接速度、焊枪位置调整的最高速度≤关节的最高速度	
控制方式	相关参数	控制参数类型、状态参数类型	
	通信接口	所有通信接口类型及通信协议	
	是否支持工业现场总线	所支持的工业现场总线的类型	
防护等级	根据现场环境条件确定，符合 GB 9448—1999 以及 GB/T 20722—2006		
供电电源	电源类型(直流、交流)及功率		
成本	机器人成本及其占工作站开发成本的比例、维护成本		

② 外围设备的配置。机器人熔覆外围设备的选型可以参照表 9－16。

表 9－16 激光熔覆机器人外围设备

<table>
<tr><th colspan="3">外围系统组成</th><th>选型依据</th></tr>
<tr><td rowspan="3">熔覆系统</td><td colspan="2">激光器</td><td>熔覆工艺：①表面轮廓；②焊接工艺参数：焊接电流的种类、极性和大小、焊接电压、焊接速度、保护气体等</td></tr>
<tr><td colspan="2">电源电缆、控制电缆及其他附件</td><td>根据电源要求配备</td></tr>
<tr><td colspan="2">辅助气体输送系统、开关、流量计、气管</td><td>根据熔覆工艺要求确定</td></tr>
<tr><td rowspan="2">激光枪</td><td colspan="2">激光枪本体</td><td>根据熔覆工艺要求选配</td></tr>
<tr><td colspan="2">激光枪夹持器</td><td>根据激光枪结构设计、配备</td></tr>
<tr><td rowspan="8">变位机</td><td colspan="2">机械传动系统</td><td>根据工件重量、焊接方向、焊接工艺要求、焊接作业任务变化是否频繁确定</td></tr>
<tr><td colspan="2">伺服驱动系统</td><td>根据工件定位精度、姿态精度等要求确定</td></tr>
<tr><td colspan="2">控制系统</td><td>控制参数类型及数量、状态参数类型及数量</td></tr>
<tr><td colspan="2">通信接口</td><td>所有通信接口类型及通信协议</td></tr>
<tr><td colspan="2">是否支持工业现场总线</td><td>所支持的工业现场总线的类型</td></tr>
<tr><td colspan="2">润滑油供给系统</td><td>根据润滑要求配备</td></tr>
<tr><td colspan="2">线缆桥架、拖链、护罩等附件</td><td>根据变位机工作范围及安装条件确定</td></tr>
<tr><td colspan="2">供电电源</td><td>电源类型(直流、交流)及功率</td></tr>
<tr><td rowspan="6">工装夹具</td><td colspan="2">工装</td><td>按照焊接组件的定位精度(根据焊接组件尺寸精度、位置精度和焊接工艺确定)、批量和生产率进行设计</td></tr>
<tr><td rowspan="5">夹具</td><td>夹紧力大小、作用位置、作用方向</td><td>根据工件尺寸、形状、材料、焊接作业过程中受到的作用力确定</td></tr>
<tr><td>夹紧机构</td><td>根据工件尺寸、形状、材料、夹紧力确定</td></tr>
<tr><td>控制系统</td><td>控制参数类型及数量、状态参数类型及数量</td></tr>
<tr><td>动力源</td><td>根据现场动力源情况确定：电动(电磁)式、液压式、气动式</td></tr>
<tr><td>供电电源</td><td>电源类型(直流、交流)及功率</td></tr>
<tr><td rowspan="3">安全防护系统</td><td colspan="2">隔离栏</td><td rowspan="3">根据现场环境条件确定，符合 GB 9448—1999 以及 GB/T 20722—2006</td></tr>
<tr><td colspan="2">报警装置</td></tr>
<tr><td colspan="2">烟尘排送系统</td></tr>
</table>

③ 激光枪的选择。机器人熔覆作业的激光枪，要结合激光熔覆工艺、激光器的技术参数、机器人末端额定负载、法兰连接尺寸等条件进行选择。

④ 工装和夹具设计。激光熔覆作业所需要的工装和夹具，一般由开发人员根据熔覆工艺

要求，结合作业批量、产量以及工件的定位精度、熔覆区域的空间分布等条件进行设计和选配，具体方法可以参考机器人激光熔覆工装和夹具设计。

(3) 激光切割机器人、外围设备以及工装和夹具的选型或设计。

① 激光切割机器人选型。可以参照表 9－17。

表 9－17　激光切割机器人选型

选型依据	机器人的主要参数		型号选择
切割工艺	直角坐标	直线切缝、平面切缝	综合考虑机器人市场占有率、机器人成本、维护成本等因素，尽可能选择专用机器人
	柱坐标	大型水平面圆弧切缝	
	关节型	切缝呈空间分布、激光枪姿态调整频繁	
切缝的空间分布	工作空间	切缝空间分布包括在机器人工作空间内，尽可能位于灵活空间内	
切割作业方向	自由度	水平切割、立式切割、横向切割、仰切割；作业变化频繁，一般可选 6 自由度机器人	
焊缝尺寸精度	重复定位精度	机器人重复定位精度≤工件定位精度和焊缝尺寸精度	
末端负载	额定负载	激光枪重量＋保护气体反作用力＋惯性力≤额定负载	
生产节拍	各关节速度	所有切缝的最高切割速度、激光枪位置调整的最高速度≤关节的最高速度	
控制方式	相关参数	控制参数类型、状态参数类型	
	通信接口	所有通信接口类型及通信协议	
	是否支持工业现场总线	所支持的工业现场总线的类型	
防护等级	根据现场环境条件确定，符合 GB 9448—1999 以及 GB/T 20722—2006		
供电电源	电源类型(直流、交流)及功率		
成本	机器人成本及其占工作站开发成本的比例、维护成本		

② 机器人激光切割外围设备的配置。外围设备选型可以参照表 9－18。

表 9－18　激光切割机器人外围设备

外围系统组成		选型依据
激光切割系统	激光器	切割工艺：①切割形状；②切割工艺参数：切割电流的种类、极性和大小、切割电压、切割速度、保护气体等
	电源电缆、控制电缆及其他附件	根据激光器要求配备
	辅助气体输送系统、开关、流量计、气管等	根据切割工艺要求确定
	供电电源	电源类型(直流、交流)及功率

（续表）

外围系统组成			选型依据
激光枪	激光枪本体		根据切割工艺要求选配
	焊枪夹持器		根据激光枪结构设计、配备
变位机	机械传动系统		根据工件重量、切割作业方向、切割工艺要求、切割作业任务变化是否频繁确定
	伺服驱动系统		根据工件定位精度、姿态精度等要求确定
	控制系统		控制参数类型及数量、状态参数类型及数量
	通信接口		所有通信接口类型及通信协议
	是否支持现场总线		所支持的工业现场总线的类型
	润滑油供给系统		根据润滑要求配备
	线缆桥架、拖链、护罩等附件		根据变位机工作范围及安装条件确定
	供电电源		电源类型(直流、交流)及功率
工装夹具	工装		按照工件的定位精度(根据工件尺寸精度、位置精度和切割工艺确定)、批量和生产率进行设计
	夹具	夹紧力大小、作用位置、作用方向	根据工件尺寸、形状、材料、切割作业过程中受到的作用力确定
		夹紧机构	根据工件尺寸、形状、材料、夹紧力确定
		控制系统	控制参数类型及数量、状态参数类型及数量
		动力源	根据现场动力源情况确定：电动(电磁)式、液压式或气动式
		供电电源	电源类型(直流、交流)及功率
安全防护系统	隔离栏		根据现场环境条件确定，符合 GB 9448—1999 以及 GB/T 20722—2006
	报警装置		
	烟尘排送系统		

③ 激光枪选配。机器人激光切割作业的激光枪，要结合激光切割工艺、激光器的技术参数、机器人末端额定负载、法兰连接尺寸等条件进行选择。

④ 激光加工作业工装和夹具设计。激光切割作业所需要的工装和夹具，一般由开发人员根据激光切割工艺、切割精度、工件的定位精度等要求，参照机器人激光切割工装和夹具设计。

9.1.1.6 光整加工机器人工作站

1) 熟悉光整加工工艺以及光整加工机器人工作站的组成

机器人光整加工主要包括打磨、抛光毛刺，可以采用机器人“手持”高速动作的电动、气动工具、砂轮机等对工件的表面进行处理，也可以与砂轮机、上下料输送机相配合，实现零件表面的光整加工，如图 9-14 所示。

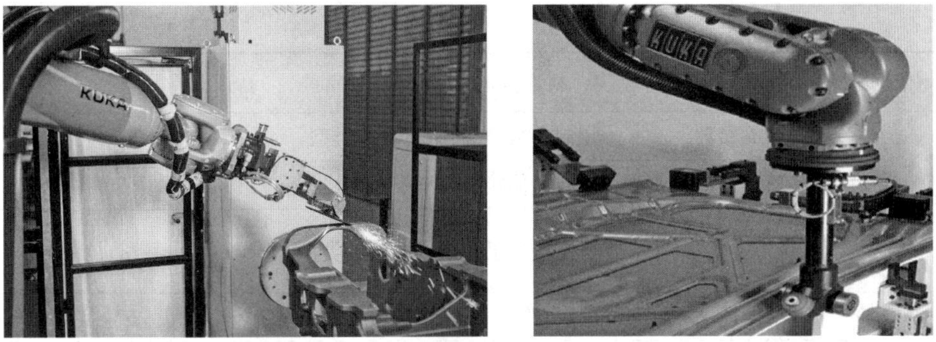

(a) 机器人打磨(抛光)　　(b) 机器人滚边

图 9-14　机器人光整加工

光整加工机器人工作站如图 9-15 所示，一般包括机器人、光整设备和输送设备等。

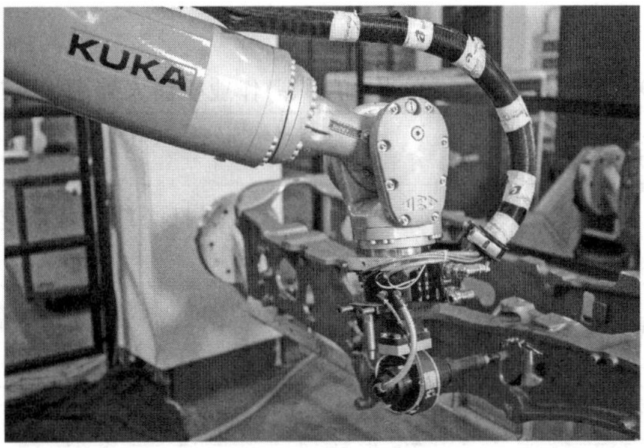

图 9-15　抛光(打磨)光整加工机器人工作站组成

2) 光整加工机器人工作站硬件设备配置方法

(1) 机器人选型。抛光(打磨)机器人的选型可以参照表 9-19。

表 9-19　光整加工机器人选型

选型依据	机器人的主要参数		型号选择
光整加工工艺：抛光、打磨	直角坐标	水平面打磨、抛光	综合考虑机器人市场占有率、机器人成本、维护成本等因素，尽可能选择通用机器人
	柱坐标	圆柱面打磨、抛光	
	关节型	空间曲面打磨、抛光	
工件空间分布	工作空间	工件在机器人工作空间内，尽可能位于灵活空间内	
作业方向	自由度	水平作业、垂直作业、横向作业、仰姿作业；作业变化频繁，一般可选 6 自由度机器人	
工件定位精度和尺寸精度	重复定位精度	机器人重复定位精度≤工件定位精度和作业定位尺寸精度	
末端负载：手爪重量、惯性力等	额定负载	手爪重量+惯性力≤额定负载	
生产节拍	各关节速度	作业的最高搬运速度、手爪位置调整的最高速度≤机器人最高速度	

（续表）

选型依据	机器人的主要参数		型号选择
控制方式	相关参数	控制参数类型、状态参数类型	
	通信接口	所有通信接口类型及通信协议	
	是否支持工业现场总线	所支持的工业现场总线的类型	
防护等级	根据现场环境条件确定，符合 GB/T 20867—2007《工业机器人　安全实施规范》		
电源	供电电源	电源类型（直流、交流）及功率	
成本	机器人成本及其占工作站开发成本的比例、维护成本		

（2）外围设备的配置。机器人光整加工（抛光、打磨等）作业所需外围设备的选型可以参照表 9－20。

表 9－20　光整加工（抛光、打磨等）作业机器人外围设备选型

外围系统组成			选 型 依 据
末端执行器	打磨头/抛光头		根据打磨或抛光工艺，结合机器人末端额定负载确定
	连接装置		根据打磨头/抛光头的连接尺寸以及机器人末端法兰连接尺寸确定
	控制系统		控制参数类型及数量、状态参数类型及数量
	通信接口		所有通信接口类型及通信协议
	供电电源		电源类型（直流、交流）及功率
工件输送系统	传输驱动系统		根据工件总量、形状、作业批量、传输距离等要求确定
	伺服控制系统		根据工件定位精度确定
	检测系统		根据工件定位要求确定
	通信接口		所有通信接口类型及通信协议
	是否支持工业现场总线		所支持的工业现场总线的类型
	线缆桥架、拖链、护罩等附件		根据传输距离和现场条件确定
	润滑油供给系统		根据设备润滑要求确定
	供电电源		电源类型（直流、交流）及功率
工装夹具	工装		按照加工零件的定位精度（根据零件的尺寸精度、位置精度和光整工艺确定）、批量和生产率进行设计
	夹具	夹紧力大小、作用位置、作用方向	根据工件尺寸、形状、材料和作业过程中受到的作用力确定
		夹紧机构	根据工件尺寸、形状、材料、夹紧力确定

（续表）

外围系统组成			选 型 依 据
工装夹具	夹具	控制系统	控制参数类型及数量、状态参数类型及数量
		动力源	根据现场动力源情况确定：电动（电磁）式、液压式、气动式
		供电电源	电源类型（直流、交流）及功率
安全防护系统	隔离栏		根据现场环境条件确定，符合 GB/T 20867—2007
	报警装置		根据光整加工作业要求确定

（3）末端执行器设计。一般抛光（打磨）作业的末端执行器（手爪）要根据抛光（打磨）工艺要求、机器人末端额定负载、法兰连接尺寸等条件进行选配。

（4）抛光（打磨）作业工装和夹具设计。机器人抛光（打磨）作业所需要的工装和夹具，一般由开发人员根据抛光（打磨）工艺要求、抛光（打磨）粗糙度等要求、工件的定位精度等条件进行设计和选配，具体方法可以参考机器人光整加工工装和夹具设计。

9.1.1.7　测量机器人工作站

1）熟悉测量机器人工作站的组成

机器人测量原理如图 9－16 所示，将测量头安装在机器人末端法兰上，按照既定的轨迹，完成被测零件的尺寸测量和轮廓测量。

图 9－16　机器人测量原理

测量机器人工作站组成如图 9－17 所示，一般包括机器人、测量头、工件输送装置等。

1—测量头；2—测量机器人；3—工件；4—工装、夹具

图 9－17　测量机器人工作站组成

2）测量机器人工作站硬件设备配置方法

（1）测量机器人选型。可以参照表 9－21。

表 9－21　测量机器人选型

选型依据	机器人的主要参数		型号选择
测量技术要求	直角坐标	水平面测量	综合考虑机器人市场占有率、机器人成本、维护成本等因素，尽可能选择通用机器人
	柱坐标	水平面圆弧测量	
	关节型	空间形状和尺寸测量	
工件空间分布	工作空间	工件在机器人工作空间内，尽可能位于灵活空间内	
作业方向	自由度	水平作业、垂直作业、横向作业、仰姿作业；作业变化频繁，一般可选 6 自由度机器人	
测量精度和工件定位精度	重复定位精度	机器人重复定位精度≤工件定位精度和作业定位尺寸精度	
末端负载	额定负载	测量头重量＋惯性力≤额定负载	
生产节拍	各关节速度	作业的最高测量速度、测量头调整的最高速度≤机器人的最高速度	
控制方式	相关参数	控制参数类型、状态参数类型	
	通信接口	所有通信接口类型及通信协议	
	是否支持工业现场总线	所支持的工业现场总线的类型	
防护等级	根据现场环境条件确定，符合 GB/T 20867—2007		
电源	供电电源	电源类型（直流、交流）及功率	
成本	机器人成本及其占工作站开发成本的比例、维护成本		

（2）测量机器人外围设备的配置。外围设备选型可以参照表 9－22。

表 9－22　测量机器人作业外围设备选型

外围系统组成		选 型 依 据
测量头	本体	根据测量工件重量和测量技术要求选配
	连接装置	根据测量头连接尺寸以及机器人末端法兰尺寸确定
	控制系统	控制参数类型及数量、状态参数类型及数量
	通信接口	所有通信接口类型及通信协议
工件输送系统	传输驱动系统	根据工件总量、形状、作业批量、传输距离等要求确定
	伺服控制系统	根据工件定位精度要求确定
	检测系统	根据工件定位要求确定

（续表）

外围系统组成			选型依据
工件输送系统	通信接口		所有通信接口类型及通信协议
	是否支持工业现场总线		所支持的工业现场总线的类型
	电缆、线缆桥架、拖链、护罩等附件		根据工件传输距离和现场条件确定
	润滑油供给系统		根据润滑要求确定
	供电电源		电源类型（直流、交流）及功率
工装夹具	工装		按照工件定位精度、尺寸、重量、测量技术要求、作业批量等设计
	夹具	夹紧力大小、作用位置、作用方向	根据工件尺寸、形状、材料等要求确定
		夹紧机构	根据工件尺寸、形状、材料、夹紧力确定
		控制系统	控制参数类型及数量、状态参数类型及数量
		动力源	根据现场动力源情况确定：电动（电磁）式、液压式、气动式
		供电电源	电源类型（直流、交流）及功率
安全防护系统	隔离栏		根据现场环境条件确定，符合 GB/T 20867—2007
	报警装置		根据测量作业要求确定

（3）末端执行器设计。测量头根据测量作业要求选定，但测量头夹持器需要根据测量头以及机器人末端法兰连接尺寸、机器人末端额定负载等条件确定。

（4）测量作业工装和夹具设计。测量作业所需工装和夹具，要根据测量作业要求、测量精度和工件定位精度等要求进行设计和选配。

9.1.2 工业机器人与外围设备连接

1）工作站电源配置

根据机器人及外围设备的供电要求以及传感器的供电要求、电源类型（直流、交流）以及功率，配置电源系统。

2）电气系统接（配）线

按照电气制图国家标准绘制所有设备的电气控制线路原理图和接线图，并通过电缆实现所有设备的配电系统和控制系统的连接。

3）通信系统连接

根据所有设备通信接口的类型，用合适的通信电缆将相关设备连接起来，建立设备间的通信链路。

9.1.3 与机器人作业相关的坐标系的设定及标定

机器人及外围设备在现场安装完毕之后，在机器人投入运行前，应对机器人进行标定，目的是修正机器人的位姿精度，并建立机器人基坐标系、工件坐标系、工作台坐标系、世界坐标系和工具坐标系之间的准确关系。否则，机器人无法完成规划的运动轨迹。

可以参照本书第 4 章 4.3 节“机器人坐标系的标定”完成机器人零点校正、机器人位姿和轨迹标定、工具坐标系 TCS、工作台坐标系{S}、世界坐标系{Wo}、目标坐标系{G}(工件坐标系)的设定及标定。在此基础上,基于第 6 章中轨迹规划的方法,完成机器人末端执行器作业的运动规划。

9.1.4 机器人工作站控制平台选择

机器人工作站要控制的对象包括机器人及外围设备(包括工装和夹具),它们都有各自的控制器。要把这些设备融合起来成为机器人工作站,需要一个层级更高的总控制平台。总控制平台可以选择以机器人控制器、PLC 或工控机为核心进行构建。

1) 以机器人控制器为工作站控制平台

对于焊接、喷涂等专用机器人,若机器人本身控制器提供与外围设备相连接的接口,可以通过这些接口把外围设备与机器人进行连接,形成数据交换的链路(通路)。这种控制系统的结构如图 9－18 所示。此类机器人工作站应用程序开发可借助机器人生产厂家提供的应用程序开发平台进行。

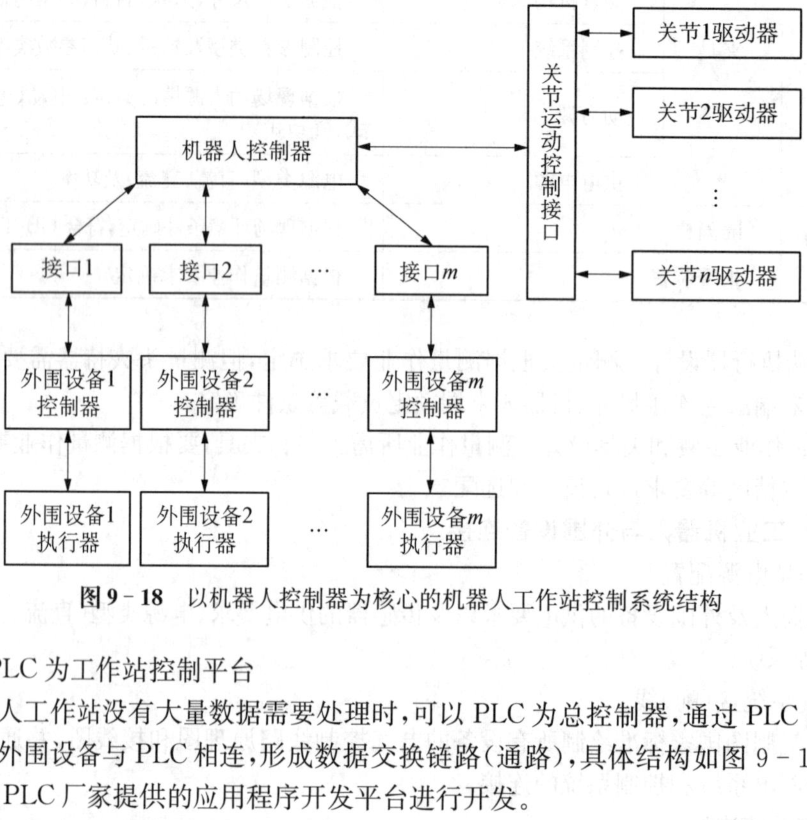

图 9－18 以机器人控制器为核心的机器人工作站控制系统结构

2) 以 PLC 为工作站控制平台

当机器人工作站没有大量数据需要处理时,可以 PLC 为总控制器,通过 PLC 的通信端口将机器人及外围设备与 PLC 相连,形成数据交换链路(通路),具体结构如图 9－19 所示。开发人员可以 PLC 厂家提供的应用程序开发平台进行开发。

3) 以工控机为工作站控制平台

如果机器人工作站在工作过程中涉及较大量的数据采集和处理,如测量机器人工作站需要处理大量的测量数据,此时以工控机(IPC)为机器人工作站的总控制器比较合理,即通过工控机提供的接口,将机器人以及外部设备的控制器相连,形成数据交换的链路(通路)。可以采用的控制系统的结构如图 9－20 和图 9－21 所示,其中图 9－20 表示所有的外围设备(包括测量设备)都由工控机直接控制;而图 9－21 则表示外围设备中,测量设备直接由工控机控制,而其余设备则采用工控机＋PLC 两级控制方式。

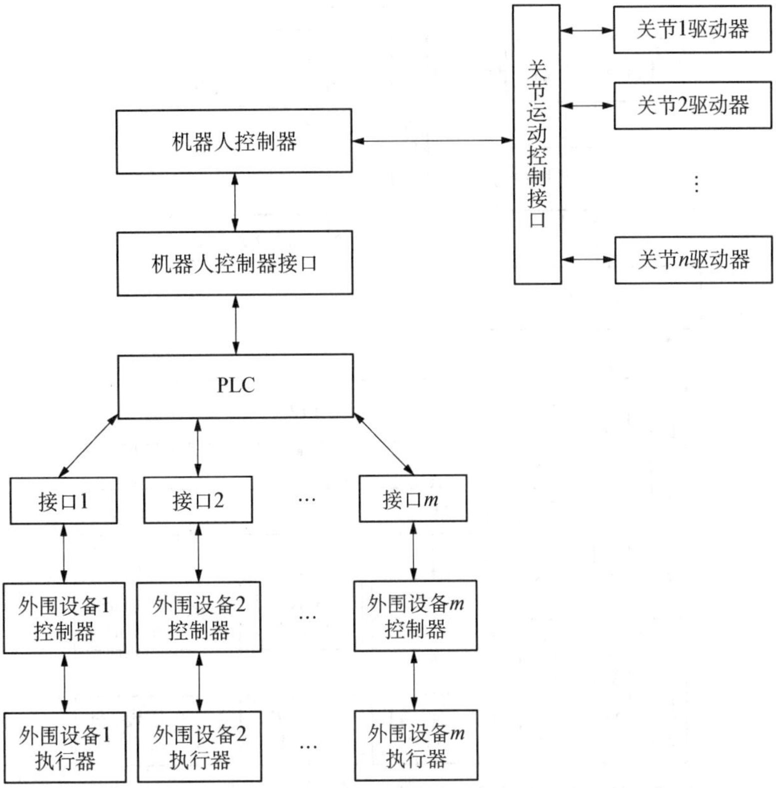

图 9-19 以 PLC 为核心的机器人工作站控制系统结构

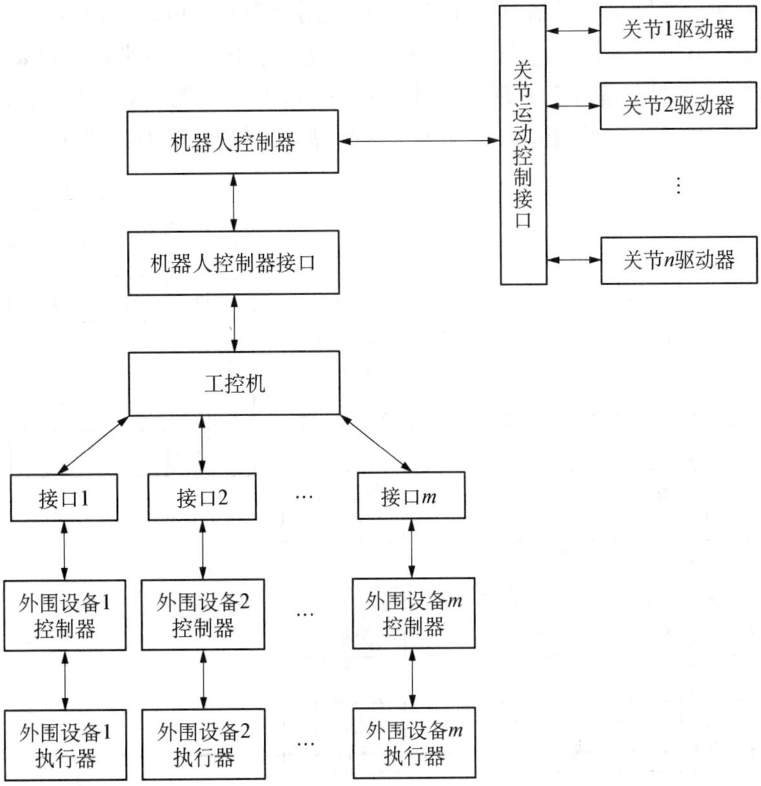

图 9-20 以工控机为核心的机器人工作站控制系统结构

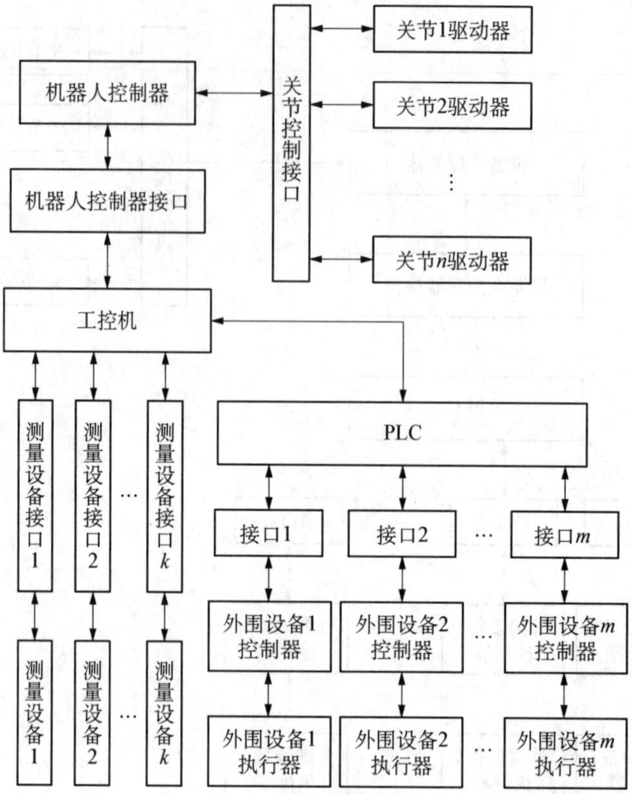

图 9－21 工控机和 PLC 组合的机器人工作站控制系统结构

对于以工控机为控制平台的机器人工作站，其应用程序开发可以选择多种开发环境，如可以采用高级语言(如 C/C++)、工业组态软件开发平台以及虚拟仪器开发平台(如 LabView)等。

如果机器人及外围设备有工业现场总线接口，则基于工业现场总线的机器人工作站控制系统结构如图 9－22 所示。由于每一工业现场总线都提供应用程序开发环境，开发人员可以

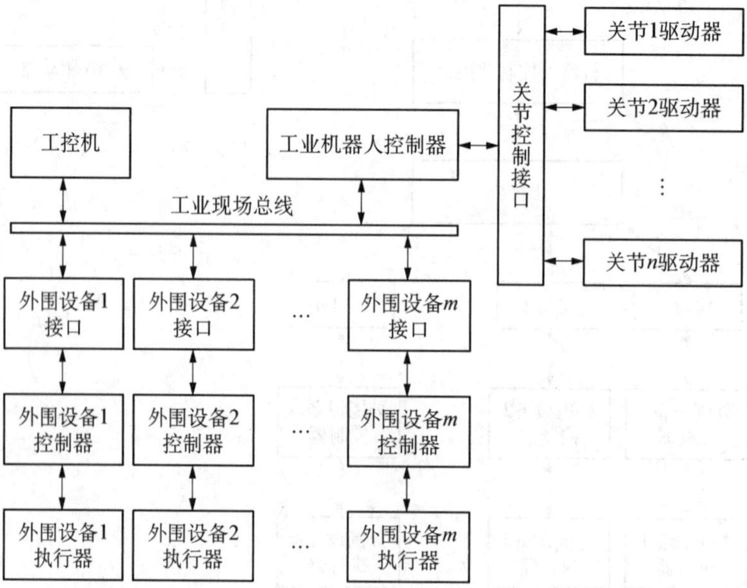

图 9－22 基于工业现场总线的机器人工作站控制系统结构

根据工业总线的通信协议基于总线应用程序开发平台完成机器人工作站应用程序设计。

9.1.5 机器人工作站现场布置方案设计

根据作业对象在现场的运动范围决定工业机器人本体及控制柜以及外围设备的布局，并选取一定的比例，以图纸的形式表达出机器人、外围设备以及安全防护装置在生产现场的布局。图 9－23 所示为一个机器人涂胶工作站布局图。

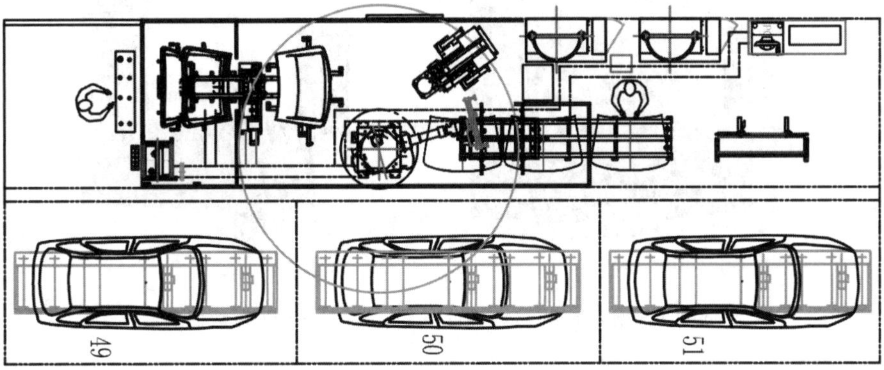

图 9－23 机器人涂胶工作站布局图

现场布局的总体要求是：确保作业对象的运动在机器人工作空间范围之内，并尽可能远离机器人工作空间的边界，且机器人与外围设备在空间上无干涉。

9.1.6 安全防护

对于机器人焊接、喷涂、装配、搬运等作业，机器人工作站应在工作现场安装防护栅栏等装置，以与周围环境隔离。对于机器人焊接，还应该配置弧光防护装置和排烟除尘装置；对于机器人喷涂，还应该配置除尘和通风设备。具体的作业防护措施，需要符合相应的国家标准和行业标准，见表 9－23。

表 9－23 机器人作业安全标准

作业类型	安全标准
焊接、切割	GB 9448—1999《焊接与切割安全》
喷涂	GB/T 14441—2008《涂装作业安全规程　术语》
装配、搬运等	GB/T 33000—2016《企业安全生产标准化基本规范》

9.2 工业机器人与外围设备相集成的技术途径

9.2.1 常用的运动控制技术及测量技术

机器人作业所需要的外围设备中，机器人手爪动作控制、变位机运行控制、送丝机构控制、工装夹具控制、保护气体输送控制等，需要由开发人员自行开发控制系统来实现；此外，一些工作站可能要处理大量的测量数据，如机器人视觉测量和几何量接触式测量等，此时测量系统也需要开发人员自行开发。为此，开发人员需要具备电气控制技术，包括伺服电机、步进电机、交流电机的控制技术；也需要掌握几何量测量仪器的开发技术。

伺服电机和步进电机经常用运动控制卡(器)控制,数据采集经常用数据采集卡实现。工业控制领域常用的数据采集卡和运动控制卡如图 9-24 和图 9-25 所示,其性能指标见表 9-24。

(a) PCI 数据采集卡

(b) PCIe 数据采集卡

(c) PXI 数据采集卡

(d) PXIe 数据采集卡

(e) USB 数据采集卡

图 9-24 不同总线的数据采集卡

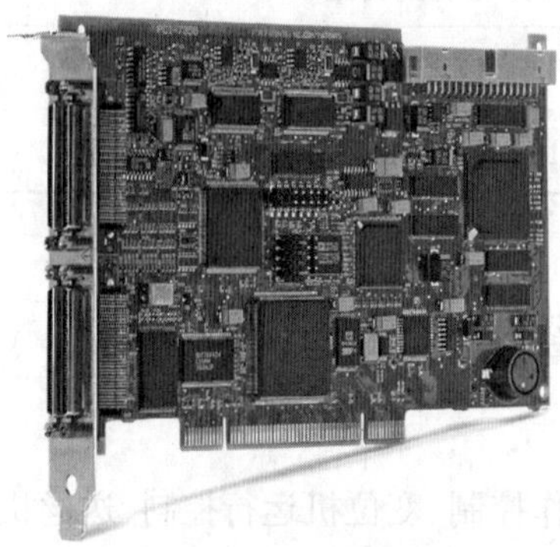

(a) PCI 运动控制卡

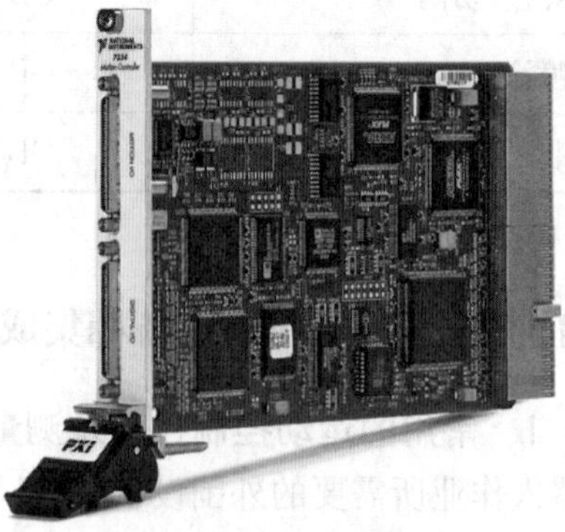

(b) PXI 运动控制卡

图 9-25 基于 PCI 和 PXI 总线的运动控制卡

表 9-24 基于常用计算机总线的板卡

总线类型	数据采集		运动控制	
	板卡类型	主要性能指标	板卡类型	主要性能指标
PCI	PCI 数据采集卡	通道数、采样频率、缓存、分辨率、精度、量程、增益、触发方式等	PCI 运动控制卡	控制模式(步进/伺服)、控制轴数、脉冲输出模式、数字输入/输出点数、加速度模式、插补方式等
PCIe	PCIe 数据采集卡		PCIe 运动控制卡	
PXI	PXI 数据采集卡		PXI 运动控制卡	
PXIe	PXIe 数据采集卡		PXIe 运动控制卡	
USB	USB 数据采集卡		USB 运动控制卡	

PCI (peripheral component interconnect)总线是一种高性能局部总线,是目前 PC 机中使用最为广泛的总线,几乎所有的计算机主板上都带有 PCI 插槽。PCI Express (peripheral component interconnect express)是一种高速串行计算机扩展总线标准,它属于高速串行点对点双通道高带宽传输。PCI Express 规格为 PCI Express 1X～PCI Express 32X。

PC 机若有 PCI 或者 PCIe 插槽,如图 9-26 所示,则可以利用 PCI 或 PCIe 数据采集卡和运动控制卡构建数据采集和运动控制系统。一般的计算机主板都有 USB 端口,因而也可以利用 USB 总线的数据采集卡和运动控制卡构建数据采集和运动控制系统。

(a) PCI 插槽　　(b) PCIe 插槽

图 9-26 计算机主板上的 PCI 插槽和 PCIe 插槽

数据采集卡与机器人工作站所要完成的数据采集要求有关,而运动控制卡的选用与工作站需要自行设计的控制装置的控制要求有关,板卡的总线类型与计算机主板上提供的插槽类型一致。

数据采集卡需要与信号调理器、传感器组合起来,才能形成一种测量仪器。同样,运动控制卡需要与电机驱动器(步进或伺服)以及电机(步进或伺服)组合起来,才能形成一种控制系统。

9.2.2 常用的计算机接口、机器人和外围设备的接口类型及通信协议

计算机是控制系统的核心,计算机的 CPU 与外部设备之间的连接和数据交换都需要通过 I/O 接口来实现。I/O 接口技术包括接口形式、通信协议、接口软件及接口管理,只有掌握计算机、机器人及外围设备的接口技术,才能实现机器人工作站内部设备之间以及计算机工作站

与生产系统之间的信息交换，也才能实现所有设备的运行控制及管理。对机器人工作站开发而言，需要掌握的接口主要有两类，即计算机 I/O 接口以及机器人及外围设备的 I/O 接口，后者也包括工业现场总线接口。

计算机与外部设备之间的通信接口包括串行口、并行口和总线接口三种类型，目前以串行口和总线接口为主。串行通信需要的数据线数量少、成本低、传输距离远。串行通信速率以波特率为主要指标，波特率指每秒传送二进制数据的位数，以位每秒(bit/s)为单位。

串行接口按电气标准及协议来分包括 RS-232-C、RS-422、RS485 和 USB 接口，每种接口的特点见表 9-25。

表 9-25　串行通信接口类型及特点

接口类型	特　　点
RS-232C	RS-232 采取点对点不平衡传输方式(即所谓单端通信)，共模抑制能力弱，传输距离短、速率低，仅适合本地设备间的接口通信；RS-232 接线可按三线方式(只连接收、发、地三根线)，也可采用简易接口方式(除连接收、发、地外，另增加一对握手信号 DSR 和 DTR)，或采用完全串口线方式
RS-422	RS-422 是一种单机发送、多机接收的单向平衡传输规范，支持点对多的双向通信，支持挂接多台设备组网等。RS-422 四线接口采用单独的发送和接收通道，用 RS-422 总线接入多设备时，有不同的地址，在接口主设备控制下通信
RS-485	RS-485 是在 RS-422 的基础上制定了 RS-485 标准，增加了多点、双向通信能力，采用平衡发送和差分接收机制，数据传输可达千米。RS-485 可以采用二线与四线方式。RS-485 总线上的设备具有相同的通信协议，地址各不相同
USB	传输速率高、传输可靠；USB 接口能为设备供电，低功耗设备可以直接取电；USB 支持热插拔，能够即插即用

9.2.3　工业现场总线接口技术

当前工业现场总线逐渐在工业领域推广应用，这使得设备不但具有控制和测量功能，还具备通信和管理功能。

现场总线是指安装在生产制造过程区域的现场装置与控制室内的自动控制装置之间的数据总线，主要解决工业现场的智能化仪器仪表、控制器、执行机构等现场设备之间的数字通信以及这些现场控制设备和上层控制系统之间的信息传递问题。

现场总线的主要技术特点包括：①实现全数字化通信；②采用开放型的互连网络；③设备间相互操作性强；④现场设备的智能化控制程度高；⑤系统结构高度分散；⑥对现场环境的适应性强。

1) FF 现场总线

FF 现场总线(foundation field bus，基金会现场总线)分为 H1 和 H2 两级总线，其网络结构如图 9-27 所示。H1 现场总线主要用于现场设备控制，其传输速率为 31.25 kbit/s，可以利用两线制向现场仪器仪表供电，并能维护总线供电设备的安全；H2 现场总线主要面向过程控制级、监控管理级和高速工厂自动化的应用，其传输速率为 1 Mbit/s、2.5 Mbit/s 和 100 Mbit/s。

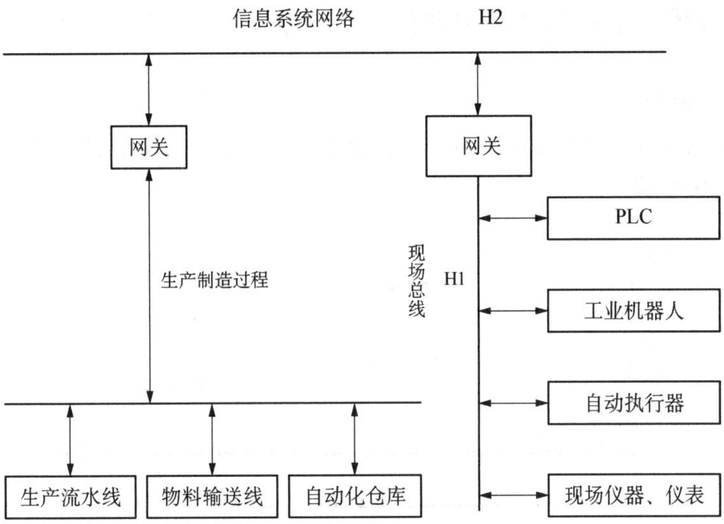

图 9-27　FF 现场总线网络结构

FF 总线主要用于生产过程自动化，包括化工、石油、电力等行业。

2) LonWorks 现场总线

LonWorks 现场总线支持双绞线、同轴电缆、光缆和红外线等多种通信介质，通信速率为 300 kbit/s～1.5 Mbit/s，直接通信距离可达 2 700 m(78 kbit/s)。Lonworks 技术采用 LonTalk 协议，并被封装到 Neuron(神经元)的芯片中。Lonworks 现场总线的网络结构如图 9-28 所示。

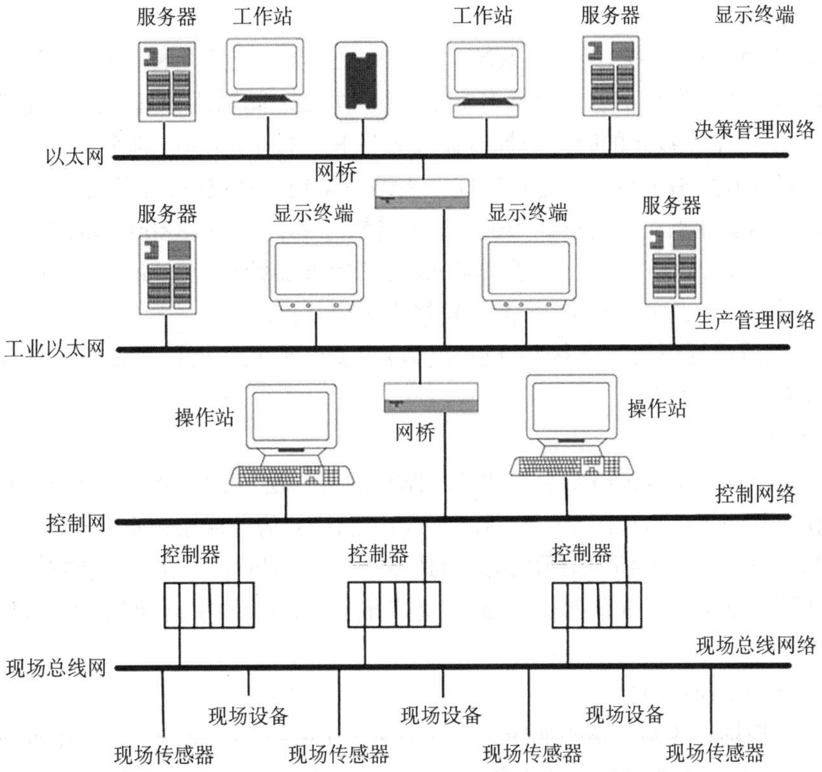

图 9-28　LonWorks 现场总线网络结构

LonWorks 总线主要应用于楼宇自动化、保安系统、办公设备、交通运输和工业过程控制等行业。

3) Profibus 现场总线

Profibus 由 Profibus-DP、Profibus-FMS 和 Profibus-PA 三条总线构成，该现场总线的网络结构如图 9-29 所示。

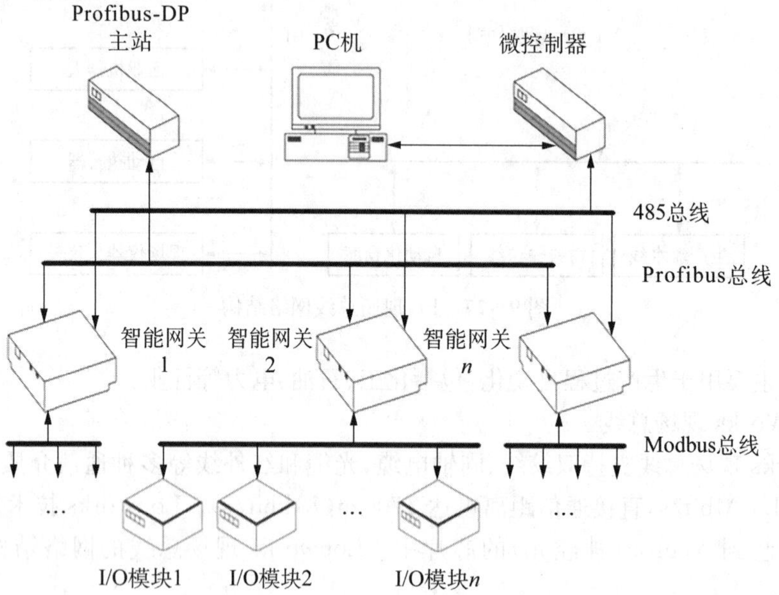

图 9-29 Profibus 现场总线网络结构

Profibus 支持主-从系统、纯主站系统、多主多从混合系统等几种传输方式。主站具有对总线的控制权，可主动发送信息。对于多主站系统，主站之间采用令牌方式传递信息，得到令牌的站点可在一个事先规定的时间内拥有总线控制权。按 Profibus 的通信规范，令牌在主站之间按地址编号顺序，沿上行方向进行传递。主站在得到控制权后，可以按主-从方式，向从站发送或索取信息，实现点对点通信。Profibus 的传输速率为 96～12 kbit/s；在 12 kbit/s 时最大传输距离可达 1 000 m，15 Mbit/s 时为 400 m，可用中继器延长至 10 km。Profibus 传输介质可以采用双绞线，也可以采用光缆，最多可挂接 127 个站点。

Profibus 总线主要应用于机器人控制、汽车装配线、零件冲压线、食品、造纸、纺织、石油化工、制药和电力系统等行业。

4) CAN 现场总线

CAN (control area network)总线的模型结构只有三层，只取 OSI 底层的物理层、数据链路层和应用层，其网络结构如图 9-30 所示。CAN 总线的信号传输介质为双绞线，通信速率最高可达 1(Mbit/s)/40 m，直接传输距离最远可达 10 km/(<5 kbit/s)，最多可挂接 110 个设备。

CAN 总线主要应用于汽车制造、公共交通车辆、机器人、楼宇自动化、数控机床和医疗器械等领域。

5) DeviceNet 现场总线

DeviceNet 现场总线网络结构如图 9-31 所示。DeviceNet 基于 CAN 技术，传输速率为 125～500 kbit/s，每个网络的最大节点数为 64 个。位于 DeviceNet 网络上的设备可以自由连

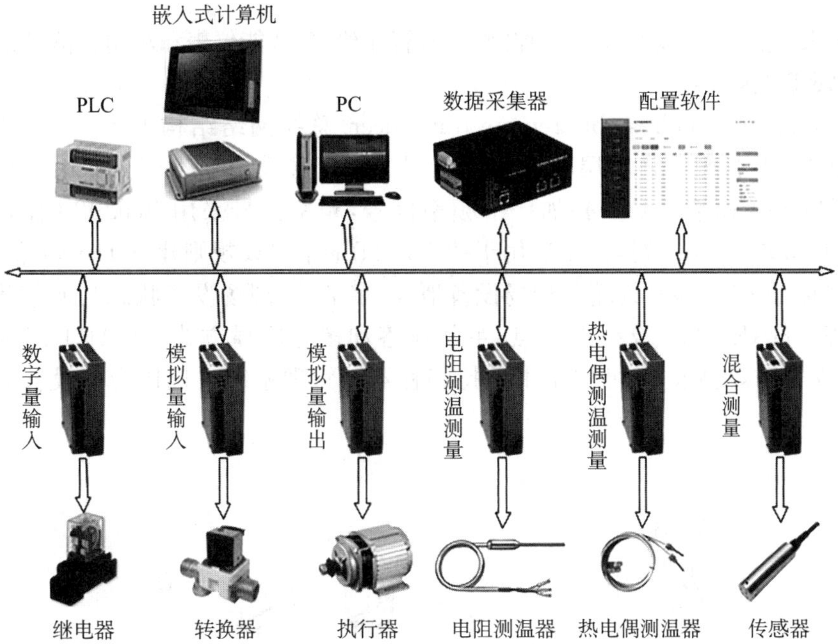

图 9 - 30 CAN 现场总线网络结构

接或断开，不影响网上的其他设备连接到网络。DeviceNet 主要用于实时传输数据，其主要特点是：短帧传输，每帧的最大数据为 8 个字节；无破坏性的逐位仲裁技术；网络最多可连接 64 个节点；数据传输速率为 125 kbit/s、250 kbit/s 和 500 kbit/s；DeviceNet 总线采用点对点、多主或主/从通信方式，采用 CAN 总线的物理和数据链路层协议。

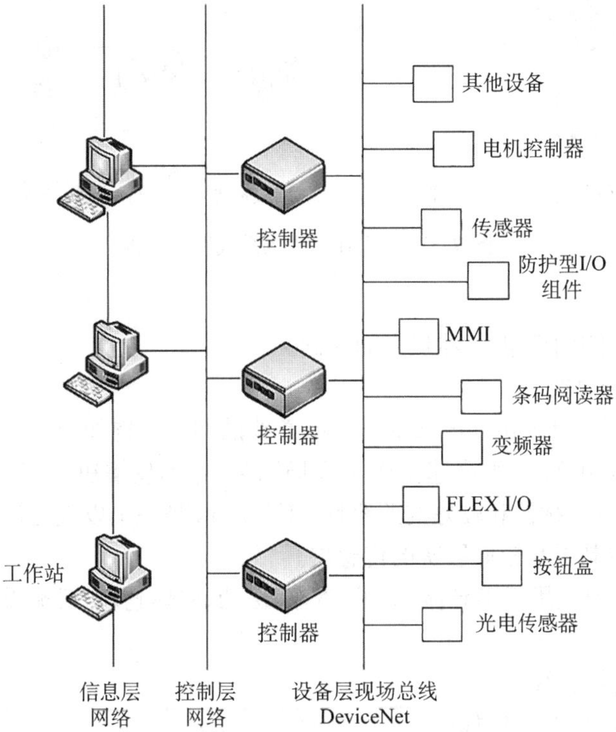

图 9 - 31 DeviceNet 现场总线网络结构

DeviceNet 总线主要应用于工业控制系统、智能建筑、智能仪表和车用通信等领域。

6）HART 现场总线

HART(highway addressable remote transducer)总线网络结构如图 9－32 所示，其通信模型采用物理层、数据链路层和应用层三层。物理层采用 FSK(frequency shift keying)技术在 4～20 mA 模拟信号上叠加一个频率信号，频率信号采用 Bell202 国际标准；数据传输速率为 1 200 bit/s。数据链路层用于按 HART 通信协议规则建立 HART 信息格式，其信息构成包括开头码、显示终端与现场设备地址、字节数、现场设备状态与通信状态、数据、奇偶校验等。HART 总线支持点对点、主从应答和多点广播方式。HART 能利用总线供电，可满足安全防爆要求，并可用于由手持编程器与管理系统主机作为主设备的双主设备系统。

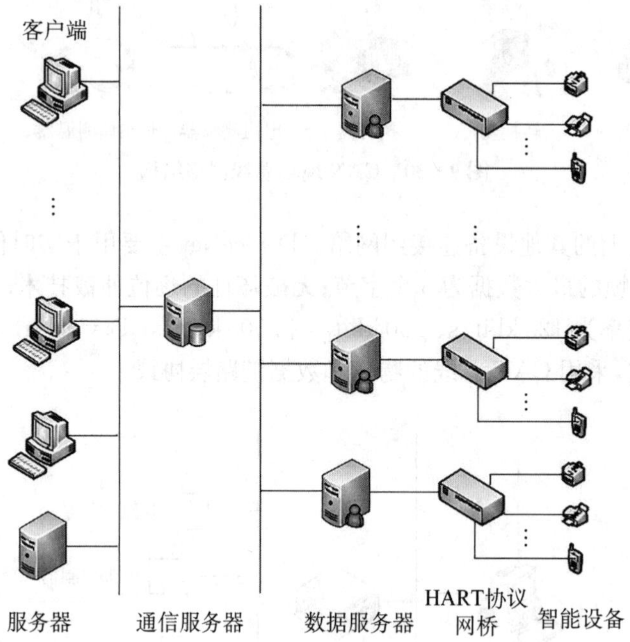

图 9－32 HART 现场总线网络结构

HART 总线主要用于智能仪器仪表的控制。

7）CC-Link 现场总线

CC-Link(control and communication link)总线的网络结构如图 9－33 所示，它可以将控制和信息数据同时以 10 Mbit/s 高速传送至现场网络，它不仅解决了工业现场配线复杂的问题，同时具有较高的抗干扰性和较好的兼容性。CC-Link 是一个以设备层为主的网络，同时也可覆盖较高层次的控制层和较低层次的传感层。

CC-Link 总线主要应用于半导体、电子、汽车、医药、立体仓库、机械设备制造、食品、搬运、印刷等行业。

8）WorldFIP 现场总线

WorldFIP 总线的网络结构如图 9－34 所示。

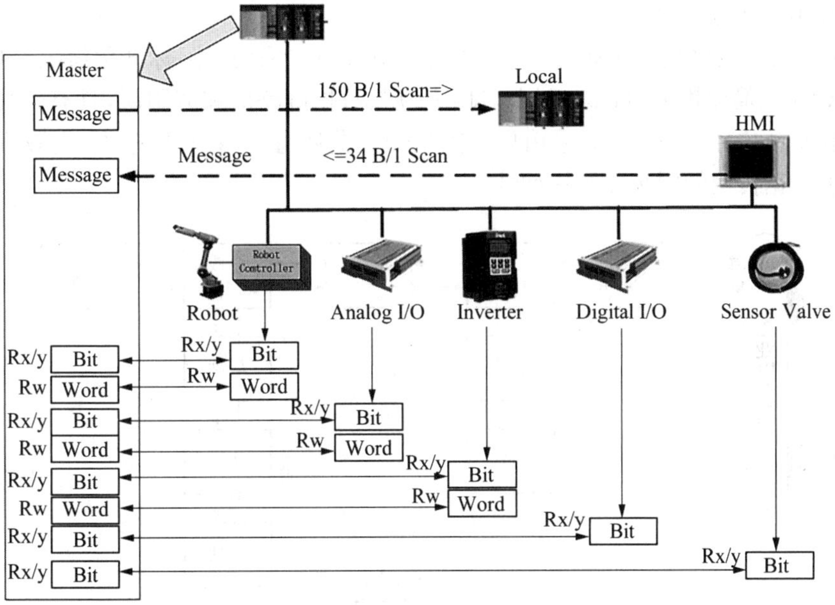

图 9-33 CC-Link 现场总线网络结构

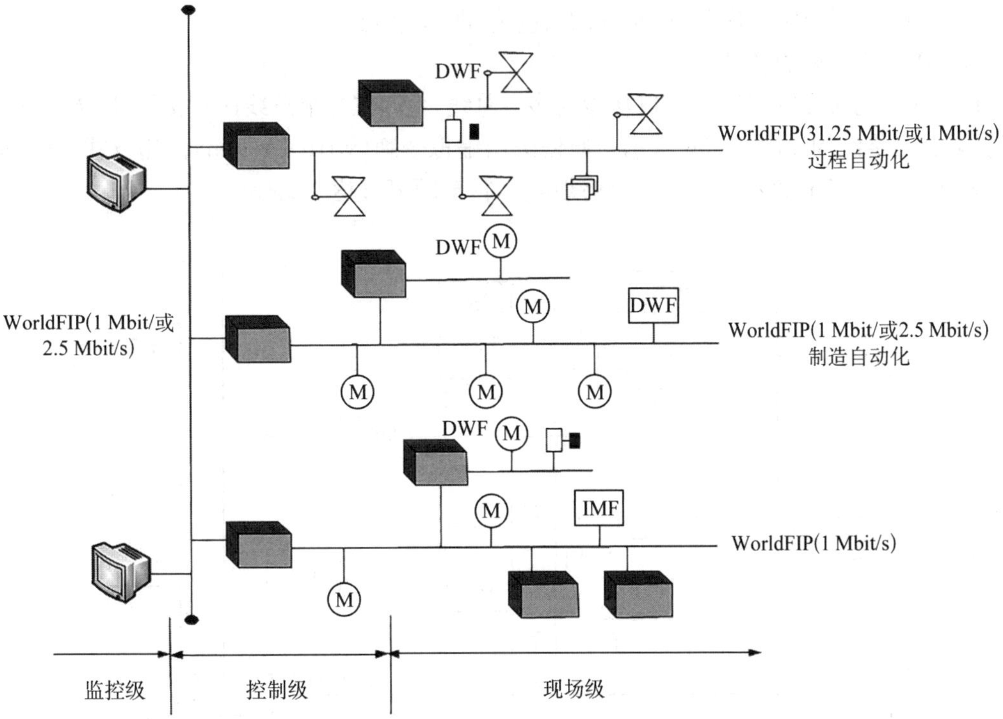

图 9-34 WorldFIP 现场总线网络结构

WorldFIP 在一条总线和单一协议的框架内，在有调度的访问控制下，既能传输实时数据，又能传输随机信息，两者互不影响；该现场总线采用曼彻斯特编码方式，并利用磁性变压器隔离，具有良好的抗电磁干扰能力，因此非常适用于电磁干扰比较强的场合。

WorldFIP 总线广泛应用于电力系统、加工自动化、铁路运输、地铁和过程自动化领域。

9）Interbus 现场总线

Interbus 总线的网络结构如图 9－35 所示。Interbus 采用国际标准化组织 ISO 的开放化系统互连 OSI 的简化模型(1、2、7 层)，即物理层、数据链路层和应用层，具有较强的可靠性、可诊断性和易维护性。Interbus 采用集总帧型的数据环通信，具有低速度、高效率的特点，并严格保证了数据传输的同步性和周期性。

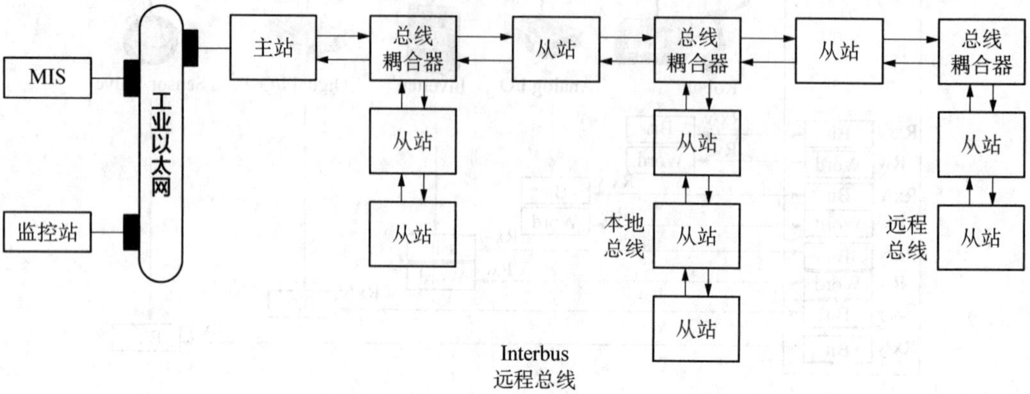

图 9－35 Interbus 现场总线网络结构

Interbus 广泛应用于汽车、仓储、造纸、包装、烟草、食品等行业。

10）P－NET 现场总线

P－NET 为带多网络和多端口功能的多主总线，允许在几个总线区直接寻址，无须递阶网络结构，其网络结构如图 9－36 所示。通信采用虚拟令牌(virtual-token)传递方式，该总线物理层基于 RS－485 标准，使用屏蔽双绞线电缆，传输距离可达 1.2 km。

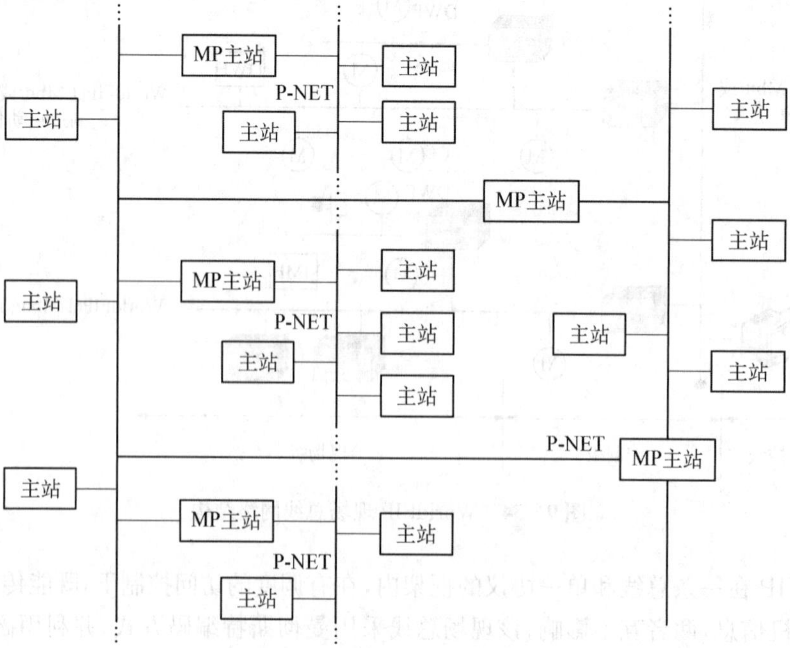

图 9－36 P－NET 现场总线网络结构

注：MP 主站指多通信口主站。

P-NET 总线主要应用于石油化工、能源、交通、建材、环保和制造业等领域。

9.2.4 TCP/IP 通信协议

TCP/IP 是目前应用最为广泛的通信协议，它基于网络通信的基本结构——七层 OSI 开放系统互连参考模型，如图 9-37 所示。

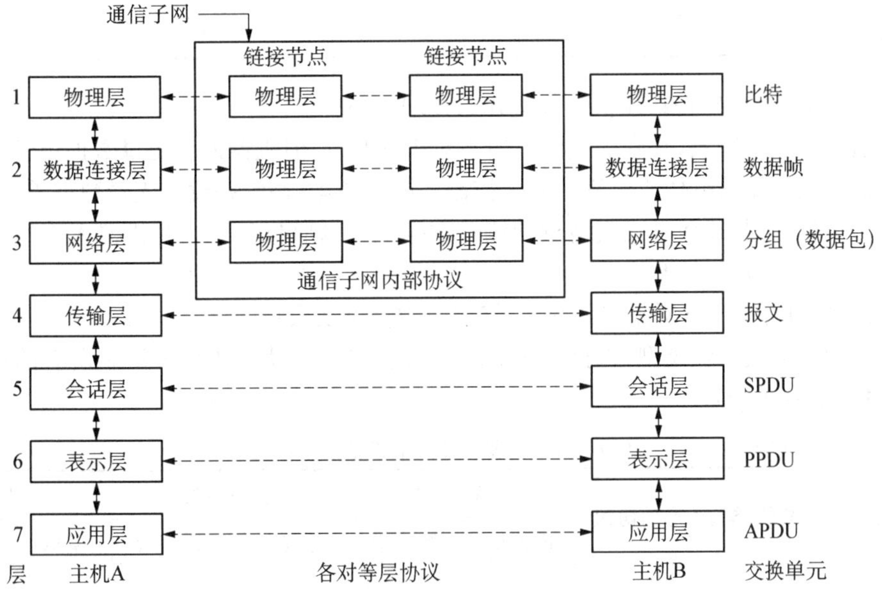

图 9-37 OSI 模型结构

基于以太网的 TCP/IP 已被广泛于 PC、UNIX 工作站、小型机、大型机以及用于连接客户机和主机的网络设备上。在信息化系统和工业自动化系统集成中，TCP/IP 有非常广泛的应用。

TCP/IP 是一个协议族，它的核心协议主要有传输控制协议（TCP）、用户数据报协议（UDP）和网际协议（IP）。在 TCP/IP 中，与 OSI 模型的网络层等价的部分为 IP，另外一个兼容的协议层为传输层，TCP 和 UDP 都运行在这一层。OSI 模型的高层与 TCP/IP 的应用层协议相对应。此外，还有六个补充协议：文件传输协议（FTP）、远程登录协议（TELNET）、简单邮件传输协议（SMTP）、域名服务（DNS）、简单网络管理协议（SNMP）和远程网络监测（RMON）。

TCP/IP 地址是网络设备和主机的标识，网络中存在两种寻址方法：MAC 地址和 IP 地址。MAC 地址是设备的物理地址，位于 OSI 参考模型的第 2 层，在全网唯一标识，无级地址结构（一维地址空间），并固化在硬件中，寻址能力仅限在一个物理子网中。IP 地址是设备的逻辑地址，位于 OSI 参考模型的第 3 层，也是全网唯一标识，分级地址结构（多维地址空间），由软件设定，具有很大的灵活性，可在全网范围内寻址。

9.2.5 选择合适的控制平台，构建机器人工作站控制系统

机器人和外围设备有不同的控制系统，称之为子系统。只有将这些分立的子系统相集成，才能形成一个有一定作业任务的机器人工作站。

9.2.5.1 以机器人本身的控制器为平台构建机器人工作站控制系统

对于焊接机器人、喷涂机器人等专用工业机器人，由于工艺过程明确，机器人的控制器一般提供与外围设备相连接的标准接口，此时，可以通过与每个接口协议相对应的通信电缆将外围设备的控制器与机器人的控制器相连接，从而形成数据交换通路。在进行机器人工作站控制系统应用程序开发前，应先确定所有外围设备的控制参数、状态参数和反馈参数，见表 9-26。

表 9-26 外围设备控制参数

设备名称	接口类型	通信协议	控制参数		状态参数		反馈参数	
设备 1								
设备 2								
⋮								
设备 k								

9.2.5.2 以 PLC 平台构建机器人工作站控制系统

对于通用工业机器人，其底层代码一般不对用户开放，但机器人会提供数据传输与交换的接口。若机器人工作站在作业过程中除了控制外围设备运行外，并没有大量数据需要处理，如无大量图像采集数据、几何量或其他量的测量数据处理，则可以 PLC 为机器人工作站控制平台。其中 PLC 配置方法如下：

1）确定控制所有设备所需要的输入、输出参数类型及数量

针对每种机器人作业类型，根据其机器人选型表和外围设备选型表汇总所有的控制参数和状态参数，见表 9-27。

表 9-27 机器人及外围设备控制参数

<table>
<tr><th rowspan="2">设备名称</th><th rowspan="2">总线类型</th><th rowspan="2">通信协议</th><th colspan="2">控制参数</th><th colspan="2">状态参数</th><th colspan="2">反馈参数</th></tr>
<tr><th>模拟量</th><th>数字量</th><th>模拟量</th><th>数字量</th><th>模拟量</th><th>数字量</th></tr>
<tr><td>机器人</td><td></td><td></td><td></td><td></td><td></td><td></td><td></td><td></td></tr>
<tr><td>外围设备 1</td><td></td><td></td><td></td><td></td><td></td><td></td><td></td><td></td></tr>
<tr><td>⋮</td><td></td><td></td><td></td><td></td><td></td><td></td><td></td><td></td></tr>
<tr><td>外围设备 n</td><td></td><td></td><td></td><td></td><td></td><td></td><td></td><td></td></tr>
<tr><td colspan="3" rowspan="2">控制参数合计</td><td colspan="3">模拟量数量 A_c</td><td colspan="3">数字量数量 D_c</td></tr>
<tr><td colspan="3"></td><td colspan="3"></td></tr>
<tr><td colspan="3" rowspan="2">选型参数数量</td><td colspan="3">模拟量数量 A_s</td><td colspan="3">数字量数量 D_s</td></tr>
<tr><td colspan="3">$A_s=[1+(0.1\sim0.2)]A_c$</td><td colspan="3">$D_s=[1+(0.1\sim0.2)]D_c$</td></tr>
</table>

2）确定 PLC 选型所需要的输入和输出点数

由表 9-27 可以确定 PLC 须具备的模拟量和数字量的数量，从而可以确定 PLC 的输入和输出点数。

3）PLC 存储容量估算

存储容量是 PLC 能提供的硬件存储单元大小，而程序容量是存储器中用户应用程序使用的存储单元的大小。在控制系统设计阶段，由于用户应用程序还未开发，程序容量尚无法准确确定，它需在程序调试之后才能最终确定。在设计阶段，可以采用估算的方法确定存储容量 M，即

$$M=1.25(K_A A_s+K_D D_s) \tag{9-1}$$

式中，M 为总字数，16 位为一个字；A_s 为模拟量 I/O 总数，见表 9-27；$K_D=10\sim15$；D_s 为数字量 I/O 总数，见表 9-27；$K_A=100$。

4）PLC 通信功能确定

PLC 系统的通信接口应包括串行和并行通信接口（RS-232C/422A/423/485）、RIO 通信口、工业以太网、常用 DCS 接口等；大中型 PLC 通信总线（含接口设备和电缆）应 1∶1 冗余

配置，通信总线应符合国际标准，通信距离应满足装置实际要求。

PLC系统的通信网络中，上级的网络通信速率应大于1 Mbit/s，通信负荷不大于60%。PLC系统的通信网络主要形式有：①PC为主站，多台同型号PLC为从站，组成简易型PLC网络；②1台PLC为主站，其他同型号PLC为从站，构成主从式PLC网络；③PLC网络通过特定网络接口连接到大型DCS中作为DCS的子网；④专用PLC网络。

大中型PLC系统一般支持多种现场总线和标准通信协议（如TCP/IP），需要时可与用户管理网（TCP/IP）相连接。

5）编程方式及编程语言选择

编程方式有离线编程和在线编程两种。PLC采用的编程语言，包括顺序功能图（SFC）、梯形图（LD）、功能模块图（FBD）三种图形化语言以及语句表（IL）和结构文本（ST）两种文本语言。具体选用的编程语言应遵守其标准（IEC 6113123），同时还应支持多种语言编程形式，如C、Basic语言等，以满足特殊控制场合的控制要求。

6）PLC机型选择

PLC按结构分为整体型和模块型两类，按应用环境分为现场安装和控制室安装两类；按CPU字长分为1位、4位、8位、16位、32位、64位等，通常可按控制功能或I/O点数进行选型。

整体型PLC的I/O点数固定，主要用于小型控制系统；模块型PLC提供多种I/O卡件或插卡，为用户合理地选择和配置控制系统的I/O点数提供了方便，而且模块型PLC的功能扩展方便，一般用于大中型控制系统。

7）I/O模块选择

数字量I/O模块和模拟量I/O模块可以参照表9-27确定。

8）功能模块选择

根据控制要求，确定通信模块、定位模块、脉冲输出模块、PID控制模块、计数模块等。

9）选择PLC类型及配置相关模块

目前市场上常用的PLC包括西门子PLC、欧姆龙PLC、三菱PLC、永宏PLC、台达PLC以及和利时PLC。每一种类型的PLC各有所长。可以根据表9-27中选型参数的数量（模拟量数量 A_s 和数字量数量 D_c）确定PLC的具体型号及相关模块。

9.2.5.3　以工控机为平台构建机器人工作站控制系统

在机器人的作业过程中，除了机器人及外围设备的运行控制外，还有大量的数据需要处理，如机器人视觉数据处理、几何量测量数据处理等，此时以工控机作为机器人工作站的控制平台较为合理。

要根据控制和测量任务要求，依据降低开发成本、用户使用便捷以及功能扩充便捷的原则选择合适的工控机。其中工控机的配置方法如下。

1）确定操作系统类型

根据需要，可以选择VxWorks、Linux、uCos/Nucleus、ThreadX等实时操作系统为平台开发机器人工作站控制系统。

2）确定总线类型及数量

依据采用总线类型的不同，工控机主要有PC总线、STD总线和VME总线3种。目前在市场上应用的工控机产品主要有以下7种类型：

（1）盒式工控机。该机型体积小、重量轻，可以挂在车间的墙壁上，适合工厂环境中的小型数据采集和控制。

(2) 盘式工控机。该机型将主机、触摸屏式显示器、电源、磁盘驱动器和串行接口集成为一体化工业PC机,具有体积小、重量轻的特点。它是一种紧凑型的工控机,非常适于作为机电一体化系统的控制器。

(3) ISA总线工控机。该机型是目前市场上较为流行的工业控制机。工控机主板上带串行、并行、键盘接口和看门狗、定时器等装置。板上的槽口数量有多种选择。机箱采用全钢结构,内部带有防震压条、双冷却风扇、空气过滤网罩,可以满足工业控制现场的一般环境要求。

(4) PCI总线工控机。该类工控机采用英特尔奔腾芯片和PCI总线,主机速度及主机与外设(显示及磁盘数据交换)间的交换速度较高,适合作为系统服务器和节点工作站。

(5) VESA总线工控机。与ISA总线工业控制机相比,VESA总线工控机具有较高的显示速度和I/O读写速度,适用于作为监控操作站,且对实时图像处理应用更为适合。

(6) 工业级工作站。它是一种将主机、显示器、操作面板集成于一体的工控机,可应用于监控和控制站场合。

(7) 新型工控机。目前新型工控机的主要特点包括:

① 实时性强。实现了Windows监控画面与控制的实时性相结合:采用多处理机并行结构,主处理机运行Windows系统,支持人机操作界面;由多个从处理机分别执行实时数据采集、顺序控制功能,提高了整机的实时性。

② 结构模块化。采用标准化的模块式体系结构,按功能分为主控模块、显示模块、工业网络模块、存储模块、模拟量数字量I/O模块、通用智能I/O模块等不同标准部件,模块之间相互独立,维修方便。

③ 标准的通信网络。主机模块上带有标准的通信网络模块(IEEE 802.3协议)和固化程序,便于构成DCS系统和联网操作。

④ 工控机和PLC有机结合。该工控机实现了与PLC的结合,具有多种信号调理模块,可安装在带有独立电源的信号调理单元中。信号调理模块一端带有类似PLC的接线端子,供与现场信号接线相连;另一端通过多芯电缆与主机相连,使工控机的现场信号接线方式变得较为便捷。

3) 确定品牌和型号

目前市场上主流的工控机品牌包括爱瑞、研华、研祥、凌华、中泰、康泰克、康拓、威达、华控、浪潮等。

应该指出,工控机在整个控制系统中占据主导地位,主机的选型对整个系统的性能指标、系统配置有着极大的关系。工控机已形成了完整的产品系列,从以下几方面考虑选择合适的机型:

(1) 选择合适的主机档次。根据实际系统对采样速度的要求来考虑主机的档次和具体配置。主机档次和具体配置要从应用需求来考虑,主板、CPU、总线形式的选择要考虑主机的稳定和总线速度,不必追求主机的高档化。

(2) 根据应用场合的不同,选择合适的工控机型号。不同的工控机适用于不同的应用场合。例如,盒式和盘式工控机体积小、厚度小,非常适合于对体积有一定要求的应用系统,由于体积所限,可供扩展的插槽数目和I/O点数也较少。总线式工控机插槽数多,可容纳较多的I/O接口模块,但要考虑所用母板的总线驱动能力和供电电源功率是否满足要求及使用环境。

(3) 内存、外存合理配置。根据系统对运行速度和精度的要求配置存储器。目前工控机的内存容量都较大(128 MB~1 GB),能够满足系统控制的需求。外存可采用硬盘、U盘等,由于硬盘的容量较大,对于大多数工控系统,硬盘的容量基本都能满足要求。

9.2.6 建立工作站控制器与机器人及外围设备之间数据传输和交换的链路

1) 建立数据交换物理链路

根据机器人以及外围设备的接口类型及通信协议，利用相应的电缆将控制器与机器人及外围设备相连接，形成总控制器与机器人及外围设备之间数据传输和交换的通路。

2) 开发数据交换及处理软件

根据所有设备的接口协议，确定所有设备之间传输数据的处理流程及处理方法，并开发相应的程序。

9.2.7 编制机器人工作站作业流程

结合机器人作业的工艺要求以及具体的作业要求，编制机器人工作站作业流程，包括机器人轨迹规划以及外围设备的运行控制规划，如机器人焊接作业规划、机器人喷涂作业规划等。以机器人焊接为例，其作业流程如图 9－38 所示，图中的工作台即变位机。可以按照该流程，

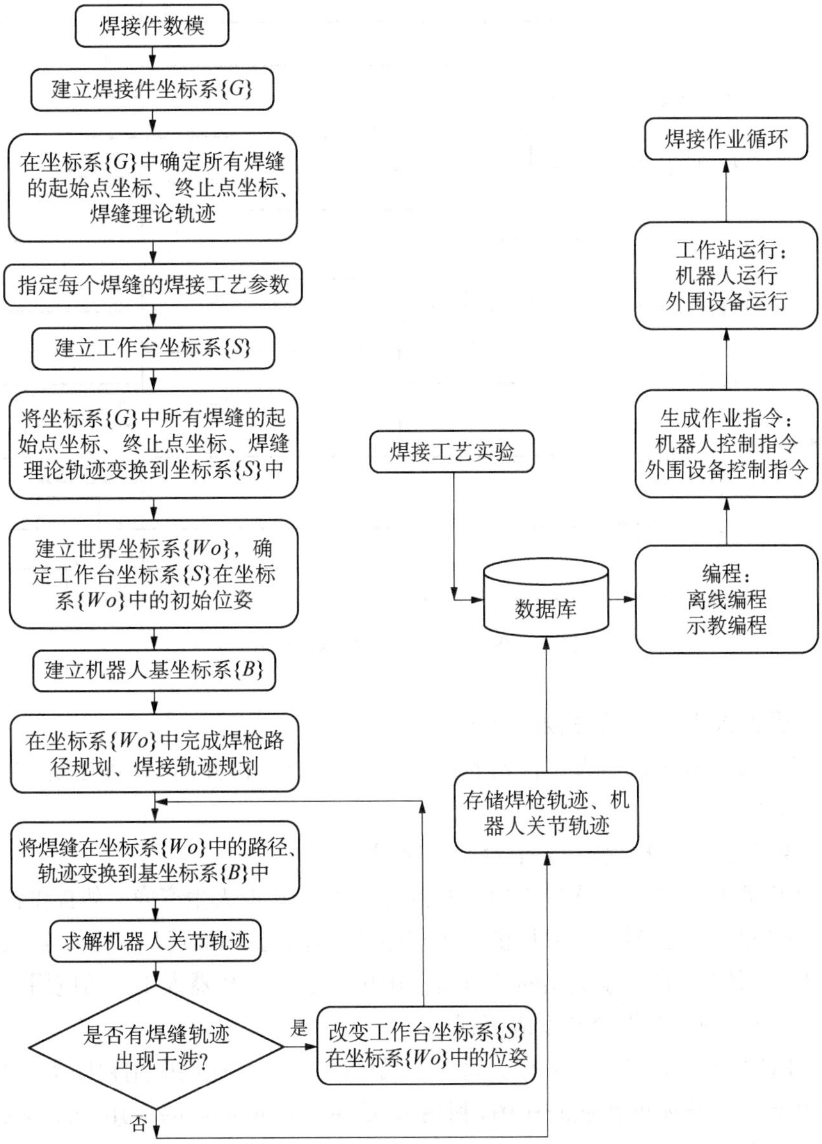

图 9－38 机器人焊接作业流程

利用示教编程或者离线编程，生成整个工作站的运行程序。

机器人激光加工（焊接、切割、熔覆）以及机器人喷涂和机器人装配等作业流程可以参照图 9－38 所示流程进行。

9.2.8 编制机器人工作站作业时序图

结合机器人作业流程图，如焊接作业流程图、喷涂作业流程图等，编制工作站作业时序图。时序图包括机器人及所有外围设备动作的顺序及动作持续时间，也称工作循环图，作为应用程序开发的依据。

图 9－39 所示为机器人弧焊作业时序图，包括机器人、电源等外围设备、工作台（变位机）的动作时序。其他类型作业时序的确定也可以参考图 9－39。

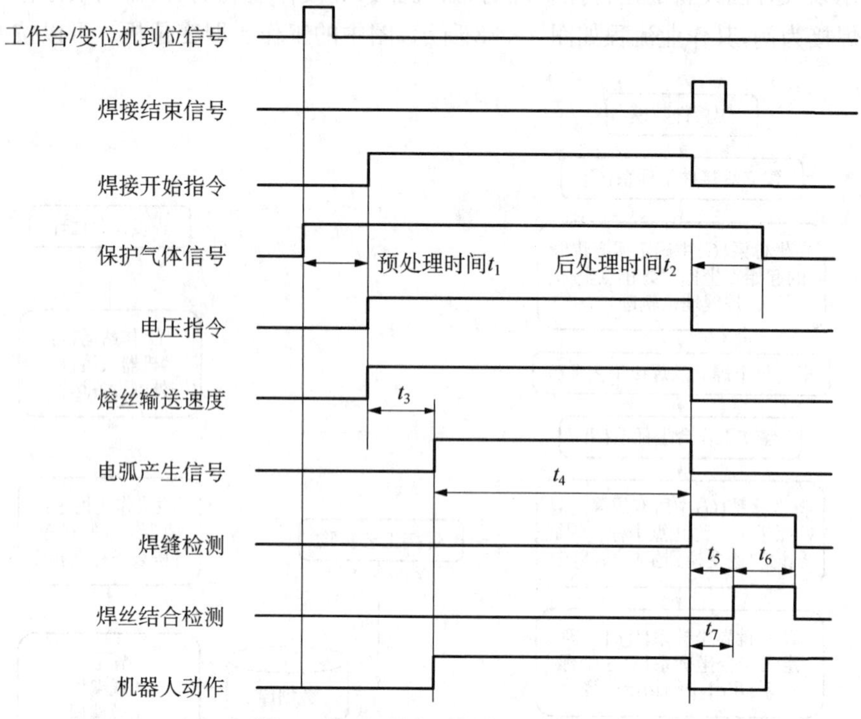

图 9－39 机器人弧焊作业时序图

9.2.9 机器人工作站应用程序开发

应用程序开发要根据机器人工作站的控制要求，完成人机界面、设备控制、数据存储管理以及数据通信功能。

1）以工业机器人本身控制器为平台开发应用程序

对于焊接机器人、喷涂机器人等专用工业机器人，由于机器人生产商一般提供机器人与外围设备的数据传输和信息交换接口，并提供应用程序开发环境。因而可以基于机器人工作站的作业时序图，利用机器人生产厂家提供的应用程序开发环境，完成机器人工作站应用程序开发。

2）以第三方控制器为平台开发应用程序

（1）以 PLC 为平台开发应用程序。每一个品牌的 PLC 都提供应用程序集成开发环境，此时可以基于机器人工作站的作业时序图，利用 PLC 生产厂家提供的应用程序开发环境，完成机器人工作站应用程序开发。

(2) 以工控机为平台开发应用程序。

① 基于组态软件开发应用程序。工业组态软件是为工业控制应用而开发的应用程序开发平台,它采用图形化编程方法,并为开发人员提供了各种图形化控件,可按照一定的控制流程,将这些空间"拼接"起来,就可以实现设备的运行控制、运行状态监测、数据通信、数据存储和管理等功能。

工业自动化控制领域常见的组态软件有 InTouch、iFix、Citech、WinCC、组态王、Controx 开物、ForceControl、GE 的 Cimplicity、RSView Supervisory Edition、Lookout、Wizcon、MCGS 等。这些软件采用图形化编程方法开发应用程序,其开发环境提供数值控件、应用程序开发效率高,但应用程序冗余代码较多。

② 基于高级语言开发应用程序。如果相关设备提供面向 Windows 或者 Linux 操作系统,且基于 C/C++的驱动程序,则可以利用 C/C++、C# 等高级计算机语言开发应用程序,包括用户界面,其优点是冗余代码少。

要基于高级语言开发机器人系统应用程序,若只具备 C/C++、C# 等程序设计能力是不够的,这是因为高级语言程序设计,特别是控制台应用程序设计,"隐藏"(封装)了用户界面和计算机系统之间的"数据传输和交换"过程,也"隐藏"了数据在计算机内存中的处理流程。但是一旦要开发用于控制机器人及外围设备的应用程序,需要先建立计算机与外部设备之间"数据传输和交换"的"物理通道",即将计算机各种端口与外部设备相应的端口实现物理连接,从而形成计算机与机器人及外部设备数据传输和交换的链路。"用户界面"和外部设备之间的数据交换过程如图 9-40 所示。

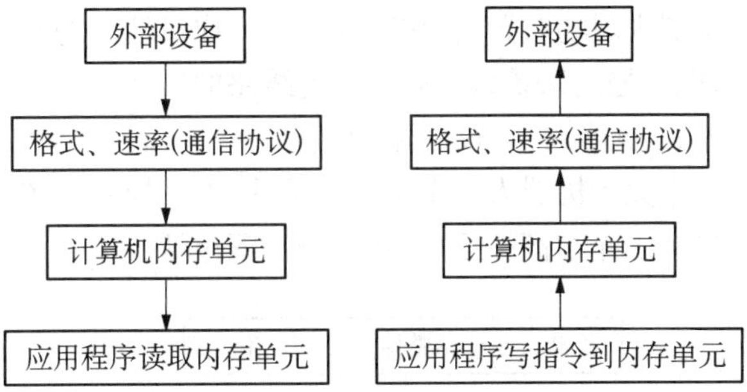

图 9-40 计算机与机器人及其他外部设备的数据交换过程

当从应用程序界面启动"读"某一设备的数据时,首先该设备根据相关的通信协议,以一定的格式和传输速率将数据传递到计算机"指定的内存单元";计算机从这些指定的内存单元中读取数据,从而判断外部设备的运行状态;反之,当从用户界面启动向某一设备"写"指令时,其处理过程则相反。上述过程涉及计算机内部的数量处理流程,即通过"用户界面"把相应的设备运行控制指令传输给外部设备,而把外部设备指令运行结果(设备状态)返回"给用户界面",中间必须通过"计算机"根据相应的"通信协议"来实现。为便于开发用户界面和控制外部设备,开发人员需要熟悉操作系统(如 Windows 或 Linux 操作系统)的体系结构,特别是要掌握其数据传输的流程。

③ 基于现场总线开发应用程序。如果机器人及外围设备有提供工业现场总线接口,则可以利用工业现场总线提供的应用程序开发环境,基于机器人工作站的作业时序图开发机器人工作站应用程序。

9.3 机器人与外围设备相集成的工作流程

机器人与外围设备相集成从而形成机器人工作站,之后投入运行,从而与生产系统融合,这本质上是一个工程项目。作为工程项目，其实施的工作流程包括7个阶段（图9-41）：

1）机器人工作站整体解决方案论证

根据客户提出的技术要求（主要包括作业任务和生产节拍），在考察现场工作环境的基础上提出机器人工作站的几种完整的解决方案，主要包括确定机器人及外围设备配置方案以及生产工艺，在比较可行性、投入成本和运行维护成本的前提下确定一种较为合理的方案。

机器人工作站整体方案论证流程如图9-42所示。

在上述流程中，机器人的类型及型号、外围设备的类型及型号、末端执行器的类型确定可以参照本章9.1.1节和9.1.4节的方法进行；机器人与外围设备的连接可以参照本章9.1.2节的方法进行；机器人工作站现场布置方案可以参照本章9.1.5节的方法进行。

2）机器人工作站技术方案设计

根据机器人工作站的总体方案组建项目组，可按照如图9-43所示流程完成工作站技术方案设计。

3）机器人工作站装配

完成机器人的选型、末端执行器的配置或制造、外围设备的配置、工装和夹具的制造后，根据机器人现场布置图，在实验室内完成机器人与外围设备的安装，工装和夹具的装配，供电系统、电气控制系统以及通信系统线路的连接。

4）机器人工作站模拟运行

在完成机器人工作站配电系统、电气控制系统、通信系统的连接，以及机械系统的装配后，可进行工作站模拟运行，其实施步骤包括：

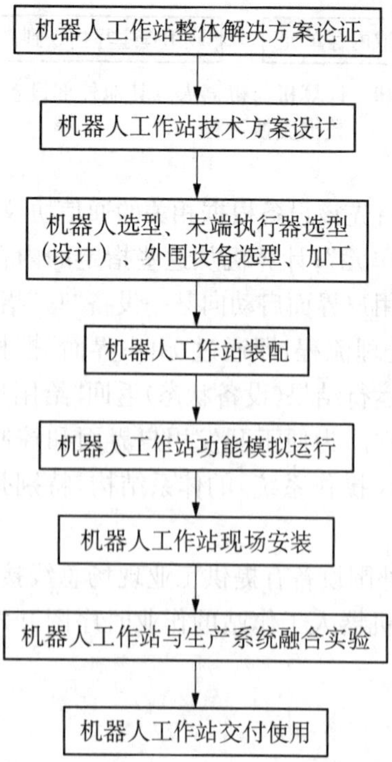

图9-41 机器人工作站开发工作流程

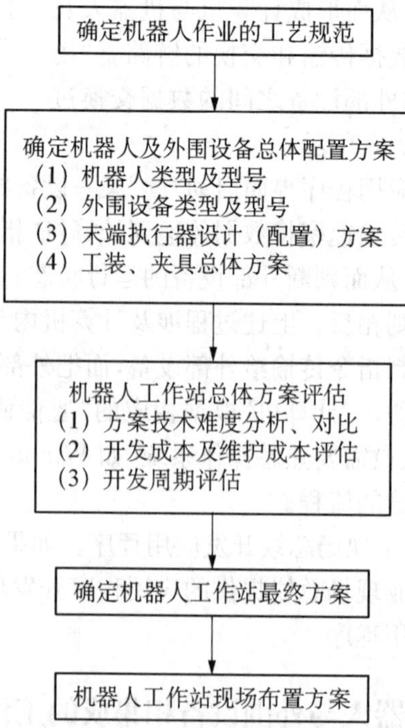

图9-42 机器人工作站整体方案论证流程

組建机器人工作站研发项目组
(1) 确定与用户沟通、协商人员
(2) 确定工艺人员
(3) 确定机器人技术研发人员
(4) 确定电气工程技术研发人员
(5) 确定机械设计技术人员
(6) 确定应用软件开发人员

撰写设计任务书
(1) 确定机器人作业任务的所有技术指标
(2) 确定机器人及末端执行器的技术指标
(3) 确定所有外围设备的技术指标
(4) 末端执行器设计（配置）方案
(5) 确定工装和夹具设计的技术指标
(6) 确定机器人作业轨迹规划
(7) 确定工作站总体布局图
(8) 确定工作站所有设备的电气系统原理图、接线图和通信系统布线图
(9) 确定作业流程和时序图
(10) 确定工作站应用程序设计要求
(11) 确定机器人运行实验方案和外围设备运行实验方案

设计任务分配
(1) 确定项目总负责人及其职责
(2) 确定项目组其余人员的设计任务

研发时间、节点计划
(1) 确定项目研发总体进度计划
(2) 确定任务模块的进度计划
(3) 确定每一个成员的任务进度计划

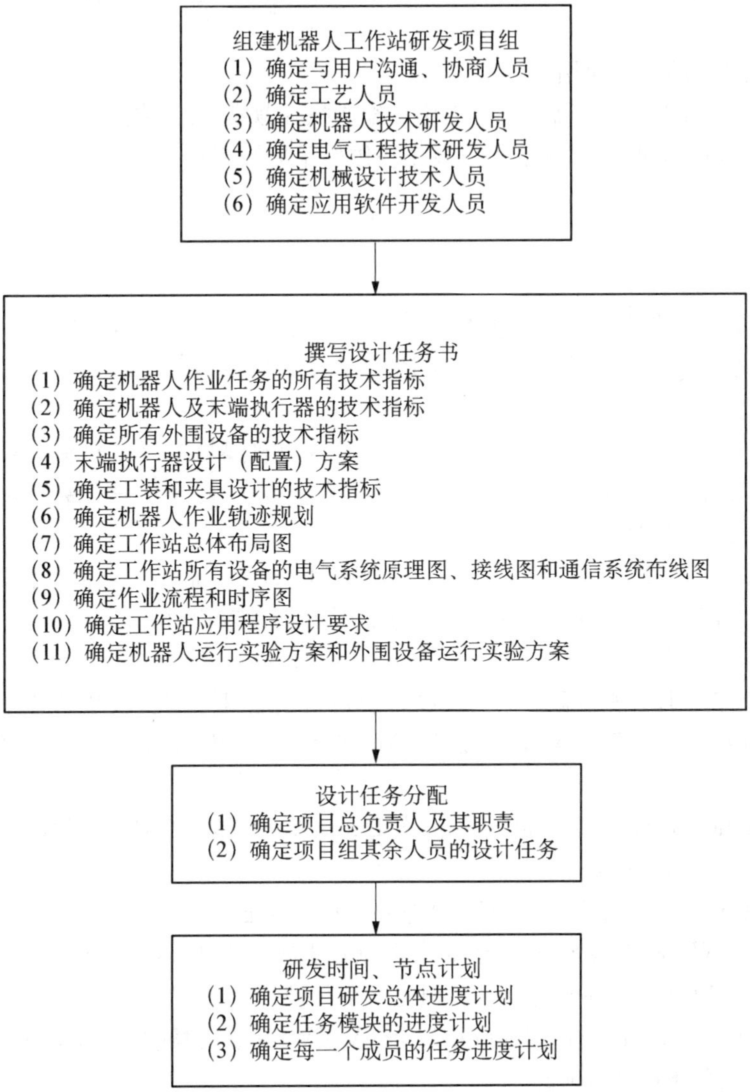

图 9 - 43　机器人工作站技术方案设计流程

（1）完成机器人位置精度、姿态精度、轨迹精度标定。

（2）完成世界坐标系、机器人工具坐标系、工作台坐标系、目标坐标系的标定。

（3）根据机器人工作站运行的时序图，利用机器人离线编程，实现机器人与外围设备的协同控制，以检验机器人工作站的实际运行结果是否满足工艺要求及任务指标。如果不满足，则需找出具体的原因，修改应用程序，直至满足工艺要求。同时，机器人工作站还需进行持久运行实验，以检验机器人工作站运行可靠性。

5）机器人工作站现场安装及静态运行调试

按照机器人工作站的布局图，完成机器人及外围设备以及工装夹具的现场安装，包括配电系统线路连接以及控制系统线路连接，并进行机器人工作站的运行实验。

6）机器人工作站与生产系统融合实验

在机器人工作站静态运行调试成功并稳定的基础上，与生产系统相融合，以检验机器人工

作站是否达到用户的作业要求;如果不满足作业要求,则须根据偏差调整应用程序相关参数,直至满足要求。

7) 机器人工作站交付使用

在机器人工作站稳定运行后,需要为用户编制操作规程、培训操作人员、移交相关技术文件,包括机械零部件目录、电气说明书以及维护维修手册等资料。

参考文献

[1] 胡汉才. 单片机原理及其接口技术[M]. 北京:清华大学出版社,2010.
[2] 罗萍,罗志勇. 西门子 S7 - 300/400:PLC 工程实例详解[M]. 北京:人民邮电出版社,2012.
[3] 姚福来. 变频器、PLC 及组态软件实用技术速成教程[M]. 北京:机械工业出版社,2010.
[4] 陈先锋. 西门子全集成自动化技术综合教程系统编程、现场维护与故障诊断[M]. 北京:人民邮电出版社,2012.
[5] 李金城. 三菱 FX2NPLC 功能指令应用详解[M]. 北京:电子工业出版社,2011.
[6] 卢巧,黄志,等. 欧姆龙 PLC 编程指令与梯形图快速入门[M]. 北京:电子工业出版社,2010.
[7] 蔡杏山. 图解 PLC、变频器与触摸屏技术[M]. 北京:化学工业出版社,2015.
[8] Charles Petzold. Windows 程序设计[M]. 6 版. 张大威,等译. 北京:清华大学出版社,2015.
[9] Neil Matthew Richard Stone. 深入浅出 Linux 工具与编程[M]. 陈健,宋健建,译. 北京:人民邮电出版社,2010.
[10] 刘忆智. Linux 从入门到精通[M]. 北京:清华大学出版社,2010.
[11] 李方敏. VxWorks 高级程序设计[M]. 北京:清华大学出版社,2004.
[12] 程敬原. VxWorks 软件开发项目实例完全解析[M]. 北京:中国电力出版社,2005.
[13] Gary W Johnson, Richard Jennings. LabVIEW 图形编程[M]. 武嘉澍,陆劲昆,译. 北京:北京大学出版社,2002.
[14] 吴孝慧. 工业组态控制技术[M]. 北京:电子工业出版社,2016.
[15] 赵文兵,夏怡. 工业控制组态及现场总线技术[M]. 北京:北京理工大学出版社,2011.
[16] 郭琼. 现场总线及其应用技术[M]. 北京:机械工业出版社,2011.
[17] 龙志强,李迅,李晓龙,等. 现场总线控制网络技术[M]. 北京:机械工业出版社,2011.
[18] 汪励,陈小艳. 工业机器人工作站系统集成[M]. 北京:机械工业出版社,2014.
[19] 杨杰忠,刘国磊. 工业机器人工作站系统集成技术[M]. 北京:电子工业出版社,2017.
[20] 中国机械工程学会焊接学会. 焊接手册[M]. 北京:机械工业出版社,2008.
[21] 刘伟,周广涛,王玉松. 中厚板焊接机器人系统及传感技术应用[M]. 北京:机械工业出版社,2013.
[22] Lamie E L. Real-time embedded multithreading using ThreadX. 2nd ed. https://www.sciencedirect.com/science/article/pii/B9781856176019000012,2009.
[23] 章坚武,李杰,姚英彪,等. 嵌入式系统设计与开发[M]. 西安:西安电子科技大学出版社,2014.

[24] 傅绍燕. 涂装工艺及车间设计手册[M]. 北京：化学工业出版社，2013.
[25] 陈彦宾. 现代激光焊接技术[M]. 北京：科学出版社，2006.
[26] 殷群，吕建国. 组态软件基础及应用：组态王 KingView[M]. 北京：机械工业出版社，2017.
[27] 刘华波，王雪，何文雪，等. 组态软件 WinCC 及其应用[M]. 北京：机械工业出版社，2009.
[28] 李庆海，王成安. 触摸屏组态控制技术[M]. 北京：电子工业出版社，2015.
[29] Cmwson R. 装配工艺：精加工、封装和自动化[M]. 熊永家，娄文忠，译. 北京：机械工业出版社，2008.
[30] 薛源顺. 机床夹具设计[M]. 北京：机械工业出版社，2012.
[31] 刘金合. 焊接工装夹具设计及应用[M]. 北京：化学工业出版社，2011.
[32] 徐德. 机器人视觉测量与控制[M]. 北京：国防工业出版社，2016.

思考与练习

1. 简述机器人点焊和弧焊的焊接工艺规范。
2. 简述机器激光焊接工艺规范。
3. 简述机器人喷涂工艺规范。
4. 简述机器人装配工艺规范。
5. 简述机器人熔覆工艺规范。
6. 工业机器人工作站集成的基本问题主要有哪些？
7. 工业机器人与外围设备相集成的技术途径主要有哪些？
8. 工业机器人与外围设备相集成的工作流程包括哪些？
9. 机器人工作站的时序作业图有什么作用？
10. 工业现场总线主要起什么作用？常用的工业现场总线有哪些类型？

第 10 章

工业机器人系统集成案例

◎ 学习成果达成要求

1. 了解工业机器人工作站的开发流程。
2. 了解工业机器人工作站在整个生产流程中的作用。

10.1 焊接机器人工作站开发实例

案例：某合资车型前副车架生产线。

10.1.1 作业要求

图 10－1 为某合资品牌汽车前副车架总成图，图 10－2 为副车架组成图。汽车副车架是连接前后车桥和车身的骨架，不仅能够隔音减噪，还能提高车辆乘坐的舒适性和操控的稳定性。

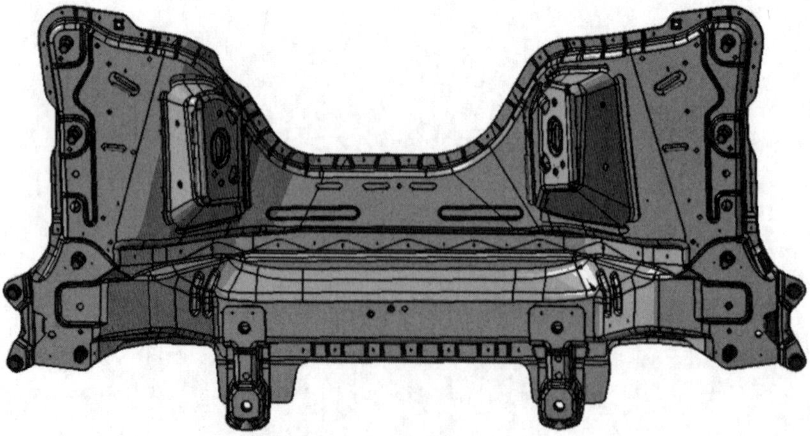

图 10－1 副车架的总成

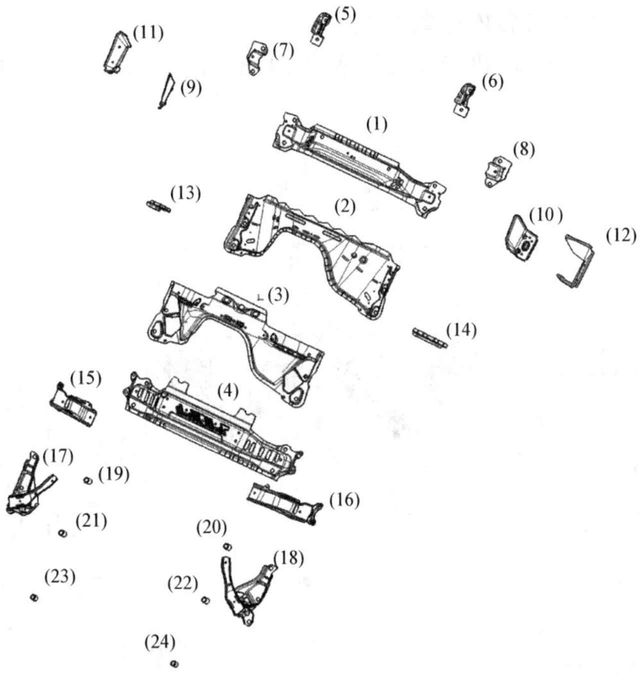

1—副车架上板内板；2—副车架上板外板；3—副车架下板外板；4—副车架下板内板；5、6—转向机安装支架；7、8—副车架内衬架；9、10—发动机悬置上支架；11、12—发动机悬置下支架；13、14—副车架加强板；15、16—下摆臂安装支架；17、18—纵向拉杆安装支架；19～24—副车架安装螺栓

图 10-2 副车架的组成

10.1.2 副车架生产工艺流程

副车架在生产加工时主要包含冲压、清洗、焊接、测量、打标、喷涂等工艺。本案例中的副车架包含 20 个工件，大部分工件之间采用焊接工艺，包括点焊和弧焊。副车架生产工艺流程如图 10-3 所示。

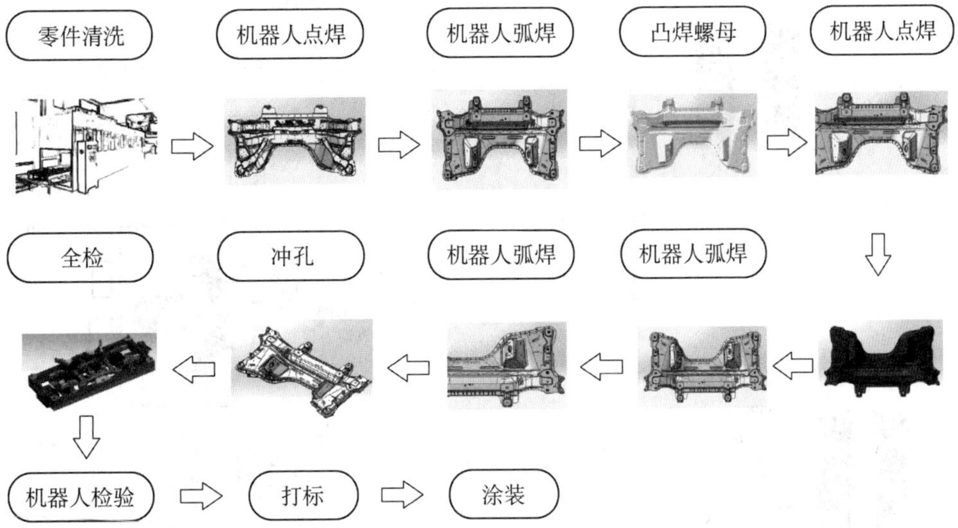

图 10-3 副车架生产工艺流程

10.1.3 机器人工作站总体布置方案

根据副车架生产工艺流程,机器人工作站的总体布置方案如图 10-4 所示。

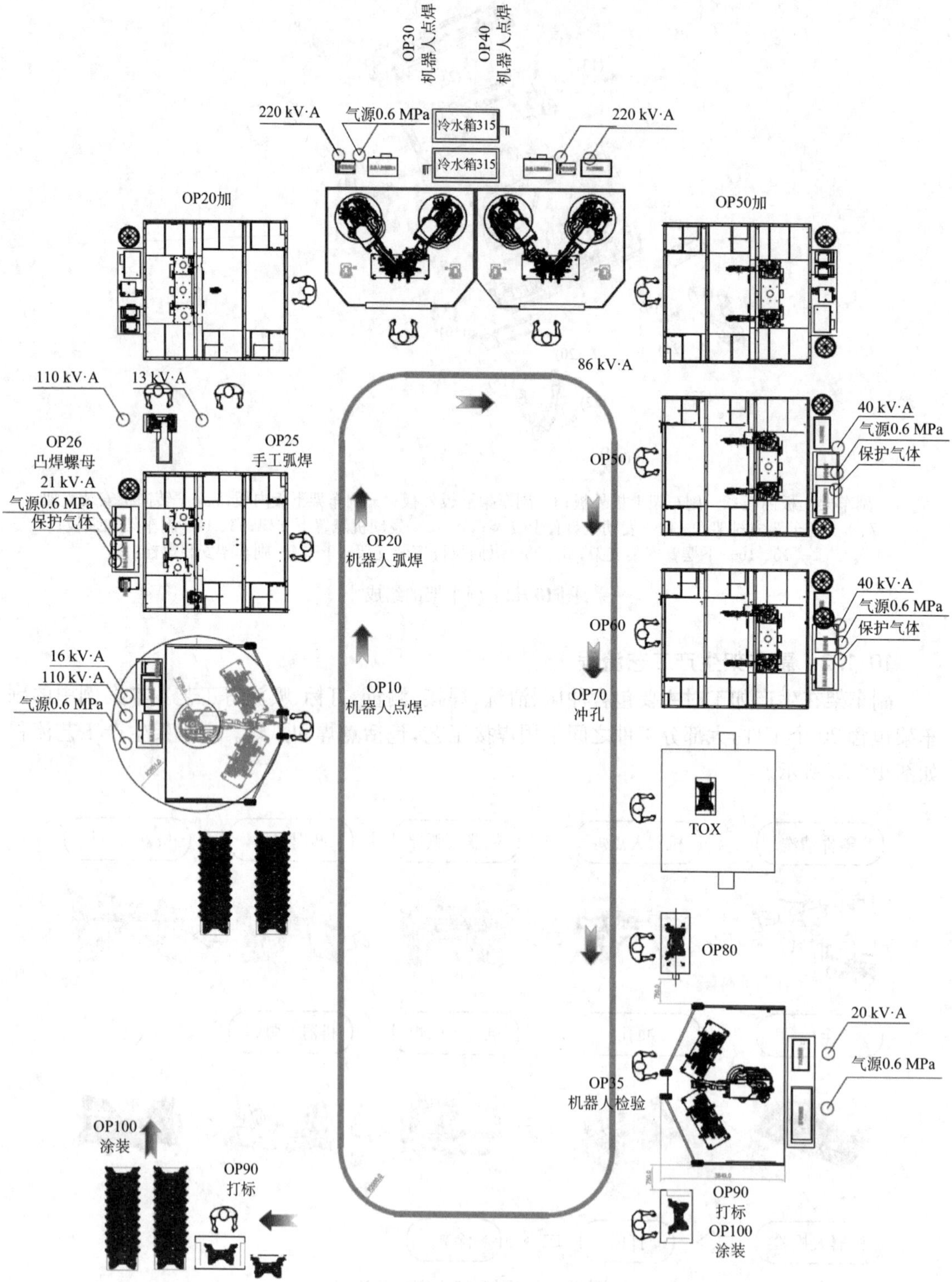

图 10-4 机器人工作站总体布置方案

10.1.4 设备开动率和机器人工作站生产节拍

该机器人工作站的设备开动率和生产节拍见表 10-1。

表 10-1 设备开动率和生产节拍

年工作天数	252 d	设备可动率	85%
生产班次	3 班	要求焊接工艺节拍	77.7 s/p
每班工作时间	7.5 h	实际焊接工艺节拍	77 s/p

10.1.5 弧焊机器人选型及外围设备配置

1）系统架构

焊接工作站的系统架构如图 10-5 所示。为了用高度自动化工艺，包含了 9 套 PLC 控制系统、9 套机器人系统(其中 3 套为双机协作系统)、5 套点焊设备、7 套弧焊设备和 1 套德国进口 ZESS 在线检测测量设备。此案例分析介绍了其中的点焊应用、弧焊应用、测量应用，讲解了机器人在这些应用中的技术要求、周边设备、布局、夹具、机器人配置和程序等。

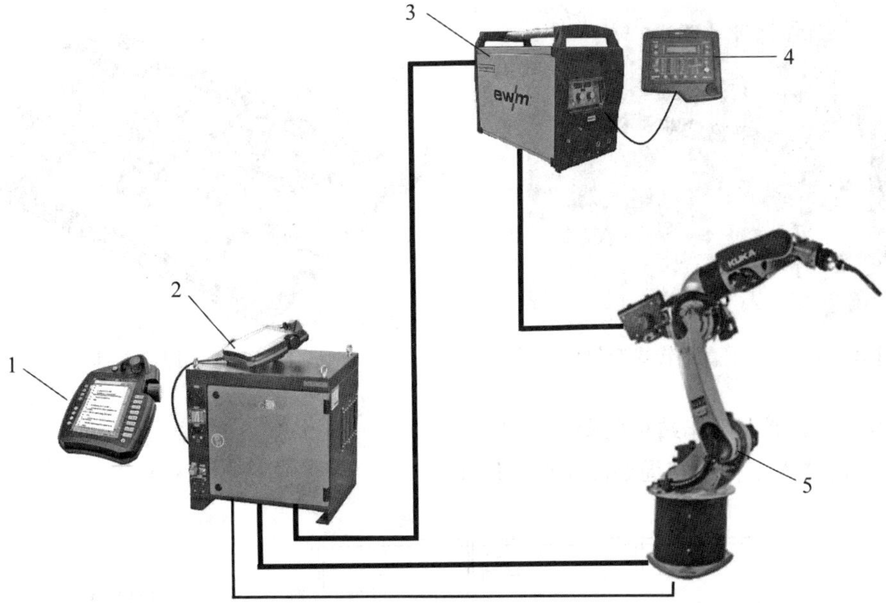

1—机器人示教盘；2—机器人控制柜；3—焊接电源；
4—焊接工艺参数设置面板；5—焊接机器人本体

图 10-5 焊接工作站系统架构

2）机器人及外围设备选型

机器人及外围设备选型见表 10-2。

3）工装及夹具

采用三轴旋转式变位机，如图 10-6 所示。焊接夹具如图 10-7 所示。

表 10-2 弧焊机器人及外围设备选型

OP50	1	机器人系统(带三轴变位机配置)	KL16L+外部轴	KUKA	1
	2	机器人系统	KUKA	KUKA	1
	3	变位机		库卡中国	
	4	焊接电源	R350	Lincoln	2
	5	水冷焊枪+清枪器+水冷箱	22°水冷枪	Binzel	2
	6	弧焊夹具		库卡中国	2
	7	PLC 系统		库卡中国	1
	8	机器人抬高底座		库卡中国	2
	9	卷帘门		黑马森田	1
	10	安全光栅		Keyence600	1
	11	安全围栏(网状+遮光帘方式+吸风罩)		库卡中国	1

注：表中第一、第二项为两台机器人+三轴变位机系统，两台机器人之间形成 Robteam，相互之间进行实时同步运动。

图 10-6 三轴垂直翻转式变位机

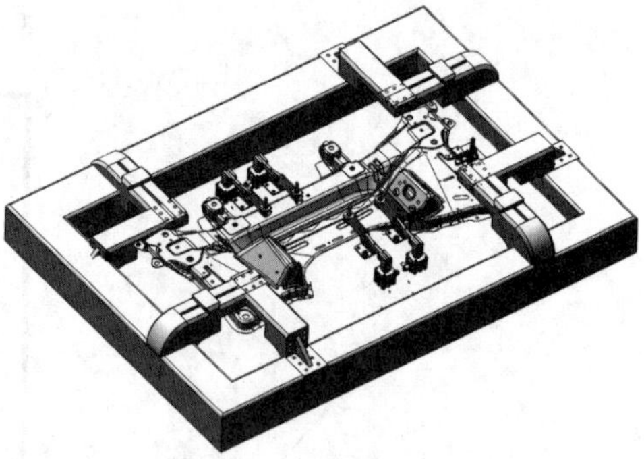

图 10-7 焊接夹具

4) 环弧焊机器人工作站布局图

环弧焊机器人工作站布局如图 10-8 所示。

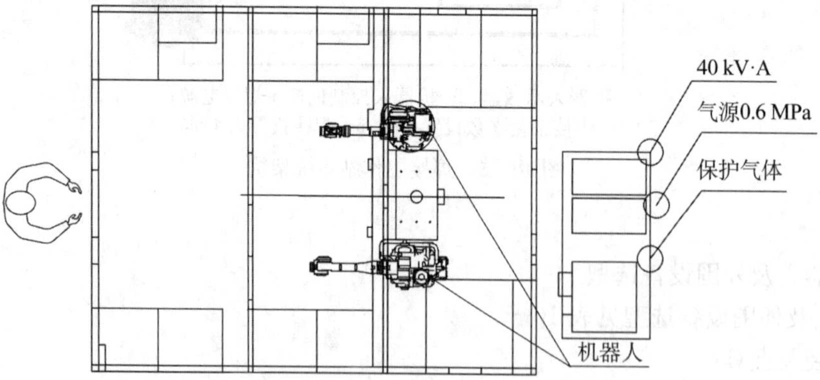

图 10-8 环弧焊机器人工作站布局图

10.1.6　作业工序

弧焊作业工序如图 10-9 所示。

▲ 输入input 1pc　　　　　　　　　　　　　　▲2台弧焊机器人
▲ 输出output 1pc　　　　　　　　　　　　　　▲1套专用弧焊夹具

OP60A/B

left + right

OP50

中心固定件　前悬支架　M18螺帽　中心固定件　前悬支架

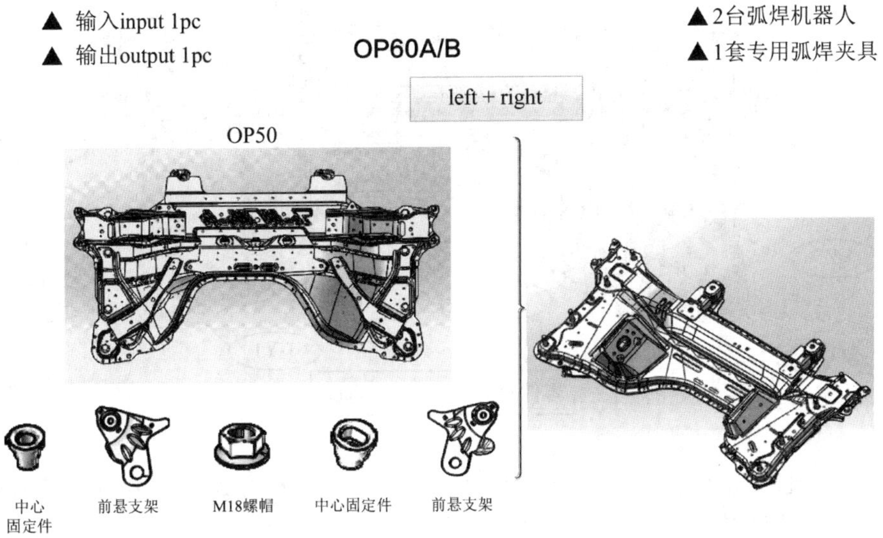

（a）

注：此图表示的是零件信息；left+right 表示零件是左右对称件。

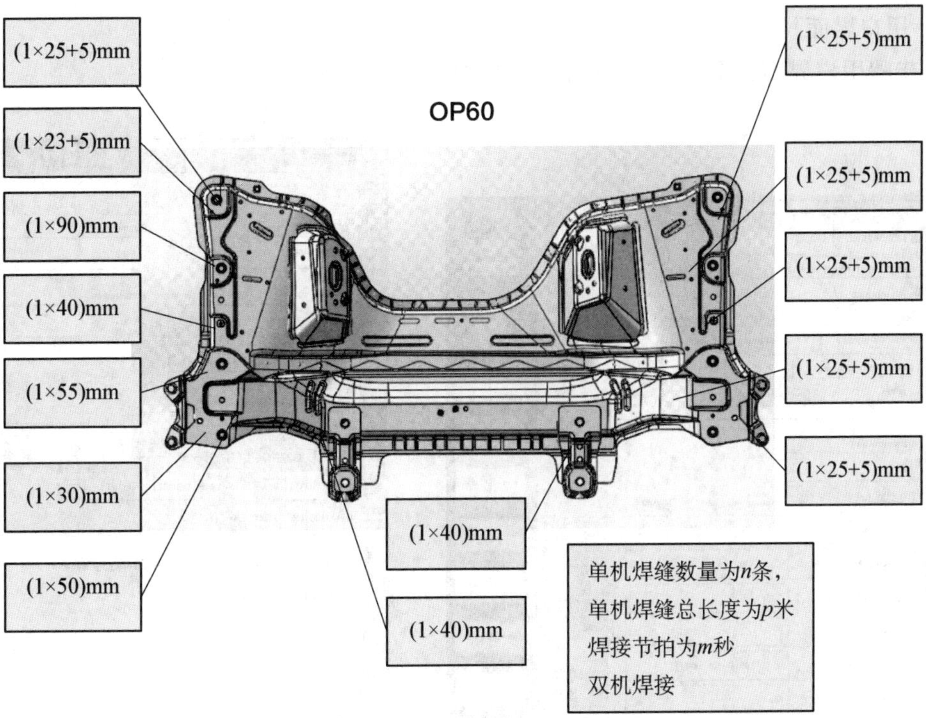

OP60

(1×25+5)mm
(1×23+5)mm
(1×90)mm
(1×40)mm
(1×55)mm
(1×30)mm
(1×50)mm

(1×25+5)mm
(1×25+5)mm
(1×25+5)mm
(1×25+5)mm
(1×25+5)mm

(1×40)mm
(1×40)mm

单机焊缝数量为n条，
单机焊缝总长度为p米
焊接节拍为m秒
双机焊接

（b）

注：此图表示的是焊缝信息。"$a×b+c$"：a 是焊缝条数；b 是焊缝实际有效长度；c 是无效长度，单位 mm。

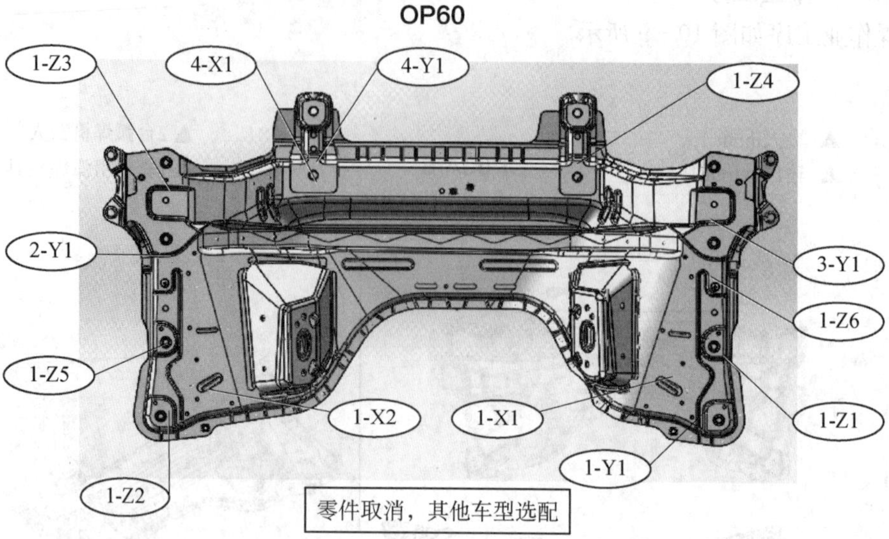

(c)

注：此图表示的是定位信息。A－XYZ 表示定位信息：A 为工序数，X 方向定位，Y 方向定位，Z 方向压紧定位。

图 10－9　焊接作业工序

10.1.7　用户界面及应用程序

1）用户界面

各步骤用户界面如图 10－10～图 10－14 所示。

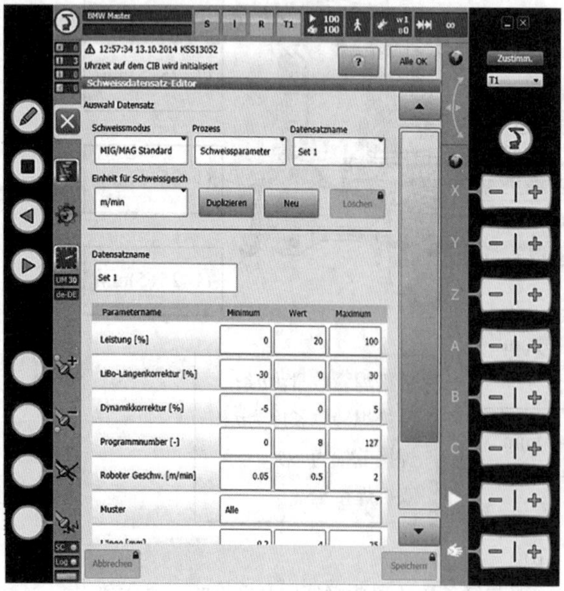

图 10－10　参数设置界面

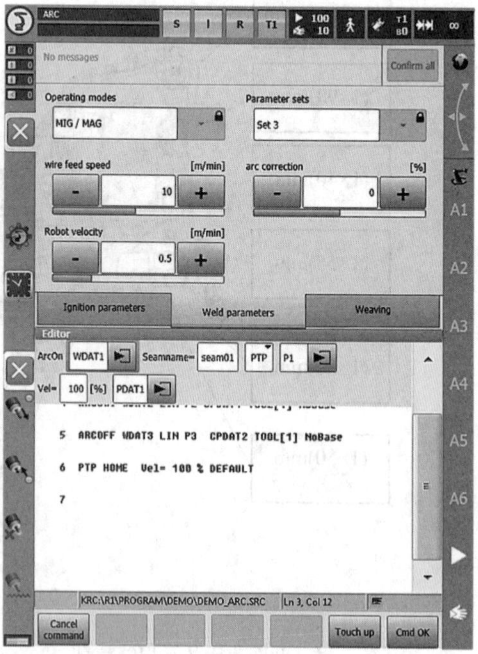

图 10－11　标准编程指令

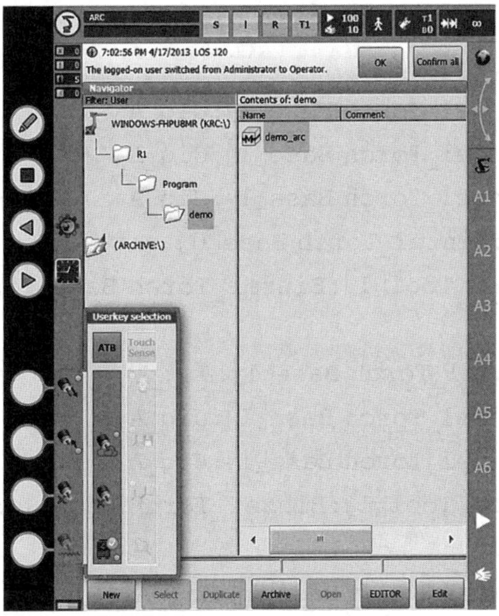

图 10－12　状态操作按钮

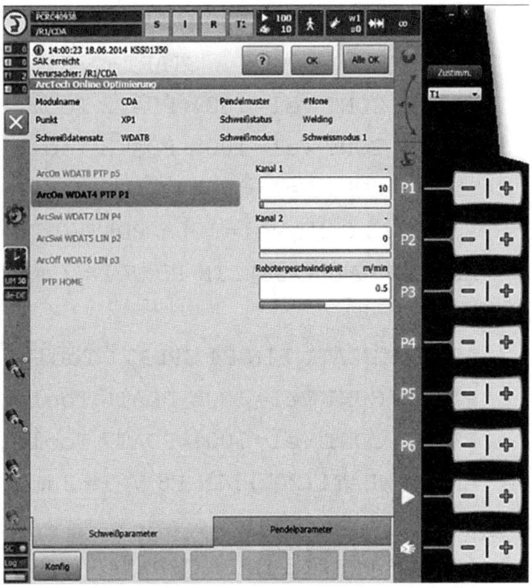

图 10－13　在线焊接参数优化

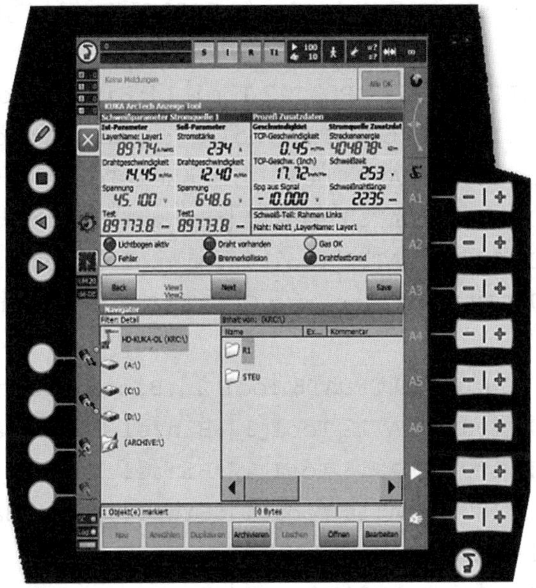

图 10－14　生产界面

2) 应用程序代码

其中一个型号的焊接程序如下：

```
DEF OP60C84_Master_A()
Moduleparameters
INI

Pro_INI
WAIT FOR (IN 430 'Jig01_RDY') AND (OUT 441 'JigA_In_Rob')
```

```
PTP P0 CONT Vel=100% PDAT1 Tool[1]:Binzel_Torch Base[0]
PROGSYNC OP60C84_A_START-> R1_R2 WAIT
PTP P1 CONT Vel=100% PDAT2 Tool[1]:Binzel_Torch Base[1]:Jig_A
PTP P2 CONT Vel=100% PDAT3 Tool[1]:Binzel_Torch Base[1]:Jig_A
PTP P3 CONT Vel=100% PDAT4 Tool[1]:Binzel_Torch Base[1]:Jig_A
PTP P118 CONT Vel=100% PDAT70 Tool[1]:Binzel_Torch Base[0]
ARCON WDAT1(208) LIN P5 Vel=2 m/s CPDAT2 Tool[1]:Binzel_Torch Base[1]:
Jig_A
ARCOFF WDAT1 LIN P4 CPDAT1 Tool[1]:Binzel_Torch Base[1]:Jig_A
PTP P6 CONT Vel=100% PDAT6 Tool[1]:Binzel_Torch Base[1]:Jig_A
PTP P7 CONT Vel=100% PDAT7 Tool[1]:Binzel_Torch Base[1]:Jig_A
ARCON WDAT1(207) LIN P8 Vel=2 m/s CPDAT3 Tool[1]:Binzel_Torch Base[1]:
Jig_A
ARCOFF WDAT1 LIN P9 CPDAT4 Tool[1]:Binzel_Torch Base[1]:Jig_A
PTP P10 CONT Vel=100% PDAT8 Tool[1]:Binzel_Torch Base[1]:Jig_A
PTP P124 CONT Vel=100% PDAT73 Tool[1]:Binzel_Torch Base[1]:Jig_A
ARCON WDAT22(223) LIN P12 Vel=2 m/s CPDAT5 Tool[1]:Binzel_Torch Base
[1]:Jig_A
ARCSWI WDAT22 CIRC P13 P11 CPDAT42 Tool[1]:Binzel_Torch Base[1]:Jig_A
ARCOFF WDAT22_1 LIN P119 CPDAT41 Tool[1]:Binzel_Torch Base[1]:Jig_A
PTP P14 CONT Vel=100% PDAT9 Tool[1]:Binzel_Torch Base[1]:Jig_A
PTP P15 CONT Vel=100% PDAT10 Tool[1]:Binzel_Torch Base[1]:Jig_A
PTP P16 CONT Vel=100% PDAT11 Tool[1]:Binzel_Torch Base[1]:Jig_A
ARCON WDAT1(230) LIN P17 Vel=2 m/s CPDAT7 Tool[1]:Binzel_Torch Base[1]:
Jig_A
ARCOFF WDAT1 CIRC P18 P19 CPDAT8 Tool[1]:Binzel_Torch Base[1]:Jig_A
PTP P20 CONT Vel=100% PDAT12 Tool[1]:Binzel_Torch Base[1]:Jig_A
PTP P21 CONT Vel=100% PDAT13 Tool[1]:Binzel_Torch Base[1]:Jig_A
PTP P22 CONT Vel=100% PDAT14 Tool[1]:Binzel_Torch Base[1]:Jig_A
PROGSYNC Lock01-> R1_R2 NO WAIT
PTP P56 CONT Vel=100% PDAT32 Tool[1]:Binzel_Torch Base[1]:Jig_A
PTP P57 CONT Vel=100% PDAT33 Tool[1]:Binzel_Torch Base[1]:Jig_A
ARCON WDAT2(122) LIN P58 Vel=2 m/s CPDAT21 Tool[1]:Binzel_Torch Base
[1]:Jig_A
ARCOFF WDAT2 CIRC P59 P60 CPDAT22 Tool[1]:Binzel_Torch Base[1]:Jig_A
PTP P61 CONT Vel=100% PDAT34 Tool[1]:Binzel_Torch Base[1]:Jig_A
PTP P62 CONT Vel=100% PDAT35 Tool[1]:Binzel_Torch Base[1]:Jig_A
PTP P24 CONT Vel=100% PDAT16 Tool[1]:Binzel_Torch Base[1]:Jig_A
ARCON WDAT1(209) PTP P23 Vel=100% PDAT15 Tool[1]:Binzel_Torch Base[1]:
Jig_A
```

```
ARCSWI WDAT1 LIN P78 CPDAT28 Tool[1]:Binzel_Torch Base[1]:Jig_A
ARCSWI WDAT1 CIRC P79 P80 CPDAT29 Tool[1]:Binzel_Torch Base[1]:Jig_A
ARCSWI WDAT1 LIN P28 CPDAT11 Tool[1]:Binzel_Torch Base[1]:Jig_A
ARCOFF WDAT1 LIN P125 CPDAT47 Tool[1]:Binzel_Torch Base[1]:Jig_A
PTP P29 CONT Vel=100% PDAT17 Tool[1]:Binzel_Torch Base[1]:Jig_A
PTP P30 CONT Vel=100% PDAT18 Tool[1]:Binzel_Torch Base[1]:Jig_A
PTP P31 CONT Vel=100% PDAT19 Tool[1]:Binzel_Torch Base[1]:Jig_A
PTP P35 CONT Vel=100% PDAT23 Tool[1]:Binzel_Torch Base[1]:Jig_A
PTP P32 CONT Vel=100% PDAT20 Tool[1]:Binzel_Torch Base[1]:Jig_A
PTP P38 CONT Vel=100% PDAT25 Tool[1]:Binzel_Torch Base[1]:Jig_A
ARCON WDAT1(206) LIN P42 Vel=2 m/s CPDAT13 Tool[1]:Binzel_Torch Base
[1]:Jig_A
ARCSWI WDAT1 LIN P94 CPDAT33 Tool[1]:Binzel_Torch Base[1]:Jig_A
ARCOFF WDAT1 LIN P41 CPDAT15 Tool[1]:Binzel_Torch Base[1]:Jig_A
PTP P43 CONT Vel=100% PDAT26 Tool[1]:Binzel_Torch Base[1]:Jig_A
ARCON WDAT22(225) LIN P45 Vel=2 m/s CPDAT16 Tool[1]:Binzel_Torch Base
[1]:Jig_A
ARCSWI WDAT22 CIRC P46 P44 CPDAT43 Tool[1]:Binzel_Torch Base[1]:Jig_A
ARCOFF WDAT22_1 LIN P120 CPDAT44 Tool[1]:Binzel_Torch Base[1]:Jig_A
PTP P47 CONT Vel=100% PDAT71 Tool[1]:Binzel_Torch Base[1]:Jig_A
PTP P48 CONT Vel=100% PDAT27 Tool[1]:Binzel_Torch Base[1]:Jig_A
PTP P49 CONT Vel=100% PDAT28 Tool[1]:Binzel_Torch Base[1]:Jig_A
ARCON WDAT22_3(224) LIN P50 Vel=2 m/s CPDAT19 Tool[1]:Binzel_Torch Base
[1]:Jig_A
ARCSWI WDAT22 CIRC P51 P52 CPDAT20 Tool[1]:Binzel_Torch Base[1]:Jig_A
ARCOFF WDAT22_1 LIN P121 CPDAT45 Tool[1]:Binzel_Torch Base[1]:Jig_A
PTP P53 CONT Vel=100% PDAT29 Tool[1]:Binzel_Torch Base[1]:Jig_A
PTP P54 CONT Vel=100% PDAT30 Tool[1]:Binzel_Torch Base[1]:Jig_A
PTP P55 CONT Vel=100% PDAT31 Tool[1]:Binzel_Torch Base[1]:Jig_A
PTP P63 CONT Vel=100% PDAT36 Tool[1]:Binzel_Torch Base[1]:Jig_A
PTP P64 CONT Vel=100% PDAT37 Tool[1]:Binzel_Torch Base[1]:Jig_A
PTP P71 CONT Vel=100% PDAT41 Tool[1]:Binzel_Torch Base[1]:Jig_A
PTP P72 CONT Vel=100% PDAT42 Tool[1]:Binzel_Torch Base[1]:Jig_A
ARCON WDAT100(202) LIN P73 Vel=2 m/s CPDAT26 Tool[1]:Binzel_Torch Base
[1]:Jig_A
ARCSWI WDAT100 LIN P96 CPDAT35 Tool[1]:Binzel_Torch Base[1]:Jig_A
ARCSWI WDAT100 LIN P122 CPDAT46 Tool[1]:Binzel_Torch Base[1]:Jig_A
ARCOFF WDAT100 LIN P74 CPDAT27 Tool[1]:Binzel_Torch Base[1]:Jig_A
PTP P75 CONT Vel=100% PDAT43 Tool[1]:Binzel_Torch Base[1]:Jig_A
PTP P76 CONT Vel=100% PDAT44 Tool[1]:Binzel_Torch Base[1]:Jig_A
```

```
PTP P77 Vel=100% PDAT45 Tool[1]:Binzel_Torch Base[1]:Jig_A
PROGSYNC Remote02_Start-> R1_R2 WAIT
PTP P65 Vel=100% PDAT38 Tool[1]:Binzel_Torch Base[1]:Jig_A
PROGSYNC Remote02_End-> R1_R2 WAIT
PTP P127 CONT Vel=100% PDAT75 Tool[1]:Binzel_Torch Base[1]:Jig_A
PTP P66 CONT Vel=100% PDAT39 Tool[1]:Binzel_Torch Base[1]:Jig_A
ARCON WDAT3(201) LIN P67 Vel=2 m/s CPDAT23 Tool[1]:Binzel_Torch Base
[1]:Jig_A
ARCSWI WDAT3 LIN P68 CPDAT24 Tool[1]:Binzel_Torch Base[1]:Jig_A
ARCOFF WDAT3 LIN P69 CPDAT25 Tool[1]:Binzel_Torch Base[1]:Jig_A
PTP P70 CONT Vel=100% PDAT40 Tool[1]:Binzel_Torch Base[1]:Jig_A
PTP P128 CONT Vel=100% PDAT76 Tool[1]:Binzel_Torch Base[1]:Jig_A
PTP P129 Vel=100% PDAT77 Tool[1]:Binzel_Torch Base[1]:Jig_A
PROGSYNC Remote01_START-> R1_R2 WAIT
PTP P81 Vel=100% PDAT47 Tool[1]:Binzel_Torch Base[1]:Jig_A
PROGSYNC Remote01_END-> R1_R2 WAIT
PTP P82 Vel=100% PDAT48 Tool[1]:Binzel_Torch Base[1]:Jig_A
PTP P83 CONT Vel=100% PDAT49 Tool[1]:Binzel_Torch Base[1]:Jig_A
PTP P84 CONT Vel=100% PDAT50 Tool[1]:Binzel_Torch Base[1]:Jig_A
ARCON WDAT5(210) PTP P85 Vel=100% PDAT51 Tool[1]:Binzel_Torch Base[1]:Jig_A
ARCSWI WDAT5 LIN P95 CPDAT34 Tool[1]:Binzel_Torch Base[1]:Jig_A
ARCOFF WDAT5 LIN P86 CPDAT30 Tool[1]:Binzel_Torch Base[1]:Jig_A
PTP P87 CONT Vel=100% PDAT52 Tool[1]:Binzel_Torch Base[1]:Jig_A
PTP P88 CONT Vel=100% PDAT53 Tool[1]:Binzel_Torch Base[1]:Jig_A
PTP P89 Vel=100% PDAT54 Tool[1]:Binzel_Torch Base[1]:Jig_A
PROGSYNC Remote03_START-> R1_R2 WAIT
PTP P130 Vel=100% PDAT78 Tool[1]:Binzel_Torch Base[1]:Jig_A
PROGSYNC Remote03_END-> R1_R2 WAIT
PTP P131 CONT Vel=100% PDAT79 Tool[1]:Binzel_Torch Base[1]:Jig_A
PTP P132 CONT Vel=100% PDAT80 Tool[1]:Binzel_Torch Base[1]:Jig_A
PTP P133 CONT Vel=100% PDAT81 Tool[1]:Binzel_Torch Base[1]:Jig_A
ARCON WDAT10 LIN P134 Vel=2 m/s CPDAT48 Tool[1]:Binzel_Torch Base[1]:
Jig_A
ARCOFF WDAT10 LIN P135 CPDAT49 Tool[1]:Binzel_Torch Base[1]:Jig_A
PTP P136 CONT Vel=100% PDAT82 Tool[1]:Binzel_Torch Base[1]:Jig_A
ARCON WDAT10 LIN P137 Vel=2 m/s CPDAT50 Tool[1]:Binzel_Torch Base[1]:
Jig_A
ARCOFF WDAT10 LIN P138 CPDAT51 Tool[1]:Binzel_Torch Base[1]:Jig_A
PTP P139 CONT Vel=100% PDAT83 Tool[1]:Binzel_Torch Base[1]:Jig_A
PTP P140 CONT Vel=100% PDAT84 Tool[1]:Binzel_Torch Base[1]:Jig_A
```

```
PTP P141 Vel=100% PDAT86 Tool[1]:Binzel_Torch Base[1]:Jig_A
PROGSYNC Remote04_START-> R1_R2 WAIT
PTP P0 CONT Vel=100% PDAT57 Tool[1]:Binzel_Torch Base[0]
PROGSYNC Remote04_END-> R1_R2 WAIT

Pro_END

END
```

10.2 汽车C84后桥PVC喷涂和烘干系统

案例:汽车C84后桥PVC喷涂和烘干系统。

10.2.1 作业要求

汽车C84后桥结构如图10-15所示。装配工艺要求在该后桥上三个位置进行涂胶,胶的类型为STOP NOISE 5077,它是一种PVC胶。拟采用机器人完成涂胶任务,为此,需要开发喷涂和烘干系统。

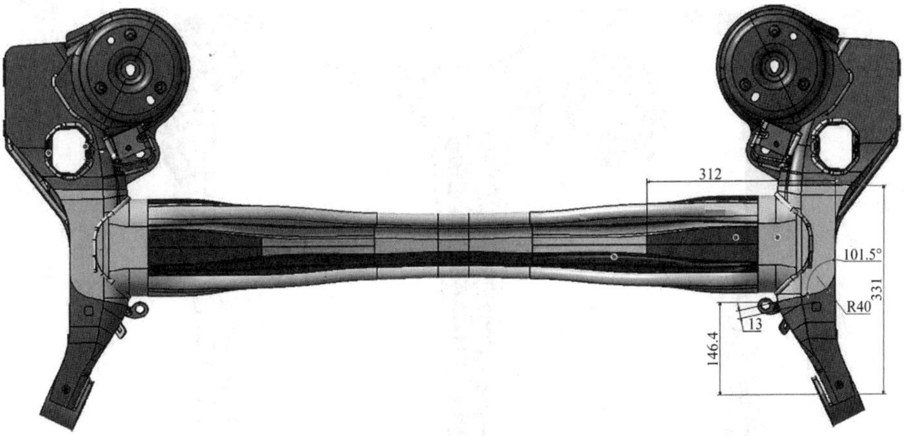

图10-15 C84后桥结构

STOP NOISE 5077是由PVC树脂、填料、增塑剂、增黏剂和稳定剂组成的PVC增塑糊,它是一种多功能型的底部密封涂料,由于使用了玻璃微球,在不同的固化温度下都能保持低密度,而且具有良好的防腐蚀、耐湿热和抗黄变性能。即便是在300～500 μm低膜厚的情况下,依然具有极好的耐崩裂性。

在C84后桥上,可利用喷涂机器人完成STOP NOISE 5077涂胶任务,即利用机器人与无气喷涂设备配合,利用TC4喷嘴在100 bar(1 bar=0.1 MPa)压力下进行喷涂,喷涂距离在160～200 mm,可获得宽度200 mm的喷幅。

STOP NOISE 5077有好的覆盖性,没有针眼和鱼眼,与面漆层有好的黏结性。在糊剂D0上PPG阳离子电泳板之前的黏结拉伸强度是:3 MPa有好的黏结力。砂砾试验(D45 1428),密封胶厚度为500 μm和300 μm,符合标准B14 3600。

C84后桥涂胶要求如图10-16、图10-17所示。

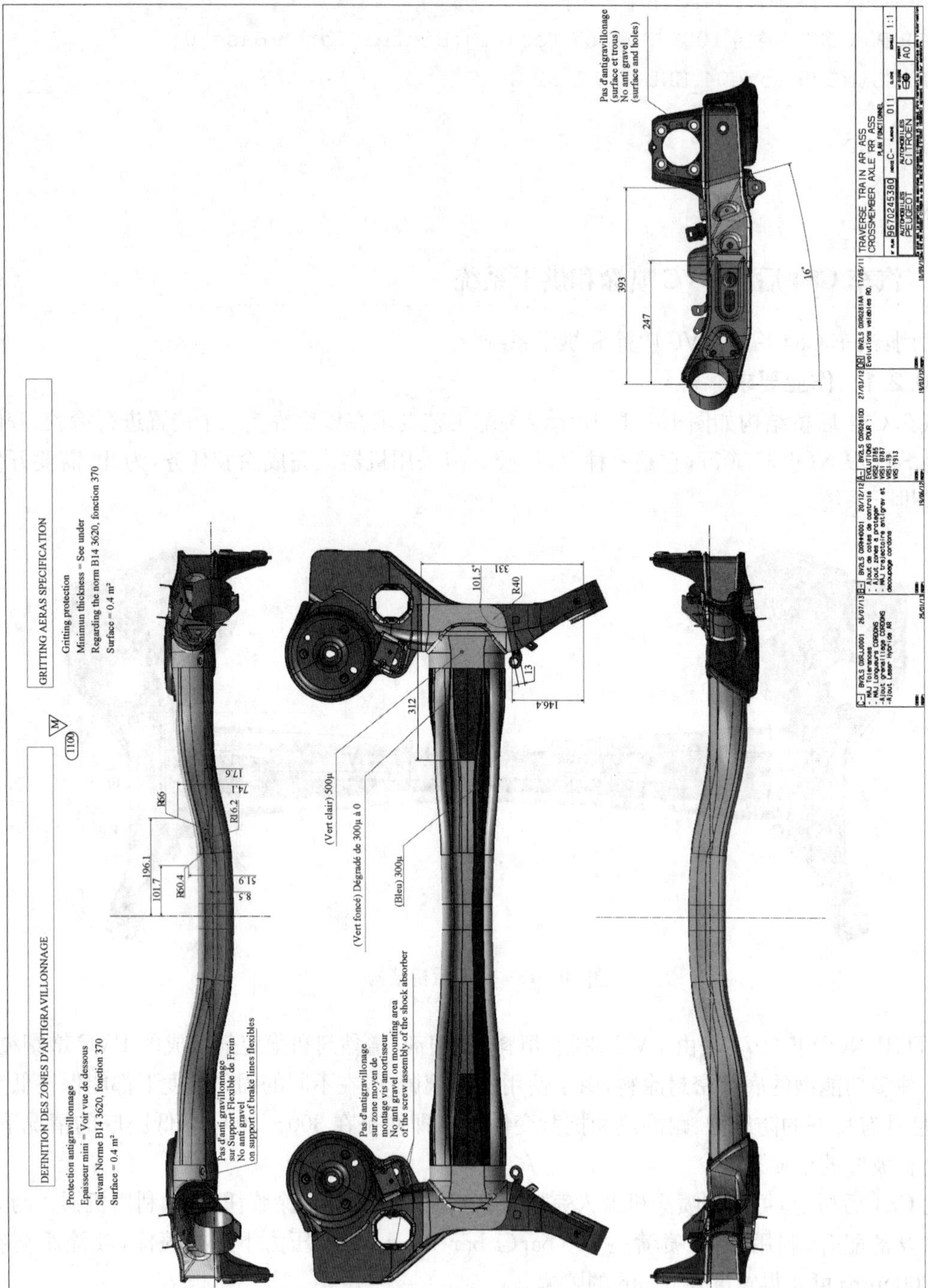

图 10 - 16　C84 后桥涂胶总要求示意图

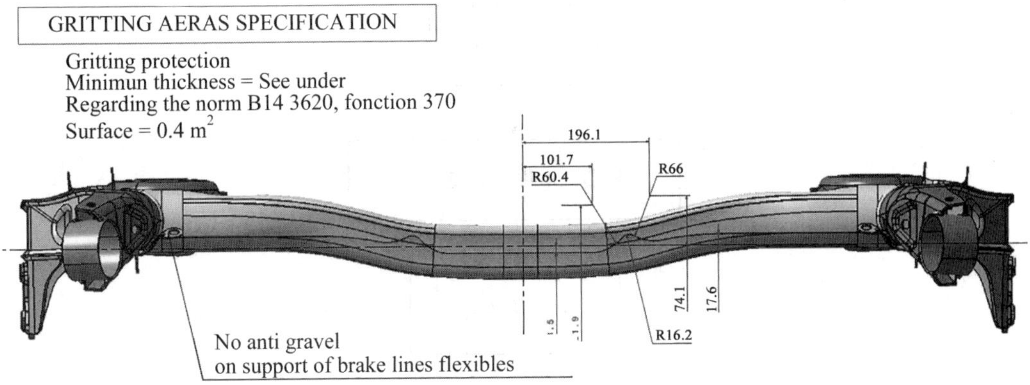

(a)

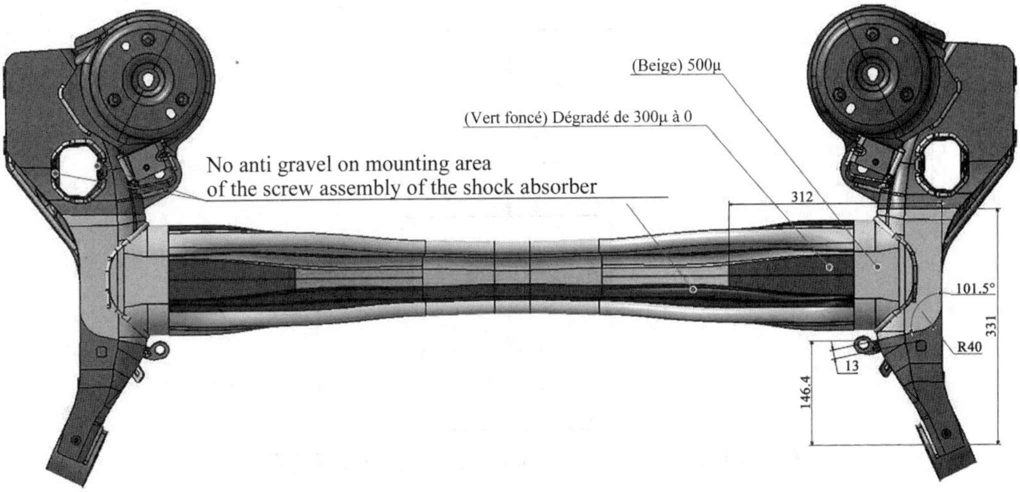

(b)

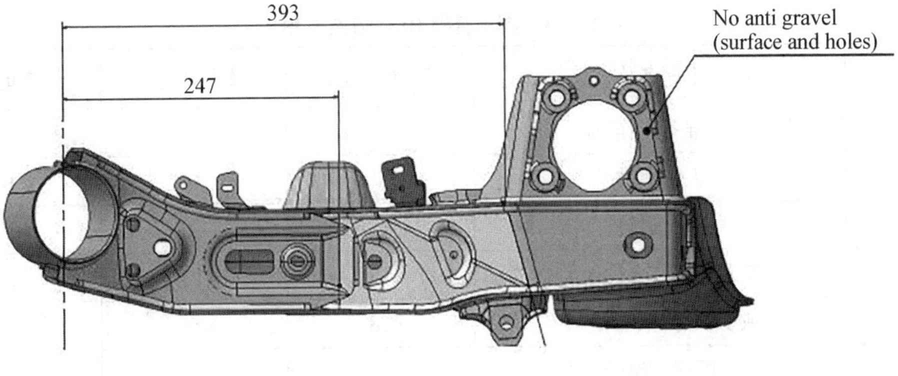

(c)

图 10-17 C84 后桥涂胶细部要求示意图

10.2.2 作业工序流程

汽车 C84 后桥 PVC 喷涂和烘干工序流程如图 10-18 所示。

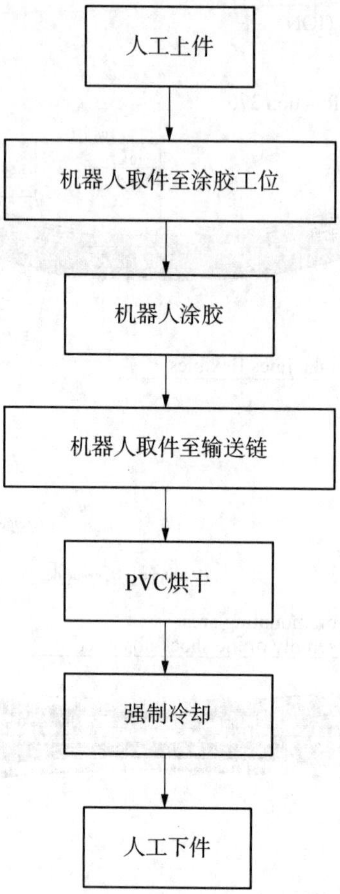

图 10－18 C84 后桥 PVC 喷涂和烘干工序流程

汽车 C84 后桥 PVC 喷涂节拍见表 10－3。

表 10－3 C84 后桥 PVC 喷涂节拍

工序序号	工序名称	开始时间/s	操作时间/s	结束时间/s
1	准备工作	0	5	5
2	人工上件	5	10	15
3	滑台运输	15	3	18
4	机器人取件并上件至转台	18	10	28
5	夹具夹紧，转台旋转	28	5	35
6	机器人涂胶	35	40	65
7	转台旋转	65	5	70
8	机器人取件并挂至输送链	70	15	85

10.2.3 PVC 喷涂和烘干控制系统设计方案

汽车 C84 后桥机器人 PVC 喷涂和烘干系统组成如图 10－19 所示，主要包括人工上件滑台、上件抓手、上件机器人、转台、定位夹具、涂胶机器人、供胶系统、喷胶房、烘干房、强冷室、输送链、人工下料助力臂、安全控制系统以及电控系统。

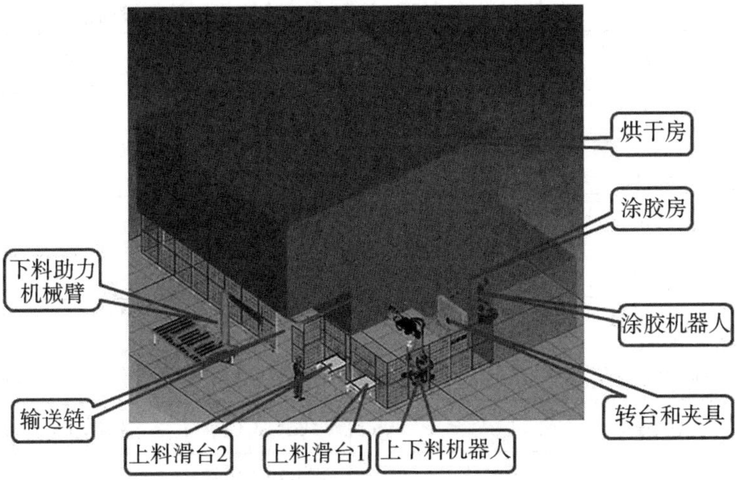

图 10-19 汽车 C84 后桥机器人 PVC 喷涂和烘干系统组成

因为本系统中无大量数据需要处理，故可以选择如图 9-21 所示以 PLC 为核心的机器人工作站控制系统结构，通过 PLC 的通信端口将机器人及外围设备与 PLC 相连，形成数据交换链路(通路)，具体结构如图 10-20 所示。

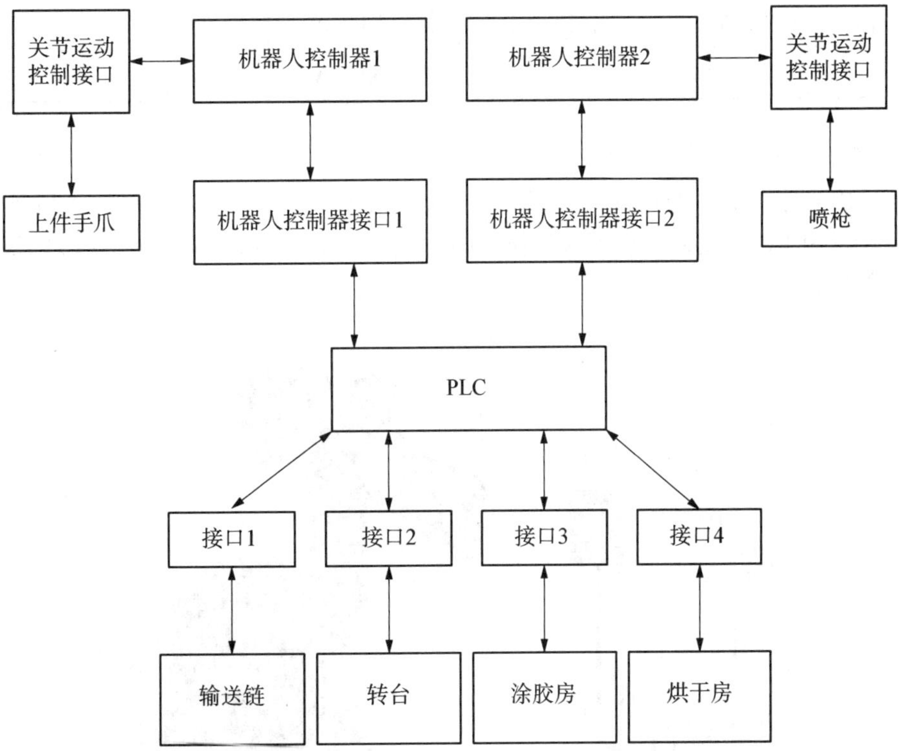

图 10-20 汽车 C84 后桥机器人 PVC 喷涂和烘干控制系统结构

10.2.4 PVC喷涂和烘干系统设备选型

依据图 10-19,该 PVC 喷涂和烘干系统所有设备选型见表 10-4。

表 10-4 汽车 C84 后桥机器人 PVC 喷涂和烘干系统设备清单

序号	名称	数量	品牌	备注
1	上件机器人	1	KUKA	KR210 R2700 Extra
2	上件抓手	1	KUKA	
3	上件滑台	2	KUKA	
4	转台	1	KUKA	
5	定位夹具	2	KUKA	
6	涂胶机器人	1	KUKA	KR60-3
7	供胶系统	1	GRACO	盲端,无胶循环与胶温控制
8	喷胶房	1	KUKA	
9	烘干房	1	KUKA	
10	强冷室	1	KUKA	
11	输送链	1	KUKA	
12	人工下料助力臂	1		
13	安全控制系统	1	KUKA	
14	电控系统	1	KUKA	

1) 上件机器人

C84 后桥上件采用 KR210 R2700 Extra 机器人完成,它从输送上抓取 C84 后桥,放置到夹具上。KR210 R2700 Extra 机器人工作空间如图 10-21 所示。KR210 R2700 Extra 机器人技术参数见表 10-5。

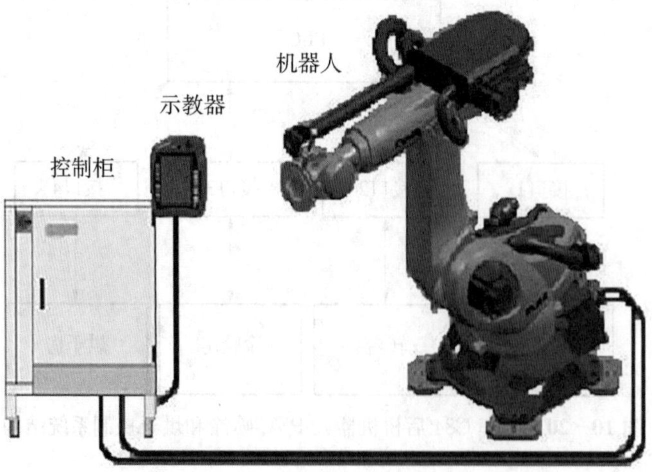

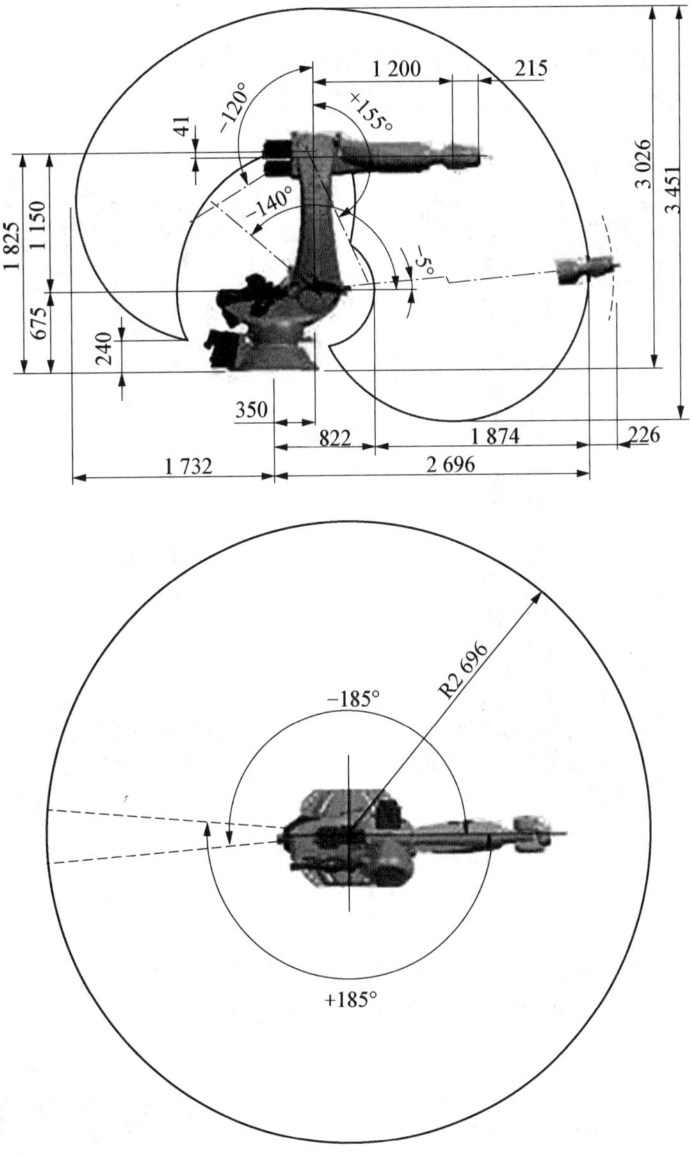

图 10 - 21 KR210 R2700 Extra 机器人工作空间示意图

表 10 - 5 KR210 R2700 Extra 机器人技术参数

名称	规格	名称	规格
轴数	6	控制器	KRC4
工作空间	55 m^3	A1 轴运动范围/转速	+/−185°；123°/s
最大工作范围	696 mm	A2 轴运动范围/转速	−5°/−140°；115°/s
重复定位精度	±0.06 mm	A3 轴运动范围/转速	+155°/−120°；112°/s
重量	1 068 kg	A4 轴运动范围/转速	+/−350°；179°/s
防护等级	IP65	A5 轴运动范围/转速	+/−125°；172°/s
噪声	<75 dB	A6 轴运动范围/转速	+/−350°；219°/s

2）上件机器人手爪

如图 10－22 所示，上件机器人手爪主体结构为焊接件，销子定位，定位精度±0.3 mm，Z 向有工件底部垫块定位，定位完成后压紧缸压紧，抓取工件。

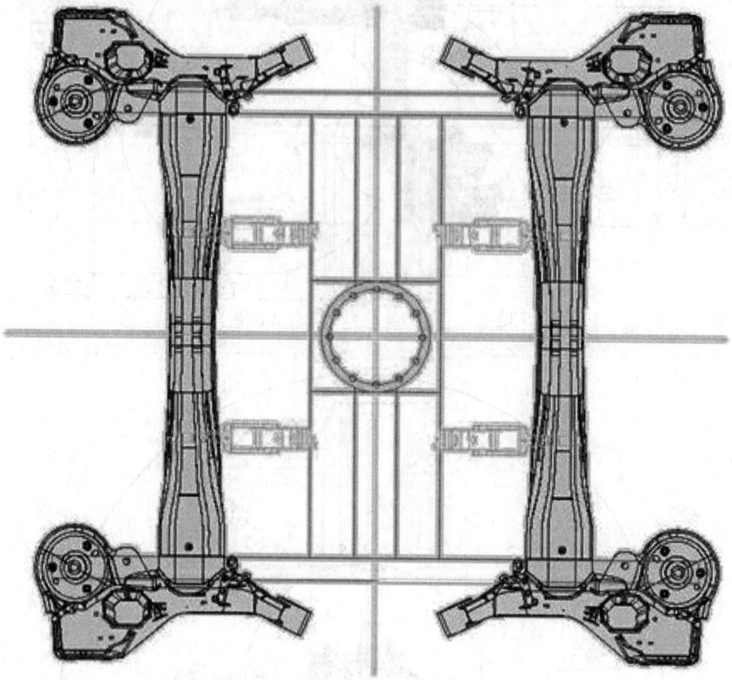

图 10－22 上件机器人手爪

3）上件滑台

如图 10－23 所示，上件滑台采用无杆气缸驱动、两侧导轨导向的结构，上件夹具采用销子定位，具有精度较高、输送速度快的特点，人工上件较为方便。

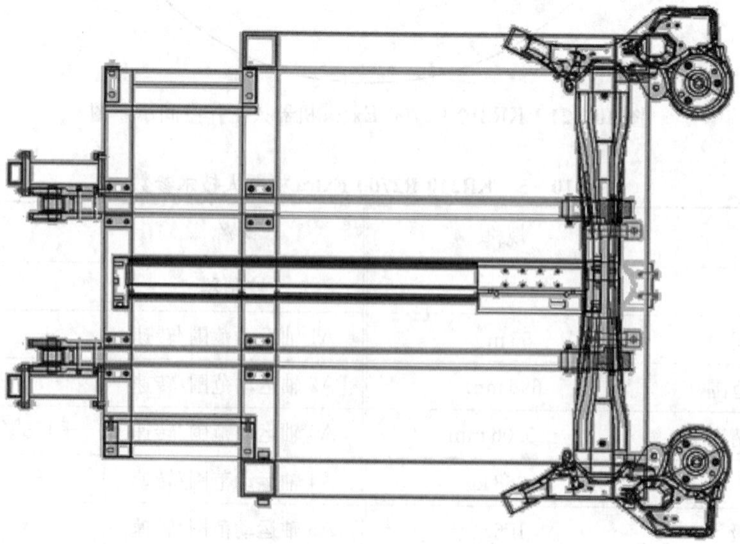

图 10－23 上件滑台结构

4）转台

如图 10－24 所示，转台采用 KUKA 标准伺服电机驱动，确保定位精度，快速切换；平台中间设有隔板，防止上件位和涂胶位相互影响；采用单机器人双工位，节省机器人上、下时间，提高工作效率。

图 10－24 转台

5）夹具

夹具如图 10－25 所示。每套夹具均有如图所示的四处压紧点、定位销的位置（如图中原点处）；平台中间设有隔板，防止上件定位和涂胶位置相互影响。

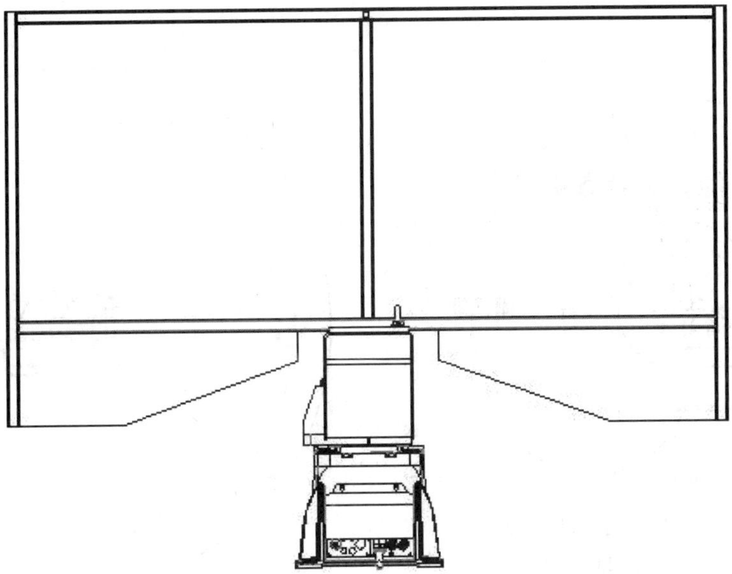

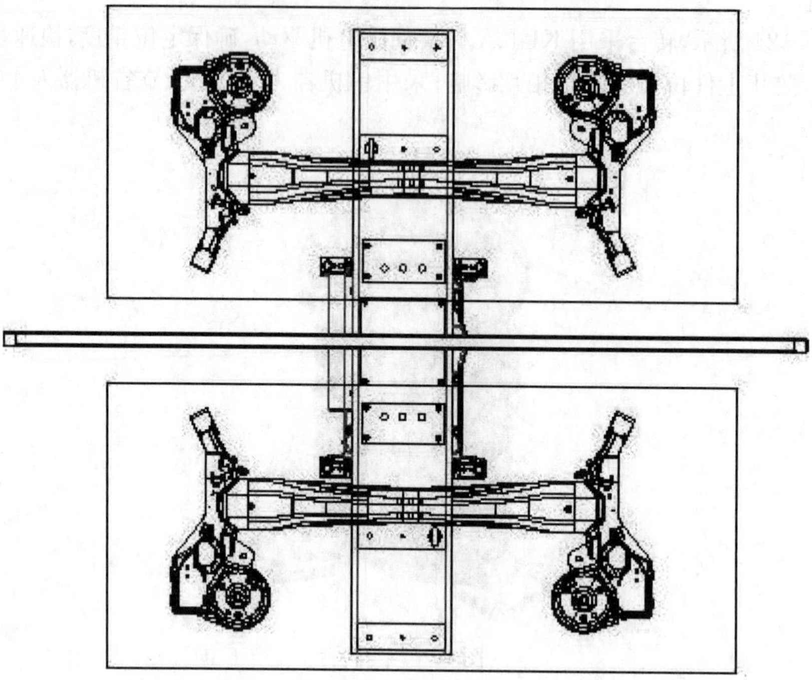

图 10－25 夹具

6）涂胶机器人

涂胶机器人采用 KR60－3，其工作空间如图 10－26 所示，其技术指标见表 10－6。

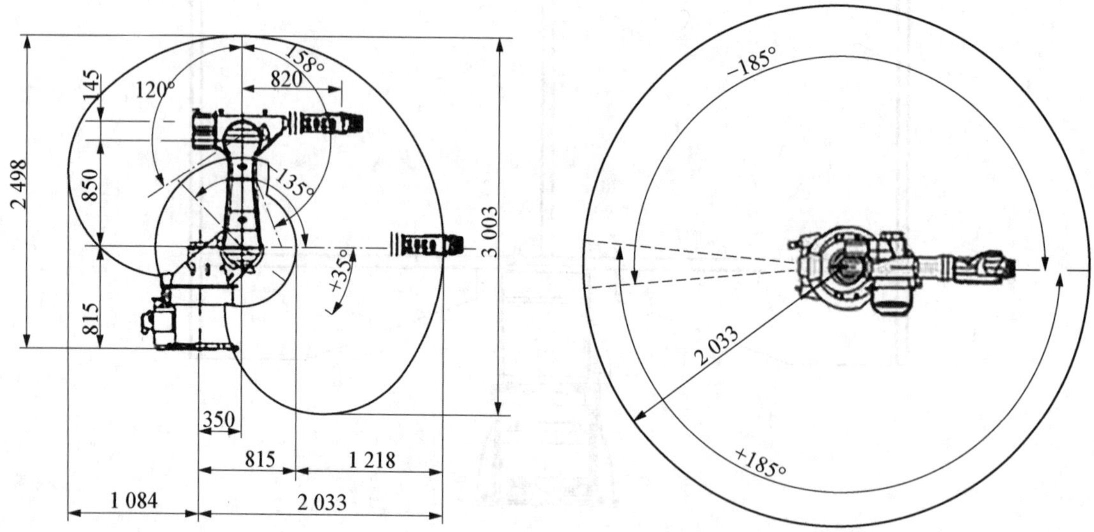

图 10－26 KR60－3 工作空间示意图

表 10 - 6 KR60 - 3 机器人技术参数

名称	规格	名称	规格
轴数	6	控制器	KRC4
工作空间	27.2 m^3	A1 轴运动范围/转速	+/−185°; 128°/s
最大工作范围	2 033 mm	A2 轴运动范围/转速	+35°/−135°; 102°/s
重复定位精度	±0.06 mm	A3 轴运动范围/转速	+158°/−120°; 128°/s
重量	665 kg	A4 轴运动范围/转速	+/−350°; 260°/s
防护等级	IP64	A5 轴运动范围/转速	+/−119°; 245°/s
噪声	<75 dB	A6 轴运动范围/转速	+/−350°; 322°/s

7）供胶系统

系统采用 GRACO D200 供胶装置，如图 10 - 27 所示。该系统采用双泵切换，共用一把喷枪；供料泵采用自动切换方式，并具有低液位报警功能。系统采用两个供料泵，其中一个处于工作状态，另一个处于待命状态；当工作泵胶桶中的胶达到警戒线高度时，系统报警，并自动切换到另外一个泵。

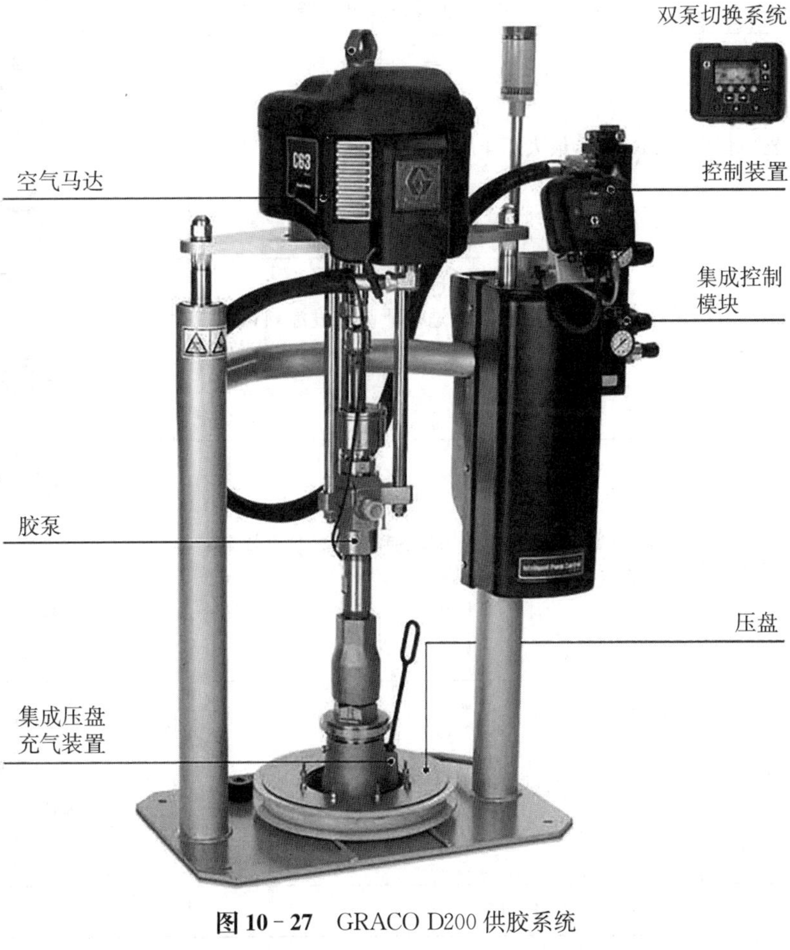

图 10 - 27 GRACO D200 供胶系统

回流切断阀由双泵切换系统控制，当胶桶切换时，工作桶上的回流阀开启，备用泵上的回流阀关闭。供胶泵具有自动化切换功能，在换桶时，不影响涂胶系统正常工作。

供胶系统配置见表 10－7。

表 10－7　PVC 供胶系统配置

名称	说　明	备注
供胶泵	GRAC 双立柱升压盘泵，压力比：55：1；流量：250 CC/cycle；双泵切换	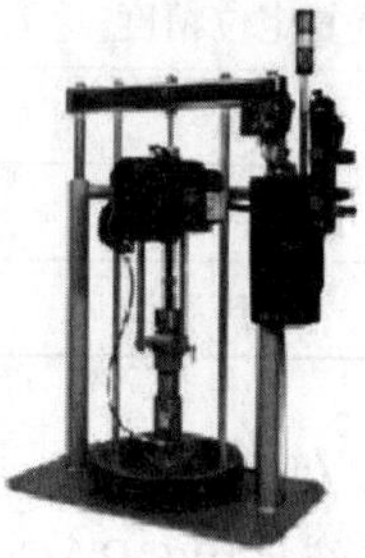
循环桶	200 L，原料桶	
物位计	限位开关	
硬管管路	CS	
模组过滤器	5 000 psi(1 psi＝6.895 kPa)；双过滤器切换模组	
枪站过滤器	GRACO，最大工作压力 5 000 psi	
手动枪站调压器	GRACO 高压调压器；适用于高黏度涂料；最大进气压力 7 bar(1 bar＝0.1 MPa)；涂料调节范围 207～345 bar	
自动枪站调压器	GRACO 高压气动调压器；适用于高黏度涂料；最大进气压力 7 bar；涂料调节范围 17～310 bar	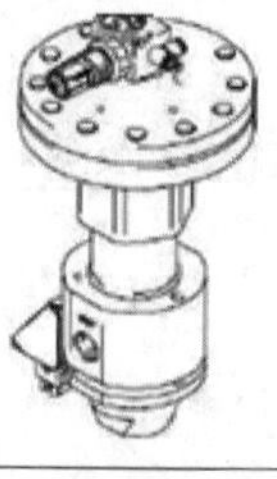
自动无喷枪	GRACO 无气喷枪，最大工作压力 4 000 psi	
胶型号	STOP NOISE 5077	

8）涂胶房

涂胶房的结构如图10－28所示。

图10－28　涂胶房

涂胶房中的喷房送风机组用于处理空气，其技术参数见表10－8。

表10－8　喷房送风机组技术参数

序号	项目	单位	数值/内容
1	风量	m^3/h	5 000
2	温度	℃	18～30
3	湿度		45%～65%
4	功能段		
	制冷/加热		铜铝
	加湿		喷水
	加热		电子加热器
	风机		KDF600
	过滤		F7

上述风机为双进风，由带驱动，送风机型号为KDF600，其技术参数见表10－9。

表10－9　KDF600送机技术参数

序号	项目	单位	数值
1	风量	m^3/h	39 100
2	全压	Pa	1 158
3	静压	Pa	1 090

（续表）

序号	项目	单位	数值
4	转速	r/min	1 100
5	功率	kW	22
6	电动机		Y180L 22－4

涂胶房中的排风系统采用集中抽风的方式，其型号为 B4－72N0. 8C，其技术参数见表 10－10。

表 10－10　排风系统技术参数

序号	项目	单位	数值
1	风量	m^3/h	7 986
2	全压	Pa	975
3	静压	Pa	841
4	转速	r/min	1 120
5	功率	kW	5. 5
6	电动机		Y160M 55－4

9）烘干房

烘干房如图 10－28 所示，主要用于涂胶固化。烘干房组成见表 10－11。烘干采用燃气燃烧机加热，适用于涂层固化。

表 10－11　烘干房技术参数

序号	项目	单位	数值/内容
1	外形尺寸	mm	$12\,000L \times 5\,300W \times 5\,700H$
2	换气次数	次/min	7
3	循环风量	m^3/h	52 000
4	温度	℃	180
5	加热功率	kW	270
6	升温时间	min	30
7	洁净度		100 000
8	照度	Lux	无

烘干房中的循环风机型号为 B4－79No. 7C，其技术参数见表 10－12。

表 10－12　循环风机技术参数

序号	项目	单位	数值
1	风量	m^3/h	53 500
2	全压	Pa	843

（续表）

序号	项目	单位	数值
3	静压	Pa	777
4	转速	r/min	1120
5	功率	kW	11
6	电动机		Y132S 11-4

烘干房中排气风机的型号为 SDF-6.3C，其技术参数见表 10-13。

表 10-13　排气风机技术参数

序号	项目	单位	数值
1	风量	m^3/h	3000
2	全压	Pa	450
3	静压	Pa	400
4	转速	r/min	1450
5	功率	kW	3
6	电动机		Y110M 3-4

10）强冷室

强冷室冷风机热泵机组中的风冷热泵是以空气为冷（热）源、以水为供冷（热）介质的中央空调机组，其技术参数见表 10-14。作为冷热源兼用的一体化设备，风冷热泵省却了冷却塔、水泵浦、锅炉及相应管道系统等许多辅件。该系统结构简单，空间小，维护管理方便且又节能，具有布置灵活、控制方式多样等特点。

表 10-14　风冷热泵技术参数

序号	项目	单位	数值/内容
1	制热热量	kW	180
2	热水温度	℃	40～45
3	制冷量	kW	220
4	冷水温度	℃	7～12
5	装机功率	kW	10
6	数量	套	1

11）输送链

输送机功能是输送 C84 后桥，由电机驱动，其技术参数见表 10-15。

表 10-15　输送链机技术参数

序号	项目	单位	数值/内容
1	驱动马达	式	5.5 kW SEW
2	负载小车	式	特制专用小车
3	输送链	套	自制

12）人工下料助力机械臂

如图 10－29 所示，人工下料采用悬臂式平衡吊作为助力臂，可以大幅减小工人的工作强度，并且能够加快下料的速度。

图 10－29 下料机械臂

13）电控系统

C84 后桥机器人 PVC 喷涂和烘干系统以 PLC 为核心，完成控制和管理功能。该系统主要包括 PLC 柜、主操作盘、启动按钮盒等。其中，PLC 采用德国西门子 S7－300，触摸屏采用德国西门子 TP－177；系统总线采用西门子 Profibus；I/O 模块采用西门子 ET200S 系列产品；PLC 编程使用 Step 7 V5.5 SP2。

14）安全系统

C84 后桥机器人 PVC 喷涂和烘干系统的安全防护装置包括安全栏、安全门、安全光栅和报警装置。安全栏置于系统的外围，采用型钢框架。如图 10－30 所示，安全门(操作人员在维修时进出用)装有安全门锁，防止系统工作时人员进入；工人取放工件口采用安全光栅作安全保护，在显著位置设置三色警示灯。

图 10－30 安全防护装置